出现频率最高的 100 种题型精解精练

——系统集成项目管理工程师

孙玉宝　史国川　宋白玉　汪长岭　主编

北京邮电大学出版社

·北京·

内 容 简 介

本书通过深入分析历年真题的特点,归纳整理出了全国计算机技术与软件专业技术资格(水平)考试"系统集成项目管理工程师"科目常考的 100 种题型,并依据官方教程章节顺序,将这 100 种题型分章进行解析与点评,便于考生更快地了解和掌握复习的重点,发现命题的规律,明确复习方向,节省宝贵的复习时间。

本书的最大特色:省时、高效、高命中率。书中将近些年软考试卷中的同一题型试题,归纳整理成 100 种高频题型(即 TOP1～TOP100),对每种题型进行了详细分析并给出参考解答。每个考点包括"真题分析""题型点睛""即学即练"三个板块。"真题解析"将历年真题进行分类解析;"题型点睛"浓缩该题型的要点,给出该题型的相关知识点和解题的一般方法或步骤,并加以讲解分析;"即学即练"设计了数道题目,让考生即学即练,即练即会,达到举一反三的目的。

本书以全国计算机技术与软件专业技术资格(水平)考试的考生为主要读者对象,特别适合临考前冲刺复习使用,同时可以作为各类系统集成项目管理工程师培训班的教材,以及大、中专院校师生的参考书。

图书在版编目(CIP)数据

出现频率最高的 100 种题型精解精练. 系统集成项目管理工程师 / 孙玉宝等主编. --北京:北京邮电大学出版社,2017.4

ISBN 978-7-5635-4563-6

Ⅰ. ①出… Ⅱ. ①孙… Ⅲ. ①系统集成技术—项目管理—资格考试—习题集 Ⅳ. ①TP3-44

中国版本图书馆 CIP 数据核字(2015)第 258524 号

书　　名:出现频率最高的 100 种题型精解精练——系统集成项目管理工程师
作　　者:孙玉宝　史国川　宋白玉　汪长岭　主编
责任编辑:满志文
出版发行:北京邮电大学出版社
社　　址:北京市海淀区西土城路 10 号(邮编:100876)
发 行 部:电话:010-62282185　传真:010-62283578
E-mail:publish@bupt.edu.cn
经　　销:各地新华书店
印　　刷:涿州市星河印刷有限公司
开　　本:787 mm×1 092 mm　1/16
印　　张:20.5
字　　数:646 千字
版　　次:2017 年 4 月第 1 版　2017 年 4 月第 1 次印刷

ISBN 978-7-5635-4563-6　　　　　　　　　　　　　　　　定价:56.00 元

前　言

全国计算机技术与软件专业技术资格(水平)考试自实施起至今已经历了20多年,在社会上产生了很大的影响,其权威性得到社会各界的广泛认可。

本书通过深入分析历年真题的特点,归纳整理出了全国计算机技术与软件专业技术资格(水平)考试"系统集成项目管理工程师"科目常考的100种题型,并依据官方教程章节顺序,将这100种题型分章进行解析与点评,便于考生更快地了解和掌握复习的重点,发现命题的规律,明确复习方向,节省宝贵的复习时间。由于某些题型几乎是年年出现,所以本书可以令考生更高效地复习与掌握必考题型与知识点。这也正是本书的最大特色:省时、高效、高命中率。

书中将近些年软考试卷中的同一题型试题,归纳整理成100种高频题型(即 TOP1~TOP100),对每种题型进行了详细分析并给出参考解答,便于考生复习该内容时可以了解:这种题型考过什么样的题目,常与哪些知识点联系起来出题,从哪个角度命题,等等。每种题型具体分为如下三个板块:

(1)真题分析。以近些年的真题为实例,分析解题思路,实际就是进行破题,最终找出解题方法。分析以后给出详细的解答,旨在让考生掌握解题方法和技巧,以及这些方法技巧在每个具体问题中的灵活运用,彻底明白这类题型的解法。

(2)题型点睛。浓缩该题型的要点,给出该题型的相关知识点和解题的一般方法或步骤,并加以讲解分析,便于考生理解与记忆。

(3)即学即练。给出部分试题,让考生学过"真题分析"和"题型点睛"后就进行做题练习,以便更快、更好地掌握所练题型的相关知识点和解题的一般方法或步骤,以达到举一反三、触类旁通的效果。

本书作为资源提供全国计算机技术与软件专业技术资格(水平)考试(系统集成项目管理工程师考试)全真预测试题并附有具体的参考解答,可以供考生在考前实战演练。为了让考生及时掌握自己的学习效果,书中最后还给出了"即学即练"中试题的具体解答,以便考生自查。

本书以全国计算机技术与软件专业技术资格(水平)考试的考生为主要读者对象,特别适合临考前冲刺复习使用,同时可以作为各类系统集成项目管理工程师培训班的教材,以及大、中专院校师生的参考书。

本书由孙玉宝、史国川、宋白玉、汪长岭担任主编,全书框架由何光明拟定。参与本书编写的还有张伟、蒋思意、陈莉萍、高云、王珊珊、石雅琴、许娟、王国全等。

由于作者水平所限,书中难免存在错漏和不妥之处,敬请读者批评指正。联系邮箱:bjbaba@263.net。

编　者

目　　录

第1章　信息化基础知识

TOP1　国家信息化体系要素

真题分析

【真题1】在企业信息化过程中,要形成高水平、稳定的信息化人才队伍,建立和完善信息化人才激励机制。这一做法符合信息化发展过程中的_____。

A. 效益原则
B. "一把手"原则
C. 中长期与短期建设相结合的原则
D. 以人为本的原则

解析: 在推进企业信息化发展过程中应遵循以下原则:

(1) 效益原则。

企业信息化应该以提高企业的经济效益和竞争力为目标。在社会主义市场经济条件下,企业以追求利润最大化为目的,企业信息化是政府推动下的企业行为,只有坚持以经济效益和提高竞争力为目标,企业才会有动力,才能推动企业信息化工作的全面开展。

(2) "一把手"原则。

企业信息化实施过程中必须坚持企业最高负责人负责制,就是坚持企业信息化建设过程中的"一把手"亲自抓的原则,成立有企业高层领导参加的信息化建设机构,负责总体设计及日常事物处理。企业信息化过程中的业务流程重组,不可避免地要涉及企业内部利益再分配问题,是一个深层次的管理问题,没有企业高层领导的参与,单靠信息技术部门推进信息化将是很困难的。

(3) 中长期与短期建设相结合原则。

企业信息化系统建设周期长、见效慢、投资大,是企业一项长期发展的任务。企业要近期、中远期目标相结合,针对企业信息化的关键环节和制约企业发展的关键因素,合理运用资金,逐步进行建设和完善。

(4) 规范化和标准化原则。

信息与信息处理的规范和标准是企业信息化的一个重要方面,信息流程规范化,数据标准化,是企业信息化发展至关重要的环节,对此企业在信息化建设中要给予足够重视,要为企业信息化的进一步推进奠定良好的基础。

(5) 以人为本的原则。

以人为本在企业信息化建设过程中显得尤为重要,企业信息化成功与否,最终决定于人的素质,取决于企业是否建立了一支稳定的高水平的信息化人才队伍,是否具备运用现代信息技术的本领和能力,是否能够运用信息技术为企业现代生产、管理和经营服务。企业在信息化过程中,要形成高水平、稳定的信息化人才队伍,建立和完善信息化人才激励机制。

答案: D

【真题2】Information theory is related to the quantification of information. This was developed by Claude E. Shannon to who found fundamental limits on _____ operations such as compressing data and on reliably storing and communicating data.

A. signal   B. data

C. information   D. signal processing

解析:信息论是信息的定量关系。这是由克劳德. E. 香农开发和发现的基本限制_____的操作如压缩数据与可靠地存储和传递数据。

A. 信号   B. 数据   C. 信息   D. 信号处理

答案:D

【真题3】我国企业信息化必须走"两化"融合的道路,以下说法不恰当的是_____。

A. 工业化为信息化打基础   B. 完成工业化后开始信息化

C. 信息化促进工业化   D. 信息化和工业化互相促进、共同发展

解析:"两化"融合是信息化和工业化的高层次的深度结合,是指以信息化带动工业化、以工业化促进信息化,走新型工业化道路;"两化"融合的核心就是信息化支撑,追求可持续发展模式。西方国家是先工业化,然后信息化;我国是工业化和信息化共同发展。因此,B 不正确。

答案:B

【真题4】以下对国家信息化体系要素的描述中,不正确的是_____。

A. 信息技术应用是信息化体系要素中的龙头

B. 信息技术和产业是我国进行信息化建设的基础

C. 信息资源的开发利用是国家信息化的核心任务

D. 信息化政策法规和标准规范属于国家法规范畴,不属于信息化建设范畴

解析:国家信息化体系包括六个要素,即信息资源、国家信息网络、信息技术应用、信息技术和产业、信息化人才、信息化政策法规和标准规范。

答案:D

📖 题型点睛

国家信息化体系包括信息技术应用、信息资源、信息网络、信息技术和产业、信息化人才、信息化政策法规和标准规范 6 个要素。它们的位置关系表示为:

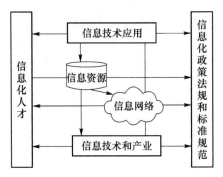

✍ 即学即练

【试题1】在国家信息化体系六要素中,_____是国家信息化的核心任务,是国家信息化建设取得实效的关键。

A. 信息技术和产业   B. 信息资源的开发和利用

C. 信息化人才   D. 信息化政策法规和标准规范

【试题2】企业信息化是国民经济信息化的基础,企业信息化的结构不包括_____。

A. 产品(服务层)　　　B. 作业层　　　　　C. 管理层　　　　　D. 检测层

TOP2　电子政务

真题分析

【真题1】从电子政务的实施对象和应用范畴角度,可将电子政务分为四种类型,其中,电子工商审批及证照办理属于_____。

A. 政府对政府的电子政务(G2G)　　　　　B. 政务对企业的电子政务(G2B)

C. 政府对公众的电子政务(G2C)　　　　　D. 政府对公务员的电子政务(G2E)

解析:电子工商审批及证照办理属于政府对企业的电子政务(G2B)。

答案:B

【真题2】"十二五"期间,电子政务促进行政体制改革和服务型政府建设的作用更加显著,其发展目标不包括_____。

A. 电子政务统筹协调发展不断深化

B. 应用发展取得重大进展

C. 初步形成电子政务网络与信息安全保障体系

D. 政务公共服务和管理应用成效明显

解析:"十二五"期间,电子政务全面支撑政务部门履行职责,满足公共服务、社会管理、市场监管和宏观调控各项政务目标的需要,促进行政体制改革和服务型政府建设的作用更加显著。

——电子政务统筹协调发展不断深化。全面推进电子政务顶层设计,符合科学发展的电子政务工作体制和机制不断完善,统筹协调能力不断提高。

——应用发展取得重大进展。县级以上政务部门主要业务基本实现电子政务覆盖,政务信息资源开发利用成效明显。政务部门主要业务信息化覆盖率,中央和省级超过85%,地市和县区分别平均达到70%、50%以上。

——政府公共服务和管理应用成效明显。县级以上政府社会管理和政务服务电子政务水平明显提高,社会管理和政务服务事项电子政务覆盖率平均达到70%以上,县级以下街道(乡镇)和社区(行政村)的政务服务事项电子政务覆盖率分别平均达到50%、30%以上。

——电子政务信息共享和业务协同取得重大突破。县级以上政府普遍开展跨地区、跨部门信息共享和业务协同,共享内容和范围不断扩大,业务协同能力不断增强。主要业务信息共享率平均达到50%以上。

——电子政务技术服务能力明显加强。电子政务基础设施建设不断发展,专业技术服务水平持续提升,应用支撑服务能力明显提高。电子政务网络互联互通率平均达到85%以上,专业技术服务机构技术服务达标率平均达到60%以上。

——电子政务信息安全保障能力持续提升。县级以上地方电子政务信息安全管理制度普遍建立,信息安全基础设施不断发展,安全可靠软硬件产品应用不断加强,信息系统安全保障取得显著成绩。

答案:C

【真题3】电子政务根据其服务的对象不同,基本上可以分为四种模式。某市政府在互联网上提供的"机动车违章查询"服务,属于_____模式。

A. G2B　　　　　　B. G2C　　　　　　C. G2E　　　　　　D. G2G

解析:电子政务主要包括如下几个方面:

(1) 政府间的电子政务(G2G);

(2) 政府对企业的电子政务(G2B);

（3）政府对公民的电子政务（G2C）；

（4）政府对公务员的电子政务（G2E）。

"机动车违章查询"服务属于政府对公民的电子政务，因此选择 B 答案。

答案：B

【真题 4】在电子政务信息系统设计中，应高度重视系统的 _____ 设计，防止对信息的篡改、越权获取和蓄意破坏。

  A. 容错   B. 结构化   C. 可用性   D. 安全性

解析：电子政务安全要求包括 4 个方面：

（1）数据传输的安全性。对数据传输的安全性要求在网络传送的数据不被第三方窃取。

（2）数据的完整性。对数据的完整性要求是指数据在传输过程中不被篡改。

（3）身份验证。确认双方的账户信息是否真实有效。

（4）交易的不可抵赖性。保证交易发生纠纷时有所对证。

因此，防止对信息的篡改、越权获取和蓄意破坏出于安全性设计，选择 D。

答案：D

【真题 5】政府机构利用 Intranet 建立有效的行政办公和员工管理体系，以提高政府工作效率服务和公务员管理水平，这种电子政务的模式是 _____。

  A. G2G   B. G2C   C. G2E   D. G2B

解析：G2E 是政府机构通过网络技术实现内部电子化管理的重要形式，可以提高公务员管理水平，它也是 G2G、G2B 和 G2C 电子政务模式的基础，因此选择 C。

答案：C

题型点睛

1. 电子政务是指政府机构在其管理和服务职能中运用现代信息技术，实现政府组织结构和工作流程的重组优化，建成一个精简、高效、廉洁、公平的政府运作模式。

2. 电子政务主要包括如下几个方面：

（1）政府间的电子政务（G2G）；

（2）政府对企业的电子政务（G2B）；

（3）政府对公民的电子政务（G2C）；

（4）政府对公务员的电子政务（G2E）。

即学即练

【试题 1】近年来，电子政务在我国得到了快速发展，很多政府网站能够通过因特网为企业提供服务。从电子政务类型来说，这种模式 _____ 属于模式。

  A. B2B   B. B2C   C. C2C   D. G2B

【试题 2】某市政府门户网站建立民意征集栏目，通过市长信箱、投诉举报、在线访谈、草案意见征集、热点调查、政风行风热线等多个子栏目，针对政策、法规和活动等事宜开展民意征集，接收群众的咨询、意见建议和举报投诉，并由相关政府部门就相关问题进行答复，此项功能主要体现了电子政务 _____ 服务的特性。

  A. 政府信息公开 B. 公益便民   C. 交流互动   D. 在线办事

TOP3　企业资源规划(ERP)

真题分析

【真题1】ERP 系统作为整个企业的信息系统,具有物流管理功能,用于对企业的销售、库存及采购进行管理控制。关于物流管理的叙述中,_____是不恰当的。

A. 为所有的物料建立库存信息,作为采购部门采购、生产部门编制生产计划的依据

B. 收到订购物料,经过质量检验入库;生产的产品也需要经过检验入库

C. 建立供应商档案,用最新的成本信息来调整库存的成本

D. 收发料的日常业务处理工作

答案:C

解析:本题考查物流管理的内容。《系统集成项目管理工程师教程》的"1.3.2　物流管理"中指出:物流管理包括销售管理、库存控制、采购管理和人力资源管理。A、B、D 均属于库存管理,只有 C 属于采购管理的内容。

【真题2】某软件公司希望采购一套自用的管理信息系统,覆盖公司生产经营管理的各个方面,并可以根据自身情况灵活地组合不同的功能模块进行集成和使用,该公司应采购_____系统。

A. CDS　　　　　　B. ERP　　　　　　C. CRM　　　　　　D. IDS

解析:ERP 就是一个有效地组织、计划和实施企业的内外部资源的管理系统,它依靠 IT 的手段以保证其信息的集成性、实时性和统一性。ERP 扩充了 MIS(Management Information System,管理信息系统)、MRPⅡ(Manufacturing Resource Planning,制造资源计划)的管理范围,将供应商和企业内部的采购、生产、销售及客户紧密联系起来,可对供应链上的所有环节进行有效管理,实现对企业的动态控制和各种资源的集成和优化,提升基础管理水平,追求企业资源的合理高效利用。

答案:B

【真题3】企业资源规划是由 MRP 逐步演变并结合计算机技术的快速发展而来的,大致经历了MRP、闭环 MRP、MRP Ⅱ和 ERP 这 4 个阶段,以下关于企业资源规划的论述不正确的是_____。

A. MRP 指的是物料需求计划,根据生产计划、物料清单、库存信息制定出相关的物资需求

B. MRP Ⅱ指的是制造资源计划,侧重于对本企业内部人、财、物等资源的管理

C. 闭环 MRP 充分考虑现有生产能力约束,要求根据物料需求计划扩充生产能力

D. ERP 系统在 MRP Ⅱ的基础上扩展了管理范围,把客户需求与企业内部的制造活动以及供应商的制造资源整合在一起,形成一个完整的供应链管理

解析:基本 MRP(Materials Requirement Planning,物料需求计划)聚焦于相关物资需求问题,根据主生产计划、物料清单、库存信息,制定出相关物资的需求时间表,从而及时采购所需物资,降低库存。MRP 系统在 20 世纪 70 年代发展为闭环 MRP 系统。闭环 MRP 系统除了编制资源需求计划外,还要编制能力需求计划,并将生产能力需求计划、车间作业计划和采购作业计划与物料需求计划一起纳入MRP。闭环 MRP 能力需求计划通常是通过报表的形式向计划人员报告,但是尚不能进行能力负荷的自动平衡,这个工作由计划人员人工完成。

在 20 世纪 80 年代,人们把生产、财务、销售、工程技术和采购等各个子系统集成为一个一体化的系统,称为制造资源计划系统。由于制造资源计划(Manufacturing Resource Planning)的英文缩写也是MRP,为了表示与物料需求计划的 MRP 相区别,而记为 MRP Ⅱ。MRP Ⅱ的基本思想就是把企业作为一个有机整体,从整体最优的角度出发,通过运用科学方法对企业各种制造资源和产、供、销、财各个环节进行有效组织、管理和控制,从而使各部门充分发挥作用,整体协调发展。

ERP 系统在 MRP Ⅱ的基础上扩展了管理范围,它把客户需求和企业内部的制造活动以及供应商的制造资源整合在一起,形成一个完整的供应链并对供应链上的所有环节进行有效管理。综上所述,

应选择 C。

答案:C

【真题 4】与制造资源计划 MRP Ⅱ 相比,企业资源计划 ERP 最大的特点是在制订计划时将_____考虑在一起,延伸管理范围。

    A. 经销商   B. 整个供应链   C. 终端用户   D. 竞争对手

解析:企业资源计划(Enterprise Resource Planning,ERP)的概念由美国 Gartner Group 公司于 20 世纪 90 年代提出,它是由物料需求计划(Materials Requirement Planning,MRP)逐步演变并结合计算机技术的快速发展而来的,大致经历了基本 MRP、闭环 MRP、MPR Ⅱ 和 ERP 4 个阶段。进入 20 世纪 90 年代,随着市场竞争加剧和信息技术的飞速进步,20 世纪 80 年代 MPR Ⅱ 主要面向企业内部资源全面计划管理的思想逐步发展为 20 世纪 90 年代以怎样有效利用和管理整体资源为管理思想的企业资源计划 ERP 应运而生。

ERP 的管理范围向整个供应链延伸,可同期管理企业的多种生产方式,在多方面扩充了管理功能,支持在线分析处理,施行财务计划和价值控制。在资源管理范围方面,MRP Ⅱ 主要侧重对企业内部人、财、物等资源的管理,ERP 系统在 MRP Ⅱ 的基础上扩展了管理范围,它把客户需求和企业内部的制造活动,以及供应商的制造资源整合在一起,形成企业一个完整的供应链并对供应链上所有环节如订单、采购、库存、计划、生产制造、质量控制、运输、分销、服务与维护、财务管理、人事管理、实验室管理、项目管理、配方管理等进行有效管理。

由此可见,与 MRP Ⅱ 相比,ERP 最大的特点是在 MRP Ⅱ 的基础上扩展了管理范围,形成一个完整的供应链并对供应链上所有环节进行有效管理。应选择 B。

答案:B

【真题 5】在 ERP 系统中,不属于物流管理模块功能的是_____。

    A. 库存控制   B. 销售管理

    C. 物料需求计划管理   D. 采购管理

解析:本题考查 ERP 系统中物流管理的内容。物流管理包括销售管理、库存控制、采购管理和人力资源管理。

答案:C

🎯 题型点晴

1. ERP 是一个以财务会计为核心的信息系统,用来识别和规划企业资源,对采购、生产、成本、库存、销售、运输、财务和人力资源等进行规划和优化,从而达到最佳资源组合,使企业利润最大化。

2. ERP 系统的功能:

(1)财会管理(会计核算、财务管理)。

(2)生产控制管理:ERP 系统的核心,包括主生产计划、物料需求计划、能力需求计划、车间控制和制造标准。

(3)物流管理:包括销售管理、库存控制、采购管理。

(4)人力资源管理:包括人力资源规划的辅助决策、招聘管理、工资核算、工时管理和差旅核算。

✍ 即学即练

【试题 1】以下叙述正确的是_____。

A. ERP 软件强调事后核算,而财务软件强调及时调整

B. 财务软件强调事后核算,而 ERP 软件强调事前计划和及时调整

C. ERP 软件强调事后核算,而进销存软件比较关心每种产品的成本构成

D. 进销存软件强调事后核算,而财务软件强调及时调整

【试题2】下面关于 ERP 的叙述,错误的是_____。

A. ERP 为组织提供了升级和简化其所用的信息技术的机会

B. 购买使用一个商业化的 ERP 软件,转化成本高,失败的风险也大

C. 除了制造和财务外,ERP 系统可以支持人力资源、销售和配送

D. ERP 的关键是事后监控企业的各项业务功能,使得诸如质量、有效性、客户满意度和工作成果等可控

TOP4　客户关系管理

真题分析

【真题1】在客户关系管理(CRM)系统将市场营销的科学管理理念通过信息技术的手段集成在软件上,能够帮助企业构建良好的客户关系。以下关于 CRM 系统的叙述中,错误的是_____。

A. 销售自动化是 CRM 系统中最基本的模块

B. 营销自动化作为销售自动化的扩充,包括营销计划的编制和执行、计划结果分析

C. CRM 系统能够与 ERP 系统在财务、制造、库存等环节连接,但两者关系对松散,一般不会形成闭环结构

D. 客户服务与支持是 CRM 系统的重要功能。目前,客户服务与支持的主要手段是通过呼叫中心和互联网来实现

解析:客户关系管理系统(CRM)是一个集成化的信息管理系统,它存储了企业现有客户和潜在客户的信息,并且对这些信息进行自动的处理,从而产生更人性化的市场管理策略。CRM 系统具备以下功能:

(1) 有一个统一的以客户为中心的数据库;

(2) 具有整合各种客户联系渠道的能力;

(3) 能够提供销售、客户服务和营销三个业务的自动化工具,并且在这三者之间实现通信接口,使得其中一项业务模块的事件可以触发到另外一项业务模块中的响应;

(4) 具备从大量数据中提取有用信息的能力,即这个系统必须实现基本的数据挖掘模块,从而使其具有一定的商业智能;系统应该具有良好的可扩展性和可复用性,即可以实现与其他相应的企业应用系统之间的无缝整合。

由 CRM 系统的上述功能可知,C 答案错误。

答案:C

【真题2】在利用电子信息技术进行客户关系管理活动中,数据采集和存储是其中非常重要的环节,_____不是其中重点关注的数据。

A. 描述性数据　　　　　　　　　　B. 促销性数据

C. 交易性数据　　　　　　　　　　D. 关系性数据

解析:客户数据可以分为描述性数据、促销性数据和交易性数据三大类。

描述性数据:这类数据是客户的基本信息,如果是个人客户,一定要涵盖客户的姓名、年龄、ID 和联系方式等;如果是企业客户,一定要涵盖企业的名称、规模、联系人和法人代表等。

促销性数据:这类数据是体现企业曾经为客户提供的产品和服务的历史数据,主要包括用户产品使用情况调查的数据、促销活动记录数据、客服人员的建议数据和广告数据等。

交易性数据:这类数据是反映客户对企业做出的回馈的数据,包括历史购买记录数据、投诉数据、请求提供咨询及其他服务的相关数据、客户建议数据等。

答案：D

【真题3】在 CRM 中,体现企业曾经为客户提供的产品和服务的历史数据,如用户产品使用情况调查的数据、客服人员的建议数据和广告数据等,属于_____。

A. 描述性数据
B. 交易性数据
C. 促销性数据
D. 关系性数据

解析：见真题 2 解析。

答案：C

【真题4】客户关系管理系统(CRM)的基本功能应包括_____。

A. 自动化的销售、客户服务和市场营销
B. 电子商务和自动化的客户信息管理
C. 电子商务、自动化的销售和市场营销
D. 自动化的市场营销和售后服务

解析：客户关系管理系统(CRM)是一个集成化的信息管理系统,它存储了企业现有客户和潜在客户的信息,并且对这些信息进行自动的处理,从而产生更人性化的市场管理策略。CRM 系统具备以下功能:

(1) 有一个统一的以客户为中心的数据库;

(2) 具有整合各种客户联系渠道的能力;

(3) 能够提供销售、客户服务和营销三个业务的自动化工具,并且在这三者之间实现通信接口,使得其中一项业务模块的事件可以触发到另外一项业务模块中的响应;

(4) 具备从大量数据中提取有用信息的能力,即这个系统必须实现基本的数据挖掘模块,从而使其具有一定的商业智能;系统应该具有良好的可扩展性和可复用性,即可以实现与其他相应的企业应用系统之间的无缝整合。由 CRM 系统的上述功能可知,应选 A。

答案：A

🔖 题型点睛

1. 客户关系管理(Customer Relationship Management，CRM)系统的定义:

(1) 不仅是以客户为中心的信息系统,而且是一种市场管理策略。

(2) 注重客户满意度的同时,提升企业获得利润的能力。

(3) 要求企业对业务功能重新设计,将业务重心转移到客户,对不同客户采取不同的策略。

2. 客户数据可以分为描述性数据、促销性数据和交易性数据三大类。

(1) 描述性数据:这类数据是客户的基本信息,如果是个人客户,一定要涵盖客户的姓名、年龄、ID 和联系方式等;如果是企业客户,一定要涵盖企业的名称、规模、联系人和法人代表等。

(2) 促销性数据:这类数据是体现企业曾经为客户提供的产品和服务的历史数据,主要包括用户产品使用情况调查的数据、促销活动记录数据、客服人员的建议数据和广告数据等。

(3) 交易性数据:这类数据是反映客户对企业做出的回馈的数据,包括历史购买记录数据、投诉数据、请求提供咨询及其他服务的相关数据、客户建议数据等。

3. CRM 系统的功能:

(1) 有一个统一的以客户为中心的数据库。

(2) 具有整合各种客户联系渠道的能力。

(3) 能够提供销售、客户服务和营销三个业务的自动化工具,并且在这三者之间实现通信接口。

(4) 具备从大量数据中提取有用信息的能力。

(5) 具有良好的可扩展性和可复用性。

即学即练

【试题1】CRM系统是基于方法学、软件和互联网的,以有组织的方式帮助企业管理客户关系的信息系统。_____准确地说明了CRM的定位。

A. CRM在注重提高客户的满意度的同时,一定要把帮助企业提高获取利润的能力作为重要指标

B. CRM有一个统一的以客户为中心的数据库,以方便对客户信息进行全方位的统一管理

C. CRM能够提供销售、客户服务和营销三个业务的自动化工具,具有整合各种客户联系渠道的能力

D. CRM系统应该具有良好的可扩展性和可复用性,并可以把客户数据分为描述性数据、促销性数据和交易性数据三大类

【试题2】CRM系统是基于方法学、软件和互联网的,以有组织的方式帮助企业管理客户关系的信息系统。以下关于CRM的叙述中,_____是正确的。

A. CRM以产品和市场为中心,尽力帮助实现将产品销售给潜在客户

B. 实施CRM要求固化企业业务流程,面向全体用户采取统一的策略

C. CRM注重提高用户满意度,同时帮助提升企业获取利润的能力

D. 吸引新客户比留住老客户能够获得更大利润是CRM的核心理念

TOP5　供应链管理

真题分析

【真题1】供应链管理是一种将正确数量的商品在正确的时间配送到正确地点的集成的管理思想和方法,评价供应链管理的最重要指标是_____。

A. 供应链的成本　　　　　　　　B. 客户满意度

C. 供应链的响应速度　　　　　　D. 供应链的吞吐量

解析:供应链是围绕核心企业,通过对信息流、物流、资金流、商流的控制,从采购原材料开始,制成中间产品以及最终产品,最后由销售网络把产品送到消费者手中的将供应商、制造商、分销商、零售商,直到最终用户连成一个整体的功能网链结构。它不仅是一条连接供应商到用户的物流链、信息链、资金链,而且是一条增值链,物料在供应链上因加工、包装、运输等过程而增加其价值,给相关企业带来收益。

评价供应链管理的最重要的指标是客户满意度。

答案:B

题型点睛

1. 供应链管理(SCM)是一种集成的管理思想和方法,是在满足服务水平要求的同时,为了使系统成本达到最低而采用的将供应商、制造商、仓库和商店有效地结合成一体来生产商品,有效地控制和管理各种信息流、资金流和物流,并把正确数量的商品在正确的时间配送到正确的地点的一套管理方法。供应链管理以客户为中心,进行集成化管理、扩展性管理、合作管理和多层次管理。

2. 供应链系统设计的原则:①自顶向下和自底向上的方法,是系统建模方法中两种最基本、最常用的建模方法;②简洁性原则;③取长补短原则;④动态性原则;⑤创新性原则;⑥合作性原则;⑦战略性原则。

即学即练

【试题1】从信息系统的应用来看,制造企业的信息化包括管理体系的信息化、产品研发体系的信息化、以电子商务为目标的信息化。以下_____不属于产品研发体系信息化的范畴。

A. CAD　　　　　　B. CAM　　　　　　C. PDM　　　　　　D. CRM

TOP6　电子商务

真题分析

【真题1】电子商务物流又称网上物流,是基于互联网技术,创造性推动物流行业发展的新商业模式。通过互联网,物流公司能够被更大范围的货主客户主动找到,能够在全国乃至世界范围内拓展业务。_____不是当前电子商务的常用物流模式。

A. 联合物流模式　　　　　　　　　　B. 第三方物流模式

C. 第二方物流模式　　　　　　　　　D. 物流一体化模式

解析: 电子商务物流系统服务模式:自营物流模式、物流联盟模式、第三方物流模式、物流全外包模式。

答案: C

【真题2】_____不属于电子商务基础设施。

A. 智能交通监控平台　　　　　　　　B. TCP/IP 互联网协议

C. Web 服务器　　　　　　　　　　D. 中国银联网络支付平台

解析: 智能交通监控平台和电子商务没有关系。

答案: A

【真题3】目前,在电子商务交易过程中支付方式很多,按照支付的流程不同,主要存在四种电子商务支付模式:支付网关模式、网上银行模式、第三方支付模式和手机支付模式。_____不属于第三方支付模式。

A. 拉卡拉　　　　B. 支付宝　　　　C. 余额宝　　　　D. 财付通

解析: 目前,在电子商务交易过程中支付方式很多,按照支付的流程不同,主要存在四种电子商务支付模式:支付网关模式、网上银行模式、第三方支付模式和手机支付模式。余额宝不属于第三方支付模式。

答案: C

【真题4】在电子商务中,除了网银、电子信用卡等支付方式以外,第三方支付可以相对降低网络支付的风险。下面不属于第三方支付的优点的是_____。

A. 比较安全　　　　B. 支付成本较低　　　　C. 使用方便　　　　D. 预防虚假交易

解析: 第三方平台结算支付模式有如下优点:

(1) 比较安全,信用卡信息或账户信息仅需要告知支付中介,而无须告诉每一个收款人,大大减少了信用卡信息和账户信息失密的风险;

(2) 支付成本较低,支付中介集中了大量的电子小额交易,形成规模效应,因而支付成本较低;

(3) 使用方便。对支付者而言,他所面对的是友好的界面,不必考虑背后复杂的技术操作过程;

(4) 支付担保业务可以在很大程度上保障付款人的利益。

第三方平台结算支付模式存在以下缺点:

(1) 这是一种虚拟支付层的支付模式,需要其他的"实际支付方式"完成实际支付层的操作;

(2) 付款人的银行卡信息将暴露给第三方支付平台,如果这个第三方支付平台的信用度或者保密手段欠佳,将带给付款人相关风险;

(3) 第三方结算支付中介的法律地位缺乏规定,一旦该终结破产,消费者所购买的"电子货币"可能成了破产债权,无法得到保障。

答案:D

【真题5】网上订票系统为每一位订票者提供了方便快捷的购票业务,这种电子商务的类型属于_____。

    A. B2C   B. B2B   C. C2C   D. G2B

答案:A

解析:网上订票系统属于商家对顾客的购物环境,B2C 是英文 Business－to－Customer,因此与 A 是匹配的。

【真题6】在 C2C 电子商务模式中,常用的在线支付方式为_____。

    A. 电子钱包   B. 第二方支付   C. 第三方支付   D. 支付网关

解析:C2C 模式下,主要进行的是小额快速的交易,支付宝本质上与网银一样,支付宝解决了网银交易比较复杂的问题,都是适合于小额、快速交易的,它属于第三方支付方式。因此选择 C。

答案:C

【真题7】电子商务发展的核心与关键问题是交易的安全性,目前安全交易中最重要的两个协议是_____。

    A. S-HTTP 和 STT   B. SEPP 和 SMTP

    C. SSL 和 SET   D. SEPP 和 SSL

解析:电子商务用到的安全协议有:①安全套接层协议(SSL);②安全电子交易协议(SET);③增强的私密电子邮件(PEM);④安全多用途网际邮件扩充协议(S/MIME);⑤安全超文本传输协议(S-HTTP);⑥三方域安全协议(3-D secure)。该题的选项是 C。

答案:C

【真题8】某体育设备厂商已经建立覆盖全国的分销体系,为进一步拓展产品销售渠道,压缩销售各环节的成本,拟建立电子商务网站接受体育爱好者的直接订单,这种电子商务属于_____模式。

    A. B2B   B. B2C   C. C2C   D. B2G

解析:电子商务按照交易对象,可以分为企业与企业之间的电子商务(B2B)、商业企业与消费者之间的电子商务(B2C)、消费者与消费者之间的电子商务(C2C),以及政府部门与企业之间的电子商务(G2B)4 种。

题干中的交易模式属于商业企业与消费者之间的电子商务,因此应选 B。

答案:B

【真题9】2005 年,我国发布《国务院办公厅关于加快电子商务发展的若干意见》(国办发〔2005〕2号),提出我国促进电子商务发展的系列举措。其中,提出的加快建立我国电子商务支撑体系的五方面内容指的是_____。

    A. 电子商务网站、信用、共享交换、支付、现代物流

    B. 信用、认证、支付、现代物流、标准

    C. 电子商务网站、信用、认证、现代物流、标准

    D. 信用、支付、共享交换、现代物流、标准

解析:根据《系统集成项目管理工程师教程》,建立和完善电子商务发展的支撑保障体系包括 9 个方面的内容,分别是法律法规体系、标准规范体系、安全认证体系、信用体系、在线支付体系、现代物流体系、技术装备体系、服务体系、运行监控体系。因此,应选 B。

答案:B

【真题10】小张在某电子商务网站建立一家经营手工艺品的个人网络商铺,向网民提供自己手工制

作的工艺品。这种电子商务模式为_____。

A. B2B   B. B2C   C. C2C   D. G2C

解析:目前常用的电子商务模式有 B2B、B2C 和 C2C 三种。

B2B 指的是 Business to Business,即进行电子商务交易的供需双方都是商家(或企业、公司),他们使用 Internet 技术或各种商务网络平台,完成商务交易的过程。B2C 是指商业机构对消费者的电子商务。C2C 即 Consumer to Consumer,是个人与个人之间的电子商务,是用户对用户的电子商务模式。C2C 商务平台就是通过为买卖双方提供一个在线交易平台,使卖方可以主动提供商品网上拍卖,而买方可以自行选择商品进行竞价。

答案:C

题型点睛

1. 电子商务按照交易对象,可以分为企业与企业之间的电子商务(B2B)、商业企业与消费者之间的电子商务(B2C)、消费者与消费者之间的电子商务(C2C)以及政府部门与企业之间的电子商务(G2B)4 种。

2. 要点:

(1) 商流、物流、资金流和信息流是流通过程中的四大相关部分,由这"四流"构成了一个完整的流通过程,在电子商务中"信息流"是必不可少的。

(2) 常见的电子货币包括电子支票、电子现金、电子钱包、智能卡,信用卡不是电子货币。

(3) 支付形式有:支付网关、第三方支付、直接支付(直接给钱),支付宝是第三方支付。

(4) 电子商务涉及的常见安全协议:SSL(安全套接层协议,传输层)、安全电子交易协议(SET,会话层和应用层)。

(5) 电子物流:第一方(买家自己取)、第二方(卖家送)、第三方(快递送)、第四方(中介外包)。

即学即练

【试题 1】电子商务是网络经济的重要组成部分。以下关于电子商务的叙述中,不正确的是_____。

A. 电子商务涉及信息技术、金融、法律和市场等众多领域

B. 电子商务可以提供实体化产品、数字化产品和服务

C. 电子商务活动参与方不仅包括买卖方、金融机构、认证机构,还包括政府机构和配送中心

D. 电子商务使用因特网的现代信息技术工具和在线支付方式进行商务活动,因此不包括网上做广告和网上调查活动

【试题 2】使用网上银行卡支付系统付款与使用传统信用卡支付系统付款,两者的付款授权方式是不同的,下列论述正确的是_____。

A. 前者使用数字签名进行远程授权,后者在购物现场使用手写签名的方式授权商家扣款

B. 前者在购物现场使用手写签名的方式授权商家扣款,后者使用数字签名进行远程授权

C. 两者都在使用数字签名进行远程授权

D. 两者都在购物现场使用手写签名的方式授权商家扣款

【试题 3】以下关于电子商务及其相关技术的叙述,正确的是_____。

A. 利用电子商务系统向消费者在线销售产品,已经超越了传统的零售方式

B. 产品的存储、打包、运送和跟踪

C. SSL 通信协议用于保护电子商务交易中的敏感数据

D. 购物车功能是由 WWW 服务器软件来实现的

TOP7 商业智能

真题分析

【真题 1】商业智能是指利用数据挖掘、知识发现等技术分析和挖掘结构化的、面向特定领域的存储与数据仓库的信息。它可以帮助用户认清发展趋势，获取决策支持并得出结论。_____不属于商业智能范畴。

A. 大型企业通过对产品销售数据进行挖掘，分析客户购买偏好

B. 某大型企业查询数据仓库中某种产品的总体销售数量

C. 某大型购物网站通过分析用户的购买历史记录，为客户进行商品推荐

D. 某银行通过分析大量股票交易的历史数据，做出投资决策

解析：商业智能（BI）涉及软件、硬件、咨询服务及应用，是对商业信息搜集、管理和分析的过程，目的是使企业各级决策者提高洞察力，正确做出决策，最终目标是决策而不是查询。

答案：B

【真题 2】Business intelligence（BI）is the integrated application of data warehouse, data mining and _____。

A. OLAP   B. OLTP   C. MRPII   D. CMS

解析：商业智能（BI）是数据仓库、OLAP 和数据挖掘等技术的综合应用。

联机分析处理（OLAP）是共享多维信息的、针对特定问题的联机数据访问和分析的快速软件技术。它通过对信息的多种可能的观察形式进行快速、稳定一致和交互性的存取，允许管理决策人员对数据进行深入观察。

On-Line Transaction Processing(联机事务处理系统,OLTP)，也称为面向交易的处理系统，其基本特征是顾客的原始数据可以立即传送到计算中心进行处理，并在很短的时间内给出处理结果。

MRP Ⅱ 是制造资源计划 Manufacturing Resource Planning 的缩写；CMS 是 Content Management System 的缩写，意为内容管理系统，它具有许多基于模板的优秀设计，可以加快网站开发的速度和减少开发的成本。CMS 的功能并不只限于文本处理，它也可以处理图片、Flash 动画、声像流、图像甚至电子邮件档案。因此选 A。

答案：A

题型点睛

1. 商业智能(BI)涉及软件、硬件、咨询服务及应用，是对商业信息搜集、管理和分析的过程，目的是使企业各级决策者提高洞察力，正确做出决策。商业智能包括：数据仓库、联机事务处理、数据挖掘、数据备份和恢复等部分。商业智能不是什么新技术，它只是数据仓库、OLAP 和数据挖掘等技术的综合运用。

2. 商业智能系统的主要功能：

(1) 数据仓库。

(2) 数据 ETL。

(3) 数据统计输出（报表）。

(4) 分析功能。

3. 商业智能的实现有三个层次：数据报表、多维数据分析和数据挖掘。

即学即练

【试题 1】数据挖掘的目的在于_____。

A. 从已知的大量数据中统计出详细的数据

B. 从已知的大量数据中发现潜在的规则

C. 对大量数据进行归类整理

D. 对大量数据进行汇总统计

【试题 2】_____致力于知识的自动发现。

A. 数据挖掘技术   B. 数据仓库技术

C. 数据分析处理技术   D. 数据库技术

【试题 3】_____不属于商业智能实现的三个层次。

A. 数据报表   B. 多维数据分析   C. 数据挖掘   D. 战术层

本章即学即练答案

序号	答案	序号	答案
TOP1	【试题 1】答案：B 【试题 2】答案：D	TOP2	【试题 1】答案：D 【试题 2】答案：C
TOP3	【试题 1】答案：B 【试题 2】答案：D	TOP4	【试题 1】答案：A 【试题 2】答案：C
TOP5	【试题 1】答案：D	TOP6	【试题 1】答案：D 【试题 2】答案：A 【试题 3】答案：A
TOP7	【试题 1】答案：B 【试题 2】答案：A 【试题 3】答案：D		

第2章　信息系统服务管理

TOP8　信息系统集成资质管理

真题分析

【真题1】_____不是当前我国信息系统服务管理主要内容。

A. 计算机信息系统集成企业资质管理

B. 信息系统项目经理资质管理

C. 信息系统工程监理单位资质管理

D. 信息化和工业化融合咨询服务管理

解析:我国信息系统服务管理的主要内容如下:

(1) 计算机信息系统集成单位资质管理。

(2) 信息系统项目经理资格管理。

(3) 信息系统工程监理单位资质管理。

(4) 信息系统工程监理人员资格管理。

答案:D

【真题2】根据《计算机信息系统集成企业资质等级评定条件(2012年修订版)》规定,对于申请一级资质的企业来说,需要满足的综合条件是_____。

A. 取得计算机信息系统集成企业二级资质的时间不少于两年

B. 拥有信息系统工程监理单位资质

C. 企业主业是计算机信息系统集成,近三年的系统集成收入总额占营业收入总额的比例不低于85%

D. 企业注册资本和实收资本均不少于8000万元

解析:根据《计算机信息系统集成企业资质等级评定条件(2012年修订版)》规定,申请一级资质的企业,所具备的综合条件:

(1) 企业是在中华人民共和国境内注册的企业法人,变革发展历程清晰,产权关系明确,取得计算机信息系统集成企业二级资质的时间不少于两年;

(2) 企业不拥有信息系统工程监理单位资质;

(3) 企业主业是计算机信息系统集成(以下称系统集成),近三年的系统集成收入总额占营业收入总额的比例不低于70%;

(4) 企业注册资本和实收资本均不少于5000万元。

答案:A

【真题3】根据《计算机信息系统集成企业资质等级评定条件(2012年修订版)》规定,对于申请二级资质的企业来说,近三年的系统集成收入总额占营业收入总额的比例不低于_____。

A. 30%　　　　　　B. 50%　　　　　　C. 60%　　　　　　D. 70%

解析:取得计算机信息系统集成企业三级资质的时间不少于一年;企业不拥有信息系统工程监理

单位资质；企业主业是系统集成，近三年的系统集成收入总额占营业收入总额的比例不低于60%；企业注册资本和实收资本均不少于2000万元。

答案：C

【真题4】根据《计算机信息系统集成企业资质等级评定条件(2012年修订版)》的规定，_____是申报信息系统集成一级资质企业的必要条件。

    A. 在中华人民共和国境内注册的企业法人或在境内设有办事处的境外注册企业

    B. 取得计算机信息系统集成企业二级资质的时间不少于两年

    C. 拥有信息系统工程监理单位资质

    D. 近三年的系统集成收入总额占营业收入总额的比例不低于60%

解析：申报信息系统集成一级资质企业的综合条件为企业是在中华人民共和国境内注册的企业法人，变革发展历程清晰，产权关系明确，取得计算机信息系统集成企业二级资质的时间不少于两年；企业不拥有信息系统工程监理单位资质；企业主业是计算机信息系统集成(以下称系统集成)，近三年的系统集成收入总额占营业收入总额的比例不低于70%；企业注册资本和实收资本均不少于5000万元。因此，选B。

答案：B

【真题5】某企业计划于2013年下半年申请计算机信息系统集成三级资质，目前拥有项目经理2人，没有高级项目经理，为符合《计算机信息系统集成企业资质等级评定条件(2012年修订版)》关于三级资质的要求，该企业应该_____。

    A. 增加高级项目经理1名   B. 增加项目经理3名，高级项目经理1名

    C. 增加高级项目经理2名   D. 增加项目经理2名，高级项目经理1名

解析：系统集成企业三级资质对人才的要求为：从事软件开发与系统集成相关工作的人员不少于50人，且其中大学本科以上学历人员所占比例不低于80%；具有计算机信息系统集成项目经理人数不少于6名，其中高级项目经理人数不少于1名；具有系统地对员工进行新知识、新技术以及职业道德培训的计划，并能有效地组织实施与考核。因此，选B。

答案：B

【真题6】《计算机信息系统集成企业资质等级评定条件(2012年修订版)》的实施细则中规定，企业拥有的1个信息技术发明专利可等同于_____个软件产品登记。

    A. 2   B. 3   C. 4   D. 5

解析：2012年5月工业和信息化部计算机信息系统集成资质认证工作办公室(以下称部资质办)发布的《计算机信息系统集成企业资质等级评定条件实施细则》(工信计资[2012]7号)中规定"企业拥有的1个信息技术发明专利可等同于3个软件产品登记"。这是在系统集成企业资质认定中首次引入了有关专利的内容，由于是一个新增的评审项，从2012年部资质办收到的几批新申报企业的材料看，在如何确认企业申报的专利是否符合条件上，部分评审员确实有模糊不清、把握不准的现象。因此，选B。

答案：B

【真题7】不符合《计算机信息系统集成企业资质评定条件(2012年修订版)》有关信息系统集成企业一级资质评定的规定的是_____。

    A. 企业的主要负责人从事信息技术领域企业管理的经历不少于5年

    B. 主要技术负责人须有计算机信息系统高级资质

    C. 财务负责人应具有财务系列的高级职称

    D. 主要技术负责人从事系统集成技术工作的经历不少于5年

解析：根据《计算机信息系统集成资质等级评定条件(2012年修订版)》系统集成项目管理人员管理能力要求，一级资质应满足：企业的主要负责人从事信息技术领域企业管理的经历不少于5年，主要技术负责人应具有计算机信息系统集成高级项目经理资质或电子信息类高级技术职称，且从事系统集成技术工作的经历不少5年，财务负责人应具有财务系列高级职称。

答案:B

【真题 8】根据《计算机信息系统集成企业资质等级评定条件(2012 年修订版)》规定,信息系统集成企业若想申请二级资质,必须满足_____。

　　A. 具有计算机信息系统集成项目管理人员资质的人数不少于 18 名,其中高级项目经理人数不少于 4 名

　　B. 从事软件开发与系统集成相关工作的人员不少于 50 人,其中大学本科及以上学历人员所占比例不低于 60%

　　C. 近三年至少完成 1 个合同额不少于 300 万元的系统集成项目,或所完成合同额不少于 100 万元的系统集成项目总额不少于 300 万元,或所完成合同额不少于 50 万元的纯软件和信息技术服务项目总额不少于 150 万元

　　D. 企业可以拥有信息系统工程监理单位资质

解析:根据《计算机信息系统集成资质等级评定条件(2012 年修订版)》,二级资质应满足:

(1) 从事软件开发与系统集成相关工作的人员不少于 150 人,其中大学本科及以上学历人员所占比例不低于 80%。

(2) 具有计算机信息系统集成项目管理人员资质的人数不少于 18 名,其中高级项目经理人数不少于 4 名。

(3) 已建立人力资源管理体系并能有效实施。

(4) 近三年完成的不少于 80 万元的系统集成项目及不少于 40 万元的纯软件和信息技术服务项目总额不少于 2 亿元(或不少于 1.5 亿元且近三年完成的系统集成项目总额中软件和信息技术服务费总额所占比例不低于 70%)。这些项目已通过验收。

(5) 近三年至少完成 3 个合同额不少于 1000 万元的系统集成项目,或所完成合同额不少于 600 万元的系统集成项目总额不少于 3000 万元,或所完成合同额不少于 300 万元的纯软件和信息技术服务项目总额不少于 1500 万元,这些项目中至少有部分项目应用了自主开发的软件产品。

(6) 近三年完成的系统集成项目总额中软件和信息技术服务费总额所占比例不低于 30%,或软件和信息技术服务费总额不少于 6000 万元,或软件开发费总额不少于 3000 万元。

(7) 企业不拥有信息系统工程监理。

答案:A

【真题 9】根据《计算机信息系统集成企业资质等级评定条件(2012 年修订版)》规定,为体现企业的技术能力,系统集成一、二、三级企业应_____。

　　A. 拥有自主开发的软件产品并取得该软件产品的著作权

　　B. 拥有经过登记的自主开发的软件产品

　　C. 取得自主开发的软件产品的著作权并获得信息技术发明专利

　　D. 获得信息技术发明

解析:根据《计算机信息系统集成资质等级评定条件(2012 年修订版)》,一级资质在技术实力上要求经过登记的自主开发的软件产品不少于 20 个,其中近三年登记的软件产品不少于 10 个,且部分软件产品在近三年已完成的项目中得到了应用;二级资质在技术实力上要求经过登记的自主开发的软件产品不少于 10 个,其中近三年登记的软件产品不少于 5 个,且部分软件产品在近三年已完成的项目中得到了应用;三级资质在技术实力上要求经过登记的自主开发的软件产品不少于 3 个,且部分软件产品在近三年已完成的项目中得到了应用。

答案:B

【真题 10】根据《计算机信息系统集成资质等级评定条件(2012 年修订版)》关于计算机信息系统集成项目管理人员资质的人数要求,下面说法不正确的是_____。

　　A. 一级资质企业要求具有计算机信息系统集成项目管理人员资质的人数不少于 30 名,其中高级项目经理人数不少于 10 名

B. 二级资质企业要求具有计算机信息系统集成项目管理人员资质的人数不少于18名,其中高级项目经理人数不少于4名

C. 三级资质企业要求具有计算机信息系统集成项目管理人员资质的人数不少于5名,其中高级项目经理人数不少于2名

D. 四级资质企业要求具有计算机信息系统集成项目管理人员资质的人数不少于2名

解析: 根据《计算机信息系统集成资质等级评定条件(2012年修订版)》系统集成项目管理人员资质的人数要求:一级资质,具有计算机信息系统集成项目管理人员资质的人数不少于30名,其中高级项目经理人数不少于10名;二级资质,具有计算机信息系统集成项目管理人员资质的人数不少于18名,其中高级项目经理人数不少于4名;三级资质,具有计算机信息系统集成项目管理人员资质的人数不少于6名,其中高级项目经理人数不少于1名;四级资质:具有计算机信息系统集成项目管理人员资质的人数不少于2名。因此,选项C的说法不正确。

答案: C

【真题11】 根据原信息产业部发布的关于发布《计算机信息系统集成资质等级评定条件(修订版)》的通知(信部规〔2003〕440号),_____不是系统集成资质等级评定的条件。

A. 企业的注册资金　　　　　　　　B. 企业的软件开发实力

C. 企业是否通过了质量管理体系认证　　D. 企业领导的学历

解析: 信息产业部于2003年10月颁布了关于发布《计算机信息系统集成资质等级评定条件(修订版)》的通知(信部规〔2003〕440号)。系统集成资质等级评定条件主要由综合条件、业绩、管理能力、技术实力和人才实力5个方面描述,不包括企业领导的学历。

答案: D

【真题12】 根据原信息产业部2003年10月发布的关于发布《计算机信息系统集成资质等级评定条件(修订版)》的通知(信部规〔2003〕440号),要求系统集成一级资质企业中具有计算机信息系统集成项目管理资质的人数不少于 m 名,其中高级项目经理人数不少于 n 名,则_____。

A. $m=35, n=10$　　　　　　　　B. $m=25, n=8$

C. $m=15, n=6$　　　　　　　　　D. $m=15, n=3$

解析: 根据原信息产业部2003年10月发布的关于发布《计算机信息系统集成资质等级评定条件(修订版)》的通知(信部规〔2003〕440号)中第五项有关一级人才实力的第二小条规定为具有计算机信息系统集成项目经理人数不少于25名,其中高级项目经理人数不少于8名。

答案: B

【真题13】 信息系统集成资质等级评定条件主要从综合条件、业绩、管理能力、技术实力和人才实力5个方面进行描述。以下各项指标中,最能体现企业对系统集成项目实施和管理能力的指标是_____。

A. 项目经理数量　　　　　　　　　B. 注册资金数目

C. 近三年完成的系统集成项目总值　　D. 年平均研发经费总额

解析: 各级别的人才实力要求主要从工程技术人员、本科以上人员比例、项目经理数目、培训体系和人力资源管理水平等方面衡量。项目经理数量是最能体现企业对系统集成项目实施和管理能力的指标。

答案: A

【真题14】 我国信息系统服务管理体系是在解决问题的过程中逐步推进的。就我国现行几种信息系统服务管理内容的形成和推进过程而言,目前尚未包括_____。

A. 实施计算机信息系统集成资质管理制度　　B. 推行项目经理制度

C. 推行信息系统审计制度　　　　　　　　　D. 推行信息系统工程监理制度

解析: 到目前为止,我国现行的信息系统服务管理体系包括系统集成资质管理制度、项目经理制度和信息系统工程监理制度,还没有包括"信息系统审计制度"。

答案：C

【真题15】计算机信息系统集成资质评定条件中规定：对于申报信息系统集成资质二级以上资质的企业，需要已建立完备的企业质量管理体系，通过国家认可的第三方认证机构认证并有效运行一年以上。其中"国家认可"是指经过_____认可的机构。

A. 工业和信息化部指定的系统集成资质评审机构

B. 国家质量监督检验检疫总局

C. 中国合格评定国家认可委员会

D. 工业和信息化部资质认证办公室

解析：中国合格评定国家认可委员会（英文缩写为 CNAS）是由国家认证认可监督管理委员会批准设立并授权的国家认可机构，统一负责对认证机构、实验室和检查机构等相关机构的认可工作。它是在原中国认证机构国家认可委员会（CNAB）和中国实验室国家认可委员会（CNAL）基础上合并重组而成的。该题的正确选项是 C。

答案：C

【真题16】关于计算机信息系统集成企业资质，下列说法错误的是_____。

A. 计算机信息系统集成的资质是指从事计算机信息系统集成的综合能力，包括技术水平、管理水平、服务水平、质量保证能力、技术装备、系统建设质量、人员构成与素质、经营业绩、资产状况等要素

B. 工业和信息化部负责计算机信息系统集成企业资质认证管理工作，包括指定和管理资质认证机构、发布管理办法和标准、审批和发布资质认证结果

C. 企业已获得的系统集成企业资质证书在有效期满后默认延续

D. 在国外注册的企业目前不能取得系统集成企业资质证书

解析：《计算机信息系统集成资质管理办法（试行）》（信部规〔1999〕1047 号）有如下的相关规定：

第三条　计算机信息系统集成的资质是指从事计算机信息系统集成的综合能力，包括技术水平、管理水平、服务水平、质量保证能力、技术装备、系统建设质量、人员构成与素质、经营业绩、资产状况等要素。

第六条　信息产业部负责计算机信息系统集成资质认证管理工作，包括指定和管理资质认证机构、发布管理办法和标准、审批和发布资质认证结果。

第十九条　《资质证书》有效期为四年。获证单位应每年进行一次自查，并将自查结果报资质认证工作办公室备案；资质认证工作办公室对获证单位每两年进行一次年检，每四年进行一次换证检查和必要的非例行监督检查。

《计算机信息系统集成资质管理办法（试行）》（信部规〔1999〕1047 号）暂时适用于中国注册的企业。

通过以上规定可知，选项 C 的说法是错误的，符合题干要求，因此应选 C。

答案：C

【真题17】某计算机系统集成二级企业注册资金 2500 万元，从事软件开发与系统集成相关工作的人员共计 100 人，其中项目经理 15 名，高级项目经理 10 名。该企业计划明年申请计算机信息系统集成一级企业资质，为了符合评定条件，该企业在注册资金、质量管理体系或人员方面必须完成的工作是_____。

A. 注册资金增资

B. 增加从事软件开发与系统集成相关工作的人员数

C. 增加高级项目经理人数

D. 今年通过 CMMI 4 级评估

解析：信息产业部于 2000 年 9 月发布《关于发布计算机信息系统集成资质等级评定条件的通知》（信部规〔2000〕821 号），于 2003 年 10 月颁布了《关于发布计算机信息系统集成资质等级评定条件（修订版）的通知》（信部规〔2003〕440 号）。根据"信部规〔2003〕440 号"，一级资质企业在注册资本、人员和

项目经理方面分别要满足的条件如下:

企业产权关系明确,注册资金2000万元以上,从事软件开发与系统集成相关工作的人员不少于150人,具有计算机信息系统集成项目经理人数不少于25名,其中高级项目经理人数不少于8名。由此可知,该企业的注册资金额、项目经理和高级项目经理数量符合一级资质企业的评定条件,而从事软件开发与系统集成相关工作的人员数量不符合一级资质企业的评定条件,需要增加从事软件开发与系统集成相关工作的人员数,因此应选B。

答案:B

【真题18】计算机信息系统集成企业资质的三、四级证书应_____。

A. 由工业和信息化部印制,由各省市系统集成企业资质主管部门颁发

B. 由各省市系统集成企业资质主管部门印制,由工业和信息化部颁发

C. 由工业和信息化部认定的部级资质评审机构印制和颁发

D. 由工业和信息化部认定的地方资质评审机构印制和颁发

解析:根据《计算机信息系统集成资质管理办法(试行)》(信部规〔1999〕1047号),申请三、四级资质的单位将申报材料提交到各省(市、自治区)信息产业主管部门,由各省(市、自治区)信息产业主管部门所属的资质认证机构组织资质评审后,将评审结果报信息产业部资质认证工作办公室。资质认证工作办公室将资质评审结果报请信息产业部审批后,由省(市、自治区)信息产业主管部门颁发《资质证书》。因此,应选A。

答案:A

【真题19】为了保证信息系统工程项目投资、质量、进度及效果各方面处于良好的可控状态,我国在信息系统项目管理探索过程中逐步形成了自己的信息系统服务管理体系,目前该体系中不包括_____。

A. 信息系统工程监理单位资质管理　　　　B. IT基础设施库资质管理

C. 信息系统项目经理资格管理　　　　　　D. 计算机信息系统集成单位资质管理

解析:为了保证信息系统工程项目投资、质量、进度及效果各方面处于良好的可控状态,我国在针对出现的问题不断采取相应措施的探索过程中,逐步形成了我们的信息系统服务管理体系。当前我国信息系统服务管理的主要内容如下:

计算机信息系统集成单位资质管理;

信息系统项目经理资格管理;

信息系统工程监理单位资质管理;

信息系统工程监理人员资格管理。

上述主要内容中不包括IT基础设施库资质管理,因此,选B。

答案:B

【真题20】有四家系统集成企业计划于2010年5月申请计算机信息系统集成资质,其中:甲公司计划申请一级资质,注册资本3000万元,具有项目经理20名,高级项目经理8名,2010年1月通过ISO 9001质量管理体系认证;乙公司计划申请一级资质,注册资本2000万元,具有项目经理20名,高级项目经理8名,2009年4月通过ISO 9001质量管理体系认证;丙公司计划申请四级资质,注册资本500万元,具有项目经理5名,高级项目经理1名,2010年2月通过ISO 9001质量管理体系认证;丁公司计划申请四级资质,注册资本500万元,具有项目经理5名,高级项目经理1名,没有通过ISO 9001质量管理体系认证。

根据上述状况,公司_____不符合基本的申报条件。

A. 甲　　　　　　　B. 乙　　　　　　　C. 丙　　　　　　　D. 丁

解析:信息产业部于2000年9月发布《关于发布计算机信息系统集成资质等级评定条件的通知》(信部规〔2000〕821号),于2003年10月颁布了《关于发布计算机信息系统集成资质等级评定条件(修订版)的通知》(信部规〔2003〕440号)。系统集成资质等级评定条件是从综合条件、业绩、管理能力、技

术实力、人才实力 5 个方面描述的。根据"信部规〔2003〕440 号",申请各级资质时在企业注册资本、项目经理和管理体系方面分别要满足的条件如下。

一级资质:企业产权关系明确,注册资金 2000 万元以上,已建立完备的企业质量管理体系,通过国家认可的第三方认证机构认证并有效运行一年以上,具有计算机信息系统集成项目经理人数不少于 25 名,其中高级项目经理人数不少于 8 名。

二级资质:企业产权关系明确,注册资金 1000 万元以上,已建立完备的企业质量管理体系,通过认证并有效运行一年以上,具有计算机信息系统集成项目经理人数不少于 15 名,其中高级项目经理人数不少于 3 名。

三级资质:企业产权关系明确,注册资本 200 万元以上,已建立企业质量管理体系,通过认证并能有效运行,具有计算机信息系统集成项目经理人数不少于 6 名,其中高级项目经理人数不少于 1 名。

四级资质:企业产权关系明确,注册资本 30 万元以上,已建立企业质量管理体系,并能有效实施,计算机信息系统集成项目经理人数不少于 3 名。

企业甲 2010 年 1 月通过 ISO 9001 质量管理体系认证,已经通过国家认可的第三方认证机构的认证,但未有效运行一年以上,因此不满足一级资质的申报条件。应选择 A。

答案:A

【真题 21】下面关于计算机信息系统集成资质的论述,_____是不正确的。

A. 工业和信息化部对计算机信息系统集成认证工作进行行业管理

B. 申请三、四级资质的单位应向经政府信息产业主管部门批准的资质认证机构提出认证申请

C. 申请一、二级资质的单位应直接向工业和信息化部资质管理办公室提出认证申请

D. 通过资质认证审批的各单位将获得由工业和信息化部统一印制的资质证书

解析:依据《计算机信息系统集成资质管理办法(试行)》(信部规〔1999〕1047 号)之规定:

第六条 信息产业部负责计算机信息系统集成资质认证管理工作,包括指定和管理资质认证机构、发布管理办法和标准、审批和发布资质认证结果。

第十七条 资质认证工作办公室将资质评审结果报请信息产业部审批后,颁发《资质证书》。

依据《计算机信息系统集成资质认证申报程序(试行)》(信规函〔2001〕2 号)之规定:

第三条 资质的认证

(一)申请单位向资质认证机构提出委托评审申请,提交申请材料。

1. 申请一、二级资质

申请单位根据规定的一、二级资质评定条件,向经信息产业部认可的一、二级资质认证机构(以下简称认证机构)提出资质认证委托申请,提交评审申请材料。

2. 申请三、四级资质

申请单位根据规定的三、四级资质评定条件,向本省市信息产业主管部门认可的资质认证机构提出资质认证委托申请,提交认证申请材料。本省市没有设置认证机构的可委托部和其他省市认可的认证机构认证。

对于计算机信息系统集成的一、二级资质,申请单位应根据规定的一、二级资质评定条件,向经信息产业部认可的一、二级资质认证机构(以下简称认证机构)提出资质认证委托申请,提交评审申请材料。

应选择 C。

答案:C

【真题 22】省市信息产业主管部门负责对_____信息系统集成资质进行审批和管理。

A. 一、二级   B. 三、四级

C. 本行政区域内的一、二级   D. 本行政区域内的三、四级

解析:省、自治区、直辖市信息产业建设单位主管部门负责本行政区域内信息系统集成的行业管理工作,审批及管理本行政区域内三、四级信息系统集成单位资质,初审本行政区域内一、二级信息系统

集成单位。

答案:D

🌀 题型点睛

1. 计算机信息系统集成资质等级从高到低依次为一、二、三、四级。其中一级为最高级,系统集成资质证书有效期 3 年,获证单位应每年进行一次自查,并将自查结果报资质认证工作办公室备案;资质认证工作办公室每三年进行一次换证检查和必要的非例行监督检查。

2. 信息系统集成企业资质申报材料(2012 年):

1) 一级。

(1) 综合条件。

取得计算机信息系统集成企业二级资质的时间不少于两年;企业不拥有信息系统工程监理单位资质;企业主业是计算机信息系统集成,近三年的系统集成收入总额占营业收入总额的比例不低于 70%;企业注册资本和实收资本均不少于 5000 万元。

(2) 财务状况。

企业近三年的系统集成收入总额不少于 5 亿元(或不少于 4 亿元且近三年完成的系统集成项目总额中软件和信息技术服务费总额所占比例不低于 80%)。

(3) 管理能力。

企业的主要负责人从事信息技术领域企业管理的经历不少于 5 年,主要技术负责人具有计算机信息系统集成高级项目经理资质或电子信息类高级技术职称,且从事系统集成技术工作的经历不少于 5 年,财务负责人应具有财务系列高级职称。

对主要业务领域的业务流程有深入研究,有自主知识产权的基础业务软件平台或其他先进的开发平台。经过登记的自主开发的软件产品不少于 20 个,其中近三年登记的软件产品不少于 10 个,且部分软件产品在近三年已完成的项目中得到了应用。

(4) 人才实力。

从事软件开发与系统集成相关工作的人员不少于 220 人,其中大学本科及以上学历人员所占比例不低于 80%。具有计算机信息系统集成项目管理人员资质的人数不少于 30 名,其中高级项目经理人数不少于 10 名。

2) 二级。

(1) 综合条件。

取得计算机信息系统集成企业三级资质的时间不少于一年;企业不拥有信息系统工程监理单位资质;企业主业是系统集成,近三年的系统集成收入总额占营业收入总额的比例不低于 60%;企业注册资本和实收资本均不少于 2000 万元。

(2) 财务状况。

企业近三年的系统集成收入总额不少于 2.5 亿元(或不少于 2 亿元且近三年完成的系统集成项目总额中软件和信息技术服务费总额所占比例不低于 70%)。

(3) 管理能力。

企业的主要负责人从事信息技术领域企业管理的经历不少于 4 年,主要技术负责人应具有计算机信息系统集成高级项目经理资质或电子信息类高级技术职称,且从事系统集成技术工作的经历不少于 4 年,财务负责人应具有财务系列中级及以上职称。

熟悉主要业务领域的业务流程,经过登记的自主开发的软件产品不少于 10 个,其中近三年登记的软件产品不少于 5 个,且部分软件产品在近三年已完成的项目中得到了应用。

(4) 人才实力。

从事软件开发与系统集成相关工作的人员不少于 150 人,其中大学本科及以上学历人员所占比例不低于 80％。具有计算机信息系统集成项目管理人员资质的人数不少于 18 名,其中高级项目经理人数不少于 4 名。

3) 三级。

(1) 综合条件。

取得计算机信息系统集成企业四级资质的时间不少于一年,或从事系统集成业务的时间不少于两年;企业不拥有信息系统工程监理单位资质;企业主业是系统集成,近三年的系统集成收入总额占营业收入总额的比例不低于 50％;企业注册资本和实收资本均不少于 200 万元。

(2) 财务状况。

企业近三年的系统集成收入总额不少于 5000 万元(或不少于 4000 万元且近三年完成的系统集成项目总额中软件和信息技术服务费总额所占比例不低于 70％)。

(3) 管理能力。

企业的主要负责人从事信息技术领域企业管理的经历不少于 3 年,主要技术负责人应具有计算机信息系统集成项目管理人员资质或电子信息类专业硕士及以上学位或电子信息类中级及以上技术职称,且从事系统集成技术工作的经历不少于 3 年,财务负责人应具有财务系列初级及以上职称。

经过登记的自主开发的软件产品不少于 3 个,且部分软件产品在近三年已完成的项目中得到了应用。

(4) 人才实力。

从事软件开发与系统集成相关工作的人员不少于 50 人,其中大学本科及以上学历人员所占比例不低于 60％。具有计算机信息系统集成项目管理人员资质的人数不少于 6 名,其中高级项目经理人数不少于 1 名。

4) 四级。

(1) 综合条件。

企业注册资本和实收资本均不少于 30 万元。

(2) 财务状况。

无要求。

(3) 管理能力。

企业的主要负责人从事信息技术领域企业管理的经历不少于 2 年,主要技术负责人应具有计算机信息系统集成项目管理人员资质或电子信息类专业硕士及以上学位或电子信息类中级及以上职称,且从事系统集成技术工作的经历不少于 2 年,财务负责人应具有财务系列初级及以上职称。

(4) 人才实力。

从事软件开发与系统集成相关工作的人员不少于 15 人,其中大学本科及以上学历人员所占比例不低于 60％。具有计算机信息系统集成项目管理人员资质的人数不少于 2 名。

即学即练

【试题 1】关于系统集成资质,以下说法不正确的是＿＿＿＿＿＿＿＿。

A. 一级资质要求企业取得系统集成二级资质的时间不少于 2 年

B. 二级资质要求企业取得系统集成三级资质的时间不少于 1 年

C. 三级资质要求企业取得系统集成四级资质的时间不少于 1 年,或从事系统集成业务的时间不少于 2 年

D. 四级资质要求企业从事系统集成业务的时间不少于 1 年

【试题 2】某系统集成企业成立于 2010 年 6 月,注册资金 200 万元人民币,截至 2012 年 8 月有 5 项软件进行了著作权登记,但均未进行软件产品登记,该企业于 2012 年 9 月 1 日向资质评审机构提出计算机信息系统集成三级企业资质的申请,根据《计算机信息系统集成资质等级评定条件(2012 年修订

版)》,下面说法正确的是_____。

  A. 该企业已达到三级的评定条件

  B. 该企业成立时间不符合三级资质的要求

  C. 该企业因未取得软件产品登记而不符合三级资质要求

  D. 该企业的注册资金不符合三级资质要求

【试题 3】关于计算机信息系统集成资质监督管理的说法中,_____是不正确的。

  A. 获证单位应每年进行一次自检

  B. 资质认证工作办公室对获证单位每年进行抽查

  C. 资质认证工作办公室每三年进行一次换证检查

  D. 未按时申请换证检查或拒绝接受监督检查的单位,视为自动放弃资格,其资质证书予以注销

【试题 4】下列关于系统集成资质证书的叙述,正确的是_____。

  A. 所有资质证书都由工业和信息化部审批

  B. 系统集成一、二级资质证书由部级评审机构审批,三、四级由地方评审机构审批

  C. 系统集成一、二级资质证书由工业和信息化部审批,三、四级由地方信息产业主管部门审批,报工业和信息化部备案

  D. 系统集成一、二级资质证书由工业和信息化部及部级评审机构审批,三、四级由地方信息产业主管部门和地方评审机构审批

TOP9　信息系统监理知识

真题分析

【真题 1】信息系统工程监理活动的主要内容概括为"四控、三管、一协调",其中"三管"是指_____

  A. 整体管理、范围管理和安全管理

  B. 范围管理、进度管理和合同管理

  C. 进度管理、合同管理和信息管理

  D. 合同管理、信息管理和安全管理

解析:监理工程中的"四控、三管、一协调":

"四控"是指质量控制、进度控制、投资控制、变更控制。

"三管"是指合同管理、信息管理、安全管理。

"一协调"是指协调业主和施工方的关系。

答案:D

【真题 2】信息系统工程监理活动的主要内容被概括为"四控、三管、一协调",以下选项中不属于"四控"的是_____

  A. 信息系统工程质量控制　　　　　　B. 信息系统工程进度控制

  C. 信息系统工程安全控制　　　　　　D. 信息系统工程变更控制

解析:监理活动的主要内容被概括为"四控、三管、一协调"。

四控:信息系统工程质量控制;信息系统工程进度控制;信息系统工程投资控制;信息系统工程变更控制。

答案:C

【真题 3】监理实施细则是指导监理活动的技术、经济、组织和管理的综合性文件,信息系统工程监理实施细则是在　(1)　的基础上,由项目总监理工程师主持,专业监理工程师参加,根据监理委托合同

规定范围和建设单位的具体要求,以 ___(2)___ 为对象而编制。

(1) A. 监理规划　　　　　　　　　B. 监理大纲

　　 C. 建设合同　　　　　　　　　D. 监理合同

(2) A. 被建立的承建单位　　　　　 B. 监理机构

　　 C. 被监理的信息系统项目　　　 D. 建设

解析:监理实施细则:监理实施细则是在监理规划指导下,项目监理组织的各专业监理的责任落实后,由专业监理工程师针对项目具体情况制定的具有实施性和可操作性的业务文件。

答案:(1) A　 (2) C

【真题4】监理活动的主要内容可以概括为"四控、三管、一协调"。其中四控包含_____。

① 质量控制　　　② 风险控制　　　③ 投资控制

④ 进度控制　　　⑤ 范围控制　　　⑥ 变更控制

(9) A. ①②③④　　　B. ①②④⑤　　　C. ①③④⑤　　　D. ①③④⑥

解析:本题依据《系统集成项目管理工程师教程》考查信息系统工程监理活动的主要内容:在该教程的"2.3　信息系统工程监理"一节中,在提及"信息系统工程监理的相关概念、工作内容"时,指出监理活动的主要内容被概括为"四控、三管、一协调",详细解释如下。

四控:

　　信息系统工程质量控制;

　　信息系统上程进度控制;

　　信息系统工程投资控制;

　　信息系统工程变更控制。

三管:

　　信息系统工程合同管理;

　　信息系统工程信息管理;

　　信息系统工程安全管理。

一协调:

　　在信息系统工程实施过程中协调有关单位及人员间的工作关系。

因此,选择 D。

答案:D

【真题5】信息系统工程监理单位在信息系统工程实施过程中的职责不包括_____。

A. 审查和处理工程变更　　　　　 B. 审查分包单位的资质

C. 审批工程延期　　　　　　　　 D. 修订项目技术方案

解析:监理活动的主要内容可概括为"四控、三管、一协调",包括投资控制、进度控制、质量控制、变更控制,安全管理、信息管理、合同管理,沟通协调。本题可用排除法,选项 A 属于变更控制,选项 B 属于合同管理,选项 C 属于进度控制,而选项 D 是业主方的职责。

答案:D

【真题6】信息系统工程监理活动被概括为"四控、三管、一协调",其中"三管"是指_____。

A. 合同管理、信息管理、安全管理

B. 成本管理、进度管理、质量管理

C. 整体管理、范围管理、沟通管理

D. 采购管理、变更管理、风险管理

解析:信息系统监理活动的主要内容被概括为"四控、三管、一协调"。

四控:信息系统工程质量控制;信息系统工程进度控制;信息系统工程投资控制;信息系统工程变更控制。

三管:信息系统工程合同管理;信息系统工程信息管理;信息系统工程安全管理。

一协调：在信息系统工程实施过程中协调有关单位及人员间的工作关系。

答案：A

【真题7】为了保证信息系统工程项目投资、质量、进度及效果各方面处于良好的可控状态，我国在信息系统项目管理探索过程中逐步形成了自己的信息系统服务管理体系，目前该体系中不包括_____。

    A. 信息系统工程监理单位资质管理   B. IT 基础设施库资质管理

    C. 信息系统项目经理资格管理   D. 计算机信息系统集成单位资质管理

解析：为了保证信息系统工程项目投资、质量、进度及效果各方面处于良好的可控状态，我国在针对出现的问题不断采取相应措施的探索过程中，逐步形成了我们的信息系统服务管理体系。当前我国信息系统服务管理的主要内容包括：

计算机信息系统集成单位资质管理；

信息系统项目经理资格管理；

信息系统工程监理单位资质管理；

信息系统工程监理人员资格管理。

上述主要内容中不包括 IT 基础设施库资质管理，因此，应选 B。

答案：B

🏆 题型点睛

1. 监理活动的主要内容被概括为"四控、三管、一协调"。

（1）四控：信息系统工程质量控制；信息系统工程进度控制；信息系统工程投资控制；信息系统工程变更控制。

（2）三管：信息系统工程合同管理；信息系统工程信息管理；信息系统工程安全管理。

（3）一协调：在信息系统工程实施过程中协调有关单位及人员间的工作关系。

2. 信息系统工程管理三方：以质量为中心的信息系统工程控制管理工作是由三方——建设单位（主建方）、集成单位（承建单位）和监理单位——分工合作实施的。质量控制任务也应该由建设单位、承建单位和监理单位共同完成，三方都应该建立各自的质量保证体系，而整个项目的质量控制过程也就包括建设单位的质量控制过程、承建单位的质量控制过程和监理单位的质量控制过程。

3. 旁站监理：旁站监理是指在关键部位或关键工序施工过程中，由监理人员在现场进行的监督活动。根据对隐蔽工程的监理要求，应该对隐蔽工程实行旁站监理，以加强对项目实施过程的监督。旁站监理可以把问题消灭在过程之中，以避免后期返工造成的重大经济损失和时间延误。

✍ 即学即练

【试题1】监理机构应要求承建单位在事故发生后立即采取措施，尽可能控制其影响范围，并及时签发停工令，报_____。

    A. 监理单位技术负责人   B. 项目总监理工程师

    C. 承建单位负责人   D. 业主单位

【试题2】信息系统工程监理实行_____。

    A. 合同仲裁制   B. 甲方和监理方合同仲裁制

    C. 总监理工程师负责制   D. 合同仲裁制和三方共同监督制

【试题3】信息系统工程监理要遵循"四控、三管、一协调"进行项目监理，下列_____活动属于"三管"范畴。

    A. 监理单位对系统性能进行测试验证

B. 监理单位定期检查、记录工程的实际进度情况

C. 监理单位应妥善保存开工令、停工令

D. 监理单位主持的有建设单位与承建单位参加的监理例会、专题会议

【试题4】信息系统工程监理活动的主要内容被概括为"四控、三管、一协调",其中"三管"是指_____。

A. 整体管理、范围管理和安全管理
B. 范围管理、进度管理和合同管理

C. 进度管理、合同管理和信息管理
D. 合同管理、信息管理和安全管理

TOP10　ITIL 与 IT 服务管理、信息系统审计

真题分析

【真题1】以下各项中，_____不属于知识产权。

A. 著作权　　　　B. 专利权　　　　C. 隐私权　　　　D. 商标权

解析：广义的知识产权从权利类型来说，包括著作权、专利权、商标权和其他知识产权；从保护对象上说，则是作品、发明创造、商标等商业标识，未公开信息、植物新品种、集成电路等各类知识产品、信息产品。狭义的知识产权是指由著作权(含邻接权)、专利权和商标权三个部分组成的传统知识产权，涉及的对象有作品、发明创造和商标。

答案：C

题型点睛

信息系统审计的目的是评估并提供反馈、保证及建议。其关注之处可被分为如下三类：

(1) 可用性：商业高度依赖的信息系统能否在任何需要的时刻提供服务，信息系统是否被完好保护以应对各种的损失和灾难。

(2) 保密性：系统保存的信息是否仅对需要这些信息的人员开放，而不对其他任何人开放。

(3) 完整性：信息系统提供的信息是否始终保持正确、可信、及时，能否防止未授权的对系统数据和软件的修改。

即学即练

【试题1】信息安全的级别划分有不同的维度，以下级别划分正确的是_____。

A. 系统运行安全和保密有 5 个层次，包括设备级安全、系统级安全、资源访问安全、功能性安全和数据安全

B. 机房分为 4 个级别：A 级、B 级、C 级、D 级

C. 根据系统处理数据划分系统保密等级为绝密、机密和秘密

D. 根据系统处理数据的重要性，系统可靠性分 A 级和 B 级

本章即学即练答案

序号	答案	序号	答案
TOP8	【试题 1】答案：D 【试题 2】答案：B 【试题 3】答案：C 【试题 4】答案：C	TOP9	【试题 1】答案：D 【试题 2】答案：C 【试题 3】答案：C 【试题 4】答案：D
TOP10	【试题 1】答案：C		

第3章 信息系统集成专业技术知识

TOP11 信息系统集成简述

真题分析

【真题1】_____是在组织内外的各种异构系统、应用、数据源之间实现信息交流、共享或协作的途径、方法、标准和技术。

A. 企业应用集成　　　　　　　　　B. 信息系统集成

C. 信息系统运维　　　　　　　　　D. 业务流程重组

解析：企业应用集成（EAI）是将基于各种不同平台、用不同方案建立的异构应用集成的一种方法和技术。EAI通过建立底层结构，来联系横贯整个企业的异构系统、应用、数据源等，完成在企业内部的ERP、CRM、SCM、数据库、数据仓库，以及其他重要的内部系统之间无缝地共享和交换数据的需要。

答案：A

【真题2】信息系统集成项目是从客户和用户的需求出发，将硬件、系统软件、工具软件、网络、数据库及相应的应用软件集成为实用的信息系统的过程，其生命周期包括总体策划、设计、开发、实施、服务保障等。它是一项综合性的系统工程，_____是系统集成项目成功实施的保障。

① 管理　　② 商务　　③ 技术　　④ 软件　　⑤ 独立的应用软件

A. ①④　　　　　B. ①②　　　　　C. ③④⑤　　　　　D. ④⑤

解析：本题考查的是信息系统集成概念。信息系统集成的显著特点如下：

（1）信息系统集成以满足用户需求为根本出发点，最终交付物是一个完整的系统而非一个分立的产品。

（2）信息系统集成不只是设备选择和供应，它是具有高技术含量的工程过程，要面向用户需求提供全面解决方案，其核心是软件。

（3）系统集成包括技术、管理和商务等各项工作，是一项综合性的系统工程。技术是系统集成工作的核心，管理和商务活动是系统集成项目成功实施的保障。

答案：B

【真题3】关于信息系统集成项目的特点，下述说法中，_____是不正确的。

A. 信息系统集成项目是高技术与高技术的集成，要采用业界最先进的产品和技术

B. 信息系统集成项目对企业管理技术水平和项目经理的领导艺术水平要求比较高

C. 信息系统集成项目的需求常常不够明确，要加强需求变更管理以控制风险

D. 信息系统集成项目经常面临人员流动率较高的情况

解析：信息系统集成项目有以下几个显著特点。

（1）信息系统集成项目要以满足客户和用户的需求为根本出发点。

（2）客户和用户的需求常常不够明确、复杂多变，由此应加强需求变更管理以控制风险。

（3）系统集成不是选择最好的产品的简单行为，而要选择最适合用户的需求与投资规模的产品和技术。

（4）高技术与高技术的集成。系统集成不是简单的设备供货，系统集成是高技术的集成，它体现更多的是设计、调试与开发，是高技术行为。高新技术的应用，会带来成本的降低、质量的提高、工期的缩短，同时如没有掌握就应用新技术的话，也会带来相应的风险。

（5）系统工程。系统集成包含技术、管理和商务等方面，是一项综合性的系统工程。相关的各方应"一把手"挂帅、多方密切协作。

（6）项目团队年轻，流动率高。因此对企业的管理技术水平和项目经理的领导艺术水平要求较高。

（7）强调沟通的重要性。信息系统本身是沟通的产物，在开发信息系统的过程中沟通无处不在，从需求调研到方案设计、从设计到部署都涉及沟通问题。技术的集成需要以标准为基础，人与人、单位与单位之间的沟通需要以法律、法规、规章制度为基础，信息的产生、保存与传递需以安全为基础。

答案：A

【真题4】以下对国家信息化体系要素的描述中，不正确的是_____。

A. 信息技术应用是信息化体系要素中的龙头

B. 信息技术和产业是我国进行信息化建设的基础

C. 信息资源的开发利用是国家信息化的核心任务

D. 信息化政策法规和标准规范属于国家法规范畴，不属于信息化建设范畴

解析：国家信息化体系包括六个要素，即信息资源，国家信息网络，信息技术应用，信息技术和产业，信息化人才，信息化政策、法规和标准。因此选择 D。

答案：D

📖 题型点睛

1. 信息系统集成的概念：系统集成是指将计算机软件、硬件、网络通信等技术和产品集成为能够满足用户特定需求的信息系统，包括总体策划、设计、开发、实施、服务及保障。

2. 信息系统集成的特点：

（1）信息系统集成要以满足用户需求为根本出发点。

（2）信息系统集成不只是设备选择和供应，更重要的，它是具有高技术含量的工程过程，要面向用户需求提供全面解决方案，其核心是软件。

（3）系统集成的最终交付物是一个完整的系统而不是一个分立的产品。

（4）系统集成包括技术、管理和商务等各项工作，是一项综合性的系统工程。技术是系统集成工作的核心，管理和商务活动是系统集成项目成功实施的保障。

✏️ 即学即练

【试题1】所谓信息系统集成是指_____。

A. 计算机网络系统的安装调试

B. 计算机应用系统的部署和实施

C. 计算机信息系统的设计、研发、实施和服务

D. 计算机应用系统工程和网络系统工程的总体策划、设计、开发、实施、服务及保障

【试题2】以下对信息系统集成的描述不正确的是_____。

A. 信息系统集成包括总体策划、设计、开发、实施、服务及保障

B. 信息系统集成主要包括设备系统集成和应用系统集成

C. 信息系统集成是具有高技术含量的工程过程，要面向用户需求提供全面解决方案

D. 信息系统集成工作的核心是满足用户要求，管理和商务活动是系统集成项目实施成功的保证

【试题3】以下对信息系统集成的描述正确的是_____。

A. 信息系统集成的根本出发点是实现各个分立子系统的整合

B. 信息系统集成的最终交付物是若干分立的产品

C. 信息系统集成的核心是软件

D. 先进技术是信息系统集成项目成功实施的保障

【试题4】有关信息系统集成的说法错误的是 _____。

A. 信息系统集成项目要以满足客户和用户的需求为根本出发点

B. 信息系统集成包括设备系统集成和管理系统集成

C. 信息系统集成包括技术、管理和商务等各项工作，是一项综合性的系统工程

D. 系统集成是指将计算机软件、硬件、网络通信等技术和产品集成为能够满足用户特定需求的信息系统

TOP12　信息系统建设

真题分析

【真题1】信息系统通过试运行，系统的各种问题都已经暴露在用户面前，这时通常可以考虑进入 _____ 阶段。

A. 系统验收　　　　B. 系统维护　　　　C. 系统运营　　　　D. 系统试运行

解析：信息系统的生命周期可以分为4个阶段：立项、开发、运维、消亡。

开发阶段又可分为以下阶段。

（1）总体规划阶段：是系统开发的起始阶段，以立项阶段所做的需求分析为基础，明确信息系统在企业经营战略中的作用和地位，指导信息系统的开发，优化配置并利用各种资源，包括内部资源和外部资源，通过规划过程规范或完善用户单位的业务流程。一个比较完整的总体规划应当包括信息系统的开发目标、总体结构、组织结构、管理流程、实施计划、技术规范。

（2）系统分析阶段：目标是为系统设计阶段提供系统的逻辑模型，内容包括组织结构及功能分析、业务流程分析、数据和数据流程分析及系统初步方案。

（3）系统设计阶段：根据系统分析的结果设计出信息系统的实施方案，主要内容包括系统架构设计、数据库设计、处理流程设计、功能模块设计、安全控制方案设计、系统组织和队伍设计及系统管理流程设计。

（4）系统实施阶段：是将设计阶段的成果在计算机和网络上具体实现，即将设计文本变成能在计算机上运行的软件系统。由于系统实施阶段是对以前全部工作的检验，因此用户的参与特别重要。

（5）系统验收阶段：通过试运行，系统性能的优劣及其他各种问题都会暴露在用户面前，即进入了系统验收阶段。

答案：A

【真题3】某信息系统的生命周期型采用的是瀑布模型，并且用户要求要有详尽的文档说明，那么该系统应该使用的开发方法是 _____。

A. 结构化方法　　B. 原型法　　　　C. 面向对象法　　　D. 战略数据规划方法

解析：本题考查信息系统开发方法。常用的开发方法有：结构化方法、原型法、面向对象方法。结构化方法是应用最为广泛的一种开发方法。把整个系统的开发过程分为若干阶段，然后一步一步地依次进行，前一阶段是后一阶段的工作依据；每个阶段又划分详细的工作步骤，顺序作业。每个阶段和主要步骤都有明确详尽的文档编制要求，各个阶段和各个步骤的向下转移都是通过建立各自的软件文档和对关键阶段、步骤进行审核和控制实现的。

答案：A

【真题 3】信息系统生命周期分为立项、开发、运维及消亡四个阶段。_____不属于开发阶段的工作成果。

A. 需求规格说明书　　B. 系统逻辑模型　　　C. 系统架构设计　　　D. 系统业务流程分析

解析：需求规格说明书是立项阶段的成果。

答案：A

【真题 4】JF 公司承接了一项信息系统升级任务，用户对文档资料标准化要求比较高并委派固定人员与 JF 公司进行配合，要求在他们现有的信息系统（该系统是 JF 公司建设的）基础上扩充一个审批功能。该公司最适宜采用_____进行开发。

A. 结构化方法　　　　B. 原型法　　　　　　C. 面向对象方法　　　D. 螺旋模型

解析："结构化"一词在系统建设中的含义是用一种规范的步骤、准则与工具来进行某项工作。基于系统生命周期概念的结构化方法，为管理信息系统建设提供了规范的步骤、准则与工具。结构化方法的基本思路是把整个系统开发过程分成若干阶段，每个阶段进行若干活动，每项活动应用一系列标准、规范、方法和技术，完成一个或多个任务，形成符合规范的产品。结构化方法强调需求明确，各阶段都有完整的文档。因此，选 A。

答案：A

【真题 5】从信息系统开发的角度来看，信息系统的生命周期包括_____。

A. 立项、开发、运维、消亡

B. 启动、计划、执行、控制和收尾

C. 总体规划、系统分析、系统设计、系统实验、系统验收

D. 招标、投标、执行合同、合同收尾

解析：信息系统的生命周期可以分为 4 个阶段：立项（规划）、开发、运维和消亡。

答案：A

【真题 6】信息系统开发是一项艰巨的工作，为实现信息系统开发在效率、质量、成本方面的要求，选择合理的开发方法起着非常重要的作用。_____的主要特点是：严格区分工作阶段，每个阶段都有明确的任务和取得的成果，强调系统的整体性和系统开发过程顺序，开发过程工程化，文档资料标准化。

A. 结构化方法　　　　B. 敏捷方法　　　　　C. 瀑布模型　　　　　D. 面向对象方法

解析：同真题 2。

答案：A

【真题 7】原型化开发方法强调开发系统的原型，关于原型的特点，下面说法不正确的是_____。

A. 原型的开发应该是实际可行的

B. 原型应具有最终系统的基本特征

C. 原型应构造方便、快速、造价低

D. 原型的功能和性能不能低于最终的目标系统

解析：原型法本着开发人员对用户需求的初步理解，先快速开发一个原型系统，然后通过反复修改来实现用户的最终系统需求。其特点是：实际可行、具有最终系统的基本特征、构造方便、快速、造价低。

答案：D

【真题 8】用户需求在项目开始时定义不清，开发过程密切依赖用户的良好配合，动态响应用户的需求，通过反复修改来实现用户的最终系统需求，这是_____的主要特点。

A. 蒙特卡洛法　　　　　　　　　　　　B. 原型法

C. 面向对象方法　　　　　　　　　　　D. 头脑风暴法

解析：原型法（Prototyping Method）是在系统开发初期，凭借系统开发人员对用户需求的了解和系统主要功能的要求，在强有力的软件环境支持下，迅速构造出系统的初始原型，然后与用户一起不断对原型进行修改、完善，直到满足用户需求。用户需求在项目开始时定义不清，开发过程密切依赖用户的良好配合，动态响应用户的需求，通过反复修改来实现用户的最终系统需求，这是原型法的主要特点。

答案：B

【真题 9】软件开发项目规模度量（size measurement）是估算软件项目工作量、编制成本预算、策划合理项目进度的基础。在下列方法中，_____可用于软件的规模估算，帮助软件开发团队把握开发时间、费用分布等。

   A. 德尔菲法　　　　　B. Ｖ模型方法　　　　C. 原型法　　　　　D. 用例设计

解析：很明显，该题的正确选项是 A。其他选项都不是估算软件规模的方法。

答案：A

🕮 题型点睛

1. 信息系统的生命周期

信息系统的生命周期可以分为 4 个阶段：立项、开发、运维、消亡。

1）立项阶段

立项阶段又称概念阶段或需求阶段，这一阶段分为两个过程：一是概念的形成过程，根据用户单位业务发展和经营管理的需要，提出建设信息系统的初步构想；二是需求分析过程，即对企业信息系统的需求进行深入调研和分析，形成《需求规范说明书》，经评审、批准后立项。

2）开发阶段

（1）总体规划阶段：是系统开发的起始阶段，以立项阶段所做的需求分析为基础，明确信息系统在企业经营战略中的作用和地位，指导信息系统的开发，优化配置并利用各种资源，包括内部资源和外部资源，通过规划过程规范或完善用户单位的业务流程。一个比较完整的总体规划应当包括信息系统的开发目标、总体结构、组织结构、管理流程、实施计划、技术规范。

（2）系统分析阶段：目标是为系统设计阶段提供系统的逻辑模型，内容包括组织结构及功能分析、业务流程分析、数据和数据流程分析及系统初步方案。

（3）系统设计阶段：根据系统分析的结果设计出信息系统的实施方案，主要内容包括系统架构设计、数据库设计、处理流程设计、功能模块设计、安全控制方案设计、系统组织和队伍设计及系统管理流程设计。

（4）系统实施阶段：将设计阶段的成果在计算机和网络上具体实现，用户的参与特别重要。

（5）系统验收阶段：通过试运行，系统性能的优劣及其他各种问题都会暴露在用户面前，即进入了系统验收阶段。

3）运维阶段

信息系统通过验收，正式移交给用户以后，就进入运维阶段。系统维护可分为 4 种类型：排错性维护、适应性维护、完善性维护、预防性维护。

4）消亡阶段

开发一个信息系统并希望它一劳永逸地运行下去是不现实的，用户单位应当在信息系统建设的初期就注意系统消亡的条件和时机，以及由此而花费的成本。

2. 信息系统开发方法

常用的开发方法有：结构化方法、原型法、面向对象方法。

✍ 即学即练

【试题 1】在项目计划阶段，项目计划方法论是用来指导项目团队制定项目计划的一种结构化方法。_____属于方法论的一部分。

   A. 标准格式和模板　　　　　　　　B. 上层管理者的介入

   C. 职能工作的授权　　　　　　　　D. 项目干系人的技能

【试题 2】管理信息系统建设的结构化方法中,用户参与的原则是用户必须参与_____。

A. 系统建设中各阶段工作　　　　　　B. 系统分析工作

C. 系统设计工作　　　　　　　　　　D. 系统实施工作

【试题 3】典型的信息系统项目开发的过程为:需求分析、概要设计、详细设计、程序设计、调试与测试、系统安装与部署。_____阶段拟定了系统的目标、范围和要求。

A. 概要设计　　　　B. 需求分析　　　　C. 详细设计　　　　D. 程序设计

TOP13　软件需求分析

真题分析

【真题 1】Software engineering is the study and application of engineering to the _____, development and maintenance of software.

A. research　　　　B. management　　　　C. assembly　　　　D. design

解析:软件工程:运用现代科学技术知识来设计并构造计算机程序及为开发、运行和维护这些程序所必需的相关文件资料。

答案:D

【真题 2】在软件生存周期的各项工作中,_____是直接面向用户的。

A. 设计　　　　B. 单元测试　　　　C. 需求分析　　　　D. 编码

解析:软件生存周期包括定义及规划、需求分析、软件设计、程序编码、软件测试、运行维护。其中,需求调研直接面向用户,需求分析阶段也会多次反复地和用户沟通、确认,最终形成需求规格说明书,同时向客户确认。

答案:C

【真题 3】软件需求规格说明书在软件开发中具有重要作用,但其不应作为_____。

A. 软件设计的依据　　　　　　　　　B. 生命周期估算的依据

C. 软件验收的依据　　　　　　　　　D. 数据库设计的依据

解析:软件需求规格说明书保证软件开发的质量、需求的完整与可追溯性,编写此文档。通过此文档,以保证业务需求提出者与需求分析人员、开发人员、测试人员及其他相关利益人对需求达成共识。因此是软件设计、数据库设计、软件测试的依据,需求是龙头,系统开发、验收都必须根据需求,生命周期和需求没有必然联系。B 不正确。

答案:B

【真题 4】在《计算机软件质量保证计划规范》(GB/T 12504—2008)中规定,为了保证软件的实现满足需求,需要的基本文档中可以不包括_____。

A. 软件需求规格说明书　　　　　　　B. 软件设计说明书

C. 软件验证和确认计划　　　　　　　D. 项目进度报告

解析:软件质量保证计划中指出需要的基本文档包括从原始的需求分析包到最终的需求规格说明书,同时软件设计说明书的输入也是来源于需求规格说明书,而项目进度报告属于典型的管理文档,因此不包括 D。

答案:D

【真题 5】一般情况下,_____属于软件项目非功能性需求。

A. 操作界面差异性　　　B. 系统配置内容　　　C. 系统稳定性　　　D. 系统联机帮助

解析:所谓非功能性需求,是指软件产品为满足用户业务需求而必须具有且除功能需求以外的特性。在 IEEE 中,软件需求的定义是:用户解决问题或达到目标所需的条件或功能。一般包含业务需求、用户需求、功能需求、行业隐含需求和一些非功能性需求。业务需求反映了客户对系统、产品高层次的目标要求;功能需求定义了开发人员必须实现的软件功能。所谓非功能性需求,是指为满足用户业务需求而必须具有的除功能需求以外的特性,包括系统性能、可靠性、可维护性、易用性,以及对技术和业务的适应性等。其中最常见的是软件界面、操作方便等一系列要求。

答案:C

【真题 6】软件需求可理解为:为解决特定问题而由被开发或被修改的软件所展示出的特性。所有软件需求的基本特性是_____。

　　A. 可验证性　　　　　B. 与用户交互性　　　　C. 解决冲突　　　　D. 面向对象

解析:软件需求是一个为解决特定问题而必须由被开发或被修改的软件展示的特性。所有软件需求的一个基本特性就是可验证性。软件需求和软件质保人员都必须保证,在现有资源约束下,需求可以被验证。因此应选 A。

答案:A

【真题 7】以下关于软件需求分析的描述中,不正确的是_____。

　　A. 软件需求除了所表达的行为特性外,还具有优先级等特性

　　B. 架构设计的工作就是把满足需求的职责分配到组件上

　　C. 软件需求分析的关键是开发反映真实世界问题的模型

　　D. 可实现性是软件需求的基本特征

解析:开发真实世界问题的模型是软件需求分析的关键,模型的目的是帮助理解问题,而不是启动方案的设计。而"可实现性"是设计阶段和实施阶段要完成的任务。

答案:D

【真题 8】在软件需求规格说明书中,有一个需求项的描述为:"探针应以最快的速度响应气压值的变化"。该需求项存在的主要问题是不具有_____。

　　A. 可验证性　　　　　B. 可信性　　　　　C. 兼容性　　　　　D. 一致性

解析:软件需求是一个为解决特定问题而必须由被开发或被修改的软件展示的特性。所有软件需求的一个基本特性就是可验证性。软件需求和软件质保人员都必须保证,在现有资源约束下,需求可以被验证。

在需求项"探针应以最快的速度响应气压值的变化"中,没有定量地阐述探针响应气压值变化的速度,在现有资源约束下不具有可验证性。因此应选 A。

答案:A

【真题 9】根据《计算机软件需求说明编制指南》(GB/T 9385—1988),关于软件需求规格说明的编制,_____是不正确的做法。

　　A. 软件需求规格说明由开发者和客户双方共同起草

　　B. 软件需求规格说明必须描述软件的功能、性能、强加于实现的设计限制、属性和外部接口

　　C. 软件需求规格说明中必须包含软件开发的成本、开发方法和验收过程等重要外部约束条件

　　D. 在软件需求规格说明中避免嵌入软件的设计信息,如把软件划分成若干模块、给每一个模块分配功能、描述模块间信息流和数据流及选择数据结构等

解析:根据《计算机软件需求说明编制指南》(GB/T 9385—1988)中的相关内容,软件开发的过程是由开发者和客户双方同意开发什么样的软件协议开始的。这种协议要使用软件需求规格说明(SRS)的形式,应该由双方联合起草。

SRS 的基本点是它必须说明由软件获得的结果,而不是获得这些结果的手段。编写需求的人必须描述的基本问题是:①功能;②性能;③强加于实现的设计限制;④属性;⑤外部接口。编写需求的人应当避免把设计或项目需求写入 SRS 之中,应当对说明需求设计约束与规划设计两者有清晰的区别。

SRS 应把注意力集中在要完成的服务目标上。通常不指定如下的设计项目:①把软件划分成若干模块;②给每一个模块分配功能;③描述模块间的信息流程或者控制流程;④选择数据结构。SRS 应当

是描述一个软件产品,而不是描述产生软件产品的过程。项目要求表达客户和开发者之间对于软件生产方面合同性事宜的理解(因此不应当包括在 SRS 中),例如,成本、交货进度、报表处理方法、软件开发方法、质量保证、确认和验证的标准、验收过程。根据《计算机软件需求说明编制指南》(GB/T 9385—1988)中的上述原文,可知选项 C 所描述的做法是不正确的,因此应选 C。

答案:C

🌀 题型点睛

1. 需求分析的目的如下:检测和解决需求之间的冲突;发现软件的边界,以及软件如何与外界交互;详细描述系统需求和软件需求。除了其表达的行为特性外,需求还有其他特性,如优先级,以便在资源有限时进行权衡。

2. 软件需求包含如下三个方面。

(1) 功能需求:是指系统必须完成的那些事。

(2) 非功能需求:是指产品必须具备的属性或品质,比如可靠性、容错等。

(3) 设计约束:也称为限制条件、补充规约,例如必须采用国有自主知识产权的数据库系统,必须运行在 UNIX 操作系统之下等。

3. 需求开发是通过调查与分析,获取用户需求并定义产品需求。软件项目需求开发的结果应该有项目视图和范围文档、用例文档、软件需求规格说明及相关分析模型。

✍ 即学即练

【试题1】信息系统的软件需求说明书是需求分析阶段最后的成果之一,_____不是软件需求说明书应包含的内容。

A. 数据描述　　　　B. 功能描述　　　　C. 系统结构描述　　　　D. 性能描述

【试题2】在软件生命周期中,能准确地确定软件系统必须做什么和必须具备哪些功能的阶段是_____。

A. 概要设计　　　　B. 详细设计　　　　C. 可行性分析　　　　D. 需求分析

TOP14　软件测试

📑 真题分析

【真题1】系统集成项目通过验收测试的主要标准为_____。

A. 所有测试项均未残留各等级的错误

B. 需求文档定义的功能全部实现,非功能指标达到目标要求

C. 立项文档、需求文档、设计文档与系统的实现和编码达到一致

D. 系统通过单元测试和集成测试

解析:软件测试文件描述要执行的软件测试及测试的结果。由于软件测试是一个很复杂的过程,同时也是设计软件开发其他一些阶段的工作,对于保证软件的质量和它的运行有着重要意义,必须把对它们的要求、过程及测试结果以正式的文件形式写出。测试文件的编写是测试工作规范化的一个组成部分。

测试文件不只在测试阶段才考虑,它在软件开发的需求分析阶段就开始着手,因为测试文件与用户有着密切的关系。在设计阶段的一些设计方案也应在测试文件中得到反映,以利于设计的检验。测

试文件对于测试阶段工作的指导与评价作用更是非常明显的。需要特别指出的是,在已开发的软件投入运行的维护阶段,常常还要进行再测试或回归测试,这时仍需用到测试文件。根据 V 模型的如下结构图:

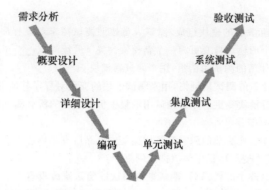

需求分析阶段对应了验收测试,所以在需求分析阶段就要开始编写测试计划了。

答案:D

【真题 2】系统集成项目通过验收测试的主要标准为_____。

A. 所有测试项均未残留各等级的错误

B. 需求文档定义的功能全部实现,非功能指标达到目标要求

C. 立项文档、需求文档、设计文档与系统的实现和编码达到一致

D. 系统通过单元测试和集成测试

解析:软件测试不仅仅是单元测试、集成测试、系统测试和验收测试,对需求的精确性和完整性的测试技术、对系统设计的测试技术也是测试要点。因此,D 选项不全面,A 选项太绝对,C 选项的一致性是有一定的评判标准的,因此只有 B 选项是对的。需求文档定义的功能全部实现,非功能指标达到目标要求是验收测试的主要标准。

答案:B

【真题 3】模糊测试(Fuzz Testing)是一种通过向目标系统提供非预期的输入并监视异常结果来发现软件漏洞的方法,是用于系统安全漏洞发掘的重要技术。模糊测试的测试用例通常是_____。

A. 预定数量的字符串　　　　　　　　B. 预定长度的字符串

C. 模糊集的隶属度　　　　　　　　　D. 随机数据

解析:模糊测试是指将一个随机的、非预期的数据源作为程序的输入,然后系统地找出这些输入所引起的程序失效。通过模糊测试,可以抢在别人之前来揭示软件易受攻击的弱点。模糊测试现在已经发展成为一种最有效的软件安全性测试方法。该题的正确选项是 D。

答案:D

【真题 4】下列测试方法中,_____均属于白盒测试的方法。

A. 语句覆盖法和边界值分析法　　　　B. 条件覆盖法和基本路径测试法

C. 边界值分析法和代码检查法　　　　D. 等价类划分和错误推测法

解析:白盒测试(White-box Testing)是把测试对象看作一个打开的盒子。利用白盒测试法进行动态测试时,需要测试软件产品的内部结构和处理过程,不需测试软件产品的功能。白盒测试又称为结构测试和逻辑驱动测试。

白盒测试法的覆盖标准有逻辑覆盖、循环覆盖和基本路径测试。其中逻辑覆盖包括语句覆盖、判定覆盖、条件覆盖、判定/条件覆盖、条件组合覆盖和路径覆盖。该题的选项是 B。

答案:B

【真题 5】在信息系统集成项目中,经常使用_____对集成的系统进行性能测试。

A. Bugzilla　　　　B. TestManager　　　　C. TrueCoverage　　　　D. LoadRunner

解析：很明显，只有选项 D 是对集成的系统进行性能测试的工具软件。

Bugzilla：缺陷管理工具；TrueCverage：覆盖率检查工具；TestManager：测试管理工具；

LoadRunner：性能测试工具。

答案：D

【真题6】某程序由相互关联的模块组成，测试人员按照测试需求对该程序进行了测试。出于修复缺陷的目的，程序中的某个旧模块被变更为一个新模块。关于后续测试，_____是不正确的。

A. 测试人员必须设计新的测试用例集，用来测试新模块

B. 测试人员必须设计新的测试用例集，用来测试模块的变更对程序其他部分的影响

C. 测试人员必须运行模块变更前原有测试用例集中仍能运行的所有测试用例，用来测试程序中没有受到变更影响的部分

D. 测试人员必须从模块变更前的原有测试用例集中排除所有不再适用的测试用例，增加新设计的测试用例，构成模块变更后程序的测试用例集

解析：回归测试是指修改了旧代码后，重新进行测试以确认修改没有引入新的错误或导致其他代码产生错误。在给定的预算和进度下，尽可能有效率地进行回归测试，需要对测试用例库进行维护并依据一定的策略选择相应的回归测试包。对测试用例库的维护通常包括删除过时的测试用例、改进不受控制的测试用例、删除冗余的测试用例、增添新的测试用例等。在软件生命周期中，即使一个得到良好维护的测试用例库也可能变得相当大，这使每次回归测试都重新运行完整的测试包变得不切实际，时间和成本约束可能阻碍运行这样一个测试，有时测试组不得不选择一个缩减的回归测试包来完成回归测试。上述回归测试的基本概念说明，修改了旧代码之后所进行的回归测试不一定要重新运行原有测试用例集中仍能运行的所有测试用例，可以在其中选择一个缩减的回归测试包来完成回归测试，因此选项 D 的说法是不正确的，应选择 D。

答案：D

🉐 题型点睛

软件测试的类型如下：

（1）黑盒测试。

不考虑模块内部结构，只在其接口进行测试。主要包括以下方法：

等价类划分：将所有可能的输入数据划分为几类，从每一类中选取具有代表性的数据作为测试用例。

边界值法：选取刚好等于、刚刚大于或者刚刚小于输入范围边界的值作为测试数据。

错误推测法：根据程序中所有可能的错误和容易发生错误的特殊情况设计测试用例。

因果图法：利用输入条件的多种组合产生相应多个动作的方式设计测试用例。

（2）白盒测试。

对程序所有的逻辑分支进行测试，逻辑覆盖属于典型的白盒测试。

（3）α测试。

一个用户在开发环境下进行的测试，或者公司内部用户在模拟实际操作环境下进行的测试。

（4）β测试。

软件的多个用户在实际使用环境下进行的测试。

软件测试按阶段和目的可分为：单元测试、集成测试、系统测试、验收测试等。

单元测试：针对每个模块进行测试；

集成测试：在集成测试的基础上，将所有模块按照要求组装成系统，提交集成测试计划、集成测试规格说明书、集成测试报告等；

系统测试：在实际环境下进行的测试；

验收测试：项目交付进行的测试。

即学即练

【试题 1】以下关于软件测试的描述，_____是正确的。

A. 系统测试应尽可能在实际运行使用环境下进行

B. 软件测试是在编码阶段完成之后进行的一项活动

C. 专业测试人员通常采用白盒测试法检查程序的功能是否符合用户需求

D. 软件测试工作的好坏，取决于测试发现错误的数量

TOP15　软件设计与维护

真题分析

【真题 1】软件设计包括软件架构设计和软件详细设计。架构设计属于高层设计，主要描述软件的结构和组织，标识各种不同的组件。由此可知，在信息系统开发中，_____属于软件架构设计师要完成的主要任务之一。

A. 软件复用　　　　B. 模式设计　　　　C. 需求获取　　　　D. 需求分配

解析：架构师需要参与项目开发的全部过程，包括需求分析、架构设计、系统实现、集成、测试和部署各个阶段，负责在整个项目中对技术活动和技术说明进行指导和协调。架构师的主要职责有以下 4 条。

（1）确认需求。

在项目开发过程中，架构师是在需求规格说明书完成后介入的，需求规格说明书必须得到架构师的认可。架构师需要和分析人员反复交流，以保证自己完整并准确地理解用户需求。

（2）系统分解。

依据用户需求，架构师将系统整体分解为更小的子系统和组件，从而形成不同的逻辑层或服务。随后架构师会确定各层的接口，层与层相互之间的关系。架构师不仅要对整个系统分层，进行"纵向"分解，还要对同一逻辑层分块，进行"横向"分解。

软件架构师的功力基本体现于此，这是一项相对复杂的工作。

（3）技术选型。

架构师通过对系统的一系列的分解，最终形成了软件的整体架构。技术选择主要取决于软件架构。Web Server 运行在 Windows 上还是 Linux 上？数据库采用微软公司的 SQL Server、Oracle 还是 MySQL？需要不需要采用 MVC 或者 Spring 等轻量级的框架？前端采用富客户端还是瘦客户端方式？类似的工作，都需要在这个阶段提出，并进行评估。

（4）制定技术规格说明。

架构师在项目开发过程中，是技术权威。他需要协调所有的开发人员，与开发人员一直保持沟通，始终保证开发者依照它的架构意图去实现各项功能。

架构师与开发者沟通的最重要的形式是技术规格说明书，它可以是 UML 视图、Word 文档、Visio 文件等各种表现形式。通过架构师提供的技术规格说明书，保证开发者可以从不同角度去观察、理解各自承担的子系统或者模块。架构师不仅要保持与开发者的沟通，也需要与项目经理、需求分析员，甚至与最终用户保持沟通。所以，对于架构师来讲，不仅有技术方面的要求，还有人际交流方面的要求。因此该题的正确选项是 D。

答案：D

【真题 2】为了改进应用软件的可靠性和可维护性，并适应未来软硬件环境的变化，应主动增加新的

功能以使应用系统适应各类变化而不被淘汰。为了适应未来网络带宽的需要,在满足现有带宽需求下,修改网络软件从而使之支持更大的带宽,这种软件维护工作属于_____。

A. 更正性维护 　　　　　　　　　　 B. 适应性维护

C. 完善性维护 　　　　　　　　　　 D. 预防性维护

解析:软件维护包括如下类型。

① 更正性维护:软件产品交付后进行的修改,以更正发现的问题。

② 适应性维护:软件产品交付后进行的修改,以保持软件产品能在变化后或变化中的环境中继续使用。

③ 完善性维护:软件产品交付后进行的修改,以改进性能和可维护性。

④ 预防性维护:软件产品交付后进行的修改,以在软件产品中的潜在错误成为实际错误前,检测和更正它们。

答案:D

【真题3】在软件生存周期中,将某种形式表示的软件转换成更高抽象形式表示的软件的活动属于_____。

A. 逆向工程 　　　　 B. 代码重构 　　　　 C. 程序结构重构 　　　　 D. 数据结构重构

解析:通常产品设计过程是一个从设计到产品的过程,即设计人员首先在大脑中构思产品的外形、性能和大致的技术参数等,然后在详细设计阶段完成各类数据模型,最终将这个模型转入到研发流程中,完成产品的整个设计研发周期。这就是"正向设计"过程。而逆向工程,又名反向工程(Reverse Engineering,RE),是一个从产品到设计的过程,就是根据已经存在的产品,反向推出产品设计数据(包括各类设计图或数据模型)的过程。早期的船舶工业中常用的船体放样设计就是逆向工程的很好实例。

逆向工程抽象层次应该尽可能高,即逆向工程过程应该能够导出过程的设计表示(一种低层的抽象);程序和数据结构信息(稍高一点层次的抽象);数据和控制流模型(一种相对高层的抽象);以及实体—关系模型(一种高层抽象)。随着抽象层次增高,软件工程师获得更有助于理解程序的信息。

软件重构修改源代码和/或数据以使得它适应未来的变化。通常,重构并不修改整体的程序体系结构,它趋向于关注个体模块的设计细节以及定义在模块中的局部数据结构。如果重构扩展到模块边界之外并涉及软件体系结构,则重构就变成了正向设计过程。

代码重构的目标是生成可提供相同功能的设计,但是该设计比原程序有更高的质量。

答案:A

🌀 题型点睛

1. 设计是定义一个系统或组件的架构、组件、接口和其他特征的过程,包括架构设计和详细设计。架构视图定义软件的内部结构,包括逻辑视图(满足功能需求)、过程视图(并发问题)、组件视图(实现问题)、部署视图(分布问题)。模式提供了架构设计的某些方法,包括设计模式(微观)和架构模式(宏观)。软件设计的原则为高内聚、低耦合。

2. 软件设计包括软件架构设计和软件详细设计。架构设计属于高层设计,主要描述软件的结构和组织,标识各种不同的组件。软件详细设计详细地描述各个组件,使之能被构造。

3. 逆向工程,又名反向工程(RE),是一个从产品到设计的过程,就是根据已经存在的产品,反向推出产品设计数据(包括各类设计图或数据模型)的过程。早期的船舶工业中常用的船体放样设计就是逆向工程的很好实例。

4. 模块化程序设计的基本原则:系统的主要功能应分解为若干个模块,不应由一个模块实现;一个模块应只实现一个主要功能;软件的设计和实现,应该遵循"高内聚、低耦合",一个模块负责一个主要功能的实现,也应该只有一个控制入口和控制出口。否则,修改维护起来很不方便。

5. 软件维护包括如下类型。

（1）更正性维护：软件产品交付后进行的修改，以更正发现的问题。

（2）适应性维护：软件产品交付后进行的修改，以保持软件产品能在变化后或变化中的环境中可以继续使用。

（3）完善性维护：软件产品交付后进行的修改，以改进性能和可维护性。

（4）预防性维护：软件产品交付后进行的修改，以在软件产品中的潜在错误成为实际错误前,检测和更正它们。

即学即练

【试题1】在 GB/T 14393 计算机软件可靠性和可维护性管理标准中，_____不是详细设计评审的内容。

A. 各单元可靠性和可维护性目标

B. 可靠性和可维护性设计

C. 测试文件、软件开发工具

D. 测试原理、要求、文件和工具

TOP16　软件质量

真题分析

【真题1】根据 GB/T 12504—1990《计算机软件质量保证计划规范》，为确保软件的实现满足需求，需要一些基本的文档，_____不属于基本文档。

A. 软件需求规格说明并 　　　　　　B. 软件设计说明书

C. 软件验证和确认计划 　　　　　　D. 项目开发总结

解析： 为确保软件的实现满足需求，至少需要的文档包括：软件需求规格说明书、软件设计说明书、软件验证与确认计划、软件验证与确认报告、用户文档。

答案： D

【真题2】GB/T 16680—1996《软件文档管理指南》中将项目文档分为开发文档、产品文档和管理文档三类，_____属于产品文档。

A. 可行性研究报告 　　　　　　　　B. 开发计划

C. 需求规格说明书 　　　　　　　　D. 参考手册和用户指南

解析： 基本的产品文档包括：

（1）培训手册；

（2）参考手册和用户指南；

（3）软件支持手册；

（4）产品手册和信息广告。

答案： D

【真题3】软件配置管理（SCM）是一组用于在软件_____管理变化的活动。

A. 交付使用后　　　B. 开发过程中　　　C. 整个生命周期内　　　D. 测试过程中

解析： 软件配置管理是一组用于在计算机软件的整个生命期内管理变化的活动。SCM 可被视为应用于整个软件过程的软件质量保证活动。软件配置管理的主要目标是使改进变化可以更容易地被适应，并减少当变化必须发生时所需花费的工作量。根据这些定义，可以知道本题应该选择 C。

答案： C

【真题 4】根据国家标准《软件工程产品质量》(GB/T 16260—2006)，在下列信息系统的设计方案中，主要用于提高系统可靠性的方案是_____。

A. 将简单的文本界面升级为图形交互界面，增加语音、视频等交互方式

B. 添加备用模块，当主模块出现错误时用备用模块来顶替它

C. 采用原型化开发方法，同时将核心系统用原型系统代替

D. 精简系统架构，合并有关模块，减少系统的总模块数

解析：衡量系统可靠性的指标主要有：成熟性(硬件/软件/数据)、容错性和易恢复性(数据、过程、技术)。在所给的四个选项中，只有选项 B 所述的添加备用模块，当主模块出现错误时用备用模块来顶替它的方案符合提高可靠性。

答案：B

【真题 5】以下关于软件质量保证和质量评价的描述中，不正确的是_____。

A. 软件质量保证过程通过计划制订、实施和完成一组活动提供保证，这些活动保证项目生命周期中的软件产品和过程符合其规定的需求

B. 验证和确认过程确定某开发和维护活动的产品是否符合活动的需求，最终的产品是否满足用户需求

C. 检查的目的是评价软件产品，以确定其对使用意图的适合性，目标是识别规范说明与标准的差异，并向管理提供证据

D. 软件审计的目的是提供软件产品和过程对于可应用的规则、标准、指南、计划和流程的遵从性的独立评价

解析：软件质量保证过程通过计划制订、实施和完成一组活动提供保证，这些活动保证项目生命周期中的软件产品和过程符合其规定的需求。软件质量保证计划定义了用于保证为特定产品开发的软件满足用户需求并在项目的约束内具有最高的质量的手段。

验证与确认过程使用能够定位缺陷并便于以后改正的测试技术直接处理软件产品质量问题。

验证与确认过程确定某一开发和维护活动的产品是否符合活动的需求，最终的软件产品是否达到其意图并满足用户需求。验证过程试图确保活动的输出产品已经被正确制造，即活动的输出产品满足前面活动施加的规范说明；确认过程则试图确保建造了正确的产品，即产品满足其特定的目的。

管理评审的目的是监控进展，决定计划和进度的状态，确认需求及其系统分配，或评价用于达到目标适应性的管理方法的有效性。它们支持有关软件项目期间需求的变更和其他变更活动。

检查的目的是检测和识别软件产品异常。一次检查通常针对产品的一个相对小的部分。发现的任何异常都要记录到文档中，并提交。因此正确答案为 C。

答案：C

【真题 6】根据《软件工程　产品质量　第 1 部分：质量模型》(GB/T 16260.1—2006)，软件产品的使用质量是基于用户观点的软件产品用于指定的环境和使用周境(contexts of use)时的质量，其中_____不是软件产品使用质量的质量属性。

A. 有效性　　　　　B. 可信性　　　　　C. 安全性　　　　　D. 生产率

解析：根据《软件工程　产品质量　第 1 部分：质量模型》(GB/T 16260.1—2006)，软件产品的使用质量是基于用户观点的软件产品用于指定的环境和使用周境(周境指周围环境)时的质量。使用质量的属性分类为 4 个特性：有效性、生产率、安全性和满意度。

可信性不是使用质量的质量属性，因此应选 B。

答案：B

【真题 7】软件的质量是指_____。

A. 软件的功能性、可靠性、易用性、效率、可维护性、可移植性

B. 软件的功能和性能

C. 用户需求的满意度

D. 软件特性的总和,即满足规定和潜在用户需求的能力

解析:软件"产品评价"国际标准 ISO 14598 和国家标准 GB/T 16260.1—2006《软件工程 产品质量 第 1 部分:质量模型》给出的"软件质量"的定义是:软件特性的总和,软件满足规定或潜在用户需求的能力。其中定义的软件质量包括"内部质量"、"外部质量"和"使用质量"三部分。也就是说,"软件满足规定或潜在用户需求的能力"要从软件在内部、外部和使用中的表现来衡量。软件质量特性是软件质量的构成因素,是软件产品内在的或固有的属性,包括软件的功能性、可靠性、易用性、效率、可维护性和可移植性等,每一个软件质量特性又由若干个软件质量子特性组成。

由此可见,软件质量不是某个或几个软件质量特性或子特性,如功能和性能,也不是用户需求的满意程度,而是软件特性的总和,是软件满足规定或潜在用户的能力。应选择 D。

答案:D

【真题 8】根据《软件文档管理指南》(GB/T 16680—1996),以下关于文档评审的叙述,_____是不正确的。

A. 需求评审进一步确认开发者和设计者已了解用户要求什么,以及用户从开发者一方了解某些限制和约束

B. 在概要设计评审过程中主要详细评审每个系统组成部分的基本设计方法和测试计划,系统规格说明应根据概要设计评审的结果加以修改

C. 设计评审产生的最终文档规定系统和程序将如何设计开发与测试,以满足一致同意的需求规格说明书

D. 详细设计评审主要评审计算机程序、程序单元测试计划和集成测试计划

解析:《软件文档管理指南》(GB/T 16680—1996)有关"文档评审"的内容如下:

需求评审进一步确认开发者和设计者已了解用户要求什么,及用户从开发者一方了解某些限制和约束。需求评审可能需要一次以上产生一个被认可的需求规格说明。基于对系统要做些什么的共同理解,才能着手详细设计。用户代表必须积极参与开发和需求评审,参与对需求文档的认可。

设计评审通常安排两个主要的设计评审,即概要设计评审和详细设计评审。

在概要设计评审过程中,主要详细评审每个系统组成部分的基本设计方法和测试计划。系统规格说明应根据概要设计评审的结果加以修改。

详细设计评审主要评审计算机程序和程序单元测试计划。

设计评审产生的最终文档规定系统和程序将如何设计、开发和测试。

因此应选择 D。

答案:D

🎯 题型点睛

1. 软件质量包括内部质量、外部质量和使用质量。

2. 软件质量是软件特性的综合,即软件满足规定或潜在用户需求的能力。也就是说,质量就是遵从用户需求,达到用户满意度。

3. 验证与确认过程使用能够定位缺陷并便于以后改正的测试技术直接处理软件产品质量问题。其区别如下:

验证是指在软件开发周期中的一个给定阶段的产品是否达到在上一阶段确立的需求的过程。

确认是指在软件开发过程结束时对软件进行评价以确定它是否和软件需求一致的过程。

4. 评审与审计过程包括:管理评审、技术评审、检查、走查、审计等。

① 管理评审:监控进展,决定计划和进度的状态,确认需求及其系统分配,或评价用于达到目标适应性的管理方法的有效性。

② 技术评审:评价软件产品。

③ 检查:检查的目的是检测和识别软件产品异常,一次检查通常针对产品的一个相对小的部分。发现的任何异常都要记录到文档中,并提交,是正式的。

④ 走查:走查的目的是评价软件产品,走查也可以用于培训软件产品的听众。走查类似于检查,但通常不那么正式,通常由同事评审其工作,以作为一种保障技术。

⑤ 审计:提供软件产品和过程对于可应用的规则、标准、指南、计划和流程的遵从性的独立评价,审计是事后进行的。

即学即练

【试题1】_____的目的是评价项目产品,以确定其对使用意图的适合性,表明产品是否满足规范说明并遵从标准。

A. IT 审计　　　　B. 技术评审　　　　C. 管理评审　　　　D. 走查

TOP17　面向对象系统分析与设计

真题分析

【真题1】用于显示运行的处理节点以及居于其上的构件、进程和对象的配置的图是_____。

A. 用例图　　　　B. 部署图　　　　C. 类图　　　　D. 构件图

解析:部署图(Deployment Diagram):显示运行时处理节点以及在其上存活的构件、过程和对象的配置的一种图。而构件只是代码单元在运行时的具体表现形式。

答案:B

【真题2】在面向对象的基本概念中,接口可以被理解为是类的一个特例。如果用可视化面向对象建模语言(UML)来表示,则_____图表示了类和接口之间的这种关系。

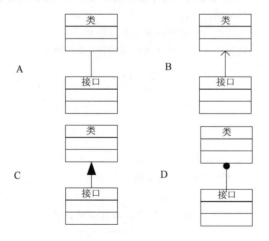

解析:选项 A 表示关联关系,双向关联用实线表示。

选项 B 表示依赖关系,用"箭杆为虚线的箭头"表示,例如动物和空气的关系:动物依赖于空气。

选项 C 表示类属关系,用"箭杆为实线、箭头为封闭三角形"表示,例如"大雁是鸟类的一种"。

选项 D 表示组合关系,例如鸟和翅膀的关系。

答案:C

【真题3】关于下图的叙述,_____是不正确的。

A. Rectangle 类和 Circle 类都有名为 area 的属性,这两个属性一定是相同的属性

B. Rectangle 类和 Circle 类都有名为 getArea 的属性,这两个属性一定是相同的属性

C. Rectangle 类中名为 length 的属性和 Circle 类中名为 radius 的属性,这两个属性一定是不同的属性

D. Shape 类有一个属性,Circle 类有两个属性,Rectangle 类有三个属性

解析:如图所示,Rectangle 和 Circle 都继承于 Shape,对于 Shape 而言,会有 getArea( )的操作。但显而易见,Rectangle 类和 Circle 类的 getArea( )方法的实现是完全不一样的,这就体现了多态的特征。所以选项 B"Rectangle 类和 Circle 类都有名为 getArea 的属性,这两个属性一定是相同的属性"是不正确。

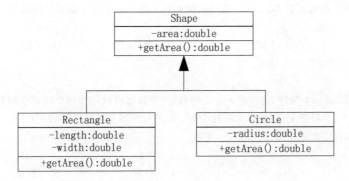

答案:B

【真题 4】在面向对象分析中,其分析过程的第一步是_____。

A. 发现角色/参与者　　　　　　　　B. 发现用例

C. 进行领域分析　　　　　　　　　　D. 建立功能模型

解析:关于面向对象的分析的步骤:①发现角色/参与者;②发现用例;③建立用例模型(use case model);④进行领域分析;⑤建立对象—关系模型;⑥建立对象—行为模型;⑦建立功能模型。

答案:A

【真题 5】以下关于面向对象方法的描述中,不正确的是_____。

A. 选择面向对象程序设计语言时需要考虑开发人员对其的熟悉程度

B. 使用设计模式有助于在软件开发过程中应用面向对象技术

C. 在软件生命周期的分析、设计、实现和测试过程中均可以应用面向对象技术

D. UML 是一种可视化建模语言,它需要与 RUP 开发过程同时使用

解析:UML 具有如下语言特征。

(1) 不是一种可视化的程序设计语言,而是一种可视化的建模语言。

(2) 是一种建模语言规范说明,是面向对象分析与设计的一种标准表示。

(3) 不是过程,也不是方法,但允许任何一种过程和方法使用它。

(4) 简单并且可扩展,具有扩展和专有化机制,便于扩展,无须对核心概念进行修改。

(5) 为面向对象的设计与开发中涌现出的高级概念(如协作、框架、模式和组件)提供支持,强调在软件开发中,对架构、框架、模式和组件的重用。

(6) 与最好的软件工程实践经验集成。

因此正确答案是 D。

答案:D

【真题 6】在用例设计中,可以使用 UML 中的_____来描述用户和系统之间的交互,说明该系统功能行为。

A. 序列图　　　　　B. 构件图　　　　　C. 类图　　　　　D. 部署图

解析：序列图可以描述一个用例的实现，因此答案为 A。

答案：A

【真题 7】根据下面的 UML 类图，以下叙述中_____是不正确的。

A. 容器是一个组件   B. GUI 组件就是一个容器

C. GUI 组件是一个对象   D. 容器和 GUI 都是组件

解析：GUI 是 Graphical User Interface 的简称，即图形用户接口。J2EE 应用服务器运行环境包括构件（Component）、容器（Container）及服务（Services）三部分。构件是表示应用逻辑的代码；容器是构件的运行环境；服务则是应用服务器提供的各种功能接口，可以与系统资源进行交互。

答案：B

【真题 8】某项目组需要在 Windows 操作系统平台上用 C＋＋语言编写应用构件，该项目组宜选用_____作为构件标准。

A. COM＋   B. EJB   C. OMG   D. ODBC

解析：很明显，该题的选项是 A。

答案：A

【真题 9】"容器是一个构件，构件不一定是容器；一个容器可以包含一个或多个构件，一个构件只能包含在一个容器中"。根据上述描述，如果用 UML 类图对容器和构件之间的关系进行面向对象分析和建模，则容器类和构件类之间存在_____关系。

① 继承   ② 扩展   ③ 聚集   ④ 包含

A. ①②   B. ②④   C. ①④   D. ①③

解析：在统一建模语言 UML 的类图中，类和类之间可能存在继承、泛化、聚集、组成和关联等关系。在统一建模语言的用例图中，用例和用例之间可能存在扩展、包含等关系。由于扩展和包含关系不是类图中类和类之间的关系类型，因此题干中所述的容器类和构件类之间不可能存在扩展与包含关系。因此正确答案应选 D。

答案：D

【真题 10】面向对象分析与设计技术中，_____是类的一个实例。

A. 对象   B. 接口   C. 构件   D. 设计模式

解析：对象是由数据及其操作所构成的封装体，是系统中用来描述客观事物的一个封装，是构成系统的基本单位。类是现实世界中实体的形式化描述，类将该实体的数据和函数封装在一起。接口是对操作规范的说明。模式是一条由三部分组成的规则，它表示了一个特定环境、一个问题和一个解决方案之间的关系。类和对象的关系可以总结如下：

（1）每一个对象都是某一个类的实例。

（2）每一个类在某一时刻都有零个或更多的实例。

（3）类是静态的，对象是动态的。

（4）类是生成对象的模板。

由此可知，对象是类的一个实例，因此应选 A。

答案：A

🏆 题型点睛

1. 面向对象的基本概念

面向对象的基本概念有对象、类、抽象、封装、继承、多态、接口、消息、组件、模式和复用等。

（1）对象：对象是由数据及其操作所构成的封装体，对象包含三个基本要素，分别是对象标识、对象状态和对象行为。

（2）类：类的数据也称属性、状态或特征，它表现类静态的一面。类的函数也称功能、操作或服务，它表现类动态的一面。

（3）抽象：通过特定的实例抽取共同特征后形成概念的过程，强调主要特征，忽略次要特征。

（4）封装：将抽象得到的数据和行为（或功能）相结合，形成一个有机的整体（即"类"）。隐藏对象的属性和实现细节。

（5）继承：继承表示类之间的层次关系，继承又可分为单继承和多继承。

（6）多态：多态性使得一个属性或变量在不同的时期可以表示不同类的对象。

（7）接口：接口就是对操作规范的说明。

（8）消息：消息是对象间的交互手段。

（9）组件：组件是软件系统可替换的、物理的组成部分，它封装了实现体（实现某个职能），并提供了一组接口的实现方法。

（10）模式：一个特定环境、一个问题和一个解决方案的关系。

（11）复用：软件复用是指将已有的软件及其有效成分用于构造新的软件或系统。

2．可视化建模与统一建模语言（UML）

UML 描述了系统的静态结构和动态行为，它将系统描述为一些独立的相互作用的对象，构成为外界提供一定功能的模型结构，静态结构定义了系统中重要对象的属性和服务，以及这些对象之间的相互关系，动态行为定义了对象的时间特性和对象为完成目标而相互进行通信的机制。

3．面向对象系统分析

1）面向对象的分析模型

面向对象的分析模型由用例模型、类—对象模型、对象—关系模型和对象—行为模型组成。

（1）用例模型。

用例描述了用户和系统之间的交互，其重点是系统为用户做什么。用例模型描述全部的系统功能行为。

（2）类—对象模型。

类—对象模型，描述系统所涉及的全部类以及对象。

（3）对象—关系模型。

对象—关系模型，描述对象之间的静态关系，同时定义了系统中所有重要的消息路径，对象—关系模型包括类图和对象图。

（4）对象—行为模型。

对象—行为模型，描述了系统的动态行为。对象—行为模型包括状态图、顺序图、协作图和活动图。

2）面向对象的分析方法

（1）发现角色/参与者。

（2）发现用例。

（3）建立用例模型。

（4）进行领域分析。

（5）建立对象—关系模型。

（6）建立对象—行为模型。

（7）建立功能模型。

即学即练

【试题1】UML 2.0 支持 13 种图，它们可以分成两大类：结构图和行为图。_____说法不正确。

A．部署图是行为图　　　　　　　　B．顺序图是行为图

C．用例图是行为图　　　　　　　　D．构件图是结构图

【试题 2】UML 中的用例和用例图的主要用途是描述系统的_____。

A. 功能需求　　　　B. 详细设计　　　　C. 体系结构　　　　D. 内部接口

【试题 3】关于 UML,错误的说法是_____。

A. UML 是一种可视化的程序设计语言

B. UML 不是过程,也不是方法,但允许任何一种过程和方法使用

C. UML 简单且可扩展

D. UML 是面向对象分析与设计的一种标准表示

【试题 4】面向对象中的　(1)　机制是对现实世界中遗传现象的模拟。通过该机制,基类的属性和方法被遗传给派生类;　(2)　是指把数据以及操作数据的相关方法组合在同一单元中,这样可以把类作为软件复用中的基本单元,提高内聚度,降低耦合度。

(1) A. 复用　　　　B. 消息　　　　C. 继承　　　　D. 变异

(2) A. 多态　　　　B. 封装　　　　C. 抽象　　　　D. 接口

TOP18　软件架构

真题分析

【真题 1】在信息系统工程总体规划过程中,软件架构包括多种形式,在_____中,数据和数据处理放在服务器端,而应用处理和表现层放在客户端。

A. 文件服务器架构　　　　　　　　B. 客户/服务器两层架构

C. 客户/服务器 N 层架构　　　　　D. 基于 Web 的架构

解析:客户机/服务器(Client/Server,C/S)模式是基于资源不对等,为实现共享而提出的。

C/S 模式将应用一分为二,服务器(后台)负责数据管理,客户机(前台)完成与用户的交互任务。C/S 模式具有强大的数据操作和事务处理能力,模型思想简单,易于被人们理解和接受。

答案:B

【真题 2】在下列技术中,_____提供了可靠消息传输、服务接入、协议转换、数据格式转换、基于内容的路由器等功能,能够满足大型异构企业环境的集成要求。

A. ESB　　　　B. RUP　　　　C. EJB　　　　D. PERT

解析:ESB 全称为 Enterprise Service Bus,即企业服务总线。它是传统中间件技术与 XML、Web 服务等技术结合的产物。ESB 提供了网络中最基本的连接中枢,是构筑企业神经系统的必要元素。ESB 的出现改变了传统的软件架构,同时它还可以消除不同应用之间的技术差异,让不同的应用服务器协调运作,实现了不同服务之间的通信与整合。从功能上看,ESB 提供了事件驱动和文档导向的处理模式,以及分布式的运行管理机制,它支持基于内容的路由和过滤,具备了复杂数据的传输能力,并可以提供一系列的标准接口。

RUP(Rational Unified Process,统一软件开发过程,统一软件过程)是一个面向对象且基于网络的程序开发方法论。

EJB 是 Sun 的服务器端组件模型,设计目标与核心应用是部署分布式应用程序。凭借 Java 跨平台的优势,用 EJB 技术部署的分布式系统可以不限于特定的平台。EJB(Enterprise Java Bean) J2EE 的一部分,定义了一个用于开发基于组件的企业多重应用程序的标准。其特点包括网络服务支持和核心开发工具(SDK)。在 J2 EE 里,Enterprise Java Beans(EJB)称为 Java 企业 Bean,是 Java 的核心代码,分别是会话 Bean(Session Bean)、实体 Bean(Entity Bean)和消息驱动 Bean。

PERT(Program/Project Evaluation and Review Technique)即计划评审技术,是利用网络分析制定计划以及对计划予以评价的技术。它能协调整个计划的各道工序,合理安排人力、物力、时间、资金,加

速计划的完成。在现代计划的编制和分析手段上,PERT 被广泛地使用,是现代项目管理的重要手段和方法。

答案:A

【真题 3】关于中间件特点的描述,_____是不正确的。

A. 中间件可运行于多种硬件和操作系统平台上

B. 跨越网络、硬件、操作系统平台的应用或服务可通过中间件透明交互

C. 中间件运行于客户机/服务器的操作系统内核中,提高内核运行效率

D. 中间件应支持标准的协议和接口

解析:中间件是一种独立的系统软件或服务程序,分布式应用软件借助这种软件在不同的技术之间共享资源。中间件位于客户机/服务器的操作系统之上,管理计算机资源和网络通信,而不是在操作系统内核中,选项 C 是不正确的;它是连接两个独立应用程序或独立系统的软件。相连接的系统,即使它们具有不同的接口,但通过中间件相互之间仍能交换信息。执行中间件的一个关键途径是信息传递。通过中间件,应用程序可以工作于多平台或操作系统环境。

答案:C

【真题 4】网络协议和设备驱动软件经常采用分层架构模式,其主要原因是_____。

A. 可以让软件获得更高的性能　　　　　B. 支持软件复用

C. 让功能划分容易,便于设计实现　　　　D. 为达到低内聚、高耦合的设计目标

解析:分层的优点:①人们可以很容易地讨论和学习协议的规范细节;②层间的标准接口方便了工程模块化;③创建了一个更好的互连环境;④降低了复杂度,使程序更容易修改,产品开发的速度更快;⑤每层利用紧邻的下层服务,更容易记住各层的功能。

答案:C

【真题 5】与基于 C/S 架构的信息系统相比,基于 B/S 架构的信息系统_____。

A. 具备更强的事务处理能力,易于实现复杂的业务流程

B. 人机界面友好,具备更加快速的用户响应速度

C. 更加容易部署和升级维护

D. 具备更高的安全性

解析:C/S 模式(即客户机/服务器模式)分为客户机和服务器两层,客户机不是毫无运算能力的输入、输出设备,而是具有一定的数据处理和数据存储能力,通过把应用系统的计算和数据合理地分配在客户机和服务器两端,可以有效地降低网络通信量和服务器运算量。由于服务器连接个数和数据通信量的限制,这种结构的软件适于在用户数目不多的局域网内使用。

　　B/S 模式(浏览器/服务器模式)是随着 Internet 技术的兴起,对 C/S 结构的一种改进。在这种结构下,软件应用的业务逻辑完全在应用服务器端实现,用户表现完全在 Web 服务器端实现,客户端只需要浏览器即可进行业务处理,是一种全新的软件系统构造技术。

　　C/S 结构的系统,由于其应用是分布的,需要在每一个使用节点上进行系统安装,所以,即使非常小的系统缺陷都需要很长的重新部署时间。重新部署时,为了保证各程序版本的一致性,必须暂停一切业务进行更新(即"休克更新"),将会显著延迟其服务响应时间。而在 B/S 结构的信息系统中,其应用都集中于总部服务器上,各应用节点并没有任何程序,一个地方更新则全部应用程序更新,可以做到快速服务响应。

　　因此,基于 B/S 架构的信息系统比基于 C/S 架构的系统更容易部署和升级维护。

答案:C

【真题 6】小王在公司局域网中用 Delphi 编写了客户端应用程序,其后台数据库使用 Microsoft Windows NT4+SQL Server,应用程序通过 ODBC 连接到后台数据库。此处的 ODBC 是_____。

A. 中间件　　　　B. WebService　　　　C. COM 构件　　　　D. Web 容器

解析:中间件是位于硬件、操作系统等平台和应用之间的通用服务,这些服务具有标准的程序接口

和协议。不同的硬件及操作系统平台,可以有符合接口和协议规范的多种实现。中间件包括的范围十分广泛,针对不同的应用需求有各种不同的中间件产品。从不同的角度对中间件的分类也会有所不同。通常将中间件分为数据库访问中间件、远程过程调用中间件、面向消息中间件、事务中间件、分布式对象中间件等几类。

数据库访问中间件通过一个抽象层访问数据库,从而允许使用相同或相似的代码访问不同的数据库资源。典型的数据库访问中间件如 Windows 平台下的 ODBC。

WebService 定义了一种松散的粗粒度的分布计算模式,包含如 SOAP 等协议和语言的典型技术。

COM 是一个开放的构件标准,它有很强劲的扩充和扩展能力,人们可以根据该标准开发出各种各样的功能专一的构件,然后将它们按照需要组合起来,构成复杂的应用。

Web 容器实际上就是一个服务程序,给处于其中的应用程序组件提供一个环境,使组件直接与容器中的服务接口交互,不必关注其他系统问题。

答案:A

题型点睛

1. 软件架构为软件系统提供了一个结构、行为和属性的高级抽象,由构成系统的元素的描述、这些元素的相互作用、指导元素集成的模式以及这些模式的约束组成。软件架构不仅指定了系统的组织结构和拓扑结构,并且显示了系统需求和构成系统的元素之间的对应关系,提供了一些设计决策的基本原则。

2. C/S 模式的优点如下:

(1) 客户机与服务器分离,允许网络分布式操作,二者的开发也可分开同时进行。

(2) 一台服务器可以服务于多台客户机。

C/S 模式适用于分布式系统,得到了广泛的应用。为了解决该模式中客户端的问题,发展形成了浏览器/服务器(B/S)模式;为了解决该模式中服务器端的问题,发展形成了三层(多层)C/S 模式,即多层应用架构。

基于 B/S 架构的信息系统比基于 C/S 架构的系统更容易部署和升级维护。

3. 中间件

(1) 软件中间件:中间件是一种独立的系统软件或服务程序,可以帮助分布式应用软件在不同的技术之间共享资源,它位于客户端/服务器的操作系统之上,管理计算机资源和网络通信。其主要目的是实现应用与平台的无关性,满足大量应用的需要,运行于多种硬件和操作系统平台,支持分布式计算,提供跨网络/硬件,操作系统平台的应用或服务的透明交互,支持标准的协议,支持标准的接口,这些是任何一类中间件都具备的特点。

(2) 几种主要的中间件:数据库访问中间件、远程过程调用中间件、面向消息中间件、分布式对象中间件、事务中间件。

即学即练

【试题 1】与客户机/服务器(Client/Server,C/S)架构相比,浏览器/服务器(Browser/Server,B/S)架构的最大优点是_____。

A. 具有强大的数据操作和事务处理能力

B. 部署和维护方便、易于扩展

C. 适用于分布式系统,支持多层应用架构

D. 将应用一分为二,允许网络分布操作

【试题 2】软件架构模式描述了如何将各个模块和子系统有效地组织成一个完整的系统。诸如

Word 和 Excel 这类图形界面应用软件所采用的架构模式是_____。

    A. 分层模式　　　　　B. 知识库模式　　　　　C. 面向对象模式　　　　D. 事件驱动模式

【试题3】中间件是位于硬件、操作系统等平台和应用之间的通用服务。_____位于客户和服务器之间,负责负载均衡、失效恢复等任务,以提高系统的整体性能。

    A. 数据库访问中间件　　　　　　　　　　B. 面向消息中间件

    C. 分布式对象中间件　　　　　　　　　　D. 事务中间件

【试题4】为了解决 C/S 模式中客户机负荷过重的问题,软件架构发展形成了_____模式。

    A. 三层 C/S　　　　　B. 分层　　　　　　　C. B/S　　　　　　　　D. 知识库

TOP19　数据库与数据仓库

真题分析

【真题1】数据库管理系统(Database Management System)是一种操纵和管理数据库的大型软件,用以建立、使用和维护数据库,简称 DBMS,其中供用户实现数据的追加、删除、更新、查询的功能属于_____。

    A. 数据定义　　　　　　　　　　　　　　B. 数据操作

    C. 数据的组织、存储和管理　　　　　　　D. 数据库的维护

解析:操作型数据库中的数据通常是实时更新的,数据根据需要及时发生变化。而数据仓库的数据主要供企业决策分析之用,所涉及的数据操作主要是数据查询,只有少量的修改和删除操作,通常只需定期加载、刷新。

答案:B

【真题2】某关系数据库中有员工表和部门表,适合作为员工表的主键和外键的字段分别为_____。

    A. 员工编号和部门编号　　　　　　　　　B. 部门编号和员工编号

    C. 部门编号和姓名　　　　　　　　　　　D. 姓名和部门编号

解析:主键(PK)是唯一标识表中的所有行的一个列或一组列。主键不允许空值。不能存在具有相同的主键值的两个行,因此主键值总是唯一标识单个行。表中可以有不止一个键唯一标识行,每个键都称作候选键。只有一个候选键可以选作表的主键,所有其他候选键称作备用键。尽管表不要求具有主键,但定义主键是很好的做法。在规范化的表中,每行中的所有数据值都完全依赖于主键。例如,在以 EmployeeID 作为主键的规范化的 employee 表中,所有列都应包含与某个特定职员相关的数据。该表不具有 DepartmentName 列,因为部门的名称依赖于部门 ID,而不是职员 ID。

外键(FK)是用于建立和加强两个表数据之间的链接的一列或多列。通过将保存表中主键值的一列或多列添加到另一个表中,可创建两个表之间的链接。这个列就称为第二个表的外键。

定义主键来强制不允许空值的指定列中输入值的唯一性。如果在数据库中为表定义了主键,则可将该表与其他表相关,从而减少冗余数据。表只能有一个主键。

主键是本表的唯一标识,而外键是与另一个表相关联。

答案:A

【真题3】数据库管理系统(DBMS)和操作系统(OS)之间的关系为_____。

    A. 相互调用　　　　　　　　　　　　　　B. DBMS 调用 OS

    C. OS 调用 DBMS　　　　　　　　　　　D. 并发运行

解析:数据库管理系统(DBMS)和操作系统(OS)之间的关系是:DBMS 调用 OS。

答案:B

【真题 4】数据仓库是一个面向主题的、集成的、相对稳定的、反映历史变化的数据集合,用于支持管理决策。关于数据仓库,下面说法正确的是＿＿＿＿。

A. 数据仓库主要关注事务处理,即对联机数据的增、删、改、查

B. 数据仓库集成了异构数据源,且存放在数据仓库中的数据一般不再改变

C. 我们把数据库通常称为数据集合,它是数据仓库的主题

D. OLAP 服务器检索位于数据仓库的前端,用于管理人员的决策分析

解析:数据仓库(Data Warehouse)是一个面向主题的(Subject Oriented)、集成的、相对稳定的、反映历史变化的数据集合,用于支持管理决策。可以从两个层次理解数据仓库:首先,数据仓库用于决策支持,面向分析型数据处理,不同于企业现有的操作型数据库;其次,数据仓库是对多个异构数据源(包括历史数据)的有效集成,集成后按主题重组,且存放在数据仓库中的数据一般不再修改。与操作型数据库相比,数据仓库的主要特点如下。

(1)面向主题:操作型数据库的数据面向事务处理,业务系统之间各自分离,而数据仓库中的数据按主题进行组织。主题指的是用户使用数据仓库进行决策时所关心的某些方面,一个主题通常与多个操作型系统相关。

(2)集成:面向事务处理的操作型数据库通常与某些特定的应用相关,数据库之间相互独立,并且往往是异构的。而数据仓库中的数据是在对原有分散的数据库数据抽取、清理的基础上经过系统加工、汇总和整理得到的,消除了源数据中的不一致性,保证数据仓库内的信息是整个企业的一致性的全局信息。

(3)相对稳定:操作型数据库中的数据通常是实时更新的,数据根据需要及时发生变化。而数据仓库的数据主要供企业决策分析之用,所涉及的数据操作主要是数据查询,只有少量的修改和删除操作,通常只需定期加载、刷新。

(4)反映历史变化:操作型数据库主要关心当前某一个时间段内的数据,而数据仓库中的数据通常包含历史信息,系统记录了企业从过去某一时刻到当前各个阶段的信息,通过这些信息,可以对企业的发展历程和未来趋势做出定量分析和预测。

答案:B

【真题 5】数据库管理系统是操纵和管理数据库的大型软件,用于建立、使用和维护数据库。以下关于数据库管理系统的描述,＿＿＿＿是不正确的。

A. 数据库管理系统可使多个应用程序和用户用不同的方法在需要时去建立、修改和询问数据库

B. 数据库管理系统提供数据定义语言与数据操纵语言

C. 数据库管理系统提供对数据的追加、删除等操作

D. 数据库管理系统不具有与操作系统的联机处理、分时系统及远程作业输入的相关接口

解析:数据库管理系统的主要功能如下。

(1)数据定义:DBMS 提供数据定义语言 DDL(Data Definition Language),供用户定义数据库的三级模式结构、两级映像以及完整性约束和保密限制等约束。

(2)数据操纵:DBMS 提供数据操纵语言 DML(Data Manipulation Language),供用户实现对数据的追加、删除、更新、查询等操作。

(3)数据库的运行管理:数据库的运行管理功能是 DBMS 的运行控制、管理功能,包括多用户环境下的并发控制、安全性检查和存取限制控制、完整性检查和执行、运行日志的组织管理、事务的管理和自动恢复,即保证事务的原子性。

(4)数据组织、存储与管理:DBMS 要分类组织、存储和管理各种数据,包括数据字典、用户数据、存取路径等,需确定以何种文件结构和存取方式在存储级上组织这些数据,如何实现数据之间的联系。

(5)数据库的保护:数据库的恢复、数据库的并发控制、数据库的完整性控制、数据库安全性控制。

(6)数据库的维护:这一部分包括数据库的数据载入、转换、转储、数据库的重组和重构以及性能监控等功能,这些功能分别由各个使用程序来完成。

（7）通信：DBMS 具有与操作系统的联机处理、分时系统及远程作业输入的相关接口，负责处理数据的传送。对网络环境下的数据库系统，还应该包括 DBMS 与网络中其他软件系统的通信功能以及数据库之间的互操作功能。

答案：D

【真题6】对数据仓库特征的描述，_____是不正确的。

　　A. 与时间无关的　　　　　　　　　B. 不可修改的

　　C. 面向主题的　　　　　　　　　　D. 集成的

解析：数据仓库的主要特点如下。

（1）面向主题：数据仓库中的数据按主题进行组织。

（2）集成：数据库之间相互独立，并且往往是异构的。

（3）相对稳定：数据根据需要及时发生变化。

（4）反映历史变化：数据仓库中的数据通常包含历史信息，做出定量分析和预测。

答案：A

【真题7】在某次针对数据库的信息安全风险评估中，发现其中对财务核心数据的逻辑访问密码长期不变。基于以上现象，下列说法正确的是_____。

　　A. 该数据不会对计算机构成威胁，因此没有脆弱性

　　B. 密码和授权长期不变是安全漏洞，属于该数据的脆弱性

　　C. 密码和授权长期不变是安全漏洞，属于对该数据的威胁

　　D. 风险评估针对设施和软件，不针对数据

解析：选项 B 是正确的。威胁可看成从系统外部对系统产生的作用，而导致系统功能及目标受阻的所有现象。而脆弱性则可以看成是系统内部的薄弱点。脆弱性是客观存在的，脆弱性本身没有实际的伤害，但威胁可以利用脆弱性发挥作用。系统的风险可以看作是威胁利用了脆弱性而引起的。常见的脆弱性有："密码和授权长期不变"、"错误地选择和使用密码"。

答案：B

【真题8】以下关于数据仓库与数据库的叙述中，_____是正确的。

　　A. 数据仓库的数据高度结构化、复杂、适合操作计算；而数据库的数据结构比较简单，适合分析

　　B. 数据仓库的数据是历史的、归档的、处理过的数据；数据库的数据反映当前的数据

　　C. 数据仓库中的数据使用频率较高；数据库中的数据使用频率较低

　　D. 数据仓库中的数据是动态变化的，可以直接更新；数据库中的数据是静态的，不能直接更新

解析：数据库技术以数据库为中心，进行事务处理、批处理、决策分析等各种数据处理工作，主要有操作型处理和分析型处理两类。操作型数据库系统主要强调的是优化企业的日常事务处理工作，难以实现对数据分析处理要求，无法满足数据处理多样化的要求，从而进化出分析型的数据仓库技术。

数据仓库（Data Warehouse）是一个面向主题的（Subject Oriented）、集成的、相对稳定的、反映历史变化的数据集合，用于支持管理决策。

与操作型数据库相比，数据仓库的主要特点有面向主题、集成、相对稳定和反映历史变化。

操作型数据库中的数据通常是实时更新的，数据根据需要及时发生变化，而数据仓库只有少量的修改和删除操作。

答案：B

🌀 题型点睛

1. 数据仓库（DW）是一个面向主题的、集成的、相对稳定的、反映历史变化的数据集合，用于支持管理决策。可以从两个层次理解数据仓库：首先，数据仓库用于决策支持，面向分析型数据处理，不同于企业现有的操作型数据库；其次，数据仓库是对多个异构数据源（包括历史数据）的有效集成，集成后按主

题重组,且存放在数据仓库中的数据一般不再修改。

2. 数据仓库的主要特点。

(1) 面向主题:操作型数据库的数据面向事务处理,各个业务系统之间各自分离,而数据仓库中的数据按主题进行组织。主题指的是用户使用数据仓库进行决策时所关心的某些方面,一个主题通常与多个操作型系统相关。

(2) 集成:面向事务处理的操作型数据库通常与某些特定的应用相关,数据库之间相互独立,并且往往是异构的。

(3) 相对稳定:操作型数据库中的数据通常是实时更新的,数据根据需要及时发生变化。而数据仓库中的数据主要供企业决策分析之用,所涉及的数据操作主要是数据查询,只有少量的修改和删除操作,通常只需定期加载、刷新。

(4) 反映历史变化:操作型数据库主要关心当前某一个时间段内的数据,而数据仓库中的数据通常包含历史信息,系统记录了企业从过去某一时刻到当前各个阶段的信息,通过这些信息,可以对企业的发展历程和未来趋势做出定量分析和预测。

3. 数据仓库按照数据的覆盖范围可以分为企业级数据仓库和部门级数据仓库(通常称为数据集市)两种。

4. OLAP 服务器对分析需要的数据进行有效集成,按多维模型组织,以便进行多角度、多层次的分析,并发现趋势。具体实现可以分为 ROLAP、MOLAP 和 HOLAP。ROLAP 的基本数据和聚合数据均存放在关系数据库中;MOLAP 的基本数据和聚合数据均存放在多维数据库中;HOLAP 的基本数据存放在关系数据库中,聚合数据存放在多维数据库中。

即学即练

【试题1】目前,企业信息化系统所使用的数据库管理系统的结构大多数为_____。

A. 层次结构   B. 关系结构   C. 网状结构   D. 链表结构

【试题2】以下关于数据仓库的描述中,正确的是_____。

A. 数据仓库中的数据主要提供企业决策分析之用,需要实施快速更新

B. 数据仓库中的数据包含了过去某一时刻到当前各个阶段的信息

C. 数据仓库中的数据通常按业务应用进行组织

D. 数据仓库中的数据往往来自异构数据库,发生数据不一致在所难免

【试题3】下面关于数据仓库的叙述,错误的是_____。

A. 在数据仓库的结构中,数据源是数据仓库系统的基础

B. 数据的存储与管理是整个数据仓库系统的核心

C. 数据仓库前端分析工具中包括报表工具

D. 数据仓库中间层 OLAP 服务器只能采用关系型 OLAP

TOP20 J2EE 架构与 .NET 架构

真题分析

【真题1】项目开发需要重用以往的 ActiveX 控件,利用一个集成的编程开发工具,研发 Windows 应用程序,且该工作应同时支持 VB、C++和 JScript 等编程语言,该开发组应选择_____作为编程工发工具。

A. Visual Studio. NET   B. JDK 工具包

C．ECLIPSE　　　　　　　　　　　　　D．IBM WebSphere

解析：在 . NET 中开发传统的基于 Windows 的应用程序时，除了可以利用现有的技术（如 ActiveX 控件以及丰富的 Windows 接口）外，还可以基于通用语言运行环境开发，可以使用 ADO. NET、Web 服务等。. NET 支持使用多种语言进行开发，目前已经支持 VB、C＋＋、C＃ 和 JScript 等语言以及它们之间的深层次交互。

Visual Studio. NET 作为微软的下一代开发工具，和 . NET 开发框架紧密结合，是 . NET 应用程序的集成开发环境，它位于 . NET 平台的顶端。Visual Studio. NET 是一个强大的开发工具集合，里面集成了一系列 . NET 开发工具，如 C＃. NET、VB. NET、XML Schema Editor 等。

答案：A

【真题2】J2EE 规范包含一系列技术规范，其中＿＿＿＿＿＿＿实现应用中关键的业务逻辑，创建基于构件的企业级应用程序，如进行事务管理、安全运行远程客户连接、生命周期管理和数据库连接缓冲等中间层服务的应用程序。

A．Servlet　　　　　B．JCAC　　　　　C．JSP　　　　　D．EJB

解析：J2EE 规范包含了一系列构件及服务技术规范。

（1）JNDI：Java 命名和目录服务，提供了统一、无缝的标准化名字服务。

（2）Servlet：Java Servlet 是运行在服务器上的一个小程序，用于提供以构件为基础、独立于平台的 Web 应用。

（3）JSP：Java Servlet 的一种扩展，使创建静态模板和动态内容相结合的 HTML 和 XML 页面更加容易。

（4）EJB：实现应用中关键的业务逻辑，创建基于构件的企业级应用程序。EJB 在应用服务器的 EJB 容器内运行，由容器提供所有基本的中间层服务，如事务管理、安全、远程客户连接、生命周期管理和数据库连接缓冲等。

（5）JCA：J2EE 连接器架构，提供一种连接不同企业信息平台的标准接口。

（6）JDBC：Java 数据库连接技术，提供访问数据库的标准接口。

（7）JMS：Java 消息服务，提供企业级消息服务的标准接口。

（8）JTA：Java 事务编程接口，提供分布式事务的高级管理规范。

（9）JavaMail：提供与邮件系统的接口。

（10）RMI-IIOP：提供应用程序的通信接口。

答案：D

【真题3】J2EE 的四层体系架构（客户层/表示层/业务逻辑层/数据层）中，可用来实现业务逻辑层的技术是＿＿＿＿＿＿＿。

A．Internet Explorer　　　　　　　　　B．Database

C．Enterprise JavaBean　　　　　　　　D．Servlet

解析：该题的选项是 C。按 Sun 公司的定义，JavaBeans 是一个可重复使用的软件组件。实际上 JavaBeans 是一种 Java 类，通过封装属性和方法成为具有某种功能或者处理某个业务的对象，简称 Beans。由于 JavaBeans 是基于 Java 语言的，因此 JavaBeans 不依赖平台，具有以下特点：

（1）可以实现代码的重复利用；

（2）易编写、易维护、易使用；

（3）可以在任何安装了 Java 运行环境的平台上使用，而不需要重新编译。

而 Servlet 是一个 Java 编写的程序，此程序是在服务器端运行的。Servlet 是处理客户端的请求并将其结果发送到客户端，具有独立于平台和协议的特性，可以生成动态的 Web 页面。它担当客户请求（Web 浏览器或其他 HTTP 客户程序）与服务器响应（HTTP 服务器上的数据库或应用程序）的中间层。

答案：C

【真题4】以下关于.NET架构和J2EE架构的叙述中，_____是正确的。

A. .NET只适用于Windows操作系统平台上的软件开发

B. J2EE只适用于非Windows操作系统平台上的软件开发

C. .NET不支持Java语言编程

D. J2EE中的ASP.NET采用编译方式运行

解析：J2EE是由Sun公司主导、各厂商共同制定并得到广泛认可的工业标准。.NET是基于一组开发的互联网协议而推出的一系列的产品、技术和服务。传统的Windows应用是.NET中不可或缺的一部分，因此，.NET本质上是基于Windows操作系统平台的。

ASP.NET是.NET中的网络编程结构，可以方便、高效地构建、运行和发布网络应用。在.NET中，ASP.NET应用不再是解释脚本，而是采用编译运行。综上所述，通常.NET只适用于Windows操作系统平台上的软件开发。因此应选A。

答案：A

【真题5】以下关于J2EE应用服务器运行环境的叙述中，_____是正确的。

A. 容器是构件的运行环境

B. 构件是应用服务器提供的各种功能接口

C. 构件可以与系统资源进行交互

D. 服务是表示应用逻辑的代码

解析：J2EE应用服务器运行环境包括构件（Component）、容器（Container）及服务（Services）三部分。构件是表示应用逻辑的代码；容器是构件的运行环境；服务则是应用服务器提供的各种功能接口，可以与系统资源进行交互。由此可知，"容器是构件的运行环境"的叙述是正确的，其他选项中的叙述与上述概念的定义不符。

答案：A

题型点睛

1. J2EE应用将开发工作分成两类：业务逻辑开发和表示逻辑开发，其余的系统资源则由应用服务器自动处理，不必为中间层的资源和运行管理进行编码。这样就可以将更多的开发精力集中在应用程序的业务逻辑和表示逻辑上，从而缩短企业应用开发周期，有效地保护企业的投资。

2. 完整的J2EE技术规范由如下4个部分组成：J2EE平台、J2EE应用编程模型、J2EE兼容测试套件、J2EE参考实现，J2EE应用服务器运行环境包括构件（Component）、容器（Container）及服务（Services）三部分。

3. J2EE规范包含的构件及服务技术规范：JNDI、Servlet、JSP、EJB、JCA、JDBC、JMS、JTA、JavaMail、RMI-IIOP。

4. J2EE应用服务器运行环境包括构件（Component）、容器（Container）及服务（Services）三部分。构件是表示应用逻辑的代码；容器是构件的运行环境；服务则是应用服务器提供的各种功能接口，可以与系统资源进行交互。

5. 基础类库（Base Class Library）给开发人员提供了一个统一的、面向对象的、层次化的、可扩展的编程接口，使开发人员能够高效、快速地构建基于下一代互联网的网络应用。

即学即练

【试题1】在.NET架构中，为开发人员提供统一的、面向对象的、层次化的、可扩展的编程接口，使开发人员能够高效、快速地构建基于下一代互联网网络应用的是_____。

A. 统一语言运行环境   B. 基础类库

C. 数据库访问技术   D. 网络开发技术

TOP21　常用构件标准

真题分析

【真题1】以下关于 COM＋的描述中,不正确的是_____。

A. COM＋是 COM 的新版本,它使 COM 升级成为一个完整的组件框架

B. COM＋的底层架构以 COM 为基础,几乎包括了 COM 的所有内容

C. CO M＋更加注重分布式网络应用的设计和实现

D. COM＋与操作系统紧密结合,通过系统服务为应用程序提供全面服务

解析：COM＋并不是 COM 的简单升级,COM＋的底层结构仍然以 COM 为基础,几乎包含了 COM 的所有内容,COM＋综合了 COM、DCOM 和 MTS 这些技术要素,它把 COM 组件软件提升到应用层而不再是底层的软件结构,它通过操作系统的各种支持,使组件对象模型建立在应用层上,把所有组件的底层细节留给操作系统,同此 COM＋与操作系统的结合更加紧密。从定义看,本题的 4 个选项似乎都有道理,推荐首选项 A。

答案：A

题型点睛

1. 构件技术就是利用某种编程手段,将一些人们所关心的、但又不便于让最终用户去直接操作的细节进行了封装,同时对各种业务逻辑规则进行了实现,用于处理用户的内部操作细节。这个封装体通常被称作构件。

2. 常用构件标准。

(1) COM/DCOM/COM＋。

COM 是个开放的组件标准,它有很强的扩充和扩展能力。COM 把组件的概念融入 Windows 应用中。DCOM 在 COM 的基础上添加了许多功能和特性,包括事务特性、安全模型、管理和配置等,使 COM 成为一个完整的组件架构。COM＋将 COM、DCOM 和 MTS 形成一个全新的、功能强大的组件架构。DCOM 是基于客户机和服务器模型的,客户程序和构件程序是相对的,进行功能请求调用的是客户程序而响应该请求的是构件程序。COM＋的底层结构仍然以 COM 为基础,它几乎包含了 COM 的所有内容。

(2) CORBA。

CORBA(Common Object Request Broker Architecture,公共对象请求代理架构)是由 OMG 组织制订的一种标准的面向对象的应用程序体系规范。CORBA 标准主要分为三个层次:对象请求代理、公共对象服务和公共设施。

(3) EJB。

EJB 用于封装业务,而业务可分为业务实体和业务过程。在 J2 EE 模型中,中间层的业务功能通过 EJB 构件实现,使用 JSP 实现业务逻辑处理结果的动态发布,构成动态的 HTML 页面,中间层也可以使用 Servlet 实现更为灵活的动态页面。

即学即练

【试题1】CORBA 是由 OMG 组织为解决分布式处理环境中软硬件系统互连而提出的一种解决方

案,已经逐渐成为分布式计算技术的标准。CORBA标准主要分为三个层次,其中规定业务对象有效协作所需的协议规则的层次是_____。

A. 对象请求代理   B. 公共对象服务

C. 公共语言规范   D. 公共设施

TOP22 工作流技术

真题分析

【真题1】工作流(workflow)需要依靠_____来实现,其主要功能是定义、执行和管理工作流,协调工作流执行过程中工作之间以及群体成员之间的信息交互。

A. 工作流管理系统   B. 工作流引擎

C. 任务管理工具   D. 流程监控工具

解析:工作流(workflow)就是工作流程的计算机模型,即将工作流程中的工作如何前后组织在一起的逻辑和规则在计算机中以恰当的模型进行表示并对其实施计算。工作流需要依靠工作流管理系统来实现。

答案:A

题型点睛

1. 工作流(workflow)就是工作流程的计算模型,即将工作流程中的工作如何前后组织在一起的逻辑和规则在计算机中以恰当的模型进行表示并对其实施计算。工作流要解决的主要问题是:为实现某个业务目标,在多个参与者之间,利用计算机,按某种预定规则自动传递文档、信息或者任务。工作流需要依靠工作流管理系统来实现。

2. 工作流在流程管理中的应用分为三个阶段:流程建模、流程仿真和流程改进或优化。流程建模是用清晰和形式化的方法表示流程的不同抽象层次,可靠的模型是流程分析的基础,流程仿真是为了发现流程存在的问题以便为流程的改进提供指导。

即学即练

【试题1】工作流技术在流程管理应用中的三个阶段分别是_____。

A. 流程的设计、流程的实现、流程的改进和维护

B. 流程建模、流程仿真、流程改进或优化

C. 流程的计划、流程的实施、流程的维护

D. 流程的分析、流程的设计、流程的实施和改进

TOP23 Web Service 技术

真题分析

【真题1】在Web Service中用于描述Web服务的语言是_____。

A. WSDL   B. UML   C. XML   D. ETL

解析：Web 服务（Web Services）定义了一种松散的、粗粒度的分布计算模式,使用标准的 HTTP（S）协议传送 XML 表示及封装的内容。Web 服务的典型技术包括:用于传递信息的简单对象访问协议（Simple Object Access Protocol,SOAP）,用于描述服务的 Web 服务描述语言（Web Services Description Language,WSDL）,用于 Web 服务的注册的统一描述、发现及集成（Universal Description Discovery and Integration,UDDI）,用于数据交换的 XML。

答案：A

【真题2】如果某信息系统集成项目的客户、集成商、厂商等一系列合作伙伴全都已经把业务部署在各自的 Internet 网站上,而现在某客户希望可以把自己的 IT 业务系统通过 Internet 与这些合作伙伴实现 B2B 集成,那么该系统最适合采用的技术是_____。

A. DCOM　　　　　B. Web Service　　　　C. CORBA　　　　D. Java RMI

解析：Web Service 是一种新的 Web 应用程序分支,它们是自包含、自描述、模块化的应用,可以发布、定位、通过 Web 调用。Web Service 可以执行从简单的请求到复杂商务处理的任何功能。一旦部署以后,其他 Web Service 应用程序可以发现并调用它部署的服务。Web Service 是一种应用程序,它可以使用标准的互联网协议,像超文本传输协议（HTTP）和 XML,将功能纲领性地体现在互联网和企业内部网上,可将 Web 服务视作 Web 上的组件编程。该题的正确选项是 B。

答案：B

【真题3】Web 服务（Web Service）定义了一种松散的、粗粒度的分布式计算模式。Web 服务的提供者利用　①　描述 Web 服务,Web 服务的使用者通过　②　来发现服务,两者之间的通信采用　③　协议。以上①②③处依次应是_____。

A. ①SOAP　　　　　②UDDI　　　　　③WSDL
B. ①UML　　　　　②UDDI　　　　　③SMTP
C. ①WSDL　　　　　②UDDI　　　　　③SOAP
D. ①UML　　　　　②UDDI　　　　　③WSDL

解析：Web 服务（Web Service）定义了一种松散的、粗粒度的分布计算模式,适用标准的 HTTP（S）协议传送 XML 表示及封装的内容。Web 服务的典型技术包括:用户传递信息的简单对象访问协议（SOAP）,用于描述服务的 Web 服务描述语言（WSDL）,用于 Web 服务的注册的统一描述、发现及集成（UDDI）,用于数据交换的 XML。根据 Web 服务的上述概念,正确选项应选择 C。

答案：C

【真题4】Web Service 技术适用于_____应用。

①跨越防火墙　　　②应用系统集成　　　③单机应用程序
④B2B 应用　　　　⑤软件重用　　　　⑥局域网上的同构应用程序

A. ③④⑤⑥　　　　　　　　　　　　B. ②④⑤⑥
C. ①③④⑥　　　　　　　　　　　　D. ①②④⑤

解析：Web 服务（Web Service）定义了一种松散的、粗粒度的分布式计算模式,使用标准的 HTTP（S）协议传送 XML 表示及封装的内容。Web 服务的主要目标是跨平台的互操作性,适合使用 Web Service 的情况如下。

（1）跨越防火墙:对于成千上万且分布在世界各地的用户来讲,应用程序的客户端和服务器之间的通信是一个棘手的问题。客户端和服务器之间通常都会有防火墙或者代理服务器。用户通过 Web 服务访问服务器端逻辑和数据可以规避防火墙的阻挡。

（2）应用程序集成:企业需要将不同语言编写的在不同平台上运行的各种程序集成起来时,Web 服务可以用标准的方法提供功能和数据,供其他应用程序使用。

（3）B2B 集成:在跨公司业务集成（B2B 集成）中,通过 Web 服务可以将关键的商务应用提供给指定的合作伙伴和客户。用 Web 服务实现 B2B 集成可以很容易地解决互操作问题。

（4）软件重用：Web 服务允许在重用代码的同时，重用代码后面的数据。通过直接调用远端的 Web 服务，可以动态地获得当前的数据信息。用 Web 服务集成各种应用中的功能，为用户提供一个统一的界面，是另一种软件重用方式。

在某些情况下，Web 服务也可能会降低应用程序的性能。不适合使用 Web 服务的情况如下：

（1）单机应用程序：只与运行在本地计算机上的其他程序进行通信的桌面应用程序最好不使用 Web 服务，只使用本地 API 即可。

（2）局域网上的同构应用程序：使用同一种语言开发的在相同平台的同一个局域网中运行的应用程序直接通过 TCP 等协议调用，会更有效。

经归纳总结，适合使用 Web 服务的情况包括跨越防火墙、应用程序集成、B2B 集成和软件重用，符合选项 D。

答案：D

题型点睛

1. Web Services 是解决应用程序之间互相通信的一种技术，是描述一系列操作的接口，它使用标准的、规范的 XML 描述接口，Web Application 是面向应用的，而 Web Services 是面向计算机的，是实现 SOA 架构的技术。

2. Web Services 的典型技术包括：用于传递信息的简单对象访问协议（Simple Object Access Protocol，SOAP），用于描述服务的 Web 服务描述语言（Web Services Description Language，WSDL），用于 Web 服务的注册的统一描述、发现及集成（Universal Description Discovery and Integration，UDDI），用于数据交换的 XML。

3. Web 服务的主要目标是跨平台的互操作性，适合使用 Web Services 的情况有：跨越防火墙；

应用程序集成；B2B 集成；软件重用。在某些情况下，Web 服务也可能会降低应用程序的性能。不适合使用 Web 服务的情况有：单机应用程序；局域网上的同构应用程序。

即学即练

【试题 1】Web Service 的各种核心技术包括 XML、Namespace、XML Schema、SOAP、WSDL、UDDI、WS-Inspection、WS-Security、WS-Routing 等，下列关于 Web Service 技术叙述错误的是_____。

A. XML Schema 是用于对 XML 中的数据进行定义和约束

B. 在一般情况下，Web Service 的本质就是用 HTTP 发送一组 Web 上的 HTML 数据包

C. SOAP（简单对象访问协议），提供了标准的 RPC 方法来调用 Web Service，是传输数据的方式

D. SOAP 是一种轻量的、简单的、基于 XML 的协议，它被设计成在 Web 上交换结构化的和固化的信息

【试题 2】关于 Web Services 技术的说法中正确_____。

A. 将不同语言编写的程序进行集成

B. 支持软件代码重用，但不支持数据重用

C. 集成各种应用中的功能，为用户提供统一开源，不属于软件重用

D. 支持 HTTP 协议，不支持 XML 协议

【试题 3】Web 服务（Web Service)的主要目标是跨平台的操作性，它有许多适用场合。但某些情况下，Web 服务也会降低应用程序的性能。下列情况中，_____不适合采用 Web 服务作为主要的系统集成技术。

A. B2B 集成

B. 集成不同语言编写的在不同平台上运行的应用程序

C. 跨越防火墙

D. 构建单机应用程序

【试题4】以下_____是 SA 概念的一种实现。

A. DCOM　　　　　B. J2EE　　　　　C. Web Service　　　　D. WWW

TOP24　计算机网络知识

真题分析

【真题1】ATM (Asynchronous Transfer Mode) technology combines connection oriented mechanism and _____ mechanism.

A. circuit switching　　　　　　　　B. packet switching

C. message switching　　　　　　　　D. voice switching

解析：ATM(异步传输模式)技术结合了面向连接的机制和包交换技术。Transfer 传输，connection 链接＋packet switching 包交换技术。

答案：B

【真题2】_____是以太网技术的典型特征。

A. 采用双绞线作为传输介质　　　　　B. 使用以太网集线器

C. 载波监挺多路访问冲突检测　　　　D. 星形拓扑结构

解析：以太网的典型特征：载波监听多路访问冲突检测。

答案：C

【真题3】IPv6 协议规定，一个 IP 地址的长度是_____位。

A. 32　　　　　B. 64　　　　　C. 128　　　　　D. 256

解析：IP 地址的长度是128。

答案：C

【真题4】Web 2.0 指的是一个利用 Web 的平台，由用户主导生成内容的互联网产品模式。_____不属于 Web 2.0 技术。

A. 微博　　　　　B. 相册　　　　　C. 百科全书(Wiki)　　　D. 论坛

解析：Web 2.0 技术主要包括：博客(BLOG)、RSS、百科全书(Wiki)、网摘、社会网络(SNS)、P2 P、即时信息(IM)等。

答案：D

【真题5】在网络服务器中，_____组织成域层次结构的计算机和网络服务命名系统，负责 IP 地址和域名之间的转换。

A. DHCP 服务器　　　　　　　　　　B. 身份验证服务器

C. 邮服务器　　　　　　　　　　　　D. DNS 服务器

解析：DNS 服务器是计算机域名系统(Domain Name System 或 Domain Name Service)的英文缩写，它是由域名解析器和域名服务器组成的。域名服务器是指保存有该网络中所有主机的域名和对应 IP 地址，并具有将域名转换为 IP 地址功能的服务器。其中域名必须对应一个 IP 地址，而 IP 地址不一定有域名。域名系统采用类似目录树的等级结构。域名服务器为客户机/服务器模式中的服务器方，它主要有两种形式：主服务器和转发服务器。将域名映射为 IP 地址的过程就称为"域名解析"。

答案：D

【真题6】IIS 不支持_____服务。

A. WWW   B. FTP   C. E-mail   D. Gopher

解析:IIS 不支持 E-mail。

答案:C

【真题7】以下关于入侵检测设备的叙述中,_____是不正确的。

A. 不产生网络流量

B. 使用在尽可能靠近攻击源的地方

C. 使用在尽可能接近受保护资源的地方

D. 必须接在链路上

解析:入侵检测设备使用在尽可能接近受保护资源的地方。

答案:B

【真题8】代理服务器防火墙主要使用代理技术来阻断内部网络和外部网络之间的通信,达到隐蔽内部网络的目的。以下关于代理服务器防火墙的叙述中,_____是不正确的。

A. 仅"可以信赖的"代理服务器才允许通过

B. 由于已经设立代理,因此任何外部服务都可访问

C. 允许内部主机使用代理服务器访问 Internet

D. 不允许外部主机连接到内部安全网络

解析:代理服务器防火墙仅"可以信赖的"代理服务才允许通过允许内部主机使用代理服务器访问 Internet,不允许外部主机连接到内部安全网络。

答案:B

【真题9】广域网覆盖的地理范围从几十千米到几千千米,它的通信子网主要使用__(1)__技术。随着微型计算机的广泛应用,大量的微型计算机是通过局域网连入广域网的,而局域网与广域网的互联一般是通过__(2)__设备实现的。

(1) A. 报文交换   B. 分组交换

      C. 文件交换   D. 电路交换

(2) A. Ethernet 交换机   B. 路由器

      C. 网桥   D. 电话交换机

解析:广域网使用分组交换技术;局域网使用路由器与广域网连接。

答案:(1) B   (2) B

【真题10】信息时代,除了传统的电子邮件、远程登录、新闻与公告等应用外,新型的 Internet 应用有基于 Web 的网络应用和基于 P2P 的网络应用。_____是属于基于 P2P 的网络应用。

A. Google   B. Blog   C. 网络共享课程   D. QQ

解析:即时通信软件,例如 QQ 点对点技术(Peer-to-Peer,简称 P2P)传输的功能。

答案:D

【真题11】在 TCP/IP 协议簇中,_____协议属于应用层协议。

A. IP   B. TCP   C. FTP   D. UDP

解析:IP 属于网络层协议;TCP/UDP 属于传输层协议;FTP 属于应用层协议。

答案:C

【真题12】_____是第四代移动电话通信标准所采用的制式。

A. LTE   B. WCDMA   C. GSM   D. TD-SCDMA

解析:2010 年国际电信联盟把 LTE Advanced 正式称为 4G。LTE 是应用于手机及数据卡终端的高速无线通信标准。WCDMA 和 TC-SDMA 属于 3G。GSM 属于 2G。

答案:A

【真题 13】在设计计算机机房时,_____做法是不恰当的。

A. 机房设置在 20 层大楼的 18 层,该楼层人员流动最少

B. 机房设置在大楼偏角上,远离停车场及运输通道等公共区域

C. 考察机房所在附近区域,避开油库和其他易燃物

D. 为机房设置较完备的中央空调系统,保证机房各区域温度变化满足计算机系统要求

解析:根据《电子计算机机房设计规范》第 2.1.1 条 电子计算机机房在多层建筑或高层建筑物内宜设于第二、三层。

答案:A

【真题 14】根据《电子计算机机房设计规范》GB 50174—93,电子计算机机房应采用四种接地方式。将电气设备的金属外壳通过接地装置与大地直接连接起来是_____。根据《建筑物防雷设计规范》(GB 50057—1990),每根引下线的冲击接地电阻不宜大于_____欧姆。

(1) A. 交流工作接地队　　　　　　　B. 安全工作接地

　　 C. 直流工作接地　　　　　　　　D. 防雷接地

(2) A. 4　　　　　B. 4　　　　　C. 5　　　　　D. 10

解析:电子计算机机房应采用下列四种接地方式:交流工作接地、安全工作接地、直流工作接地和防雷接地。

交流工作接地、安全保护接地、直流工作接地、防雷接地四种接地宜共用一组接地装置,其接地电阻按其中最小值确定:若防雷接地单独设置接地装置时,其余三种接地宜共用一组接地装置,其接地电阻不应大于其中最小值,并应按现行国标准《建筑防雷设计规范》要求采取防止反击措施。

安全保护接地是将电气设备的金属外壳或机架通过接地装置与大地直接连接起来,其目的是防止因绝缘损坏或其他原因使设备金属外壳带电而造成触电的危险。

根据《建筑物防雷设计规范》(GB 50057—1994),每根引下线的冲击接地电阻不宜大于 10 欧姆。

答案:(1)B　(2)D

【真题 15】Circuit-switching technology is used in Publish Switched Telephone Network(PSTN),Global System for Mobile Communications(GSM) and code Division Multiple Access (CMDA). It is a _____ information transfer mode.

A. connection oriented　　　　　　B. connectionless

C. high bandwidth utilization　　　　D. poor real-time

解析:电路交换技术是用于发布交换电话网(PSTN),全球移动通信系统(GSM)和码分多址(CDMA)。这是一个_____的信息传递模式。

A. 面向连接　　　B. 无连接　　　C. 高带宽利用率　　　D. 实时性差

答案:D

【真题 16】磁盘冗余陈列 RAID 利用冗余实现高可靠性,其中 RAID1 的磁盘利用率为_____。

A. 25%　　　　　B. 50%　　　　　C. 75%　　　　　D. 100%

解析:RAID1 采用磁盘镜像功能,磁盘容量的利用率是 50%。

答案:B

【真题 17】关于无连接的通信,下面描述中正确的是_____。

A. 无连接的通信较适合传送大量的多媒体数据

B. 由于通信双方的通信线路都是预设的,因此在通信过程中无须任何有关连接的操作

C. 由于每一个分组独立地建立和释放逻辑连接,无连接的通信具有较高可靠性

D. 无连接的通信协议 UDP 不能运行在电路交换或租用专线网络上

解析:对于无连接的服务(邮寄),发送信息的计算机把数据以一定的格式封装在帧中,把目的地址和源地址加在信息头上,然后把帧交给网络进行发送。无连接服务是不可靠的。对于面向连接的服

务(电话),发送信息的源计算机必须首先与接收信息的目的计算机建立连接,这种连接是通过三次握手(three hand shaking)的方式建立起来的。可见,无连接通信是在没有建立可靠的连接的基础上的通信,但并没说不适合传送大量的数据,实际上很多视频广播的传输是靠无连接通信协议的。因此,选择 A。

答案:A

【真题18】以下_____是因特网上负责接收邮件到客户端的协议。

A. SMTP   B. POP   C. IMAP   D. MIME

解析:IMAP 的主要作用是邮件客户端可以通过这种协议从邮件服务器上获取邮件的信息,下载邮件等。它与 POP3 协议的主要区别是用户可以不用把所有的邮件全部下载,可以通过客户端直接对服务器上的邮件进行操作。然而 SMTP 为发送邮件协议,POP3、IMAP 是接收邮件协议。

答案:B

【真题19】以太网交换机的交换方式有三种,这三种交换方式不包括_____。

A. 存储转发式交换   B. IP 交换   C. 直通式交换   D. 碎片过滤式交换

解析:以太网包括三种网络接口:RJ-45 接口这种接口应用最为普遍。因其适配线缆/传输介质制作简单,传输速率快。支持的双工工作方式齐全。BNC 所用的传输介质为细同轴电缆,目前已不常见。不要以为以太网就都是 RJ-45 接口的,只不过双绞线类型的 RJ-45 接口在网络设备中非常普遍而已。AUI 所用的传输介质是粗同轴电缆。目前采用同轴电缆作为传输介质的网络现在已经很少见了,而一般是在 RJ-45 接口的基础上为了兼顾同轴电缆介质的网络连接,配上 BNC 或 AUI 接口。

答案:B

【真题20】Internet 中的每个主机都有一个 IP 地址和域名,通过 DNS 服务器来完成 IP 地址和域名的对应。关于 DNS 服务器的功能,_____是不正确的。

A. 具有保存了"主机"对应"IP"地址的数据库

B. 可接收 DNS 客户机提出的查询请求

C. 若不在本 DNS 服务器中,则向 DNS 客户机返回结果

D. 向 DNS 客户机提供查询结果

答案:C

解析:如果在本 DNS 服务器机中找不到的话,则向自己的快取缓冲区查找,如果还找不到,则向最近的名称服务器请求帮忙,因此 C 项说法不正确。

【真题21】使用 RAID 作为网络存储设备有许多好处,以下关于 RAID 的叙述中不正确的是_____。

A. RAID 使用多块廉价磁盘阵列构成,提高了性能价格比

B. RAID 采用交叉存取技术,提高了访问速度

C. RAID1 使用磁盘镜像技术,提高了可靠性

D. RAID3 利用海明码校验完成容错功能,减少了冗余磁盘数量

答案:D

解析:RAID 规范以及优缺点如下表所示。

RAID 规范	优点	缺点	补充说明
RAID0 无差错控制的带区组	必须有两块以上硬盘,数据不是保存在一块硬盘上,而是分成数据块保存在不同的驱动器上,数据吞吐量大大提高,驱动器的负载也比较均衡。如果刚好需要的数据在不同驱动器上,则效率最好。不需要计算校验码,实现容易。	没有数据差错控制,如果一个驱动器中数据发生错误,即使其他盘上的数据正确也无济于事了。	用在数据稳定性要求不高的场合,如图像编辑和数据传输比较大的场合。RAID0 可以提高数据传输速率,所需读取的文件分布在多个硬盘上,这些硬盘可以同时读取,时间被缩短为平时的 $1/X$。在所有级别中,RAID0 是速度最快的。但 RAID0 没有冗余功能,如果一个磁盘损坏,则所有数据都无法使用。
RAID1 镜像结构	同时对两个盘进行读操作和对两个镜像盘进行写操作,提高系统的容错能力。校验十分完备。支持"热替换/热插拔",即在不断电的情况下对故障磁盘进行更新,更换完毕只要从镜像盘上恢复数据即可。当主硬盘损坏时,镜像硬盘就可以代替主硬盘工作。镜像硬盘相当于一个备份设备。	每读一次盘只能读出一块数据,即数据块的传送速率与单独的盘读取速率相同。由于 RAID1 的校验十分完备,因此对系统的处理能力有很大影响。通常的 RAID 功能由软件来实现,而这样的实现方法在服务器负载比较重的时候会大大影响服务器效率。	RAID1 的数据安全性在所有的 RAID 级别上来说是最好的。但是其磁盘的利用率只有 50%,是所有 RAID 级别中最低的。当系统需要极高的可靠性时,如进行数据保存统计,那么使用 RAID1 比较合适。RAID1 要求所有硬盘尽量容量一致,而 RAID0 一般没有这个要求。
RAID2 带海明码校验	与 RAID3 相似,都是将数据条块化分布于不同硬盘上,条块单位为位或字节。使用一定的编码技术提供错误检索及恢复。由于海明码的特点,它可以在数据发生错误的情况下将错误校正,以保证输出的正确。数据传送速率相当高。	需要多个磁盘存放检查及恢复信息,使得 RAID2 技术实施更复杂。因此,在商业环境中很少使用。	RAID2 的数据传送速率相当高,如果希望达到比较理想的速度,那么最好提高保存校验码 ECC 码的硬盘,对于控制器的设计来说,它又比 RAID3、RAID4 或 RAID5 要简单。要利用海明码,必须要付出数据冗余的代价。输出数据的速率与驱动器组中速度最慢的相等。
RAID3 带奇偶校验码的并行传送	校验码与 RAID2 不同,访问数据时一次处理一个带区,可以提高读取和写入速度,像 RAID0 一样以并行的方式来存放数据,但速度没 RAID0 快。校验码在写入数据时产生并保存在另一个磁盘上。需要实现时用户必须要有三个以上的驱动器,写入/读出速率都很高。因为校验位比较少,所以计算时间相对而言比较少。	与 RAID2 不同,RAID3 只能查错不能纠错。用软件实现 RAID 控制将是十分困难的,控制器的实现也不是很容易。	主要用于图形(包括动画)等要求吞吐率比较高的场合。不同于 RAID2,RAID3 使用单块磁盘存放奇偶校验信息。如果一块磁盘失效,奇偶盘及其他数据盘可以重新产生数据。如果奇偶盘失效,则不影响数据使用。RAID3 对大量的连续数据提供很好的传输率,但对于随机数据,奇偶盘会成为写操作的瓶颈。利用单独的校验盘来保护数据虽然没有镜像的安全性高,但是硬盘利用率得到了很大的提高,为 $X-1$。

RAID 规范	优点	缺点	补充说明
RAID4 带奇偶校验码的独立磁盘结构	RAID4 与 RAID3 很像,不同的是,它对数据的访问是按数据块进行的,也就是按磁盘进行的,每次是一个盘。	在失败恢复时,它的难度比 RAID3 大得多,控制器的设计难度也要大许多,而且访问数据的效率不怎么好。	
RAID5 分布式奇偶校验的独立磁盘结构	奇偶校验码存在于所有磁盘上,提高了可靠性,允许单个磁盘出错。读出效率很高,写入效率一般,块式的集体访问效率不错。提供了冗余性(支持一块盘掉线后仍然正常运行),磁盘空间利用率较高($X-1/X$),读写速度较快($X-1$)倍。RAID5 也是以数据的校验位来保证数据的安全,但它不是以单独硬盘来存放数据的校验位,而是将数据段的校验位交互放于各个硬盘上。这样,任何一个硬盘损坏,都可以根据其他硬盘上的校验位来重建损坏的数据。	对数据传输的并行性解决不好,而且控制器的设计也相当困难。	磁盘的利用率为 $X-1$。RAID3 与 RAID5 相比,重要的区别在于 RAID3 每进行一次数据传输,需要涉及所有的阵列盘。而 RAID5,大部分数据传输只对一块磁盘操作,可进行并行操作。RAID5 中有"写损失",即每一次写操作,将产生四个实际的读/写操作,其中两次读旧的数据及奇偶信息,两次写新的数据及奇偶信息。但当掉盘后,运行效率大幅下降。

RAID2 是采用海明码校验,RAID3 采用奇偶校验。因此,选择 D。

【真题 22】某数据存储设备的容量为 10TB,其含义指容量为_____字节。

A. 10×2^{20}　　　　B. 10×2^{30}　　　　C. 10×2^{40}　　　　D. 10×2^{50}

解析:1TB=1024GB=2^{10}GB;1GB=1024MB;1MB=1024KB;1KB=1024B;1B=1 字节。因此,选择 C。

答案:C

【真题 33】_____由电缆连接器和相关设备组成,把各种不同的公共系统和设备连接起来,其中包括电信部门的光缆、同轴电缆、程控交换机等。

A. 建筑群子系统　　　　　　　　　B. 设备间子系统

C. 垂直干线子系统　　　　　　　　D. 工作区子系统

解析:综合布线主要考虑 6 大子系统,即工作区子系统、水平干线子系统、管理间子系统、垂直干线子系统、设备间子系统、建筑群子系统。工作区子系统由终端设备连接到信息插座的连线组成,包括连接器、适配器、插座盒、信息插座等;配线(水平)干线子系统在一个楼层上,连接信息插座和管理间子系统;管理间子系统由交连、互连配线架组成;垂直干线子系统一般在楼层之间,连接管理间子系统和设备间子系统,由所有的布线电缆组成;设备间子系统由设备间中的电缆、连接器和相关支撑硬件组成,该系统把公共系统设备中的不同硬件互连起来;建筑群子系统实现建筑物间的互相连接,常用的通信介质是光缆。

答案:B

【真题 24】我国自主研发的 3G 技术标准 TD-SCDMA 采用的是_____技术。

A. 时分双工　　　　　　　　　　B. 频分双工

C. 成时频带　　　　　　　　　　D. 波分双工

解析：TD-SCDMA（Time Division-Synchronous Code Division Multiple Access，时分-同步码分多址）是 ITU 批准的三个 3G 标准中的一个，是我国自主研发的 3G 技术标准，采用时分双工技术。

答案：A

【真题 25】主机 A 的 IP 地址是 192.168.4.23，子网掩码为 255.255.255.0，_____是与主机 A 处于同一子网的主机 IP 地址。

A. 192.168.4.1　　　　　　　　　B. 192.168.255.0

C. 255.255.255.255　　　　　　　D. 192.168.4.255

解析：采用排除法，后 8 位为全 0 或全 1 的为广播地址，不能作为主机 IP 地址，只有 A 可以作为 IP 地址。

答案：A

【真题 26】项目经理要求杨工在项目经理的工作站上装一个 Internet 应用程序，该程序允许项目经理登录，并且可以远程安全地控制服务器，杨工应安装的应用程序为_____。

A. E-mail　　　　B. FTP　　　　C. Web Browser　　　　D. SSH

解析：杨工应安装的应用程序为 SSH。SSH 为 Secure Shell 的缩写，由 IETF 的网络工作小组所制定；SSH 为建立在应用层和传输层基础上的安全协议。SSH 是目前较可靠，专为远程登录会话和其他网络服务提供安全性的协议。利用 SSH 协议可以有效防止远程管理过程中的信息泄露问题。

答案：D

【真题 27】IEEE 制定了以太网的相关技术标准，其中 1000 Base-X（光纤吉比特以太网）遵循的标准为_____。

A. 802.3　　　　B. 802.3u　　　　C. 802.3z　　　　D. 802.3ab

解析：以太网的最初标准是由 IEEE 于 1998 年 6 月制订的 IEEE 802.3z，通常被称为 1000 Base-X，-X 表示-CX、-SX 以及-LX 或（非标准化的）-ZX。IEEE 802.3ab 标准于 1999 年通过，该标准将吉比特以太网定义为利用非屏蔽双绞线（Unshielded Twist Pair）五类线缆（Category 5）或六类线缆（Category 6）进行的数据传输，并被称作 1000 BASE-T。802.3u 用于 100 Mbit/s 网络（即 100Base-T，通常称为为快速以太网）的载波侦听多路访问及冲撞检测（CSMA/CD）。IEEE 802.3z 千兆以太网标准在 1998 年 6 月通过，它规定的三种收发信机包括三种介质：1000 BASE-LX 应用于已安装的单模光纤基础上，1000 Base-SX 应用于已安装的多模光纤基础上，1000 Base-CX 应用于已安装的在设备室内连接的平衡屏蔽铜缆基础上。

答案：A

【真题 28】PPP 协议是用于拨号上网和路由器之间通信的点到点通信协议，属于 __(1)__ 协议，不具有 __(2)__ 的功能。

(1) A. 物理层　　B. 传输层　　　　C. 数据链路层　　　　D. 网络层

(2) A. 错误检测　　　　　　　　B. 支持多种协议

　　C. 允许身份验证　　　　　　D. 自动将域名转换为 IP 地址

解析：点对点协议（PPP）为在点对点连接上传输多协议数据包提供了一个标准方法。PPP 最初设计是为两个对等节点之间的 IP 流量传输提供一种封装协议。在 TCP/IP 协议族中，它是一种用来同步调制连接的数据链路层协议，替代了原来非标准的第二层协议，即 SLIP。除了 IP 以外 PPP 还可以携带其他协议，包括 DECnet 和 Novell 的 Internet 网包交换（IPX）。

答案：(1) C　(2) D

【真题 29】蒋某采用下图所示的方式将其工作计算机接入 Internet，蒋某采用的 Internet 接入方式为_____。

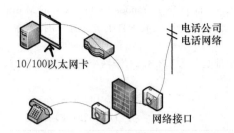

A. DSL   B. Cable Modem   C. 3G   D. FTTM

解析： 现在上宽带网有多种技术，第一种是电话线拨号即 ADSL 方式，第二种是有线电视线路的 Cable Modem 方式，第三种是双绞线的以太网方式，第四种就是电力线上网，也称 PLC（英文全称是 Power Line Communication，即电力线通信）。电力线上网，英文简称为 PLC（即电力线通信），它是通过一只电力宽带猫，将交流电转化为安全的电源，而电力猫则像 ADSL 的猫一样，进行数据传输。与其他上网方式相比较，电力上网的速度最大可以达到 14 Mbit/s，在使用过程中不用烦琐地拨号，接上电源就等于接通了网络。最大的特色在于它的成本低廉，利用已有的电力网络，不用进行额外布线，从而大大减少了网络的投资，降低了成本。尤其对于已经装修过的家庭、别墅和酒店，则无须穿墙打洞，不影响室内布局和美观。DSL 的中文名是数字用户线路，是以电话线为传输介质的传输技术组合。DSL 技术在公用电话网络的用户环路上支持对称和非对称传输模式，解决了经常发生在网络服务供应商和最终用户间的"最后一公里"的传输瓶颈问题。由于电话用户环路已经被大量铺设，如何充分利用现有的铜缆资源，通过铜质双绞线实现高速接入就成为业界的研究重点。

答案： A

【真题 30】MPLS 是目前使用较为广泛的广域网技术，该技术利用数据标签引导数据包在开放的通信网络中运行，通过在无连接的网络中引入连接模式，减少了网络的复杂性。_____不属于它的技术特点。

A. 充分采用原有的 IP 路由

B. 是一种与链路层无关的技术

C. MPLS 的标签合并机制不支持不同数据流的合并传输

D. 具有良好的网络拓展性

解析： 多协议标签交换（MPLS）是一种用于快速数据包交换和路由的体系，它为网络数据流量提供了目标、路由、转发和交换等能力。MPLS 有如下的技术特点：

（1）充分采用原有的 IP 路由，保证了 MPLS 网络路由具有灵活性的特点。

（2）采用 ATM 的高效传输交换方式，抛弃了复杂的 ATM 信令，无缝地将 IP 技术的优点融合到 ATM 的高效硬件转发中。

（3）MPLS 网络的数据传输和路由计算分开，是一种面向连接的传输技术。

（4）MPLS 不但支持多种网络层技术，而且是一种与链路层无关的技术，它同时支持 X.25、帧中继、ATM、PPP、SDH、DWDM 等，保证了多种网络的互联互通，使得各种不同的网络传输技术统一在同一个 MPLS 平台上。

（5）MPLS 支持大规模层次化的网络拓扑结构，具有良好的网络扩展性。

（6）MPLS 的标签合并机制支持不同数据流的合并传输。

（7）MPLS 支持流量工程、CoS、QoS 和大规模的虚拟专用网。

答案： C

【真题 31】网络协议和设备驱动软件经常采用分层架构模式，其主要原因是_____。

A. 可以让软件获得更高的性能

B. 支持软件复用

  C. 让功能划分容易,便于设计实现

  D. 为达到低内聚、高耦合的设计目标

解析:分层的优点:①人们可以很容易地讨论和学习协议的规范细节;②层间的标准接口方便了工程模块化;③创建了一个更好的互连环境;④降低了复杂度,使程序更容易修改,产品开发的速度更快;⑤每层利用紧邻的下层服务,更容易记住各层的功能。

答案:C

【真题32】下列关于电子信息机房的设计中,_____不符合《电子信息系统机房设计规范》(GB 50174—2008)的要求。

  A. 机房采用二级、三级耐火等级的建筑材料,重要部位采用一级耐火等级的材料

  B. 机房所有设备的金属外壳、各类金属管道、金属线槽、建筑物金属结构等结构全部进行电位连接并接地

  C. 在机房吊顶上和活动地板下都设置火灾探测器

  D. 主机房内绝缘体的静电电位不大于 1 kV

解析:《电子信息系统机房设计规范》(GB 50174—2008)规定,电子信息系统机房的建筑防火设计,除应符合本规范的规定外,尚应符合现行国家标准《建筑设计防火规范》(GB 50016)的有关规定。其中,电子信息系统机房的耐火等级不应低于二级。

答案:A

【真题33】根据《EIA/TIA568 A/B 商用建筑物电信布线标准》(1995),综合布线系统分为三个等级,其中增强型综合布线等级要求每个工作区至少有_____个以上信息插座。

  A. 1   B. 2   C. 3   D. 4

解析:增强型综合布线系统配置如下。

(1) 每个工作区(站)有两个以上信息插座。

(2) 每个工作区(站)的配线电缆均为一条独立的 4 对双绞线,引至楼层配线架。

(3) 采用夹接式(110A 系列)或接插式(110P 系列)交接硬件。

(4) 每个工作区(站)的干线电缆(即楼层配线架至设备间总配线架)至少有 3 对双绞线。

答案:B

【真题34】一个使用普通集线器的 10Base-T 网络的拓扑结构可描述为_____。

  A. 物理连接是总线型拓扑,逻辑连接是星形拓扑

  B. 物理连接和逻辑连接都是总线型拓扑

  C. 物理连接是星形拓扑,逻辑连接是总线型拓扑

  D. 物理连接和逻辑连接都是星形拓扑

解析:网络拓扑结构是网络中的通信线路、计算机以及其他构件的物理布局。它主要影响网络设备的类型和性能、网络的扩张潜力以及网络的管理模式等。按网络拓扑结构分类,通常分为总线型拓扑、星形拓扑、环形拓扑以及它们的混合型拓扑。总线型拓扑结构是指使用同一媒体或电缆连接所有端用户的方式,其传输介质是单根传输线,通过相应的硬件接口将所有的站点直接连接到干线电缆即总线上。

  总线型拓扑的优点有结构简单、易于扩充、控制简单、便于组网、造价成本低,以及某个站点的故障一般不会影响整个网络等;缺点是可靠性较低,以及查找分支故障困难等。

  星形拓扑结构是指各工作站以星形方式连接成网,网络的中央节点和其他节点直接相连。这种结构以中央节点为中心,因此又称为“集中式网络”。环形网络将计算机连成一个环。在环形网络中,每台计算机按位置不同有一个顺序编号,信号按计算机编号顺序以“接力”方式传输。因此 10 Base-T 网络的拓扑结构的物理连接是星形拓扑,逻辑连接是总线型拓扑。因此正确答案是 C。

答案:C

【真题 35】依照通信综合布线规范，以下水平子系统布线距离的描述中正确的是_____。

A. 水平电缆最大长度为 80 m,配线架跳接至交换机、信息插座跳接至计算机总长度不超过 20 m,通信通道总长度不超过 100 m

B. 水平电缆最大长度为 90 m,配线架跳接至交换机、信息插座跳接至计算机总长度不超过 10 m,通信通道总长度不超过 100 m

C. 水平电缆最大长度为 80 m,配线架跳接至交换机、信息插座跳接至计算机总长度不超过 10 m,通信通道总长度不超过 90 m

D. 水平电缆最大长度为 90 m,配线架跳接至交换机、信息插座跳接至计算机总长度不超过 20 m,通信通道总长度不超过 110 m

解析：由插座到配线箱的线路长度不可超出 90 m,信道长度不可超过 100 m。水平子系统是指从楼层配线间至工作区用户信息插座。由用户信息插座、水平电缆、配线设备等组成。综合布线中水平子系统是计算机网络信息传输的重要组成部分。采用星形拓扑结构,一般由 4 对 UTP 线缆构成,如果有磁场干扰或是信息保密时,可用屏蔽双绞线,高带宽应用时,可用光缆。每个信息点均需连接到管理子系统。最大水平距离为 90 m,指从管理间子系统中的配线架的 JACK 端口至工作区的信息插座的电缆长度。工作区的 patch cord、连接设备的 patch cord、cross-connection 线的总长度不能超过 10 m,因为双绞线的传输距离是 100 m。

答案：B

【真题 36】依据《电子信息系统机房设计规范》(GB 50174—2008),机房内通道的宽度及门的尺寸应满足设备和材料的运输要求,建筑入口至主机房的通道净宽不应小于_____。

A. 1.2 m   B. 1.5 m   C. 1.8 m   D. 2.0 m

解析：根据《电子信息系统机房设计规范》(GB 50174—2008)中的"4.3 设备放置"中的规定,用于搬运设备的通道净宽不应小于 1.5 m。

答案：B

【真题 37】为了实现高速共享存储以及块级数据访问,采用高速的光线通道作为传输介质,实现存储系统网络化的网络存储模式是_____。

A. DAS   B. NAS   C. SAN   D. SNA

解析：存储区域网络(SAN)是一种高速网络或子网络,提供在计算机与存储系统之间的数据传输。存储设备是指一张或多张用以存储计算机数据的磁盘设备。一个 SAN 网络由负责网络连接的通信结构、负责组织连接的管理层、存储部件以及计算机系统构成,从而保证数据传输的安全性和速度。

答案：C

【真题 38】TCP/IP 协议族中的_____协议支持离线邮件处理,电子邮件客户端可利用该协议下载所有未阅读的电子邮件。

A. FTP   B. POP3   C. Telnet   D. SNMP

解析：只有选项 B 是支持离线处理邮件的协议,POP3 是支持离线接收邮件的协议。

答案：B

【真题 39】某公司有一台 Linux 文件服务器、多台 Windows 客户端和 Linux 客户端。要求任意一个客户端都可以共享服务器上的文件,并且能够直接存取服务器上的文件。客户端和服务器间应该使用_____协议。

A. NFS   B. Samba   C. FTP   D. iSCSI

解析：Samba 是一个能让 UNIX 计算机和其他 MS Windows 计算机共享资源的软件。Samba 提供有关资源共享的三个功能,包括:Smbd,执行它可以使 UNIX 能够共享资源给其他的计算机;而 Smbclient 就是让 UNIX 存取其他计算机的资源;最后一个 Smbmount,则是类似 MS Windows 下"网络磁盘驱动器"的功能,可以把其他计算机的资源挂在自己的文件系统下。它们的功能虽然简单,但没有 Samba,UNIX 和 Windows 的资源就很难共享。Samba 的功能十分实用,虽然没用亮丽的外表,但在局域网络中,它的确是一个很重要的工具。

答案:B

【真题40】根据《电子信息系统机房设计规范》(GB 50174—2008),电子信息系统机房应对人流和出入进行安全考虑,以下叙述错误的是_____。

　A. 建筑的入口至主机房应设通道,通道净宽不应小于 1.5 m

　B. 电子信息系统机房宜设门厅、休息室、值班室和更衣间

　C. 电子信息系统机房应有设备搬入口

　D. 电子信息系统机房必须设置单独的出入口

解析:根据《电子信息系统机房设计规范》(GB 50174—2008)中的"6.2 人流、物流及出入口"之如下规定:

　6.2.1　主机房宜设置单独出入口,当与其他功能用房共用出入口时,应避免人流、物流的交叉。

　6.2.2　有人操作区域和无人操作区域宜分开布置。

　6.2.3　电子信息系统机房内通道的宽度及门的尺寸应满足设备和材料运输要求,建筑的入口至主机房应设通道,通道净宽不应小于 1.5 m。

　6.2.4　电子信息系统机房宜设门厅、休息室、值班室和更衣间,更衣间使用面积应按最大班人数的每人 1~3 m。2 计算。

　注意上述说法是"宜",而不是"必须"。

答案:D

【真题41】在没有路由的本地局域网中,以 Windows 操作系统为工作平台的主机可以同时安装_____协议,其中前者是至今应用最广的网络协议,后者有较快速的性能,适用于只有单个网络或桥接起来的网络。

　A. TCP/IP 和 SAP　　　　　　　　B. TCP/IP 和 IPX/SPX

　C. IPX/SPX 和 NetBEUI　　　　　　D. TCP/IP 和 NetBEUI

解析:局域网中常见的三个协议是微软的 NetBEUI、Novell 的 IPX/SPX 和跨平台 TCP/IP。NetBEUI 是为 IBM 开发的非路由协议,用于携带 NetBIOS 通信。NetBEUI 缺乏路由和网络层寻址功能,既是其最大的优点,也是其最大的缺点。因为它不需要附加的网络地址和网络层头尾,所以性能很快并很有效,且适用于只有单个网络或整个环境都桥接起来的小工作组环境。

　IPX 是 Novell 用于 NetWare 客户端/服务器的协议群组。IPX 具有完全的路由能力,可用于大型企业网。

　TCP/IP 允许与 Internet 完全的连接。Internet 的普及是 TCP/IP 至今广泛使用的原因。该网络协议在全球应用最广。

　因此,根据上述协议的技术特点,正确答案应选 D。

答案:D

【真题42】Internet 上的域名解析服务(DNS)完成域名与 IP 地址之间的翻译。执行域名服务的服务器被称为 DNS 服务器。小张在 Internet 的某主机上用 nslookup 命令查询"中国计算机技术职业资格网"的网站域名,所用的查询命令和得到的结果如下:

>nslookup www. rkb. gov. cn

Server:xd-cache-l. bjtelecom. net

Address:219. 141. 136. 10

Non-authoritative answer:

Name:www. rkb. gov. cn

Address:59. 151. 5. 241

根据上述查询结果,以下叙述中不正确的是_____。

A. 域名为"www. rkb. gov. cn"的主机 IP 地址为 59. 151. 5. 241

B. 域名为"xd-cache-l. bjtelecom. net"的服务器为上述查询提供域名服务

C. 域名为"xd-cache-l. bjtelecom. net"的DNS服务器的IP地址为219.141.136.10

D. 首选DNS服务器地址为219.141.136.10,候选DNS服务器地址为59.151.5.241

解析:域名服务(Domain Name Service,DNS)是因特网的一项核心服务,它作为可以将域名和IP地址相互映射的一个分布式数据库,能够使人更方便地访问互联网,而不用去记住能够被计算机直接读取的IP数据。

nslookup命令可以指定查询的类型,可以查到DNS记录的生存时间,还可以指定使用哪个DNS服务器进行解释。在已安装TCP/IP协议的计算机上均可以使用这个命令。该命令主要用来诊断域名系统(DNS)基础结构的信息。如果以某一域名为唯一查询参数,nslookup命令不能查出解释该域名的首选DNS和候选DNS服务器地址。因此,应选D。

答案:D

【真题43】我国颁布的《大楼通信综合布线系统》(YD/T926)的适用范围是跨度不超过3000米、建筑面积不超过_____万平方米的布线区域。

A. 50   B. 200   C. 150   D. 100

解析:我国通信行业标准《大楼通信综合布线系统》(YD/T 926)的适用范围规定是跨越距离不超过3000米、建筑总面积不超过100万平方米的布线区域,其人数为50~50万人。如布线区域超出上述范围时可参照使用。上述范围是从基建工程管理的要求考虑的,与今后的业务管理和维护职责等的划分范围有可能是不同的。因此,综合布线系统的具体范围应根据网络结构、设备布置和维护办法等因素来划分相应范围。

答案:D

【真题44】_____制定了无线局域网访问控制方法与物理层规范。

A. IEEE 802.3   B. IEEE 802.11

C. IEEE 802.15   D. IEEE 802.16

解析:IEEE 802系列标准是IEEE 802 LAN/MAN标准委员会制定的局域网、城域网技术标准,其中:IEEE 802.3网络协议标准描述物理层和数据链路层的MAC子层的实现方法,在多种物理媒体上以多种速率采用CSMA/CD访问方式,对于快速以太网,该标准说明的实现方法有所扩展,该标准通常是指以太网。

IEEE 802.11是无线局域网通用的标准,它是由IEEE所定义的无线网络通信的标准,该标准定义了物理层及媒体访问控制(MAC)协议的规范。

IEEE 802.15是由IEEE制定的一种蓝牙无线通信规范标准,应用于无线个人区域网(WPAN)。IEEE 802.16是一种无线宽带标准。

答案:B

【真题45】以下关于计算机机房与设施安全管理的要求,_____是不正确的。

A. 计算机系统的设备和部件应有明显的标记,并应便于去除或重新标记

B. 机房中应定期使用静电消除剂,以减少静电的产生

C. 进入机房的工作人员,应更换不易产生静电的服装

D. 禁止携带个人计算机等电子设备进入机房

解析:对计算机机房的安全保护包括机房场地选择、机房防火、机房空调、降温、机房防水与防潮、机房防静电、机房接地与防雷、机房电磁防护等。

答案选项涉及的相关要求如下。

标记和外观:系统设备和部件应有明显的无法擦去的标记。

服装防静电:人员服装采用不易产生静电的衣料,工作鞋采用低阻值材料制作。

静电消除要求:机房中使用静电消除剂,以进一步减少静电的产生。

机房物品:没有管理人员的明确准许,任何记录介质、文件资料及各种被保护品均不准带出机房,

磁铁、私人电子计算机或电子设备等不准带入机房。

　　分析上述要求和答案选项,答案选项 A 中"设备和部件应有明显的标记,并应便于去除或重新标记"的提法与上述"标记和外观"要求中的"系统设备和部件应有明显的无法擦去的标记"不符。

　　答案:A

🦢 题型点睛

　　1. 局域网中常见的三个协议

　　当今局域网中最常见的三个协议是微软的 NETBEUI、NOVELL 的 IPX/SPX 和跨平台 TCP/IP。

　　1) NETBEUI

　　微软协议、缺乏路由和网络层寻址、唯一地址是 MAC(数据链路层介质访问控制)。

　　2) IPX/SPX

　　它是 NOVELL 用于 NETWARE 的协议群组,具有完全的路由能力,可用于大型企业网,包括 32 位网络地址。

　　3) TCP/IP

　　TCP/IP 允许与 Internet 完全的连接。TCP/IP 同时具备了可扩展性和可靠性的需求,但其牺牲了速度和效率。

　　Internet 的普遍使用是 TCP/IP 至今广泛使用的原因。该网络协议在全球应用最广。

　　2. 常见的网络协议

　　(1) SMTP 协议:简单邮件传输协议,用来控制信件的发送、中转。

　　(2) SNMP 协议:简单网络管理协议。

　　(3) DNS 协议:域名解析服务,提供域名到 IP 地址之间的转换。

　　(4) TCP 协议:传输控制协议,为可靠的、带连接的协议。

　　(5) UDP 协议:用户数据报协议,为不可靠的无连接协议。

　　(6) ICMP 协议:Internet 控制报文协议,在 IP 协议发送差错报文时使用。

　　(7) ARP 协议:地址解析协议,将 IP 地址转为相应的物理地址。

　　(8) RARP 协议:反向地址转换协议,功能与 ARP 相反。

　　(9) PPP 协议:点对点协议,主要用于"拨号上网"式的广域连接模式。

　　(10) FDDI 协议:光纤分布式数据接口,一种光纤环网标准。

　　3. 常见的网络设备

　　(1) 调制解调器:工作于物理层,它的主要作用是信号变换,即把模拟信号转换成数字信号,或把数字信号转换成模拟信号。

　　(2) 以太网交换机工作于数据链路层,根据以太帧中的地址转发数据帧。

　　(3) 集线器也是工作于数据链路层,它收集多个端口来的数据帧并广播出去。

　　(4) 路由器工作于网络层,它根据 IP 地址转发数据报,处理的是网络层的协议数据单元。

　　(5) 中继器工作在物理层,用于把网络中的设备物理连接起来。

　　(6) 网桥工作在数据链路层,网桥能连接不同传输介质的网络,采用不同高层协议的网络不能通过网桥互相通信。

　　(7) 路由器工作在网络层,是用于选择数据传输路径的网络设备。

　　(8) 网关是互联两个协议差别很大的网络时使用的设备。网关可以对两个不同的网络进行协议的转换,主要用于连接网络层之上执行不同协议的网络。

　　4. 网络分类

　　1) 按照分布范围分布

　　(1) 局域网(Local Area Network,LAN)是最常见并且应用最广泛的一种网络,将小区域内的计算机和通信设备互联形成资源共享的网络。

　　(2) 广域网(Wide Area Network,WAN)也称为"远程网",即将大区域范围内的计算机和通信设备互联形成资源共享的网络。

（3）城域网（Metropolitan Area Network，MAN），覆盖范围处于局域网和广域网之间。应用模式有：SDH 多业务平台；弹性分组环多业务平台；电信级以太网多业务平台。

2）按网络拓扑结构分类

按网络拓扑结构分类，通常分为总线型拓扑、星形拓扑、环形拓扑以及它们的混合型拓扑。

（1）总线型：所需电缆少，布线容易，单点可靠性高；故障诊断困难，对站点要求较高。

（2）星形：整体可靠性高，故障诊断容易，对站点要求不高；所需电缆较多，整个网络可靠性依赖中央节点。

（3）环形：所需电缆较少，适用于光纤；整体可靠性差，故障诊断困难，对站点要求高。

其中，总线型属于逻辑连接，星形属于物理连接；星形是最常用的拓扑结构。

5. 网络存储技术

直接连接存储（Direct Attached Storage，DAS）、网络连接存储（Network Attached Storage，NAS）、存储区域网络（Storage Area Network，SAN）是现有存储的三大模式。

即学即练

【试题1】_____不是虚拟局域网 VLAN 的优点。

A. 有效地共享网络资源

B. 简化网络管理

C. 链路聚合

D. 简化网络结构、保护网络投资、提高网络安全性

【试题2】以太网 100BAse-TX 标准规定的传输介质是_____。

A. 三类 UTP　　　　　B. 五类 UTP　　　　　C. 单模光纤　　　　　D. 多模光纤

【试题3】根据布线标准 ANSI/TIA/EIA-568 A，综合布线系统分为如下图所示的 6 个子系统。其中的①为___(1)___，②为___(2)___，③为___(3)___。

（1）A. 水平子系统　　　　　　　　　B. 建筑群子系统

　　　C. 工作区子系统　　　　　　　　D. 设备间子系统

（2）A. 水平子系统　　　　　　　　　B. 建筑群子系统

　　　C. 工作区子系统　　　　　　　　D. 设备间子系统

（3）A. 水平子系统　　　　　　　　　B. 建筑群子系统

　　　C. 工作区子系统　　　　　　　　D. 设备间子系统

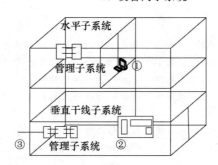

【试题4】通过局域网接入因特网，下图中箭头所指的两个设备是_____。

A. 二层交换机　　　　B. 路由器　　　　C. 网桥　　　　D. 集线器

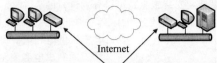

Internet

【试题 5】E-Mail 客户端程序要找到邮件服务器，FTP 客户端程序要找到 FTP 服务器，Web 浏览器要找到 Web 服务器，通常要用到_____。

A. FTP 服务器　　　　　　　　　　B. DNS 服务器

C. E-Mail 服务器　　　　　　　　　D. Telnet 服务器

【试题 6】传输控制协议（TCP）和用户数据报协议（UDP）是互联网传输层的主要协议。下面关于 TCP 和 UDP 的说法中，_____是不正确的。

A. TCP 是面向连接的协议，UDP 协议是无连接的协议

B. TCP 能够保证数据包到达目的地不错序，UDP 不保证数据的传输正确

C. TCP 协议传输数据包的速度一般比 UDP 协议传输速度快

D. TCP 保证数包传输的正确性，UDP 在传输过程中可能存在丢包现象

【试题 7】某系统集成工程师在其工作站的网络浏览器地址栏中输入"http://www.rkb.gov.cn"，发现不能访问中国计算机技术职业资格网，而在其工作站的网络浏览器地址栏中输入"http://59.108.35.160"，发现可正常访问中国计算机技术职业资格网，这说明该工作站所处的网络中，可能存在_____服务故障。

A. FTP　　　　　B. Telnet　　　　　C. DNS　　　　　D. HTTP

【试题 8】_____不是光纤接口类型。

A. SC　　　　　B. ST　　　　　C. LC　　　　　D. LH

【试题 9】ZigBee 是_____网络的标准之一。

A. WLAN　　　　B. WMAN　　　　C. WPAN　　　　D. WWAN

【试题 10】系统集成工程师小王为了查询其工作站的状态，在其工作站的命令行上运行"ping 127.0.0.1"命令，得到如下结果：

正在 ping 127.0.0.1 具有 32 字节的数据：

来自 127.0.0.1 的回复：字节＝32 时间＜1 ms　TTL＝64

来自 127.0.0.1 的回复：字节＝32 时间＜1 ms　TTL＝64

来自 127.0.0.1 的回复：字节＝32 时间＜1 ms　TTL＝64

关于以上查询结果，下列说法中正确的是_____。

A. 小王的工作站正确安装了 TCP/IP 协议

B. 小王的工作站访问了网关并收到响应

C. 小王的工作站访问了 DNS 并收到响应

D. 小王的工作站未正确安装网络硬件或驱动程序

【试题 11】依据《电子信息系统机房设计规范》（GB 50174—2008），对于涉及国家秘密或企业对商业信息有保密要求的电子信息系统机房，应设置电磁屏蔽室。以下描述中不符合该规范要求的是_____。

A. 所有进入电磁屏蔽室的电源线缆应通过电源滤波器进行处理

B. 进出电磁屏蔽室的网络线宜采用光缆或屏蔽线缆线，光缆应带有金属加强芯

C. 非金属材料穿过屏蔽层时应采用波导管，波导管的截面尺寸和长度应满足电磁屏蔽的性能要求

D. 截止波导通风窗内的波导管宜采用等边六角形，通风窗的截面积应根据室内换气次数进行计算

【试题 12】关于单栋建筑中的综合布线，下列叙述中_____是不正确的。

A. 单栋建筑中的综合布线系统工程范围是指在整栋建筑内敷设的通信线路

B. 单栋建筑中的综合布线包括建筑物内敷设的管路、槽道系统、通信线缆、接续设备以及其他辅助设施

C. 终端设备及其连接软线和插头等在使用前随时可以连接安装，一般不需要设计和施工

D. 综合布线系统的工程设计和安装施工是可以分别进行的

【试题 13】某机房部署了多级 UPS 和线路稳压器,这是出于机房供电的_____需要。

A. 分开供电和稳压供电
B. 稳压供电和电源保护

C. 紧急供电和稳压供电
D. 不间断供电和安全供电

本章即学即练答案

序号	答案	序号	答案
TOP11	【试题 1】答案:D 【试题 2】答案:D 【试题 3】答案:C 【试题 4】答案:B	TOP12	【试题 1】答案:A 【试题 2】答案:A 【试题 3】答案:B
TOP13	【试题 1】答案:C 【试题 2】答案:D	TOP14	【试题 1】答案:A
TOP15	【试题 1】答案:D	TOP16	【试题 1】答案:B
TOP17	【试题 1】答案:A 【试题 2】答案:A 【试题 3】答案:A	TOP18	【试题 1】答案:B 【试题 2】答案:D 【试题 3】答案:D 【试题 4】答案:C
TOP19	【试题 1】答案:B 【试题 2】答案:B 【试题 3】答案:D	TOP20	【试题 1】答案:B
TOP21	【试题 1】答案:D	TOP22	【试题 1】答案:B
TOP23	【试题 1】答案:B 【试题 2】答案:A 【试题 3】答案:D 【试题 4】答案:C	TOP24	【试题 1】答案:C 【试题 2】答案:B 【试题 3】答案:(1) C (2) D (3) B 【试题 4】答案:B 【试题 5】答案:B 【试题 6】答案:A 【试题 7】答案:C 【试题 8】答案:D 【试题 9】答案:C 【试题 10】答案:A 【试题 11】答案:B 【试题 12】答案:A 【试题 13】答案:C

第4章 项目管理一般知识

TOP25 什么是项目

📖 真题分析

【真题1】信息系统集成项目区别于其他项目的特点是_____。

A. 每个项目都有始有终　　　　　　B. 每个项目都是不同的

C. 渐进明细　　　　　　　　　　　D. 需求复杂多变,需求变更控制复杂

解析:信息系统集成项目区别于其他项目的特点:需求复杂多变,需求变更控制复杂。

答案:D

【真题2】_____不属于信息系统集成项目。

A. OA 系统开发项目　　　　　　　B. ERP 系统施工项目

C. 财务管理软件销售项目　　　　　D. 校园一卡通工程设计项目

解析:财务管理软件销售项目不属于信息系统集成项目。

答案:C

【真题3】项目的临时性是指_____。

A. 每一个项目都有一个明确的开始时间和结束时间,项目是一次性的

B. 项目可能有不同的客户、不同的用户、不同的需求、不同的时间、不同的成本和质量

C. 系统集成商不仅向客户提供产品,更重要的是根据其要求提供不同的解决方案

D. 项目的成果目标是逐步完成的

解析:临时性是指每一个项目都有一个明确的开始时间和结束时间,临时性也指项目是一次性的。当项目目标已经实现,或由于项目成果性目标明显无法实现,或者项目需求已经不复存在而终止项目时,就意味着项目的结束,临时性并不一定意味着项目历时短,项目历时依项目的需要而定,可长可短。不管什么情况,项目的历时总是有限的,项目要执行多个过程以完成独特产品、提供独特的服务或成果。

答案:A

【真题4】关于信息系统集成项目的特点,下述说法中,_____是不正确的。

A. 信息系统集成项目是高技术与高技术的集成,要采用业界最先进的产品和技术

B. 信息系统集成项目对企业管理技术水平和项目经理的领导艺术水平要求比较高

C. 信息系统集成项目的需求常常不够明确,而加强需求变更管理以控制风险

D. 信息系统集成项目经常面临人员流动率较高的情况

解析:信息系统集成项目是高技术与高技术的集成,不一定要采用业界最先进的产品和技术,要采用技术含量高、成熟的产品,因此 A 选项不正确。信息系统集成项目有以下几个显著特点:

(1)信息系统集成项目要以满足客户和用户的需求为根本出发点。

(2)客户和用户的需求常常不够明确、复杂多变,由此应加强需求变更管理以控制风险。

(3)系统集成不是选择最好的产品的简单行为,而要选择最适合用户的需求和投资规模的产品和技术。

（4）高技术与高技术的集成。系统集成不是简单的设备供货，系统集成是高技术的集成，它体现更多的是设计、调试与开发，是高技术行为。高新技术的应用，一方面会带来成本的降低、质量的提高、工期的缩短，另一方面如没有掌握就应用新技术的话，也会带来相应的风险。

（5）系统工程。系统集成包含技术、管理和商务等方面，是一项综合性的系统工程。相关的各方应"一把手"挂帅，多方密切协作。

（6）项目团队年轻，流动率高。因此，对企业的管理技术水平和项目经理的领导艺术水平要求较高。

（7）强调沟通的重要性。信息系统本身是沟通的产物，在开发信息系统的过程中沟通无处不在，从需求调研到方案设计、从设计到部署都涉及沟通问题。技术的集成需要以标准为基础，人与人、单位与单位之间的沟通需要以法律、法规、规章制度为基础，信息的产生、保存与传递需以安全为基础。

答案：A

【真题 5】以下关于信息系统集成项目的特点描述不正确的是_____。

A. 信息系统集成项目要以满足用户和客户的需求为根本出发点

B. 信息系统集成项目更加强调了沟通的重要性，技术的集成需要以最前沿技术的合理应用为基础

C. 信息系统集成项目是高技术与高技术的集成，但同时也蕴藏着没有完全掌握新技术带来的风险

D. 信息系统集成项目团队年轻、流动率高，因此对于企业的管理技术水平和项目经理的领导艺术水平要求较高

解析：系统集成不是选择最好的产品的简单行为，而是要选择最适合用户的需求和投资规模的产品和技术。

答案：B

【真题 6】一般情况下，随着项目的逐渐进展，成本和人员投入水平呈现出①的态势，而项目干系人对于项目最终产品的特征和项目最终费用的影响会②，变更和缺陷修改的费用通常会③。①、②和③分别是_____。

A. ①先增后减　　②逐渐减小　　③逐渐增加

B. ①先减后增　　②逐渐增加　　③逐渐减少

C. ①先增后减　　②逐渐增加　　③逐渐增加

D. ①先减后增　　②逐渐减少　　③逐渐减少

解析：一般情况下，随着项目的逐渐进展，成本和人员投入水平呈现出"先增后减"的态势，而项目干系人对于项目最终产品的特征和项目最终费用的影响会"逐渐减小"，变更和缺陷修改的费用通常会"逐渐增加"。因此①、②和③的正确组合是选项 A。

答案：A

【真题 7】以下_____不属于系统集成项目。

A. 不包含网络设备供货的局域网综合布线项目

B. 某信息管理应用系统升级项目

C. 某软件测试实验室为客户提供的测试服务项目

D. 某省通信骨干网的优化设计项目

解析：系统集成是指将计算机软件、硬件、网络通信等技术和产品集成为能够满足用户特定需求的信息系统，包括策划、设计、开发、实施、服务及保障。

系统集成主要包括设备系统集成和应用系统集成。设备系统集成，也可称为硬件系统集成，在大多数场合简称系统集成，或称为弱电系统集成，以区分于机电设备安装类的强电集成。设备系统集成业也可分为职能建筑系统集成、计算机网络系统集成、安防系统集成等。

由系统集成的定义和分类可知，选项 A、D 属于设备系统集成项目，选项 B 属于应用系统集成项目，选项 C 不符合系统集成的定义，因此应选 C。

答案：C

题型点晴

1. 项目的特点：临时性、独特性、渐进明细。
2. 信息系统集成项目的特点：

（1）信息系统集成项目要以满足客户和用户的需求为根本出发点。

（2）客户和用户的需求常常不够明确、复杂多变，由此应加强需求变更管理以控制集成项目风险。

（3）系统集成不是选择最好的产品的简单行为，而是要选择最适合用户的需求和投资规模的产品和技术。

（4）系统集成不是简单的设备供货，系统集成是高技术的集成，它体现更多的是设计、调试与开发，是高技术行为。

（5）系统集成包含技术、管理和商务等方面，是一项综合性的系统工程。

（6）项目团队年轻，流动率高。

（7）强调沟通的重要性。

即学即练

【试题 1】定义清晰的项目目标将最有利于_____。

A. 提供一个开放的工作环境

B. 及时解决问题

C. 提供项目数据以利决策

D. 提供定义项目成功与否的标准

【试题 2】_____反映了信息系统集成项目的技术过程和管理过程的正确顺序。

A. 制订业务发展计划、实施项目、项目需求分析

B. 制订业务发展计划、项目需求分析、制订项目管理计划

C. 制订业务发展计划、制订项目管理计划、项目需求分析

D. 制订项目管理计划、项目需求分析、制订业务发展计划

TOP26　项目的组织方式

真题分析

【真题 1】下列关于项目型组织优缺点的描述中，不正确的是_____。

A. 项目型组织结构单一，责权分明，利于统一指挥

B. 项目型组织管理成本较低，项目环境利于沟通和知识共享

C. 项目型组织沟通简洁、方便，目标明确单一，决策快

D. 项目型组织的员工缺乏事业上的连续性和保障

解析：在项目型组织中各专业的员工是分散在各项目中的，是不方便知识共享的，选项 B 是不正确的。

答案：B

题型点晴

项目的组织方式有如下四种：

（1）职能型组织

优点：强大的技术支持，便于知识、技能和经验的交流；清晰的职业生涯晋升路线；直线沟通、交流简单、责任和权限很清晰；有利于重复性工作为主的过程管理。

缺点：职能利益优先于项目，具有狭隘性；组织横向之间的联系薄弱、部门间协调难度大；项目经理极少或缺少权利、权威；项目管理发展方向不明，缺少项目基准等。

（2）项目型组织

优点：结构单一，责权分明，利于统一指挥；目标明确单一；沟通简洁、方便；决策快。

缺点：管理成本过高，如项目的工作量不足则资源配置效率低；项目环境比较封闭，不利于沟通、技术知识等共享；员工缺乏事业上的连续性和保障等。

（3）矩阵型组织

优点：项目经理负责制、有明确的项目目标；改善了项目经理对整体资源的控制；及时响应；获得职能组织更多的支持；最大限度地利用公司的稀缺资源；改善了跨职能部门间的协调合作；使质量、成本、时间等制约因素得到更好的平衡；团队成员有归属感，士气高，问题少；出现的冲突较少，且易于处理解决。

缺点：管理成本增加；多头领导；难以监测和控制；资源分配与项目优先的问题产生冲突；权利难以保持平衡等。

（4）复合型组织

即学即练

【试题1】在_____中，项目经理的权利最小。

A. 强矩阵型组织　　　　　　　　　　　B. 平衡矩阵组织

C. 弱矩阵型组织　　　　　　　　　　　D. 项目型组织

【试题2】矩阵型组织的缺点不包括_____。

A. 管理成本增加

B. 员工缺乏事业上的连续性和保障

C. 多头领导

D. 资源分配与项目优先的问题产生冲突

TOP27　典型的信息系统项目的生命周期模型

真题分析

【真题1】RUP 模型是一种过程方法，它属于_____的一种。

A. 瀑布模型　　　　B. V 模型　　　　C. 螺旋模型　　　　D. 迭代模型

解析：本题是基本概念考查。RUP 的迭代模型与传统的瀑布模型相比较，迭代过程具有以下优点：降低了在一个增量上的开支风险。如果开发人员重复某个迭代，那么损失只是这一个开发有误的迭代的花费。降低了产品无法按照既定进度进入市场的风险。通过在开发早期就确定风险，可以尽早来解决而不至于在开发后期匆匆忙忙。加快了整个开发工作的进度，因为开发人员清楚问题的焦点所在，他们的工作会更有效率。因此，选 D。

答案：D

题型点睛

1. 瀑布模型

瀑布模型是一个经典的软件生命周期模型,一般将软件开发分为可行性分析(计划)、需求分析、软件设计(概要设计、详细设计)、编码(含单元测试)、测试、运行维护等几个阶段,适合于需求明确且很少变更的项目,如二次开发或升级型项目。瀑布模型中的每项开发活动都具有以下特点。

(1)从上一项开发活动接受其成果作为本次活动的输入。

(2)利用这一输入,实施本次活动应完成的工作内容。

(3)给出本次活动的工作成果,作为输出传给下一项开发活动。

(4)对本次活动的实施工作成果进行评审。

2. V 模型

以测试为中心,为软件生命周期的每个阶段指定了相应的测试级别:编码阶段↔单元测试;详细设计阶段↔集成测试;概要设计阶段↔系统测试;需求分析阶段↔验收测试。

3. 原型化模型

快速构建可运行的软件模型,以便理解和澄清问题,进一步细化需求,在新获取需求基础上进行系统开发,避免由于用户需求 不明带来的开发风险,适合于用户需求模糊不明的情况下。

4. 螺旋模型

螺旋模型是一个演化软件过程模型,将原型实现的迭代特征与线性顺序(瀑布)模型中控制的和系统化的方面结合起来。使得软件的增量版本的快速开发成为可能。在螺旋模型中,软件开发是一系列的增量发布。

即学即练

【试题1】如果用户对系统的目标不是很清楚,需求难以定义,这时最好使用＿＿＿＿＿进行系统开发。

A. 原型法　　　　　B. 瀑布模型　　　　　C. V 模型　　　　　D. 螺旋模型

【试题2】新项目与过去成功开发过的一个项目类似,但规模更大,这时应该使用＿＿＿＿＿进行项目开发设计。

A. 原型法　　　　　B. 瀑布模型　　　　　C. 变换模型　　　　　D. 螺旋模型

本章即学即练答案

序号	答案	序号	答案
TOP25	【试题1】答案:D 【试题2】答案:B	TOP26	【试题1】答案:C 【试题2】答案:B
TOP27	【试题1】答案:A 【试题2】答案:B		

第5章 立项管理

TOP28 立项管理的内容

真题分析

【真题1】某负责人在编制项目的《详细可行性报告》时,列出的提纲如下,按照详细可行性研究报告内容,该报告中缺少的内容_____

① 项目概述;② 需求确定;③ 现有资源、设施情况分析;④ 设计(初步)技术方法;⑤ 投资估算和资金筹措计划;⑥ 项目组织、人力资源、培训计划;⑦ 合作方法

A. 项目实施进度计划

B. 项目建设的必要性和依据

C. 项目涉及的国内外技术发展状况、水平和趋势

D. 项目的国民经济评价

解析:可行性研究报告的编写内容包括:

① 市场和生产能力。进行市场需求分析预测,渠道与销售分析,初步的销售量和销售价格预测,依据市场销售量做出初步生产规划。

② 物料投入分析,包括从建设到经营的物料的投入分析。

③ 坐落地点及厂址的选择。

④ 项目设计包括项目总体规划、工艺设备计划、土建工程规划等。

⑤ 项目进度安排。

⑥ 项目投资与成本估算,包括投资估算、成本估算、筹集资金的渠道及初步筹集方案。

答案:A

【真题2】在项目可行性研究报告编写、提交和获得批准之前,首先要进行初步可行性研究。初步可行性研究的目的是_____。

A. 分析项目是否有前途,从而决定是否应该继续深入调查研究

B. 确定项目是否实施的依据

C. 编制计划、设计、采购、施工以及机构设置、资源配置的依据

D. 对多个项目方案择优选择

解析:初步可行性研究是在立项申请书(项目建议书)获得批准后对该项目做粗略的论证估计,其目的如下:

① 分析项目是否有前途,从而决定是否应该继续深入调查研究。

② 项目中是否有关键性的技术或项目需要解决。

③ 必须要做哪些职能研究或辅助研究(如实验室试验、中间试验、重大事件处理、深入市场研究等)。

答案:A

【真题3】某工程人员在项目建议书中提到该项目符合国家产业政策和投资方向,符合地方计划发

展规划。这部分内容对_____进行了论述。

A. 项目的必要性 　　　　　B. 项目的市场预测

C. 项目的盈利预期 　　　　D. 项目建设必需的条件

解析:排除法,符合国家产业政策和投资方向,符合地方计划发展规划。这是项目建设必需的条件。

答案:D

【真题4】某政府部门需要改造现有信息系统,目前正在开展项目立项工作,该项目经初步投资估算确定的投资额为950万元,而项目可行性研究报告,得到批复确定为890万元。这种情况下建设单位恰当的做法是_____。

A. 重新报批项目建议书

B. 重新报批项目可行性研究报告

C. 重新报批项目可行性研究报告和项目建议书

D. 在项目初步设计和投资概算报告中进行定量补充说明

解析:项目可行性研究报告的编制内容与项目建议书批复内容有重大变更的,应重新报批项目建议书。项目初步设计方案和投资概算报告的编制内容与项目可行性研究报告批复内容有重大变更或变更投资超出已批复总投资额度10%的,应重新报批可行性研究报告。

项目初步设计方案和投资概算报告的编制内容与项目可行性研究报告批复内容有少量调整且其调整内容未超出已批复总投资额度10%的,需在提交项目初步设计方案和投资概算报告时以独立章节对调整部分进行定量补充说明。

答案:B

【真题5】某单位为加强项目管理,计划在2013年建设一个项目管理系统,但企业领导对该系统没有提出具体要求。钱工是项目负责人,要对项目的技术、经济等进行深入研究和方案论证,应__(1)__。如果钱工对比了自主开发和外购的成本、时间差异,该行为属__(2)__。

(1) A. 进行项目识别 　　　　B. 编制项目建议书

　　 C. 编制可行性研究报告 　D. 聘请评估机构对项目进行评估

(2) A. 项目的财务评价 　　　B. 项目的总量评估

　　 C. 项目的技术方案评估 　D. 项目的国民经济评价

解析:在项目实施之前,项目负责人需要编制可行性研究报告,对项目的技术、经济等进行深入研究和方案论证,其中对成本、时间等的评估属于项目的财务评价和进度评估。

答案:(1) C　 (2) A

【真题6】项目建议书应该包括的核心内容不包括_____。

A. 项目建设必需的条件 　　B. 项目的必要性

C. 项目的风险预测及应对措施　D. 产品方案或服务的市场预测

解析:本题考查立项管理。项目建议书的内容包括项目的必要性、项目的市场预测、产品方案或服务的市场预测、项目建设必需的条件。

答案:C

【真题7】以下不属于项目可行性研究的内容是_____。

A. 项目的详细管理计划 　　B. 项目的风险因素及其对策

C. 目的社会影响性分析 　　D. 项目的财务盈利能力评价

解析:项目可行性研究内容如下:

① 投资的必要性;② 技术的可行性;③ 财务的可行性;④ 组织的可行性;

⑤ 经济的可行性;⑥ 社会可行性;⑦ 风险因素及对策。

而选项A属于项目正式启动后的事情。

答案:A

题型点睛

1. 立项管理的内容:项目建议书;项目可行性研究报告。

2. 项目建议书(又称立项申请)是项目建设单位向上级主管部门提交项目申请时所必需的文件。

项目建议书应该包括的核心内容如下:

(1) 项目的必要性。

(2) 项目的市场预测。

(3) 产品方案或服务的市场预测。

(4) 项目建设必需的条件。

3. 项目可行性研究报告研究内容一般应包括:①投资必要性;②技术的可行性;③财务可行性;④组织可行性;⑤经济可行性;⑥社会可行性;⑦风险因素及对策。

即学即练

【试题1】定义清晰的项目目标将最有利于_____。

A. 提供一个开放的工作环境

B. 及时解决问题

C. 提供项目数据以利决策

D. 提供定义项目成功与否的标准

【试题2】_____反映了信息系统集成项目的技术过程和管理过程的正确顺序。

A. 制订业务发展计划、实施项目、项目需求分析

B. 制订业务发展计划、项目需求分析、制订项目管理计划

C. 制订业务发展计划、制订项目管理计划、项目需求分析

D. 制订项目管理计划、项目需求分析、制订业务发展计划

TOP29　建设方的立项管理

真题分析

【真题1】在进行项目详细可行性研究时,将有项目时的成本与无项目时的成本进行比较,求得差额,这种分析方法被称为_____

A. 经济评价法　　　B. 市场预测法　　　C. 投资估算法　　　D. 增量净效益法

解析:增量净效益法(有无比较法):将有项目时的成本(效益)与无项目时的成本(效益)进行比较,求得两者差额,即为增量成本(效益),这种方法称之为有无比较法。

答案:D

【真题2】项目论证是确定项目是否实施的依据,__(1)__不属于项目建设方项目论证的原则。__(2)__不属于项目建设方项目论证的内容。

(1) A. 合规　　　　　　　　　B. 实施便利

　　 C. 科学预测　　　　　　　D. 重视数据资料

(2) A. 招标文件的编制　　　　B. 项目组织设置的合理性

　　 C. 资金筹措的依据　　　　D. 项目的工艺技术

解析:项目论证的原则:合规;政策、技术、经济相结合;重视数据资料;要加强科学的预测工作;微观

经济效益与宏观经济效益相结合的原则;近期经济效益与远期经济效益相结合;定性分析与定量分析相结合。

项目建议书批准后的主要工作如下:

(1) 确定项目建设的机构、人员。

(2) 选定建设地址,申请规划设计条件,做规划设计方案。

(3) 落实筹措资金方案。

(4) 落实原料的供应、配套方案、安全消防措施等。

(5) 外商投资企业申请企业名称预登记。

(6) 进行详细的市场调查分析。

(7) 编制可行性研究报告。

答案:(1) B　(2) A

【真题3】项目建议书是项目可行性研究的依据。_____一般不属于项目建议书的内容。

A. 设备选型　　　　　　　　　　B. 建设背景和必需的条件

C. 市场规模预测　　　　　　　　D. 产品方案

解析:项目建议书应该包括的核心内容如下:

(1) 项目的必要性。

(2) 项目的市场预测。

(3) 产品方案或服务的市场预测。

(4) 项目建设必需的条件。

答案:A

【真题4】_____一般是项目初步可行性研究关注的问题。

A. 合作方式　　　　　　　　　　B. 项目进度安排

C. 技术合作计划　　　　　　　　D. 投资与成本估算

解析:初步可行性研究是介于机会研究和详细可行性研究的一个中间阶段,是在项目意向确定之后,对项目的初步估计。初步可行性研究的主要内容包括:

(1) 市场和生产能力。

(2) 物料投入分析。

(3) 坐落地点及厂址的选择。

(4) 项目设计包括项目总体规划、工艺设备计划、土建工程规划。

(5) 项目进度安排。

(6) 项目投资与成本估算,包括投资估算、成本估算、筹集资金的渠道及初步筹集方案。

答案:D

【真题5】项目论证是对拟实现项目技术上的先进性、适用性,经济上的合理性,实施上的可能性,风险控制等进行全面的综合分析,为项目决策提供客观依据的一种技术经济研究活动,其中_____不属于项目论证的主要内容。

A. 项目财务评价　　　　　　　　B. 项目国民经济条件

C. 项目社会影响评价　　　　　　D. 项目建设条件评价

解析:项目论证是指对拟实施项目技术上的先进性、适用性,经济上的合理性、赢利性,实施上的可能性,风险可控性进行全面科学的综合分析,为项目决策提供客观依据的一种技术经济研究活动。项目论证的内容包括项目运行环境评价、项目技术评价、项目财务评价、项目国民经济评价、项目环境评价、项目社会影响评价、项目不确定性和风险评价、项目综合评价等。

答案:D

【真题6】项目建议书主要论证项目建设的必要性,建设方案和投资估算比较粗,投资误差最多为_____。

A. ±30% B. ±50% C. ±10% D. ±20%

解析:项目建议书又称立项报告,是项目建设筹建单位或项目法人,根据国民经济的发展、国家和地方中长期规划、产业政策、生产力布局、国内外市场、所在地的内外部条件,提出的某一具体项目的建议文件,是对拟建项目提出的框架性的总体设想。往往是在项目早期,由于项目条件还不够成熟,仅有规划意见书,对项目的具体建设方案还不明晰,市政、环保、交通等专业咨询意见尚未办理。项目建议书主要论证项目建设的必要性,建设方案和投资估算也比较粗,投资误差为±30%左右。

答案:A

【真题7】根据《国家电子政务工程建设项目管理暂行办法》,项目设计方案和投资预算、报告的编制内容与项目可行性研究报告批复内容不符合,且变更投资一旦超出已批复总投资额度_____的应重新撰写可行性研究报告。

A. 5% B. 10% C. 15% D. 20%

解析:根据《国家电子政务工程建设项目管理暂行办法》第十三条规定:项目可行性研究报告的编制内容与项目建议书批复内容有重大变更的,应重新报批项目建议书。项目初步设计方案和投资概算报告的编制内容与项目可行性研究报告批复内容有重大变更或变更投资超出已批复总投资额度百分之十的,应重新报批可行性研究报告。项目初步设计方案和投资概算报告的编制内容与项目可行性研究报告批复内容有少量调整且其调整内容未超出已批复总投资额度百分之十的,需在提交项目初步设计方案和投资概算报告时以独立章节对调整部分进行定量补充说明。

答案:B

【真题8】某政府部门拟利用中央财政资金建设电子政务项目,关于建设方的立项管理,下列做法中不符合有关规定的是_____。

A. 建设单位在编制项目建议书时专门组织项目需求分析,形成需求分析报告,报送项目审批部门

B. 建设方在项目建议书获得批复后,招标选定有资格的第三方工程咨询机构编制可行性研究报告,报送项目审批部门

C. 建设方在可行性研究报告获得批复后,向有关部门申请项目前期工作经费,前期工作经费计入项目总投资

D. 建设方在可行性研究报告获得批复后,委托有资格的第三方工程咨询机构出具评估意见,连同批复的项目建议书,作为项目建设的主要依据

解析:本题考查建设方的立项管理内容。项目初步设计方案和投资概算报告的编制内容与项目可行性研究报告批复内容有少量调整且其调整内容未超出已批复总投资额度的,需在提交项目初步设计方案和投资概算报告时以独立章节对调整部分进行定量补充说明,而不是获得批复后再申请。

答案:C

【真题9】某企业信息化建设过程中,决策层要对实施计划方案进行择优和取舍,为保证决策的科学性,其主要决策依据是_____。

A. 需求分析 B. 项目建议书

C. 可行性研究报告 D. 项目评估报告

解析:可行性研究报告只提供多方案比较依据,而项目评估报告通常是对多方案择优。因而,项目取舍的依据(决策依据)是项目评估报告。

答案:D

【真题10】根据《中华人民共和国招投标法》,以下叙述中不正确的是_____。

A. 两个以上法人或组织组成联合体共同投标时,联合体各方均应当具备承担招标项目的相应能力

B. 联合体中标的,联合体各方应当共同与招标人签订合同,就中标项目向招标人承担连带责任

C. 联合体各方应当签订共同投标协议,并将共同投标协议连同投标文件一并提交给招标人

D. 由同一专业的单位组成的联合体,按照其中资质等级最高的单位确定资质等级

解析：《中华人民共和国招投标法》第三十一条规定：两个以上法人或者其他组织可以组成一个联合体，以一个投标人的身份共同投标。

联合体各方均应当具备承担招标项目的相应能力；国家有关规定或者招标文件对投标人资格条件有规定的，联合体各方均应当具备规定的相应资格条件。由同一专业的单位组成的联合体，按照资质等级较低的单位确定资质等级。联合体各方应当签订共同投标协议，明确约定各方拟承担的工作和责任，并将共同投标协议连同投标文件一并提交招标人。联合体中标的，联合体各方应当共同与招标人签订合同，就中标项目向招标人承担连带责任。

招标人不得强制投标人组成联合体共同投标，不得限制投标人之间的竞争。

答案：D

题型点睛

1. 建设方的立项管理的内容：项目的可行性研究阶段、项目论证、项目评估、项目可行性研究报告的编写、提交和获得批准。

2. 初步可行性研究是介于机会研究和详细可行性研究的一个中间阶段；是在项目意向确定之后，对项目的初步估计。详细可行性研究需要对一个项目的技术、经济、环境及社会影响等进行深入调查研究，是一项费时、费力且需一定资金支持的工作，特别是大型的或比较复杂的项目更是如此。

3. 项目评估是指在项目可行性研究的基础上，由第三方（国家、银行或有关机构）根据国家颁布的政策、法规、方法、参数和条例等，从项目（或企业）、国民经济、社会角度出发，对拟建项目建设的必要性、建设条件、生产条件、产品市场需求、工程技术、经济效益和社会效益等进行评价、分析和论证，进而判断其是否可行的一个评估过程。

即学即练

【试题1】建设方在进行项目评估的时候，根据项目的类型不同，所采用的评估方法也不同。如果使用总量评估法，其难点是_____。

A. 如何准确确定新增投入资金的经济效益

B. 确定原有固定资产重估值

C. 评价追加投资的经济效益

D. 确定原有固定资产对项目的影响

【试题2】项目论证是指对拟实施项目技术上的先进性、适用性，经济上的合理性、赢利性，实施上的可能性、风险可控性进行全面科学的综合分析，为项目决策提供客观依据的一种技术经济研究活动。以下关于项目论证的叙述，错误的是_____。

A. 项目论证的作用之一是作为筹措资金、向银行贷款的依据

B. 项目论证的内容之一是国民经济评价，通常运用影子价格、影子汇率、影子工资等工具或参数

C. 数据资料是项目论证的支柱

D. 项目财务评价是从项目的宏观角度判断项目或不同方案在财务上的可行性的技术经济活动

【试题3】某地方政府策划开展一项大型电子政务建设项目，项目建设方在可行性研究的基础上开展项目评估，以下做法不正确的是_____。

A. 项目建设方的相关领导和业界专家，根据国家颁布的政策、法规、方法、参数和条例等，进行项目评估

B. 从项目、国民经济、社会角度出发，对拟建项目建设的必要性、建设条件、生产条件、产品市场需求、工程技术、经济效益和社会效益等进行评价、分析和论证，进而判断其是否可行

C. 项目评估按照成立评估小组、制订评估计划、开展调查研究、分析与评估、编写评估报告的程序

开展

D. 评估工作采用费用效益分析法,比较为项目所支出的社会费用和项目对社会所提供的效益,评估项目建成后将对社会做出的贡献程度

【试题4】在_____中,项目经理权限最大。

A. 职能型组织
B. 弱矩阵型组织

C. 强矩阵型组织
D. 项目型组织

TOP30　承建方的立项管理

真题分析

【真题1】如果城建单位项目经理由于工作失误导致采购的设备不能按期到货,施工合同没有按期完成,则建设单位可以要求承担_____责任。

A. 承建单位　　　B. 监理单位　　　C. 设备供应商　　　D. 项目经理

解析:在信息工程建设中,每一方都有自己的责任、义务并要承担相应的责任,但是无论如何不会由于另外一方的出现而分担自己的责任,因此承建单位自己的工作事务当然要由承建单位来承担责任。

答案:A

【真题2】项目承建方的项目论证需要从五个方面展开,其中不包括_____。

A. 承建方技术可行性分析

B. 承建方人力及其他资源配置能力可行性分析

C. 承建方综合能力分析

D. 项目财务可行性分析和项目风险分析

解析:(1) 承建方技术可行性分析。

主要从项目实施的技术角度,合理设计技术方案,并进行比较、选择和评价。各行业不同项目技术可行性的研究内容及深度差别很大。对于工业项目,可行性研究的技术论证应达到能够比较明确地提出设备清单的深度;对于各种非工业项目,技术方案的论证也应达到目前工程方案初步设计的深度,以便与国际惯例接轨。

(2) 承建方人力及其他资源配置能力可行性分析

是否能够充分发挥人和其他资源的潜能,提高企业竞争力。人力资源的合理配置及其主要作用有如下三个方面。

① 人尽其才,才尽其用,使人才充分施展其才华,提高其生产积极性和创造性。

② 形成一种整体合力,在项目中实现"1+1>2"的效果。

③ 充分激活和放大其他资源,因为人力资源的激活和放大是其他资源放大和激活的前提,其他资源要通过人力资源的作用才能发挥其潜力,变为现实生产力。

(3) 项目财务可行性分析

主要是对整个项目的投资及产生的经济效益进行分析,分析项目预期的经济效益。

(4) 项目风险分析

主要对项目的市场风险、技术风险、财务风险、组织风险、法律风险、经济及社会风险等风险因素进行评价,制定应对风险的方法,为项目全过程的风险管理提供依据。

(5) 对可能的其他投标者的相关情况分析

对潜在投标人进行分析,包括了解潜在投标企业的研发能力、生产能力、市场占有率等,初步确定本企业在行业中的排名,在了解自己企业优势和劣势的同时,也应了解潜在投标人的优势和劣势,以便在投标中采取相应措施扬长避短,知己知彼,方能百战不殆。

答案:C

【真题 3】项目承建方在准备投标时,要基于自身情况对准备投标的项目进行论证,其中论证的内容不包括_____。

A. 建设方需求的合理性分析　　　　B. 项目风险分析

C. 其他投标者情况分析　　　　　　D. 承建方技术可行性分析

解析:承建方项目论证的内容包括:

(1) 承建方技术可行性分析。

(2) 承建方人力及其他资源配置能力可行性分析。

(3) 项目财务可行性分析。

(4) 项目风险分析。

(5) 对可能的其他投标者的相关情况分析。

答案:A

【真题 4】作为系统集成企业售前负责人,在说服本单位领导批准参加项目投标时,不需介绍_____。

A. 本企业技术可行性分析　　　　　B. 企业人员能力和配置分析

C. 项目的国民经济分析　　　　　　D. 项目财务可行性分析

解析:国民经济评价是项目经济评价的核心部分,是决策部门考虑项目取舍的重要依据。因此,在说服本单位领导批准参加项目投标时,售前负责人不需介绍项目的国民经济分析。

答案:C

【真题 5】作为承建方,其项目立项的第一步工作是_____。

A. 编制立项申请书　　B. 项目论证　　　C. 项目识别　　　D. 投标

解析:项目识别是承建方项目立项的第一步,其目的在于选择投资机会、鉴别投资方向,一般从政策导向中寻找项目机会,从市场需求中选择项目机会,从新技术发展中项目机会。承建方的项目管理的步骤:项目机会识别、项目论证、投标。

答案:C

【真题 6】项目识别是承建方项目立项的第一步,其目的在于选择投资机会、鉴别投资方向。以下关于项目识别的说法不正确的是_____。

A. 可从政策导向中寻找项目机会,主要依据包括国家、行业和地方的科技发展及经济社会发展的长期规划与阶段性规划

B. 市场需求是决定投资方向的主要依据,投资者应从市场分析中选择项目机会

C. 信息技术发展迅速、日新月异,新技术也会给企业带来新的项目机会

D. 对项目的市场风险、技术风险、经济及社会风险等因素进行分析,为项目全过程的风险管理提供依据

解析:项目识别目的在于选择投资机会、鉴别投资方向,一般从政策导向中寻找项目机会,从市场需求中选择项目机会,从新技术发展中项目机会。很明显,选项 D 是项目机会已经确定之后的事情,是分析项目风险、为管理项目风险提供依据的。

答案:D

🅰 题型点睛

1. 项目识别是承建方项目立项的第一步,其目的在于选择投资机会、鉴别投资方向。在国外一般是从市场和技术两方面寻找项目机会,但在国内还需考虑到国家的有关政策和产业导向。

2. 项目论证。

(1) 承建方技术可行性分析。

（2）承建方人力及其他资源配置能力可行性分析。

（3）项目财务可行性分析。

（4）项目风险分析。

（5）对可能的其他投标者的相关情况分析。

即学即练

【试题 1】_____是承建方项目立项的第一步，其目的在于选择投资机会、鉴别投资方向。

A. 项目论证   B. 项目评估   C. 项目识别   D. 项目可行性分析

【试题 2】项目承建方在立项管理过程中，应从多个角度对项目进行论证，以下通常不属于承建方项目论证内容的是_____。

A. 技术可行性分析   B. 财务可行性分析

C. 风险分析   D. 需求验证

本章即学即练答案

序号	答案	序号	答案
TOP28	【试题 1】答案：D 【试题 2】答案：B	TOP29	【试题 1】答案：B 【试题 2】答案：D 【试题 3】答案：A 【试题 4】答案：D
TOP30	【试题 1】答案：C 【试题 2】答案：D		

第6章 项目整体管理

TOP31 项目启动

真题分析

【真题1】某公司要开发一款电子行车记录仪,成立了产品研发项目团队,发布了项目章程,其中不应包括_____。

A. 开发电子行车记录仪的背景、目的及可行性

B. 业务要求或产品需求

C. 详细的开发计划和投资预算

D. 任命的项目经理和他的权限级别

解析:项目章程应当包括以下直接列入的内容或援引自其他文件的内容。

(1) 基于项目干系人的需求和期望提出的要求。

(2) 项目必须满足的业务要求或产品需求。

(3) 项目的目的或项目立项的理由。

(4) 委派的项目经理及项目经理的权限级别。

(5) 概要的里程碑进度计划。

(6) 项目干系人的影响。

(7) 职能组织及其参与。

(8) 组织的、环境的和外部的假设。

(9) 组织的、环境的和外部的约束。

(10) 论证项目的业务方案,包括投资回报率。

(11) 概要预算。

答案:C

【真题2】_____不属于项目章程的组成内容。

A. 工作说明书   B. 指定项目经理并授权

C. 项目概算   D. 项目需求

解析:项目章程是正式批准一个项目的文档。项目章程应当由项目组织以外的项目发起人或投资人发布,其在组织内的级别应能批准项目,并有相应的为项目提供所需资金的权利。项目章程为项目经理使用组织资源进行项目活动提供了授权。

答案:A

【真题3】项目章程在项目管理中起着非常重要的作用,以下对项目章程的描述中_____是错误的。

A. 项目章程应该由项目团队之外的人发布

B. 项目章程使项目与执行组织的日常运营联系起来

C. 项目章程不包括干系人的需求和期望

D. 项目章程包括论证项目的业务方案

解析：项目章程是正式批准一个项目的文档，或者是批准现行项目是否进入下一阶段的文档。项目章程应当由项目组织以外的项目发起人发布，若项目为本组织开发也可由投资人发布。发布人在组织内的级别应能批准项目，并有相应的为项目提供所需资金的权利。项目章程为项目经理使用组织资源进行项目活动提供了授权，尽可能在项目早期确定和任命项目经理。应该总是在开始项目计划前就任命项目经理，在项目启动时任命会更合适。

建立项目章程将使项目与执行组织的日常运营联系起来。在一些组织中，项目只有在需求调研、可行性研究或初步试探完成后才被正式批准和启动。

项目章程的编制过程主要关注于记录建设方的商业需求，项目立项的理由与背景，对客户需求的现有理解，满足这些需求的新产品、服务或结果。项目章程应当包括以下直接列入的内容或援引自其他文件的内容。

（1）基于项目干系人的需求和期望提出的要求。

（2）项目必须满足的业务要求或产品需求。

（3）项目的目的或项目立项的理由。

（4）委派的项目经理及项目经理的权限级别。

（5）概要的里程碑进度计划。

（6）项目干系人的影响。

（7）职能组织及其参与。

（8）组织的、环境的和外部的假设。

（9）组织的、环境的和外部的约束。

（10）论证项目的业务方案，包括投资回报率。

（11）概要预算。

答案：C

【真题 4】某公司正在启动一个新的系统集成项目，任命张某为项目负责人，并从多个职能部门抽调人员组成项目团队，采用矩阵式管理模式。张某认识到在这种情况下团队成员对职能经理的配合往往要超过对自己的配合，因此决定请求公司发布一份_____。

A. 人力资源管理计划　　　　　　　　B. 项目管理计划

C. 项目章程　　　　　　　　　　　　D. 沟通管理计划

解析：张某请求公司发布的是"项目章程"，以获得公司正式的授权，增加自己对团队成员的影响力。项目章程是正式批准项目的文件。任何一个项目，都是由一个或多个原因而被批准的，这些原因包括市场需求、营运需要、客户要求、技术进步、法律要求和社会需要等。主管部门必须做出批准或不批准某个项目并且颁发项目章程的决策，决策主要基于项目对于项目所有人和赞助人的价值和吸引力。而其前提则是可行性研究的审查和通过。

答案：C

题型点睛

1. 项目启动过程的输入、工具与技术及输出。

（1）输入：合同；项目工作说明书；环境的和组织的因素；组织过程资产。

（2）工具与技术：项目管理方法；项目管理信息系统；专家判断。

（3）输出：项目章程。

2. 项目章程是正式批准一个项目的文档，或者是批准现行项目是否进入下一阶段的文档。项目章程应当由项目组织以外的项目发起人发布，若项目为本组织开发也可由投资人发布。发布人在组织内的级别应能批准项目，并有相应的为项目提供所需资金的权利。项目章程为项目经理使用组织资源进行项目活动提供了授权。尽可能在项目早期确定和任命项目经理。应该总是在开始项目计划前就任命项目经理,在项目启动时任命会更合适。

即学即练

【试题1】发布项目章程,标志着项目的正式启动。以下围绕项目章程的叙述中,_____是不正确的。

A. 制定项目章程的工具和技术包括专家判断

B. 项目章程要为项目经理提供授权,方便其使用组织资源进行项目活动

C. 项目章程应当由项目发起人发布

D. 项目经理应在制定项目章程后再任命

TOP32 制订项目管理计划

真题分析

【真题 1】A schedule is commonly used in project planning and project portfolio management. _____ on a schedule may be closely related to the work breakdown structure(WBS)terminal elements, the statement of work or a contract data requirements list.

A. Essences   B. Elements   C. Purposes   D. Issues

解析: 时间计划表通常在项目计划和项目整体管理中使用,时间计划表中的一个元素通常与工作结构分解的中断元素、工作说明书或合同数据需求清单紧密相关。

答案: B

【真题2】项目计划的编制是一个逐步的过程,以下关于项目计划编制的叙述中,_____是正确的。

A. 项目计划的编制过程是渐进明细、逐步细化的过程

B. 一般进度计划应写在项目主计划中,而其他方面的计划,如范围、质量、成本等应单独编制成子计划

C. 项目计划只供项目组内部使用,因此客户不必参与项目计划的编制

D. 项目经理对项目计划有最高管理权限,可随时修改项目计划

解析: 项目计划的编制过程是一个渐进明细、逐步细化的过程。一般地,编制项目计划的大致过程如下。

(1)明确目标:编制项目计划的前提是明确项目目标和阶段目标。

(2)成立初步的项目团队:成员随着项目的进展可以在不同时间加入项目团队,也可以随着分配的工作完成而退出项目团队。但最好都能在项目启动时参加项目启动会议,了解总体目标、计划,特别是自己的目标职责、加入时间等。

(3)工作准备与信息收集:项目经理组织前期加入的项目团队成员准备项目工作所需要的规范、工具、环境,如开发工具、源代码管理工具、配置环境、数据库环境等,并在规定的时间内尽可能全面地收集项目信息。

(4)依据标准、模板,编写初步的概要的项目计划。

(5)编写范围管理、质量管理、进度、预算等分计划。

(6)把上述分计划纳入项目计划,然后对项目计划进行综合平衡、优化。

(7)项目经理负责组织编写项目计划。项目计划应包括计划主体和以附件形式存在的其他相关分

计划,如范围、进度、预算、质量等分计划。

（8）评审与批准项目计划。

（9）获得批准后的项目计划就成为项目的基准计划。

答案：A

【真题3】某项目经理正在为一个新产品开发项目制订项目管理计划,他应遵循的基本原则中不包括_____。

A. 逐步精确细化

B. 技术工作与管理工作相分离

C. 各干系人参与

D. 对相关人员与资源统一组织及管理

解析：编制项目计划所遵循的基本原则有:全局性原则、全过程原则、人员与资源的统一组织与管理原则、技术工作与管理工作协调的原则。除此之外,更具体的编制项目计划所遵循的原则如下。

（1）目标的统一管理。

（2）方案的统一管理。

（3）过程的统一管理。

（4）技术工作与管理工作的统一协调。

（5）计划的统一管理。

（6）人员资源的统一管理。

（7）各干系人的参与。

（8）逐步精确。

答案：B

【真题4】某大型信息系统集成项目组建了一个变更控制委员会来负责项目变更请求的审查与处理工作,并且确立了支配其运作的具体程序和规则。这个程序要求所有得到批准的变更都必须反映到_____中。

A. 业绩衡量基准　　　　　　　　　　B. 变更管理计划

C. 项目管理计划　　　　　　　　　　D. 质量保证计划

解析：对项目的变更就是对其基准计划的改变。因此得到批准的变更都要调整基准的项目管理计划,且反映这次的变更。

答案：C

【真题5】某系统集成公司据经验决定建立一套变更控制系统。为保证该系统行之有效,该系统中必须包括的内容是_____。

A. 对每个项目的各条功能和物理特征做出的具体描述

B. 项目预期的、具体的变更要求,以及响应计划

C. 定义项目文档如何变更的程序和规则

D. 预测项目变更的绩效报告

解析：制定项目管理计划过程定义、准备、集成和协调所有的分计划,以形成项目管理计划。项目管理计划的内容将依据应用领域和项目复杂性的不同而不同。作为这个过程结果的项目管理计划通过整体变更控制过程进行更新和修订。项目管理计划明确了如何执行、监督和控制,以及如何收尾项目。

答案：C

【真题6】项目经理在编制项目管理计划时,应_____。

A. 越简单越好　　　　　　　　　　　B. 越详细越好

C. 逐步细化　　　　　　　　　　　　D. 按照公司的模板编制,不能变更

解析：具体内容请参考"项目计划编制工作遵循的基本原则"。

答案：C

题型点睛

1. 输入、工具与技术及输出。

(1) 输入：项目章程；项目范围说明书(初步)；来自各计划过程的输出；预测；环境和组织因素、组织过程资产、工作绩效信息。

(2) 工具与技术：项目管理方法；项目管理信息系统；专家判断。

(3) 输出：项目管理计划；配置管理系统；变更控制系统。

2. 项目管理计划的内容。

项目管理计划记录了如下内容：

(1) 项目背景，如项目名称、客户名称、项目的商业目的等。

(2) 项目经理、项目经理的主管领导、客户方联系人、客户方的主管领导、项目领导小组(即项目管理团队)和项目实施小组人员。

(3) 项目的总体技术解决方案。

(4) 对用于完成这些过程的工具和技术的描述。

(5) 选择的项目的生命周期和相关的项目阶段。

(6) 项目最终目标和阶段性目标。

(7) 进度计划和沟通管理计划。

(8) 项目预算。

(9) 变更流程和变更控制委员会。

(10) 对于内容、范围和时间的关键管理评审，以便于确定悬留问题和未决决策。

除上述的进度计划和项目预算之外，项目管理计划可以是概要的或详细的，并且还可以包含一个或多个分计划。这些分计划包括但不限于：范围管理计划、质量管理计划、过程改进计划、人力资源管理计划、沟通管理计划、风险管理计划、采购管理计划。

3. 项目计划的编制过程是一个渐进明细、逐步细化的过程。

①明确目标；②成立初步的项目团队；③工作准备与信息收集；④依据标准、模板，编写初步的、概要的项目计划；⑤编写范围管理、质量管理、进度、预算等分计划；⑥把上述分计划纳入项目计划，然后对项目计划进行综合平衡、优化；⑦项目经理负责组织编写项目计划；⑧评审与批准项目计划；⑨获得批准后的项目计划就成了项目的基准计划。

即学即练

【试题1】在编制项目管理计划时，项目经理应遵循编制原则和要求，使项目计划符合项目实际管理的需要。以下关于项目管理计划的叙述中，_____是不正确的。

A. 应由项目经理独立进行编制

B. 可以是概括的

C. 项目管理计划可以逐步精确

D. 让干系人参与项目计划的编制

【试题2】经项目各有关干系人同意的_____就是项目的基准，为项目的执行、监控和变更提供了基础。

A. 项目合同书　　　　　　　　　　B. 项目管理计划

C. 项目章程　　　　　　　　　　　D. 项目范围说明书

TOP33 指导和管理项目执行

真题分析

【真题1】在项目实施过程中,项目经理通过项目周报中的项目进度分析图表发现机房施工进度有延期风险。项目经理立即组织相关人员进行分析,下达了关于改进措施的书面指令。该指令属于_____。

A. 检查措施　　　　　　　　　B. 缺陷补救措施

C. 预防措施　　　　　　　　　D. 纠正措施

解析:检查措施是对产品或工作制定的检查方法或措施。

缺陷补救措施是对在质量审查和审核过程中发现的缺陷制定的修复和消除影响的措施。

预防措施是为消除潜在不合格或其他不期望情况的原因,降低项目风险发生的可能性而需要的措施。

纠正措施是为了消除已发现的不合格或其他不期望情况的原因所采取的措施。项目经理通过项目周报中的项目进度分析图表发现机房施工进度有延期风险,经分析后下达了关于改进措施的书面指令。该指令属于在不合格或不期望情况尚未发生的情况下,为降低项目风险发生的可能性而采取的措施,因此属于预防措施。

答案:C

题型点睛

1. 输入、工具与技术及输出。

(1) 输入:项目管理计划;已批准的纠正措施;已批准的预防措施;已批准的变更申请;已批准的缺陷修复;确认缺陷修复。

(2) 工具与技术:项目管理方法;项目管理信息系统。

(3) 输出:可交付成果;请求的变更;已实施的变更;已实施的纠正措施;已实施的预防行动;已实施的缺陷修复;工作绩效数据。

2. 指导和管理项目执行过程:

(1) 按列入计划的方法和标准执行项目活动完成项目要求。

(2) 完成项目的交付物。

(3) 配备、培训并管理分配到项目的团队成员。

(4) 建立和管理项目团队内外部沟通渠道。

(5) 产生项目实际数据以方便预测,这些数据诸如成本、进度、技术、质量和状态等实际数据。

(6) 将批准的变更落实到项目的范围、计划和环境。

(7) 管理风险并实施风险应对活动。

(8) 管理分包商和供应商。

(9) 收集和记录经验教训,以及执行批准的过程改进活动。

即学即练

【试题1】当信息系统项目进入实施阶段后,一般不使用_____对项目进行监督和控制。

A. 挣值管理方法　　　　　　　B. 收益分析方法

C. 项目管理信息系统　　　　　D. 专家判断方法

TOP34　监督和控制项目

真题分析

【真题1】在项目整体管理过程中监督和控制项目是一个关键环节,下列不属于监督和控制过程组的是_____。

A. 客户等项目干系人正式验收并接受已完成的项目可交付物的过程

B. 企业质量管理体系审计

C. 在管理项目团队时,项目经理与组员就组员情况进行正式交谈

D. 编制绩效报告

解析:选项 B 是企业级行为,选项 B 不属于项目的监控过程。选项 C 属于"管理项目团队"这一日常的监控过程。

答案:B

题型点睛

1. 输入、工具与技术及输出。

(1) 输入:项目管理计划;工作绩效信息;绩效报告。

(2) 工具与技术:项目管理方法;项目管理信息系统;挣值管理;专家判断。

(3) 输出:请求的变更;项目报告。

2. 监督和控制项目过程(简称监控过程)是全面地追踪、评审和调节项目的进展,以满足在项目管理计划中确定的绩效目标的过程。监控是贯穿整个项目始终的项目管理的一个方面。监控过程包括全面地收集、测量和分发绩效信息并且通过评估结果和过程以实现过程改进。

即学即练

【试题1】在项目管理中,采取_____方法,对项目进度计划实施进行全过程监督和控制是经济和合理的。

A. 会议评审和 Monte Carlo 分析　　　　B. 项目月报和旁站

C. 进度报告和旁站　　　　D. 挣值管理和会议评审

TOP35　整体变更控制

真题分析

【真题1】整体变更控制过程基于项目的执行情况对项目的过程进行控制。以下关于整体变更控制的描述,_____是不恰当的。

A. 每一个变更都需要跟踪和确认

B. 设置多个变更控制委员会

C. 变更过程需要维持所有基线的完整

D. 整体变更控制在不同层次上实施。

解析:变更控制委员会是项目中的重要角色,是批准、否定、监督变更的重要机构。设置多个变更控制委员会则可能造成项目混乱。

答案：B

【真题 2】以下各项中，_____不是整体变更控制的输入。

A. 已批准的纠正措施
B. 已完成的可交付物
C. 实际的绩效数据
D. 已批准的项目管理计划

解析：整体变更控制的输入如下：

（1）项目管理计划。

（2）申请的变更。

任何控制过程或者项目整体管理过程都可产生变更申请。变更申请包括纠正行动、预防性的行动以及缺陷修复。

（3）工作绩效信息。

工作绩效信息就是实际的绩效数据，用来与计划的绩效进行比较。

（4）可交付物。

可交付物是指在项目管理计划文件中确定的，为完成项目所必需生成或提供的独特的、可验证的产品、成果或提供服务。这里是指已完成的可交付物，因此正确答案是 A。

答案：A

【真题 3】某大型系统集成项目由多个不同的承包商协作完成，项目涉及分别代表 7 家公司的 24 个主要干系人，项目经理陈某直接管理的团队有 7 个项目小组长，每个项目小组长负责一支约 15 人的工作组。陈某意识到必须特别注意进行有效的整体变更控制，这表明他最应该关心的工作是_____。

A. 整合从项目的不同专业职能部门交付来的工作成果
B. 设立一个专门的变更控制部门来监控所有的项目变更
C. 保持基准计划的完整性。整合产品和项目的范围，并且协调那些跨知识领域的变更
D. 关注可能引发变更的因素，确定已发生的变更并管理实际发生的变更

解析：项目变更控制的基本要求：关于变更的协议；谨慎对待变更请求；制订变更计划；变更的实施；明确界定项目变更的目标、优选变更方案、做好变更记录及时发布变更信息。用排除法可知是项目整体变更控制。

答案：D

【真题 4】一项新的国家标准出台，某项目经理意识到新标准中的某些规定将导致其目前负责的一个项目必须重新设定一项技术指标，该项目经理首先应该_____。

A. 撰写一份书面的变更请求
B. 召开一次变更控制委员会会议，讨论所面临的问题
C. 通知受到影响的项目干系人将采取新的项目计划
D. 修改项目计划和 WBS，以保证该项目产品符合新标准

解析：变更是指对计划的改变，由于极少有项目能够完全按照原来的项目计划安排运行，因而变更不可避免。同时对变更也要加以管理，因此变更控制就必不可少。变更控制过程如下：

（1）受理变更申请。

（2）变更的整体影响分析。

（3）接受或拒绝变更。

（4）执行变更。

（5）变更结果追踪和审核。

上述答案选项中，A 选项属于变更申请，B 选项属于变更的整体影响分析，C 选项属于接受变更后执行变更，D 选项属于执行变更和变更结果追踪。根据变更控制过程，首先要提出变更申请，因此应选 A。

答案：A

题型点晴

1. 输入、工具与技术及输出。

（1）输入：项目管理计划；申请的变更；工作绩效信息；可交付物。

（2）工具与技术：项目管理方法；项目管理信息系统；专家判断。

（3）输出：变更申请被批准或被拒绝；项目管理计划（已批准更新）；已批准的纠正措施；已批准的预防措施；已批准的缺陷修复；可交付物（已批准的）。

2. 变更管理活动包括：

（1）识别可能发生的变更。

（2）管理每个已识别的变更。

（3）维持所有基线的完整性。

（4）根据已批准的变更，更新范围、成本、预算、进度和质量要求，协调整体项目内的变更。

（5）基于质量报告，控制项目质量使其符合标准。

（6）维护一个及时、精确的关于项目产品及相关文档的信息库，直至项目结束。

3. 整体变更控制贯穿于整个项目过程的始终。对项目范围说明书、项目管理计划、项目可交付物必须进行变更管理。被批准的项目管理计划就是项目的基准（基线）。

即学即练

【试题1】项目将要完成时，客户要求对工作范围进行较大的变更，项目经理应_____。

A. 执行变更　　　　　　　　　　B. 将变更能造成的影响通知客户

C. 拒绝变更　　　　　　　　　　D. 将变更作为新项目来执行

TOP36　项目收尾

真题分析

【真题1】项目收尾是项目管理中非常重要的一个环节，其中一般不包括_____。

A. 项目评估审计　　　　　　　　B. 团队成员转移

C. 项目总结　　　　　　　　　　D. 项目验收

解析：项目收尾过程包括对于管理项目或者项目阶段收尾的所有必要活动。项目收尾包括管理收尾和合同收尾。

1. 管理收尾

管理收尾包括下面提到的按部就班的行动和活动。

（1）确认项目或者阶段已满足所有赞助者、客户，以及其他项目干系人需求的行动和活动。

（2）确认已满足项目阶段或者整个项目的完成标准，或者确认项目阶段或者整个项目的退出标准的行动和活动。

（3）当需要时，把项目产品或者服务转移到下一个阶段，或者移交到生产和/或运作的行动和活动。

（4）活动需要收集项目或者项目阶段记录、检查项目成功或者失败、收集教训、归档项目信息，以方便组织未来的项目管理。

2. 合同收尾

合同收尾办法涉及结算和关闭项目所建立的任何合同、采购或买进协议，也定义了为支持项目的正式管理收尾所需的与合同相关的活动。这一办法包括产品验证和合同管理的收尾(更新反映最终结果的合同记录并把将来会用到的信息存档)——合同在早期中止是合同收尾可能涉及的一种特殊情况,这种情况一般由合同相应条款规定。

答案:B

🅰 题型点睛

项目收尾的内容:管理收尾、合同收尾。

(1) 管理收尾:覆盖整个项目,同时在每个阶段完成时规划和准备阶段性的收尾;对于内部来说,做好文档归类,对外宣称项目已经结束,可以转入维护期了,同时总结经验教训。

(2) 合同收尾:涉及结算和中止任何项目所建立的合同、采购和买进协议;也称为正式验收、产品验收,按照合同约定,项目组和业主进行核对,检查是否完成了合同的所有要求,是否可以把项目结束。

🅰 即学即练

【试题1】关于项目收尾和合同收尾关系的叙述,正确的是_____。

A. 项目收尾和合同收尾无关

B. 项目收尾和合同收尾等同

C. 项目收尾包括合同收尾和管理收尾

D. 合同收尾包括项目收尾和管理收尾

【试题2】项目的管理收尾不应拖到项目结束才进行,这是因为_____。

A. 有用的信息可能丢失   B. 可能项目经理离岗

C. 项目团队成员重新分配   D. 卖方希望尽早付款

本章即学即练答案

序号	答案	序号	答案
TOP31	【试题1】答案:D	TOP32	【试题1】答案:A 【试题2】答案:B
TOP33	【试题1】答案:B	TOP34	【试题1】答案:D
TOP35	【试题1】答案:B	TOP36	【试题1】答案:C 【试题2】答案:A

第7章 项目范围管理

TOP37 产品范围与项目范围

真题分析

【真题1】某公司与客户签订了一个系统集成项目合同,对于项目的范围和完成时间做出了明确的规定。在制订进度计划时,项目经理发现按照估算的活动时间和资源编制的进度计划无法满足合同工期,为了达到合同要求,项目经理不宜采用的方法是_____。

A. 赶工　　　　　B. 并行施工　　　　　C. 增加资源投入　　　　　D. 缩小项目范围

解析:签订了一个系统集成项目合同,对于项目的范围和完成时间做出了明确的规定,所以不能缩小项目范围,如果这样做属于违反合同。

答案:D

【真题2】_____一般不属于项目范围管理活动。

A. 制定初步的范围说明书　　　　　　　　B. 范围定义

C. 创建 WBS　　　　　　　　　　　　　　D. 范围确认

解析:对项目范围的管理,是通过 5 个管理过程来实现的。

(1)编制范围管理计划:制订一个项目范围管理计划,以规定如何定义、检验、控制范围,以及如何创建与定义工作分解结构。

(2)范围定义:这个过程给出关于项目和产品的详细描述。这些描述写在详细的项目范围说明书里,作为将来项目决策的基础。

(3)创建工作分解结构:将项目的可交付成果和项目工作细分为更小的、更易于管理的单元。在项目范围管理过程中,最常用工具就是工作分解结构(Work BreakdownStnIture,WBS)。工作分解结构是一种以结果为导向的分析方法,用于分析项目所涉及的工作,所有这些工作构成项目的整个工作范围。WBS 为项目进度管理、成本管理和范围变更提供了基础。

(4)范围确认:该过程决定是否正式接受已完成的项目可交付成果。

(5)范围控制:监控项目和产品的范围状态,管理范围变更。

答案:A

【真题3】项目管理是保证项目成功的核心手段,在项目实施过程中具有重大作用。项目开发计划是项目管理的重要元素,是项目实施的基础;__(1)__要确定哪些工作是项目应该做的,哪些工作不应该包含在项目中;__(2)__采用科学的方法,在与质量、成本目标等要素相协调的基础上按期实现项目目标。

(1) A. 进度管理　　　B. 风险管理　　　　C. 范围管理　　　　D. 配置管理

(2) A. 进度管理　　　B. 风险管理　　　　C. 范围管理　　　　D. 配置管理

解析:本题考查项目管理的内容。项目范围管理是项目管理(包括时间、成本、沟通)的基础。项目范围管理是最先定义和决定项目中包含哪些内容与确定边界的。范围确认是客户等项目干系人正式验收并接收已完成的项目可交付物的过程;范围控制是监控项目状态,如项目的工作范围状态和产品范围状态的过程,也是控制变更的过程。进度管理,就是严格地按照生产进度计划要求,掌握作业标准(通常包括劳动定额、质量标准、材料消耗定额等)与工序能力(通常是指一台设备或一个工作地)的平衡。因此选择 C 和 A。

答案:(1) C　(2) A

【真题4】通常把被批准的详细的项目范围说明书和与之相关的_____作为项目的范围基准,并在整个项目的生命期内对之进行监控、核实和确认。

A. 产品需求　　　　　　　　　　B. 项目管理计划
C. WBS 以及 WBS 字典　　　　　　D. 合同

解析:WBS 描述的是可交付物及其具体内容,定义了整个项目的工作范围。如果一个工作不在 WBS 内,那么这个工作就会被排除在项目范围之外。项目相关人员对完成的 WBS 应该给予确认,并对此要达成共识。工作分解结构每细分一层就表示对项目要素更细致的描述。WBS 的最低层次通常是指工作包。WBS 的每一个工作包都应有唯一的标识,其标识能够反映该工作包的成本等信息。

WBS 中包含的元素(包括工作包)细节通常在工作分解结构字典中加以描述。WBS 字典是 WBS 的配套文档,用来描述每个 WBS 元素。有关范围基准中,被批准的详细的项目范围说明书和其相关的 WBS 以及 WBS 词典是项目的范围基准。范围基准是项目管理计划的一个组成部分。

答案:C

【真题5】某公司最近在一家大型企业 OA 项目招标中胜出,小张被指定为该项目的项目经理。公司发布了项目章程,小张依据该章程等项目资料编制了由项目目标、可交付成果、项目边界及成本和质量测量指标等内容组成的_____。

A. 项目工作说明书　　　　　　　B. 范围管理计划
C. 范围说明书　　　　　　　　　D. WBS

解析:范围管理计划是一个计划工具,用以描述该团队如何定义项目范围、如何制定详细的范围说明书、如何定义和编制工作分解结构,以及如何验证和控制范围。范围管理计划的输入包括项目章程、项目范围说明书(初步)、组织过程资产、环境因素和组织因素、项目管理计划。项目范围说明书详细描述了项目的可交付物以及产生这些可交付物所必须做的项目工作。项目范围说明书的输入包括项目章程和初步的范围说明书、项目范围管理计划、组织过程资产和批准的变更申请。项目范围说明书(详细)也可以称为"详细的项目范围说明书"。详细的范围说明书包括的直接内容或引用的内容如下:

(1) 项目的目标;
(2) 产品范围描述;
(3) 项目的可交付物;
(4) 项目边界;
(5) 产品验收标准;
(6) 项目的约束条件;
(7) 项目的假定。

项目的工作分解结构(WBS)是管理项目范围的基础,详细描述了项目所要完成的工作。WBS 的组成元素有助于项目干系人检查项目的最终产品。WBS 的最底层元素是能够被评估的、可以安排进度的和被追踪的。WBS 的最底层的工作单元被称为工作包,它是定义工作范围、定义项目组织、设定项目产品的质量和规格、估算和控制费用、估算时间周期和安排进度的基础。

项目工作说明书(SOW)是对项目所要提供的产品、成果或服务的描述。小张依据项目章程等项目资料编制了由项目目标、可交付成果、项目边界及成本和质量测量指标等内容组成的文档。该文档的一个输入是项目章程,且符合项目范围说明书要定义的内容。

答案:C

【真题6】_____ is primarily concerned with defining and controlling what is and is not included in the project.

A. Project Time Management

B. Project Cost Management

C. Project Scope Management

D. Project Communications Management

解析：项目范围管理是项目管理（包括时间、成本、沟通）的基础。项目范围管理是最先定义和决定项目中包含哪些内容和确定边界的。选项 A 是项目时间管理，选项 B 是项目成本管理，选项 C 是项目范围管理，选项 D 是项目沟通管理，因此应选择 C。

答案：C

题型点睛

1. 产品范围和项目范围的区别与联系。

（1）产品范围：表示产品、服务或结果的特性和功能（需求分析、技术方面）。

（2）项目范围：为了完成具有规定特征和功能的产品、服务或结果，而必须完成的项目工作（管理方面）。

2. 项目范围是否完成以项目管理计划、项目范围说明书、WBS 以及 WBS 字典作为衡量标准，而产品范围是否完成以产品要求作为衡量标准。

即学即练

【试题1】文件_____描述的产品必须支持项目建设方的整体战略，该项目才有生命力。

A. 质量计划　　　　B. 项目计划　　　　C. 项目范围管理计划　D. 产品范围

TOP38　编制范围管理计划

真题分析

【真题1】项目范围的定义和管理过程将影响到整个项目是否成功。每个项目都必须慎重地权衡工具、数据来源、方法论、过程和程序以及其他一些因素，以确保在管理项目范围时所做的努力与项目的规模、复杂性和重要性相符。因此，项目经理应该重点关注_____这个过程。

A. 范围控制　　　　　　　　　　B. 范围变更

C. 编制范围管理计划　　　　　　D. 范围确认

解析：项目范围的定义和管理过程将影响到整个项目是否成功。每个项目都必须慎重地权衡工具、数据来源、方法论、过程和程序以及一些其他因素，以确保在管理项目范围时所做的努力与项目的规模、复杂性和重要性相符。例如，关键项目需要做正式的、彻底的范围管理，而常规项目则可以相应地简化。项目管理团队要把这样的决策写入范围管理计划中。

答案：C

题型点睛

项目范围管理计划的内容如下：

（1）根据初步的项目范围说明书编制一个详细的范围说明书的方法。

（2）从详细的范围说明书创建 WBS 的方法。

（3）关于正式确认和认可已完成可交付物的详细说明。

（4）有关控制需求变更如何落实到详细的范围说明书中的方法。

根据具体项目的实际情况，项目范围管理计划可以是正式的或非正式的、详细的或粗略的。一个范围管理计划可以包括在项目管理计划中，或者是项目管理计划的一个分计划中。项目管理计划是项目其他知识域中的相关分计划的集合。

即学即练

【试题1】范围管理计划中一般不会描述_____。

A. 如何定义项目范围

B. 制定详细的范围说明书

C. 需求说明书的编制方法和要求

D. 确认和控制范围

TOP39　范围定义

真题分析

【真题1】在"可交付物"层次上明确了要完成项目需要做的相应工作的文档是_____。

A. 项目范围说明书　　　　　　　　B. 工作分解结构

C. 项目建议书　　　　　　　　　　D. 项目申请书

解析：项目范围说明书在"可交付物"层次上明确了要完成项目需要做的相应工作。

项目范围说明书详细描述了项目的可交付物以及产生这些可交付物所必须做的项目工作。项目范围说明书在所有项目干系人之间建立了一个对项目范围的共同理解，描述了项目的主要目标，使项目团队能进行更详细的计划，指导项目团队在项目实施期间的工作，并为评估是否为客户需求进行变更或附加的工作是否在项目范围之内提供基准。

答案：A

【真题2】某公司的项目审查委员会每个季度召开会议审查所有预算超过1200万元的项目。李工最近被提升为该公司高级项目经理，并承担了最大的项目之一，即开发下一代计算机辅助生产流程系统，审查委员会要求李工在下次会议上说明项目的目标、工作内容和成果，为此李工需要准备的文件是_____。

A. 项目章程　　　　B. 产品阐述　　　　C. 范围说明书　　　　D. 工作分解结构

解析：项目的范围说明书主要应该包括三个方面的内容：①项目的合理性说明。即解释为什么要实施这个项目，也就是实施这个项目的目的是什么。项目的合理性说明为将来提供了评估各种利弊关系的基础。②项目目标。项目目标是所要达到的项目的期望产品或服务，确定了项目目标，也就确定了成功实现项目所必须满足的某些数量标准。项目目标至少应该包括费用、时间进度和技术性能或质量标准。当项目成功地完成时，必须向他人表明，项目事先设定的目标均已达到。值得注意的一点是，如果项目目标不能够被量化，则要承担很大的风险。③项目可交付成果清单。如果列入项目可交付成果清单的事项一旦被完满实现，并交付给使用者——项目的中间用户或最终用户，就标志着项目阶段或项目的完成。例如，某软件开发项目的可交付成果有能运行的计算机程序、用户手册和帮助用户掌握该计算机软件的交互式教学程序。但是如何才能得到他人的承认呢？这就需要向他们表明项目事先设立的目标均已达到，至少要让他们看到原定的费用、进度和质量均已达到。

答案：C

【真题3】某公司最近在一家大型企业 OA 项目招标中胜出，小张被指定为该项目的项目经理。公司发布了项目章程，小张依据该章程等项目资料编制了由项目目标、可交付成果、项目边界及成本和质量测量指标等内容组成的_____。

A. 项目工作说明书　　　　　　　　B. 范围管理计划
C. 范围说明书　　　　　　　　　　D. WBS

解析：范围管理计划是一个计划工具，用以描述该团队如何定义项目范围、如何制订详细的范围说明书、如何定义和编制工作分解结构，以及如何验证和控制范围。范围管理计划的输入包括项目章程、项目范围说明书(初步)、组织过程资产、环境因素和组织因素、项目管理计划。项目范围说明书详细描述了项目的可交付物以及产生这些可交付物所必须做的项目工作。项目范围说明书的输入包括项目章程和初步的范围说明书、项目范围管理计划、组织过程资产和批准的变更申请。项目范围说明书(详细)也可以称为"详细的项目范围说明书"。详细的范围说明书包括的直接内容或引用的内容有：①项目的目标；②产品范围描述；③项目的可交付物；④项目边界；⑤产品验收标准；⑥项目的约束条件；⑦项目的假定。

项目的工作分解结构(WBS)是管理项目范围的基础，详细描述了项目所要完成的工作。WBS 的组成元素有助于项目干系人检查项目的最终产品。WBS 的最底层元素是能够被评估的、可以安排进度的和被追踪的。WBS 的最底层的工作单元被称为工作包，它是定义工作范围、定义项目组织、设定项目产品的质量和规格、估算和控制费用、估算时间周期和安排进度的基础。

工作说明书(SOW)是对项目所要提供的产品、成果或服务的描述。小张依据项目章程等项目资料编制了由项目目标、可交付成果、项目边界及成本和质量测量指标等内容组成的文档。该文档的一个输入是项目章程，且符合项目范围说明书要定义的内容。

答案：C

题型点睛

1. 范围定义过程是详细描述项目和产品的过程，并把结果写进详细的项目范围说明书中。

2. 详细的范围说明书包括的直接内容或引用内容如下：

(1) 项目的目标。项目目标包括成果性目标和约束性目标。项目成果性目标是指通过项目开发出的满足客户要求的产品、服务或成果。项目约束性目标是指完成项目成果性目标需要的时间、成本以及要求满足的质量。

(2) 产品范围描述。描述了项目承诺交付的产品、服务或结果的特征。

(3) 项目的可交付物。可交付物包括项目的产品、成果或服务，以及附属产出物，例如项目管理报告和文档。

(4) 项目边界。边界严格定义了哪些事项属于项目，也应明确地说明什么事项不属于项目的范围。

(5) 产品验收标准。该标准明确界定了验收可交付物的过程和原则。

(6) 项目的约束条件。描述和列出具体的与项目范围相关的约束条件，约束条件对项目团队的选择会造成限制。

(7) 项目的假定。描述并且列出了特定的与项目范围相关的假设，以及当这些假设不成立时对项目潜在的影响。

即学即练

【试题1】小王正在负责管理一个产品开发项目。开始时产品被定义为"最先进的个人数码产品"，后来被描述为"先进个人通信工具"。在市场人员的努力下该产品与某市交通局签订了采购意向书，随后与用户、市场人员和研发工程师进行了充分的讨论后，被描述为"成本在 1000 元以下，能通话、播放

MP3、能运行 WinCE 的个人掌上电脑"。这表明产品的特征正在不断改进,但是小王还需将_____与其相协调。

 A. 项目范围定义   B. 项目干系人利益

 C. 范围变更控制系统   D. 用户的战略计划

TOP40   创建工作分解结构

真题分析

【真题 1】某项目经理在生成 WBS 时,按照_____方法将项目分解为"需求分析、方案设计、实施准备、测试和验收"等几个过程。

 A. 子项目   B. 工作任务   C. 生命周期   D. 可交付物

解析:工作任务方法将项目分解为"需求分析、方案设计、实施准备、测试和验收"等几个过程。

答案:B

【真题 2】在创建 WBS 时,_____是不恰当的。

 A. 把项目生命周期的各阶段作为分解的第一层,交付物安排在第二层

 B. 把项目的重要交付物作为分解的第一层

 C. 把子项目安排在第一层

 D. 把项目中的各类资源安排在第一层

解析:分解 WBS 结构的方法至少有如下三种。

(1) 使用项目生命周期的阶段作为分解的第一层,而把项目可交付物安排在第二层。

(2) 把项目重要的可交付物作为分解的第一层。

(3) 把子项目安排在第一层,再分解子项目的 WBS。

答案:D

【真题 3】WBS 工作包中一般不包括的成本是_____。

 A. 管理成本   B. 设备采购成本   C. 项目人员成本   D. 直接成本

解析:WBS 工作包中一般不包括的成本是管理成本。

答案:A

【真题 4】王工是公司一个物联网网关开发项目的项目经理。他根据项目计划将其中的某个软件模块转包给了一个分包商。小李是分包商的新项目经理,王工应建议小李首先_____。

 A. 遵照王工为项目制定的 WBS

 B. 针对这个软件模块的开发工作编制一个分项目 WBS

 C. 建立类似的编码结构,以便于应用公共项目管理信息系统

 D. 建立一个 WBS 字典来显示详细的人员分工

解析:本题考查的是 WBS 的分解层次。大项目的 WBS 只要到子项目就可以,对于子项目就需要进一步细化到工作包。

答案:B

【真题 5】_____是定义项目批准、定义项目组织、设定项目产品质量和规格、估算和控制项目费用的基础。

 A. WBS   B. 详细范围说明书

 C. WBS 字典   D. 工作包

解析:WBS 最底层的工作单元被称为工作包,它是定义工作范围、定义项目组织、设定项目产品的质量和规格、估算和控制费用、估算时间周期和安排进度的基础。范围说明书详细说明了为什么要进

行这个项目,明确了项目的目标和主要的可交付成果,是项目班子和任务委托者之间签订协议的基础,也是未来项目实施的基础,对项目进行监督核实的基础,并且随着项目的不断实施进展,需要对范围说明进行修改和细化,以反映项目本身和外部环境的变化。在实际的项目实施中,不管是对于项目还是子项目,项目管理人员都要编写其各自的项目范围说明书。WBS 字典是在创建工作分解结构的过程中编制的,是工作分解结构的支持性文件,用来对工作分解结构中的控制账户和工作包做详细解释。

答案:D

【真题 6】下列关于工作分解结构(WBS)的叙述中,错误的是_____。

A. 项目经理在分解结构时,严格地将一个工作单元隶属于某上层工作单元,完全避免交叉从属

B. 项目管理部依照项目经理分解的 WBS 进行项目成本估算,但最后发现成本超过预计投资

C. 项目经理将项目管理工作也编制成为 WBS 的一部分

D. 项目经理在执行某复杂项目时,在项目开始阶段一次性将项目分解成为精确的 WBS,最后按计划完成了任务,受到领导好评

解析:选项 A、B、C 的叙述均适当,而选项 D 的叙述是错误的。根据"滚动波式计划"方法,WBS 的分解也是渐进明细的。

答案:D

【真题 7】围绕创建工作分解结构,关于下表的判断正确的是_____。

编　号	任务名称
1	项目范围规划
1.1	确定项目范围
1.2	获得项目所需资金
1.3	定义预备资源
1.4	获得核心资源
1.5	项目范围规划完成
2	分析软件需求

A. 该表只是一个文件的目录,不能作为 WBS 的表示形式

B. 该表如果再往下继续分解才能作为 WBS

C. 该表是一个列表形式的 WBS

D. 该表是一个树形的 OBS

解析:当前较常用的工作分解结构的表示形式主要有以下两种:

分级的树形结构类似于组织结构图。树形结构图的层次清晰,非常直观,结构性很强,但不是很容易修改,对于大的、复杂的项目也很难表示出项目的全景。由于其直观性,一般在一些小的、适中的应用项目中用得较多。

表格形式类似于分级的图书目录。该表能够反映出项目所有的工作要素,可是直观性较差。但在一些大的、复杂的项目中使用还是较多的,因为有些项目分解后内容分类较多,容量较大,用缩进图表的形式表示比较方便,也可以装订手册。可见 A 是错误的,列表形式是可以作为工作分解结构的表示形式的。

本题中给出的是列表形式的 WBS,即 C 是正确的。工作结构分解应把握的原则如下:

在各层次上保持项目的完整性,避免遗漏必要的组成部分。

一个工作单元只能从属于某个上层单元,避免交叉从属。

相同层次的工作单元应有相同性质。

工作单元应能分开不同责任者和不同工作内容。

便于项目管理计划、控制的管理需要。

最低层工作应该具有可比性,是可管理的、可定量检查的。

应包括项目管理工作(因为是项目具体工作的一部分),包括分包出去的工作。

从工作结构分解的原则可知,便于项目管理计划、控制的管理需要;最底层工作应该具有可比性,是可管理的、可定量检查的。该表不一定再往下继续分解才能作为 WBS,满足特定要求即可。可见 B 是错误的。OBS 指的是组织分解结构,而本题中给出的列表体现了交付成果前需进行的任务,所以 D 是错误的。

答案:C

🌀 题型点睛

1. 创建工作分解结构是一个把项目可交付物和项目工作逐步分层分解为更小的、更易于管理的项目单元的过程,它组织并定义了整个项目范围。项目的工作分解结构(WBS)是管理项目范围的基础,详细描述了项目所要完成的工作。WBS 的最底层的工作单元被称为工作包,它是定义工作范围、定义项目组织、设定项目产品的质量和规格、估算和控制费用、估算时间周期和安排进度的基础。

2. 当前较常用的工作分解结构表示形式主要有以下两种。

(1)分级的树形结构,类似于组织结构图。

(2)列表形式,类似于书籍的分级目录,最好是直观的缩进格式。

3. 分解 WBS 结构的方法至少有如下三种。

(1)使用项目生命周期的阶段作为分解的第一层,而把项目可交付物安排在第二层。

(2)把项目重要的可交付物作为分解的第一层。

(3)把子项目安排在第一层,再分解子项目的 WBS。

4. WBS 中包含的元素(包括工作包)细节通常在工作分解结构字典中加以描述。WBS 字典是 WBS 的配套文档,用来描述每个 WBS 元素。对每一个 WBS 元素,应该说明如下内容:①编号;②名称;③工作说明;④相关活动列表;⑤里程碑列表;⑥承办组织;⑦开始和结束日期;⑧资源需求、成本估算、负载量;⑨规格;⑩合同信息;⑪质量要求和有关工作质量的技术参考资料。

🖋 即学即练

【试题 1】以下关于工作包的描述,正确的是_____。

A. 可以在此层面上对其成本和进度进行可靠的估算

B. 工作包是项目范围管理计划关注的内容之一

C. 工作包是 WBS 的中间层

D. 不能支持未来的项目活动定义

【试题 2】下面关于 WBS 的描述,错误的是_____。

A. WBS 是管理项目范围的基础,详细描述了项目所要完成的工作

B. WBS 最底层的工作单元称为功能模块

C. 树形结构图的 WBS 层次清晰、直观、结构性强

D. 比较大的、复杂的项目一般采用列表形式的 WBS 表示

TOP41 范围确认

真题分析

【真题1】一个新软件产品的构建阶段即将完工,下一个阶段是测试和执行。这个进度计划提前了两周。在进入最后阶段之前,项目经理最应该关注_____。

A. 范围确认　　　　B. 风险控制　　　　C. 绩效报告　　　　D. 成本控制

解析:范围确认是客户等项目干系人正式验收并接受已完成的项目可交付物的过程。也称范围确认过程为范围核实过程。项目范围确认包括审查项目可交付物以保证每一交付物令人满意地完成。如果项目在早期被终止,项目范围确认过程将记录其完成的情况。

项目范围确认应该贯穿项目的始终。范围确认与质量控制不同,范围确认关注的是有关工作结果的接受问题,而质量控制关注的是有关工作结果正确与否,质量控制一般在范围确认之前完成,当然也可并行进行。

答案:A

【真题2】用于项目范围确认的是_____。

A. 项目范围说明书　　B. 工作包　　　　C. 范围基准　　　　D. WBS

解析:用于范围确认的项目管理计划的组成部分包括如下范围基准:①项目范围说明书。项目范围说明书包括产品范围描述、项目可交付物、验收标准。②WBS。WBS 定义了项目的每一个可交付物以及可交付物到工作包的分解。③WBS 字典。WBS 字典有项目工作以及每个 WBS 元素的详细说明。WBS 和 WBS 字典用于定义范围以及确认项目进行中的工作成果是不是项目的一部分。

答案:C

【真题3】关于范围确认的叙述中,_____是不正确的。

A. 范围确认是核实项目的可交付成果已经正确完成的过程

B. 客户对可交付成果签字确认后,双方可展开质量控制活动,如测试、评审等

C. 可对照项目管理计划、相应的需求文件或 WBS 来核实项目范围的完成情况

D. 范围确认的方法包括检查、测试、评审等

解析:本题考查范围确认知识。

范围确认通常包括以下三个基本步骤:①测试,即借助于工程计量的各种手段对已完成的工作进行测量和试验;②比较和分析(即评估),就是把测试的结果与双方在合同中约定的测试标准进行对比分析,判断是否符合合同要求;③处理,即决定被检查的工作结果是否可以接收,是否可以开始下一道工序,如果不予接收,采取何种补救措施。

范围确认产生的结果就是对可交付成果的正式接收。业主根据合同中关于可交付成果接收的有关规定,一次或分几次接收完成。业主通过颁发正式的接收证书表示其对完成的可交付成果的正式接收。因此 B 是不正确的。

答案:B

【真题4】客户需求不一致,经过追溯后并未发现相应的变更请求,李某最终只好对该模块进行了重新设计和编码。造成此次返工的具体原因可能是_____。

A. 没有进行变更管理　　　　　　B. 没有进行范围确认

C. 没有进行需求管理　　　　　　D. 没有进行回归测试

解析:范围确认是客户等项目干系人正式验收并接受已完成的项目可交付物的过程,项目范围确认应该贯穿项目的始终。造成此次返工的具体原因可能是没有进行范围确认。

答案:B

【真题5】在某信息化项目建设过程中,客户对于最终的交付物不认可,给出的原因是系统信号强度

超过用户设备能接受的上限。请问在项目执行过程中,如果客户对于项目文件中的验收标准无异议,则可能是 __(1)__ 环节出了问题;如果客户对于项目文件中的验收标准有异议,而项目内所有工作流程均无问题,则可能是 __(2)__ 环节出了问题。

A. 质量控制　　　　B. WBS 分解过程　　　C. 变更控制　　　　D. 范围确认

解析:(1)客户对于最终的交付物不认可,原因是系统信号强度超过用户设备能接受的上限。如果客户对于项目文件中的验收标准无异议,则可能是选项"质量控制"出了问题;(2)如果客户对于项目文件中的验收标准有异议,而项目内所有工作流程均无问题,则可能是选项"范围确认"出了问题。

答案:(1)A(2) D

【真题6】在项目验收时,建设方代表要对项目范围进行确认。下列围绕范围确认的叙述正确的是_____。

A. 范围确认是确定交付物是否齐全,确认齐全后再进行质量验收

B. 范围确认时,承建方要向建设方提交项目成果文件,如竣工图纸等

C. 范围确认只能在系统终验时进行

D. 范围确认和检查不同,不会用到诸如审查、产品评审、审计和走查等方法

解析:项目范围确认是指项目干系人对项目范围的正式承认,是客户等项目干系人正式验收并接受已完成的项目可交付物的过程,也称范围确认过程为范围核实过程。但实际上项目范围确认是贯穿整个项目生命周期的,从项目管理组织确认 WBS 的具体内容开始,到项目各个阶段的交付物检验,直到最后项目收尾文档验收,甚至是最后项目评价的总结。可见选项 C 是错误的。

范围确认与质量控制不同,范围确认关注的是有关工作结果的接受问题,而质量控制关注的是有关工作结果正确与否,质量控制一般在范围确认之前完成,当然也可并行进行。故选项 A 是错误的。

范围的工具与技术:检查包括诸如测量、测试和验证以确定工作与可交付物是否满足要求及产品的验收标准。检查有时被称为审查、产品评审、审计和走查(可见选项 D 是错误的)。在一些应用领域中,这些不同的条款有其具体的、特定的含意。确认项目范围时,项目管理团队必须向客户方出示能够明确说明项目(或项目阶段)成果的文件,如项目管理文件(计划、控制、沟通等)、需求说明书、技术文件、竣工图纸等(可见选项 B 是正确的)。当然,提交的验收文件应该是客户已经认可了的该项目产品或某个阶段的文件,他们必须为完成这项工作准备条件做出努力。

答案:B

【真题7】在项目结项后的项目审计中,审计人员要求项目经理提交_____作为该项目的范围确认证据。

A. 系统的终验报告　　　　　　　　　B. 该项目的第三方测试报告

C. 项目的监理报告　　　　　　　　　D. 该项目的项目总结报告

解析:项目审计是对项目管理工作的全面检查,包括项目的文件记录、管理的方法和程序、财产情况、预算和费用支出情况以及项目工作的完成情况。项目结项后的项目审计应由项目管理部门与财务部门共同进行。确认项目范围时,项目管理团队必须向客户方出示能够明确说明项目(或项目阶段)成果的文件,如项目管理文件(计划、控制、沟通等)、需求说明书、技术文件、竣工图纸等。当然,提交的验收文件应该是客户已经认可了的该项目产品或某个阶段的文件,他们必须为完成这项工作准备条件做出努力。故在项目结项后的项目审计中,项目经理应向审计人员提交系统的终验报告,作为该项目的范围确认证据。

答案:A

🎯 题型点睛

范围确认是客户等项目干系人正式验收并接受已完成的项目可交付物的过程。也称范围确认过程为范围核实过程。项目范围确认包括审查项目可交付物以保证每一交付物令人满意地完成。如果

项目在早期被终止,项目范围确认过程将记录其完成的情况。

项目范围确认应该贯穿项目的始终。范围确认与质量控制不同,范围确认关注的是有关工作结果的接受问题,而质量控制关注的是有关工作结果正确与否,质量控制一般在范围确认之前完成,当然也可以并行进行。

范围确认的输入包括:①项目管理计划;②可交付物。范围确认的输出包括:①可接受的项目可交付物和工作;②变更申请;③更新的 WBS 和 WBS 字典。

即学即练

【试题1】下面关于项目范围确认描述,_____是正确的。

A. 范围确认是一项对项目范围说明书进行评审的活动

B. 范围确认活动通常由项目组和质量管理员参与执行即可

C. 范围确认过程中可能会产生变更申请

D. 范围确认属于一项质量控制活动

【试题2】_____是客户等项目干系人正式验收并接收已完成的项目可交付物的过程。

A. 范围确认　　　　B. 范围控制　　　　C. 范围基准　　　　D. 范围过程

TOP42　范围控制

真题分析

【真题1】以下关于项目范围确认的叙述中,_____是正确的。

A. 范围确认工作只针对项目产品的接收和移交

B. 范围确认的结果是接受或拒绝项目交付物

C. 范围确认的目的是核实项目范围说明书及 WBS 和 WBS 字典是否正确

D. 合同项目进行范围确认活动时应邀请客户参加

解析:范围确认过程记录那些已完成的、已被正式接受(验收)的项目可交付物。还要记录那些已完成尚未被正式接受的项目可交付物,以及不被接受的原因。

范围确认是客户等项目干系人正式验收并接收已完成的项目可交付物的过程。也称范围确认过程为范围核实过程。项目范围确认包括审查项目可交付物以保证每一交付物令人满意地完成。如果项目在早期被终止,项目范围确认过程将记录其完成的情况。

项目范围确认应该贯穿项目的始终。范围确认与质量控制不同,范围确认是有关工作结果的接受问题,而质量控制是有关工作结果正确与否,质量控制一般在范围确认之前完成,当然也可并行进行。

答案:D

【真题2】某项目的项目经理在进行项目范围变更时,在对项目的技术和管理文件做了必要的修改后,他下一步应该_____。

A. 及时通知项目干系人　　　　　　　　B. 修改公司的知识管理系统

C. 获取客户的正式认可　　　　　　　　D. 获得政府认可

解析:项目范围变更的原因之一是项目外部环境发生变化,如政府政策的变化。一般情况下,项目范围变更由"项目范围控制"过程来处理。通常项目管理者在进行范围变更时,关心的问题是:

(1) 对造成范围变更的因素施加影响,以确保这些变更得到一致认可;

(2) 确定范围变更已经发生;

(3) 当范围变更发生时,对实际变更情况进行管理。

由于政府的新规定对项目来说是一项强制变更,应按变更控制流程及时通知项目干系人。

答案:A

【真题3】在对一项任务的检查中,项目经理发现一个团队成员正在用与WBS字典规定不符的方法来完成这项工作。项目经理应首先_____。

  A. 告诉这名团队成员采取纠正措施

  B. 确定这种方法对职能经理而言是否尚可接受

  C. 问这名团队成员,这种变化是否必要

  D. 确定这种变化是否改变了工作包的范围

解析:在对一项任务的检查中,项目经理发现一个团队成员正在用与WBS字典规定不符的方法来完成这项工作时,项目经理应首先确定这种变化是否改变了工作包的范围。

答案:D

【真题4】在一个设计项目开始两个月后,客户要求对项目产品进行修改并在没有通知项目经理的前提下就做了这项变更,在最后测试阶段,发现测试结果与当初计划不同。这种情况主要是由于_____。

  A. 测试计划定义不完善   B. 没有做好范围变更控制

  C. 质量管理计划的开发不完善   D. 没有坚持沟通计划

解析:本题考查范围变更控制知识。这种情况主要是由于没有做好范围变更控制。范围变更控制的方法是定义范围变更的有关流程。该流程由范围变更控制系统实现,包括必要的书面文件(如变更申请单)、纠正行动、跟踪系统和授权变更的批准等级。变更控制系统与其他系统相结合,如配置管理系统来控制项目范围。当项目受合同约束时,变更控制系统应当符合所有相关合同条款。由变更控制委员会负责批准或者拒绝变更申请。

答案:B

【真题5】某项目小组在定义项目的工作构成时设计一份材料清单来代替工作分解结构WBS,客户在对材料清单进行评审时发现其中缺少一项会导致范围变更的需求,后来这一变更需求被补充了进去。造成这一次单位变更的主要原因是_____。

  A. 设计人员提出了新手段

  B. 客户对项目要求发生变化

  C. 项目外部环境发生变化

  D. 定义项目范围过程中发生的错误和遗漏

解析:工作结构分解应把握的原则如下:

(1) 在各层次上保持项目的完整性,避免遗漏必要的组成部分。

(2) 一个工作单元只能从属于某个上层单元,避免交叉从属。

(3) 相同层次的工作单元应有相同性质。

(4) 工作单元应能分开不同责任者和不同工作内容。

(5) 便于项目管理计划、控制的管理需要。

(6) 最底层工作应该具有可比性,是可管理的、可定量检查的。

(7) 应包括项目管理工作(因为是项目具体工作的一部分),包括分包出去的工作。

(8) 材料清单没有包括项目应该完成的所有工作,用材料清单来代替工作分解结构WBS会遗漏一些工作。

答案:D

【真题6】在项目管理领域,经常把不受控制的变更称为项目"范围蔓延"。为了防止出现这种现象,需要控制变更。批准或拒绝变更申请的直接组织称为____①____,定义范围变更的流程包括必要的书面文件、____②____和授权变更的批准等级。

  A. ①变更控制委员会;   ②纠正行动、跟踪系统

B. ①项目管理办公室；　　②偏差分析、配置管理

C. ①变更控制委员会；　　②偏差分析、变更管理计划

D. ①项目管理办公室；　　②纠正行动、配置管理

解析：批准或拒绝变更申请的直接组织称为变更控制委员会(CCB)，定义范围变更的流程包括必要的书面文件、纠正行动、跟踪系统和授权变更的批准等级。

答案：A

【真题7】A project manager believes that modifying the scope of the project may provide added value service for the customer. The project manager should _____.

A. assign change tasks to project members

B. call a meeting of the configuration control board

C. change the scope baseline

D. postpone the modification until a separate enhancement project is funded after this project is completed according to the original baseline

解析：项目经理认为调整项目范围可以给客户提供增值的服务，项目经理应该怎么做。选项 A 是安排任务变更到项目成员，选项 B 是召集变更控制委员会会议，选项 C 是变更项目基线，选项 D 是按照原先的基线，在确定完成一项改进项目会得到客户的相应资金前，暂缓修改。

由于是在原内容基础上增加增值服务内容，超出原先范围，应先确定客户认可和增加新资金，因此应选择 D。

答案：D

🕹 题型点睛

1. 范围控制是监控项目状态如项目的工作范围状态和产品范围状态的过程，也是控制变更的过程。经常把不受控制的变更称为项目"范围蔓延"。

2. 范围控制涉及以下内容：影响导致范围变更的因素，确保所有被请求的变更按照项目整体变更控制过程处理，范围变更发生时管理实际的变更。范围控制还要与其他控制过程相结合。

3. 项目管理者必须对变更进行控制。造成项目范围变更的主要原因如下：

(1) 项目外部环境发生变化，例如，政府政策的问题。

(2) 项目范围的计划编制不周密详细，有一定的错误或遗漏。

(3) 市场上出现了或是设计人员提出了新技术、新手段或新方案。

(4) 项目实施组织本身发生变化。

(5) 客户对项目、项目产品或服务的要求发生变化。

🖐 即学即练

【试题1】某公司正在为某省公安部门开发一套边防出入境管理系统，该系统包括 15 个业务模块，计划开发周期为 9 个月，即在今年 10 月底之前交付。开发团队一共有 15 名工程师。今年 7 月份，中央政府决定开放某省个人到香港特区旅游，并在 8 月 15 日开始实施。为此客户要求公司在新系统中实现新的业务功能，该功能实现预计有 5 个模块，并要求在 8 月 15 日前交付实施。但公司无法立刻为项目组提供新的人力资源。面对客户的变更需求，以下_____处理方法最合适。

A. 拒绝客户的变更需求，要求签订一个新合同，通过一个新项目来完成

B. 接受客户的变更需求，并争取如期交付，建立公司的声誉

C. 采用多次发布的策略，将 20 个模块重新排定优先次序，并在 8 月 15 日之前发布一个包含到香港特区旅游业务功能的版本，其余延后交付

D. 在客户同意增加项目预算的条件下,接受客户的变更需求,并如期交付项目成果

【试题2】范围变更控制系统_____。

A. 是用以确定正式修改项目文件所必须遵循步骤的正式存档程序

B. 是用于在技术与管理方面监督指导有关报告内容,以及控制变更的确定与记录工作并确保其符合要求的存档程序

C. 是一套用于对项目范围做出变更的程序,包括文书工作、跟踪系统以及授权变更所需的认可

D. 可强制用于各项目工作,以确保项目范围管理计划在未经事先审查与签字情况下不得做出变更

【试题3】变更常常是项目干系人由于项目环境或者是其他各种原因要求对项目的范围基准等进行修改。如某项目由于行业标准变化导致变更,这属于_____。

A. 项目实施组织本身发生变化

B. 客户对项目、项目产品或服务的要求发生变化

C. 项目外部环境发生变化

D. 项目范围的计划编制不周密详细

本章即学即练答案

序号	答案	序号	答案
TOP37	【试题1】答案:D	TOP38	【试题1】答案:C
TOP39	【试题1】答案:A	TOP40	【试题1】答案:A 【试题2】答案:B
TOP41	【试题1】答案:C 【试题2】答案:A	TOP42	【试题1】答案:C 【试题2】答案:C 【试题3】答案:C

第8章 项目进度管理

TOP43 活动排序

真题分析

【真题1】In project management，a __(1)__ is a listing of a project's milestones，activities，and deliverables，usually with intended start and finish dates. Those items are often estimated in terms of resource __(2)__，budget and duration，linked by dependencies and scheduled events.

(1) A. schedule　　　B. activity　　　C. plan　　　　D. contractor

(2) A. finding　　　　B. balance　　　C. allocation　　D. distribution

解析：在项目管理中，一个进度是一个项目的里程碑，活动，和交付，通常与预期的开始日期和完成日期。这些项目往往是估计的资源配置，预算和时间依赖关系，联系和安排的活动。

答案：(1) A　(2) C

【真题2】A milestone is a significant _____ in a project.

A. activity　　　　　B. event　　　　C. phase　　　　D. process

解析：在一个项目中，里程碑是重要的事件。

答案：B

【真题3】某施工单位在一个多雨季节开展户外施工，在做进度计划时项目经理将天气因素纳入项目活动依赖关系之中，制订了项目活动计划，本项目中，项目经理采用_____技术，确定项目各活动中的依赖关系。

A. 强制性依赖关系　　　　　　　B. 可斟酌处理的依赖关系

C. 外部依赖关系　　　　　　　　D. 网络图

解析：在确定活动之间的先后顺序时有三种依赖关系：强制性依赖关系、可斟酌处理的依赖关系和外部依赖关系。如果不定义活动顺序的话，就无法制订进度计划。由于该项目在做进度计划时项目经理将天气因素纳入项目活动依赖关系之中，因此该项目经理应该使用外部依赖关系技术，确定项目各活动中的依赖关系。

外部依赖关系是指涉及项目活动和非项目活动之间关系的依赖关系。例如，软件项目测试活动的进度可能取决于来自外部的硬件是否到货；施工项目的场地平整，可能要在环境听证会之后才能动工。活动排序的这种依据可能要依靠以前性质类似的项目历史信息，或者合同和建议。

答案：C

【真题4】下图右侧是单代号网络图（单位为工作日），左侧是图例。在确保安装集成活动尽早开始的前提下，软件开发活动可以推迟_____个工作日。

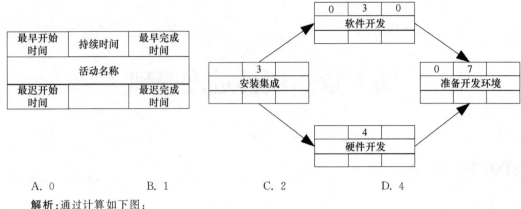

最早开始时间	持续时间	最早完成时间
活动名称		
最迟开始时间		最迟完成时间

A. 0   B. 1   C. 2   D. 4

解析:通过计算如下图:

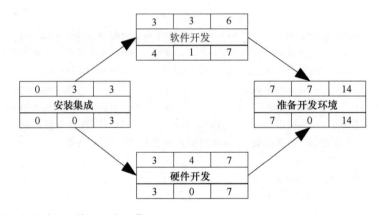

所以软件开发活动可以推迟1个工作日。

答案:B

【真题5】以下关于项目进度网络图的描述中,正确的是_____。

A. 它应该包含项目的全部细节活动

B. 它是活动排序的输入和制定进度计划的输出

C. 前导图法和箭线图法都是绘制项目进度网络图的具体方法

D. 它仅以图形方式展示项目各计划活动及逻辑依赖关系,简单直观

解析:前导图法(Precedence Diagramming Method,PDM)用于关键路径法(Critical Path Method,CPM),是用于编制项目进度网络图的一种方法,它使用方框或者长方形(被称作节点)代表活动,它们之间用箭头连接,显示它们彼此之间存在的逻辑关系。这种方法也被称作单代号网络图法(Active On the Node,AON),为大多数项目管理软件所采用。

与前导图法不同,箭线图法(Arrow Diagramming Method,ADM)是用箭线表示活动、节点表示事件的一种网络圈绘制方法,这种方法又称为双代号网络图法(Active On the Aitow,AOA)。

前导图法和箭线图法都是绘制项目进度网络图的具体方法。

答案:C

【真题6】以下关于关键路径法的叙述,_____是不正确的。

A. 如果关键路径中的一个活动延迟,将会影响整个项目计划

B. 关键路径包括所有项目进度控制点

C. 如果有两个或两个以上的路径长度一样,就有可能存在多个关键路径

D. 关键路径可随项目的进展而改变

解析:关键路线是指进度网络图中历时最长的那条路径,它的长度决定了项目的生命周期长度。因此,如果关键路径中的一个活动延迟,将会影响整个项目计划。控制点,即里程碑。里程碑是项目生命周期中,时间轴上的一个时刻,在该时刻应对项目特意关注和控制,通常是指一个主要可交付成果的完成,也可以没有交付物仅仅是控制。里程碑清单包括了所有的里程碑。因此,从逻辑上讲,关键路径不一定包括所有项目进度控制点。

关键路径可随项目的进展而改变。如果有两个或两个以上的关键路径长度一样,那就存在多个关键路径。如果有两个或两个以上的路径长度一样,这些路径可能是普通路径,不是关键路径,此时就不能推断一定存在多个关键路径。

因此,从逻辑上讲"如果有两个或两个以上的路径长度一样,就有可能存在多个关键路径"也说得过去。本题的选项是"关键路径包括所有项目进度控制点"。

答案:B

题型点睛

1. 输入、工具与技术及输出。

(1) 输入:项目范围说明书;活动清单;活动属性;里程碑清单;批准的变更请求。

(2) 工具与技术:前导图法;箭线图法;计划网络模板;确定依赖关系;利用时间提前量和滞后量。

(3) 输出:项目进度网络图;活动清单(更新);活动属性(更新);请求的变更。

2. 前导图法(Precedence Diagramming Method, PDM)用于关键路径法(Critical Path Method, CPM),是用于编制项目进度网络图的一种方法,它使用方框或者长方形(被称作节点)代表活动,它们之间用箭头连接,显示它们彼此之间存在的逻辑关系。这种方法也被称作单代号网络图法(Active On the Node, AON),为大多数项目管理软件所采用。

前导图法包括活动之间存在的 4 种类型的依赖关系:

(1) 结束—开始的关系(F—S 型)。前序活动结束后,后续活动才能开始。

(2) 结束—结束的关系(F—F 型)。前序活动结束后,后续活动才能结束。

(3) 开始—开始的关系(S—S 型)。前序活动开始后,后续活动才能开始。

(4) 开始—结束的关系(S—F 型)。前序活动开始后,后续活动才能结束。

3. 箭线图法(Arrow Diagramming Method, ADM)是用箭线表示活动、节点表示事件的一种网络图绘制方法,这种方法又称为双代号网络图法(Active On the Aitow, AOA)。在箭线表示法中,给每个事件而不是每项活动指定一个唯一的代号。活动的开始(箭尾)事件称为该活动的紧前事件(precede event),活动的结束(箭头)事件称为该活动的紧随事件(successor event)。

在箭线表示法中,有如下三个基本原则:

(1) 网络图中每一事件必须有唯一的一个代号,即网络中不会有相同的代号。

(2) 任两项活动的紧前事件和紧随事件代号至少有一个不同,节点代号沿箭线方向越来越大。

(3) 流入(流出)同一节点的活动,均有共同的后继活动(或前序活动)。

4. 活动间的依赖关系。

在确定活动之间的先后顺序时有三种依赖关系。

(1) 强制性依赖关系:强制性依赖关系是指工作性质所固有的依赖关系。

(2) 可斟酌处理的依赖关系:可斟酌处理的依赖关系也称为优先选用逻辑关系、优先逻辑关系或者软逻辑关系。

(3) 外部依赖关系:外部依赖关系指涉及项目活动和非项目活动之间关系的依赖关系。

即学即练

【试题 1】项目进度管理经常采用箭线图法,以下对箭线图的描述不正确的是_____。

A. 流入同一节点的活动,有相同的后继活动

B. 虚活动不消耗时间,但消耗资源

C. 箭线图可以有两条关键路径

D. 两个相关节点之间只能有一条箭线

【试题2】里程碑最好被描述成_____。

A. 相关工作和事件的联合

B. 通常使用的表示工作或事件的两条或多条线或箭头的交叉

C. 项目中表示报告要求或重要工作完成的可以辨别的点

D. 需要资源和时间投入才得以完成的具体的项目任务

【试题3】某软件项目已经到了测试阶段,但是由于用户订购的硬件设备没有到货而不能实施测试。这种测试活动与硬件之间的依赖关系属于_____。

A. 强制性依赖关系　　　　　　　　B. 直接依赖关系

C. 内部依赖关系　　　　　　　　　D. 外部依赖关系

TOP44　活动资源估算

真题分析

【真题1】某项目经理绘制的 WBS 局部图如下图所示,B、C 工作包的负责人对人日数进行了估算,依据他们的估算结果,项目经理得出了分项工程 A 的人日数结果,他采用的是_____方法。

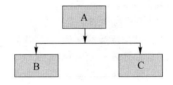

A. 类比估算　　　　　　　　　　　B. 自上而下估算

C. 自下而上估算　　　　　　　　　D. 多方案分析估算

解析:这题先求 B、C 工作包人日,再汇总得到 A 的人日,这很明显是自下而上估算。

答案:C

题型点睛

1. 输入、工具与技术及输出。

(1) 输入:事业环境因素;组织过程资产;活动清单;活动属性;资源可利用情况;项目管理计划。

(2) 工具与技术:专家判断;多方案分析;出版的估算数据;项目管理软件;自下而上估算。

(3) 输出:活动资源要求;活动属性;资源分解结构;资源日历;请求的变更。

2. 自下而上估算是指当估算计划活动无足够把握时,则将其范围内的工作进一步分解,然后估算下层每个更具体的工作资源需要,接着将这些估算按照计划活动需要的每一种资源汇集出总量。项目管理计划可以通过批准的变更而改变。

项目综合资源日历记录了确定使用某种具体资源日期的工作日,或不使用某种具体资源日期的非工作日。

即学即练

【试题 1】制订项目计划时,首先应关注的是项目_____。

A. 范围说明书　　　　　　　　　　B. 工作分解结构

C. 风险管理计划　　　　　　　　　D. 质量计划

TOP45　活动历时估算

真题分析

【真题 1】项目经理对某软件开发流程中的"概要设计"活动进行历时估算时,参考了以往相关项目活动情况,他采用的是_____方法。

A. 专家判断　　　B. 类比估算　　　C. 参数估算　　　D. 三点估算

解析:持续时间类比估算就是以从前类似计划活动的实际持续时间为根据,估算将来的计划活动的持续时间。当有关项目的详细信息数量有限时,如在项目的早期阶段就经常使用这种办法估算项目的持续时间。类比估算利用历史信息和专家判断。

当以前的活动事实上而不仅仅是表面上类似,而且准备这种估算的项目团队成员具备必要的专业知识时,持续时间类比估算较可靠。

答案:B

【真题 2】已知网络计划中工作 M 有两项紧后工作,这两项紧后工作的最早开始时间分别为第 12 天和第 15 天,工作 M 的最早开始时间和最迟开始时间分别为第 6 天和第 8 天,如果工作 M 的持续时间为 4 天,则工作 M 总时差为_____天。

A. 1　　　　　　B. 2　　　　　　C. 3　　　　　　D. 4

解析:总时差=最晚开始时间-最早开始时间=2。

解析:B

【真题 3】某活动的工期采用三点估算法进行估算,其中最悲观估算是 23 天,最乐观估算是 15 天,最可能的估算是 19 天,则该活动的历时大致需要__(1)__天,该活动历时方差大概是__(2)__。

(1) A. 19　　　　　B. 23　　　　　C. 15　　　　　D. 20

(2) A. 0.7　　　　　B. 1.3　　　　　C. 8　　　　　D. 4

解析:本题考查活动历时估算中的三点估算法。三点估算法的三个参数为:悲观估计值、最可能估计值和乐观估计值。

活动历时均值=(悲观估计值+4×最可能估计值+乐观估计值)/6=(23+4×19+15)/6=19

活动历时方差=(悲观估计值-乐观估计值)/6=(23-15)/6=1.3

解析:(1) A　(2) B

【真题 4】过去几年小李完成了大量网卡驱动模块的开发,最快 6 天完成,最慢 36 天完成,平均 21 天完成。如今小李开发一个新网卡驱动模块,在 21 天到 26 天内完成的概率是_____。

A. 68.3%　　　　B. 34.1%　　　　C. 58.2%　　　　D. 28.1%

解析:本题考查的是时间管理,也就是进度管理,(36-6)/6=5 偏差,21+5=26,21-5=16,根据正态分布规律,在±σ 范围内,完成的概率为 68%;则 16 和 26 天之间是 68.26,而 21 到 26 天,就应该是68.26/2,应该是 34.1%。

答案:B

【真题 5】依据下面的项目活动网络图,该项目历时为_____天。

A. 10   B. 11   C. 13   D. 14

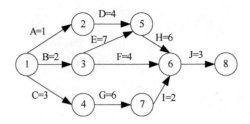

解析:路径 1:A—D—H—J 长度＝1＋4＋6＋3＝14 天

路径 2:B—E—H—J 长度＝2＋7＋6＋3＝18 天

路径 3:B—F—J 长度＝2＋4＋3＝9 天

路径 4:C—G—I—J 长度＝3＋6＋2＋3＝14 天

由于关键路径是整个网络中出现频率最多的路径,所以路径 1 和路径 4 长度是项目的关键路径,因此正确答案为 D。

答案:D

【真题 6】某工程建设项目中各工序历时如下表所示,则本项目最快完成时间为 __(1)__ 周。同时,通过 __(2)__ 可以缩短项目工期。

工序名称	紧前工序	持续时间(周)
A		1
B	A	2
C	A	3
D	B	2
E	B	2
F	C、D	4
G	E	4
H	B	5
I	G、H	4
J	F	3

(1) A. 7   B. 9   C. 12   D. 13

① 压缩 B 工序时间   ② 压缩 H 工序时间   ③ 同时开展 H 工序与 A 工序

④ 压缩 F 工序时间   ⑤ 压缩 G 工序时间

(2) A. ①⑤   B. ①③   C. ②⑤   D. ③④

解析:本题考查项目工期计算、压缩关键路径活动历时可缩短工期的知识。画网络图是解题的基础。本题的解题方法可有多种,下面给出了 3 种方法。

(1) 画单代号网络图,如下图所示。

找出关键路径(最长路径),并计算关键路径上的总历时,即可算出本项目最快完成时间;压缩关键路径上的活动可以缩短项目工期。

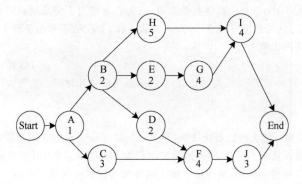

通过此图可直观看出,从开始到结束共有 4 条路径,ABEGI 为最长路径,历时为 13 周,即 D 是正确答案。

由于 B、G 在关键路径上,故压缩 B、G 可缩短项目工期;F、H 不在关键路径上,压缩它们不能缩短工期;由于 H 工序与 A 工序无并行关系,H 是 B 的紧后活动,所以不能将 H 工序与 A 工序并行。即(36)A 是正确答案。

(2) 计算该网络图六标识。

通过计算网络图的活动总时差找关键路径,总时差为 0 的活动一定在关键路径上,如下图所示。

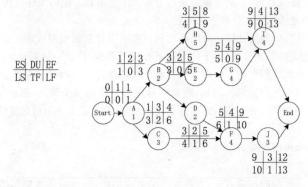

其中:ES 代表最早开始时间,EF 代表最早结束时间,LS 代表最迟开始时间,LF 代表最迟结束时间,DU 代表活动历时,TF 代表总时差。通过计算可知总时差为 0 的活动为 A、B、E、G、I,ABEGI 为关键路径,历时为 13 周,压缩 B、G 可缩短项目工期。

(3) 画带时标的双代号网络图,如下图所示。

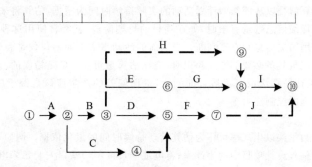

通过此图同样可识别出,ABEGI 为最长路径,历时为 13 周,压缩 B、G 可缩短项目工期。

答案:(1)D(2)A

【真题7】某项目经理在对项目历时进行估算时,认为正常情况下完成项目需要 42 天,同时也分析了影响项目工期的因素,认为最快可以在 35 天内完成工作,而在最不利的条件下则需要 55 天完成任务。采用三点估算得到的工期是_____天。

A. 42　　　　　　　B. 43　　　　　　　C. 44　　　　　　　D. 55

解析:三点估算得到的工期＝(乐观估计时间＋4×最可能估计时间＋悲观估计时间)/6＝(35＋42×4＋55)/6＝43。

答案:B

【真题8】某公司接到一栋大楼的布线任务,经过分析决定将大楼的 4 层布线任务分别交给甲、乙、丙、丁 4 个项目经理,每人负责一层布线任务,每层面积为 10000 m^2。布线任务由同一个施工队施工,该工程队有 5 个施工组。甲经过测算,预计每个施工组每天可以铺设完成 200 m^2,于是估计任务完成时间为 10 天,甲带领施工队最终经过 14 天完成任务;乙在施工前咨询了工程队中有经验的成员,经过分析之后估算时间为 12 天,乙带领施工队最终经过 13 天完成;丙参考了甲、乙施工时的情况,估算施工时间为 15 天,丙最终用了 21 天完成任务;丁将前三个施工队的工期代入三点估算公式计算得到估计值为15 天,最终丁带领施工队用了 15 天完成任务。以下说法正确的是_____。

A. 甲采用的是参数估算法,参数估计不准确导致实际工期与预期有较大偏差

B. 乙采用的是专家判断法,实际工期偏差只有 1 天,与专家的经验有很大关系

C. 丙采用的是类比估算法,由于此类工程不适合采用该方法,因此偏差最大

D. 丁采用的是三点估算法,工期零偏差是因为该方法是估算工期的最佳方法

解析:本题考查的是活动历时估算方法问题。

活动历时估算是估算计划活动持续时间的过程。它利用计划活动对应的工作范围、需要的资源类型和资源数量,以及相关的资源日历(用于标明资源有无与多少)信息。估算计划活动持续时间的依据来自项目团队最熟悉具体计划活动工作内容性质的个人或集体。历时估算是逐步细化与完善的,估算过程要考虑数据依据的有无与质量。例如,随着项目设计工作的逐步深入,可供使用的数据越来越详细,越来越准确,因而提高了历时估算的准确性。这样一来,就可以认为历时估算结果逐步准确,质量逐步提高。

活动历时估算所采用的主要方法和技术如下:

(1)专家判断

由于影响活动持续时间的因素太多,如资源的水平或生产率,所以常常难以估算。只要有可能,就可以利用以历史信息为根据的专家判断。各位项目团队成员也可以提供历时估算的信息,或根据以前的类似项目提出有关最长持续时间的建议。如果无法请到这种专家,则持续时间估计中的不确定性和风险就会增加。B 是正确的。

(2)类比估算

持续时间类比估算就是以从前类似计划活动的实际持续时间为根据,估算将来的计划活动的持续时间。当有关项目的详细信息数量有限时,如在项目的早期阶段,就经常使用这种办法估算项目的持续时间。类比估算利用历史信息和专家判断。当以前的活动事实上而不仅仅是表面上类似,而且准备这种估算的项目团队成员具备必要的专业知识时,类比估算最可靠。C 是错误的。丙采用的是类比估算法,此类工程采用类比估算法没有不适合的问题,工期偏差的产生应该是源于施工队施工水平、质量、熟练程度、项目经理的控制能力等。

(3)参数估算

用欲完成工作的数量乘以生产率可作为估算活动持续时间的量化依据。例如,将图纸数量乘以每张图纸所需的人时数估算设计项目中的生产率;将电缆的长度(米)乘以安装每米电缆所需的人时数得到电缆安装项目的生产率。用计划的资源数目乘以每班次需要的工时或生产能力再除以可投入的资源数目,即可确定各工作班次的持续时间。例如,每班次的持续时间为 5 天,计划投入的资源为 4 人,而可以投入的资源为 2 人,则每班次的持续时间为 10 天(4×5/2＝10)。A 不对。甲采用的确实是参数估

算法,但测算不准确,导致工期偏差很大。

（4）三点估算

考虑原有估算中风险的大小,可以提高活动历时估算的准确性。三点估算是在确定三种估算的基础上做出的。

① 最有可能的历时估算 T_m:在资源生产率、资源的可用性、对其他资源的依赖性和可能的中断都充分考虑的前提下,并且为计划活动已分配了资源的情况下,对计划活动的历时估算。

② 最乐观的历时估算 T_o:基于各种条件组合在一起,形成最有利组合时,估算出来的活动历时就是最乐观的历时估算。

③ 最悲观的历时估算 T_p:基于各种条件组合在一起,形成最不利组合时,估算出来的活动历时就是最悲观的历时估算。

活动历时的均值＝$(T_o + 4 T_m + T_p)/6$。因为是估算,难免有误差。三点估算法估算出的历时符合正态分布曲线,其标准差如下＝$(T_p - T_o)/6$。D 是不对的。工期虽然是零偏差,并不能说明此方法是最佳估算方法,只能说明三点估算法估算出的历时有偏差,但符合正态分布;项目经理进行了有效的控制,满足了工期要求。

（5）后备分析

项目团队可以在总的项目进度表中以"应急时间"、"时间储备"或"缓冲时间"为名称增加一些时间,这种做法是承认进度风险的表现。应急时间可取活动历时估算值的某一百分比,或某一固定长短的时间,或根据定量风险分析的结果确定。应急时间可能全部用完,也可能只使用一部分,还可能随着项目更准确的信息增加和积累而到后来减少或取消。这样的应急时间应当连同其他有关的数据和假设一起形成文件。故 B 是正确答案。

答案:B

【真题9】围绕三点估算技术在风险评估中的应用,以下论述_____是正确的。

A. 三点估算用于活动历时估算,不能用于风险评估

B. 三点估算用于活动历时估算,不好判定能否用于风险评估

C. 三点估算能评估时间与概率的关系,可以用于风险评估,不能用于活动历时估算

D. 三点估算能评估时间与概率的关系,可以用于风险评估,属于定量分析

解析:活动历时估算所采用的主要方法和技术包括:专家判断、类比估算、参数估算、三点估算、后备分析。

定量风险分析的工具与技术主要包括:期望货币值、计算分析因子、计划评审技术（三点估算）、蒙特卡罗（Monte Carlo）分析。

答案:D

🎯 题型点晴

1. 输入、工具与技术及输出

（1）输入:事业环境因素;组织过程资产;项目范围说明书;活动清单;活动属性;活动资源需求;资源日历;项目管理计划。

（2）工具与技术:专家判断;类比估算;参数估算;三点估算;后备分析。

（3）输出:活动历时估算;活动属性（更新）。

2. 活动历时估算所采用的主要方法和技术

1）专家判断

2）类比估算

持续时间类比估算就是以从前类似计划活动的实际持续时间为根据,估算将来的计划活动的持续时间。当有关项目的详细信息数量有限时,如在项目的早期阶段就经常使用这种办法估算项目的持续

时间。类比估算利用历史信息和专家判断。

3）参数估算

用欲完成工作的数量乘以生产率可作为估算活动持续时间的量化依据。

4）参数估算

三点估算就是在确定三种估算的基础上做出的。

(1) 最有可能的历时估算 T_m。

(2) 最乐观的历时估算 T_o。

(3) 最悲观的历时估算 T_p。

$$活动历时的均值＝(T_o＋4×T_m＋T_p)/6$$
$$标准差＝(T_p－T_o)/6$$

5）后备分析

项目团队可以在总的项目进度表中以"应急时间"、"时间储备"或"缓冲时间"为名称增加一些时间，这种做法是承认进度风险的表现。应急时间可取活动历时估算值的某一百分比，或某一固定长短的时间，或根据定量风险分析的结果确定。

即学即练

【试题1】在项目某阶段的实施过程中，A 活动需要 2 天 2 人完成，B 活动需要 2 天 2 人完成，C 活动需要 5 天 4 人完成，D 活动需要 3 天 2 人完成，E 活动需要 1 天 1 人完成，该阶段的时标网络图如下。该项目组共有 8 人，且负责 A、E 活动的人因另有安排，无法帮助其他人完成相应工作，且项目整个工期刻不容缓。以下_____安排是恰当的，能够使实施任务顺利完成。

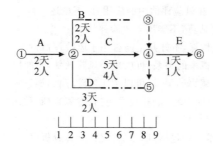

A. B 活动提前两天开始   B. D 活动推迟两天开始

C. D 活动提前两天开始   D. D 活动推迟两天开始

【试题2】某项目计划 2008 年 12 月 5 日开始进入首批交付的产品测试工作，估算工作量为 8（人）×10（天），误差为 2 天，则以下_____理解正确（天指工作日）。

A. 表示活动至少需要 8 人天，最多不超过 10 人天

B. 表示活动至少需要 8 人天，最多不超过 12 天

C. 表示活动至少需要 64 人天，最多不超过 112 人天

D. 表示活动至少需要 64 天，最多不超过 112 天

TOP46 制订进度计划

真题分析

【真题1】在制订项目进度计划过程中，_____可以根据有限的资源对项目进度进行调整，是一种

结合了确定性与随机性的一种方法。

　　A．关键链方法　　　　B．专家评估方法　　　C．假设情景方法　　　D．资源平衡方法

　　解析：约束理论在项目管理，尤其是项目进度管理上的应用，导致了关键链项目管理方法的产生。如果将一个项目看作一个系统，那么应用约束理论的第一步，就是要确定项目的约束。从 CPM 和 PERT 开始，项目中的关键路线就被看作项目管理的基础。但是，关键路线法仅分析紧前关系，并不考虑项目实际能调动的资源是有限的，因此关键路线法被广泛批评的一点就是其进度通常不具有可行性，而是需要进行后续调整。

　　而关键链不仅考虑项目中各任务的紧前关系，也充分考虑项目中现实存在的资源约束。

　　答案：A

　　【真题2】关键路径法是利用进度计划网络图所进行的一种分析技术，下面关于关键路径的说法中，_____是正确的。

　　A．网络图中只有一条关键路经

　　B．关键路径上各活动的时间之和最少

　　C．非关键路径上某活动发生延误后项目总工期必然会发生延误

　　D．非关键路径上的活动延误时间如果不超过总时差，项目总工期就不会发生延误

　　解析：关键路线法是利用进度模型时使用的一种进度网络分析技术。关键路线法沿着项目进度网络路线进行正向与反向分析，从而计算出所有计划活动理论上的最早开始与完成日期、最迟开始与完成日期，不考虑任何资源限制。由此计算而得到的最早开始与完成日期、最迟开始与完成日期不一定是项目的进度表，它们只不过指明计划活动在给定的活动持续时间、逻辑关系、时间提前与滞后量，以及其他已知制约条件下应当安排的时间段与长短。

　　由于构成进度灵活余地的总时差可能为正、负或零值，最早开始与完成日期、最迟开始与完成日期的计算值可能在所有的路线上都相同，也可能不同。在任何网络路线上，进度余地的大小由最早与最迟日期两者之间正的差值决定，该差值称为"总时差"。关键路线有零或负值总时差，在关键路线上的计划活动称为"关键活动"。为了使路线总时差为零或正值，有必要调整活动持续时间、逻辑关系、时间提前与滞后量或其他进度制约因素。一旦路线总时差为零或正值，则还能确定自由时差。自由时差就是在不延误同一网络路线上任何直接后继活动最早开始时间的条件下，计划活动可以推迟的时间长短。

　　网络图中可以存在多条关键路径，关键路径上各活动的时间之和最少，非关键路径上的活动延误时间如果不超过总时差，项目总工期就不会发生延误。

　　答案：D

　　【真题3】一个新测试中心将在两年内建成，项目发起人和项目经理已经确定并且高层次估算已经开始，预计该项目可以在预算内按进度计划完成，唯一的难点是获得完成工作所需的具有正确专门技能的人力资源。在这种情况下，项目经理应建立_____。

　　A．风险分析　　　　　　　　　　　B．责任分配矩阵

　　C．责任图　　　　　　　　　　　　D．受资源限制的进度计划

　　解析：资源平衡是一种进度网络分析技术，用于已经利用关键路线法分析过的进度模型之中。资源平衡的用途是调整时间安排需要满足规定交工日期的计划活动，处理只有在某些时间才能动用或只能动用有限数量的必要的共用或关键资源的局面，或者用于在项目工作具体时间段按照某种水平均匀地使用选定资源。

　　资源平衡技术提出的资源限制进度表，有时候称为资源制约进度表，开始日期与完成日期都是计划开始日期与计划完成日期。

　　答案：D

　　【真题4】某公司承接了城市道路信息系统建设项目，由于施工日期正好是 7 月份的雨季，项目团队为了管理好项目的进度，最好采用_____进行进度管理。

　　A．进度比较横道图　　　　　　　　B．资源平衡方法

C. 假设情景分析方法 D. 关键链法

解析：假设情景分析的结果可用于估计项目进度计划在不利条件下的可行性，用于编制克服或减轻由于出乎意料的局面造成的后果的应急和应对计划。模拟是指对活动做出多种假设，计算项目多种持续时间。最常用的技术是蒙特卡洛分析，这种分析为每个计划活动确定一种活动持续时间概率分布，然后利用这些分布计算出整个项目持续时间可能结果的概率分布。

答案：C

【真题5】对成本和进度进行权衡，确定如何在尽量少增加费用的前提下最大限度地缩短项目所需要的时间，称为_____。

A. 快速跟进 B. 赶进度 C. 资源平衡 D. 资源日历

解析：对成本和进度进行权衡，确定如何在尽量少增加费用的前提下最大限度地缩短项目所需要的时间，称为赶进度，也称赶工。在进行项目设计中，当风险不大时通过精心安排而使项目的前后阶段相互搭接以加快项目进展速度的做法称为快速跟进。调整任务的时间安排以使得资源不被过分使用，称为资源平衡。资源平衡通常不会被用来缩短进度。资源日历，在项目日历上定义的工作时间和休息日是每个资源或资源组的默认工作时间。换句话说，资源日历初始确定为项目日历。

答案：B

【真题6】一家大型信息技术咨询公司的一名项目经理在某软件整合项目进度计划制订完毕后，被指定负责该项目。客户的项目管理层向项目经理提出：市场竞争压力要求项目比计划工期提前一个月完工，他们已经对项目范围进行了审核，认为无法对范围进行缩减；他们同时告诉项目经理如果每项任务的历时可以削减10%，这个提前完工的目标就可以实现。在这种情况下，项目经理能够采取的最合适的措施是_____。

A. 启动变更控制程序，说明项目进度计划需要变更，并审核涉及的风险

B. 与团队开会，审核每项任务如何削减10%，以便满足目标

C. 并行进行更多的关键路径任务

D. 与管理层一起审核最初的项目计划并讨论压缩进度可以采取的范围变更

解析：由题干内容可知，无法对范围进行缩减，因此 B 选项讨论如何可以削减是没有意义的，项目制订计划已经完成，在后续过程中启动变更控制程序风险较大，因此 A 和 D 不是最合理的方案，而选项 C 则相对来说采用进度控制方案，比较合理。

答案：C

【真题7】快速跟进是进度控制的手段之一。以下对快速跟进的理解，_____是正确的。

A. 调整部分工作的顺序关系，使用网络图和关键路径分析等进度计划工具，尽可能将一些工作并行

B. 充分利用周六、周日或晚上等非工作时间段实施项目

C. 充分发挥每一个成员的作用，用积极的绩效考核方法，提升每个成员的技能水平和绩效

D. 加强项目干系人之间的交流和沟通，以加快项目的进度

解析：事实上，很多项目的失败，正是起因于项目进度出现拖延，而导致项目团队士气低落，效率低下。因此，ERP 项目实施的时间管理，需要充分考虑各种潜在因素，适当留有余地；任务分解详细程度适中，便于考核；在执行过程中，应强调项目按进度执行的重要性；在考虑任何问题时，都要将保持进度作为先决条件；同时，加强项目干系人之间的交流和沟通，合理利用赶工及快速跟进等方法，充分利用资源。

答案：D

【真题7】项目进度表至少包括每项计划活动的计划开始日期与计划完成日期，常见的做法是用一种或多种格式的图形表示。在下面的图表中，常用于表示项目进度表的是_____。

A. 横道图 B. 排列图 C. 鱼骨图 D. 趋势图

解析：横道图又称甘特图，它是以图示的方式通过活动列表和时间刻度形象地表示出任意特定项

目的活动顺序与持续时间。甘特图包含以下三个含义：

（1）以图形或表格的形式显示活动；

（2）是一种通用的显示进度的方法；

（3）构造时应包括实际日历和持续时间，并且不要将周末和节假日算在进度之内。

答案：A

【真题 9】某项目发生了进度延误，于是项目经理在项目关键路径上增加了资源，但是工期仍然未能有效缩短，其可能的原因是_____。

A. 关键活动的历时总是固定不变的

B. 关键活动所配置的资源数量总是充足的

C. 关键路径上的活动是不依于资源的

D. 资源的增加可能会导致额外问题的产生而降低效率

解析：很明显，选项 A、B、C 是明显错误的，参考答案为 D。实施每一项工作需要各种相关资源投入使用，因资源存在缺陷直接减损工作的效率和成果，不能达成预期应有的效益。同时某种资源的缺陷又造成其他资源的浪费和损失，其结果发生扩大化的不利效应。但是资源过于充足，也会导致其他问题从而降低效率。

答案：D

【真题 10】以下关于关键路径法的叙述，_____是不正确的。

A. 如果关键路径中的一个活动延迟，将会影响整个项目计划

B. 关键路径包括所有项目进度控制点

C. 如果有两个或两个以上的路径长度一样，就有可能存在多个关键路径

D. 关键路径可随项目的进展而改变

解析：关键路线是指进度网络图中历时最长的那条路径，它的长度决定了项目的生命周期长度。因此，如果关键路径中的一个活动延迟，将会影响整个项目计划。控制点，即里程碑。里程碑是项目生命周期中，时间轴上的一个时刻，在该时刻应对项目特意关注和控制，通常指一个主要可交付成果的完成，也可以没有交付物仅仅是控制。里程碑清单包括了所有的里程碑。因此，从逻辑上讲，关键路径不一定包括所有项目进度控制点。

关键路径可随项目的进展而改变。如果有两个或两个以上的关键路径长度一样，那就存在多个关键路径。如果有两个或两个以上的路径长度一样，这些路径可能是普通路径，不是关键路径，此时就不能推断一定存在多个关键路径。

因此，从逻辑上讲"如果有两个或两个以上的路径长度一样，就有可能存在多个关键路径"也说得过去。本题的选项是"关键路径包括所有项目进度控制点"。

答案：B

【真题 11】在软件开发项目实施过程中，由于进度需要，有时要采取快速跟进措施。_____属于快速跟进范畴。

A. 压缩需求分析工作周期

B. 设计图纸全部完成前就开始现场施工准备工作

C. 使用最好的工程师，加班加点尽快完成需求分析说明书编制工作

D. 同其他项目协调好关系以减少行政管理的摩擦

解析：进度压缩是指在不改变项目范围、进度制约条件、强加日期或其他进度目标的前提下缩短项目的进度时间。进度压缩的技术有以下几种：

（1）赶进度（也称作赶工）。对费用和进度进行权衡，确定如何在尽量少增加费用的前提下最大限度地缩短项目所需时间。赶进度并非总能产生可行的方案，反而常常增加费用。

（2）快速跟进。这种进度压缩技术通常同时进行有先后顺序的阶段或活动，即并行。例如，建筑物在所有建筑设计图纸完成之前就开始基础施工。快速跟进往往造成返工，并通常会增加风险。这种办

法可能要求在取得完整、详细的信息之前就开始进行,如工程设计图纸。其结果是以增加费用为代价换取时间,并因缩短项目进度时间而增加风险。根据上述概念,"压缩需求分析工作周期"、"使用最好的工程师,加班加点尽快完成需求分析说明书编制工作"属于在尽量少增加费用的前提下最大限度地缩短项目所需时间的做法,即赶工。"设计图纸全部完成前就开始现场施工准备工作"属于并行展开相关活动,即属于快速跟进。而对于"与其他项目协调好关系以减少行政管理的摩擦"这一选项,间接防止进度的拖延,而非实质性推进工程进度,故不属于赶工,也不属于快速跟进。

答案: B

【真题 12】下列关于资源平衡的描述中,_____是正确的。

A. 资源平衡通常用于已经利用关键链法分析过的进度模型之中

B. 进行资源平衡的前提是不能改变原关键路线

C. 使用按资源分配倒排进度法不一定能制定出最优项目进度表

D. 资源平衡的结果通常是使项目的预计持续时间比项目初步进度表短

解析: 资源平衡是一种进度网络分析技术,用于已经利用关键路线法(非关键链法)分析过的进度模型之中;资源平衡可能会改变原来的关键路线;资源平衡的结果经常是项目的预计持续时间比初步项目进度表长;按资源分配倒排进度法不一定能制定出最优项目进度表。因此应选 C。拥有数量有限但关键的项目资源,资源可以从项目的结束日期反向倒排,可以制定出一个较好的项目进度表,但不一定能制定出最优项目进度表。

答案: C

题型点睛

1. 输入、工具与技术及输出

(1) 输入:组织过程资产;项目范围说明书;活动清单;活动清单属性;项目进度网络图;活动资源要求;资源日历;活动历时估算;项目管理计划。

(2) 工具与技术:进度网络分析;关键路线法;进度压缩;假设情景分析;资源平衡;关键链法;项目管理软件;应用日历;进度模型。

(3) 输出:项目进度表;进度模型数据;进度基准;资源要求(更新);活动属性(更新);项目日历(更新);请求的变更;项目管理计划(更新);进度管理计划(更新);请求的变更;项目报告。

2. 制订进度计划所采用的主要技术和工具

1) 进度网络分析。

进度网络分析是提出及确定项目进度表的一种技术,使用一种进度模型和多种分析技术,如采用关键路线法、局面应对分析资源平衡来计算最早、最迟开始和完成日期以及项目计划活动未完成部分的计划开始与计划完成日期。

2) 关键路线法。

关键路线法是利用进度模型时使用的一种进度网络分析技术。关键路线法沿着项目进度网络路线进行正向与反向分析,从而计算出所有计划活动理论上的最早开始与完成日期、最迟开始与完成日期,不考虑任何资源限制。由此计算而得到的最早开始与完成日期、最迟开始与完成日期不一定是项目的进度表,它们只不过指明计划活动在给定的活动持续时间、逻辑关系、时间提前与滞后量,以及其他已知制约条件下应当安排的时间段与长短。

由于构成进度灵活余地的总时差可能为正、负或零值,最早开始与完成日期、最迟开始与完成日期的计算值可能在所有的路线上都相同,也可能不同。在任何网络路线上,进度余地的大小由最早与最迟日期两者之间正的差值决定,该差值称为"总时差"。关键路线有零或负值总时差,在关键路线上的计划活动称为"关键活动"。为了使路线总时差为零或正值,有必要调整活动持续时间、逻辑关系、时间提前与滞后量或其他进度制约因素。一旦路线总时差为零或正值,则还能确定自由时差。自由时差就是在不延误同一网络路线上任何直接后继活动最早开始时间的条件下,计划活动可以推迟的时间长短。

3)进度压缩。

进度压缩是指在不改变项目范围、进度制约条件、强加日期或其他进度目标的前提下缩短项目的进度时间。进度压缩的技术有两种:①赶进度;②快速跟进。

4)假设情景分析。

假设情景分析就是对"情景 X 出现时应当如何处理"这样的问题进行分析。

5)资源平衡

资源平衡是一种进度网络分析技术,用于已经利用关键路线法分析过的进度模型之中。资源平衡的用途是调整时间安排需要满足规定交工日期的计划活动,处理只有在某些时间才能动用或只能动用有限数量的必要的共用或关键资源的局面,或者用于在项目工作具体时间段按照某种水平均匀地使用选定资源。这种均匀使用资源的办法可能会改变原来的关键路线。

6)关键链法。

关键链法是另一种进度网络分析技术,可以根据有限的资源对项目进度表进行调整。

为了保证活动计划持续时间的重点,关键链法添加了持续时间缓冲段,这些持续时间缓冲段属于非工作计划活动。一旦确定了缓冲计划活动,就按照最迟开始与最迟完成日期安排计划活动。这样一来,关键链法就不再管理网络路线的总时差,而是集中注意力管理缓冲活动持续时间和用于计划活动的资源。

7)项目管理软件。

8)应用日历。

9)调整时间提前与滞后量。

10)进度模型。

即学即练

【试题 1】下列关于资源平衡的描述中,_____是正确的。

A. 资源平衡通常用于已经利用关键链法分析过的进度模型之中

B. 进行资源平衡的前提是不能改变原关键路线

C. 使用按资源分配倒排进度法不一定能制定出最优项目进度表

D. 资源平衡的结果通常是使项目的预计持续时间比项目初步进度表短

【试题 2】进度网络分析技术中的一种方法是_____,它可以根据有限的资源对项目进度表进行调整。在确定了关键路线之后,将资源的有无与多少考虑进去,确定资源制约进度表,并增加了持续时间缓冲段,这些持续时间缓冲段属于非工作计划活动。

A. 关键路径法　　　　　　　　　　B. 假设情景分析法

C. 关键链法　　　　　　　　　　　D. 资源平衡法

【试题 3】下列_____做法不属于进度压缩。

A. 某项目经理发现项目工期延后,于是开始让项目组成员加班加点,提高加班工资,以期待能在规定时间内完成项目

B. 某项目经理发现项目组成员由于对技术的掌握不熟练,造成进展缓慢,延误工期,于是指派了有经验的人员帮助完成

C. 为了节省时间,在需求设计还没有完成时,项目经理就通知组内编程人员开始编写代码

D. 项目经理启用应急时间来增加一些项目时间

【试题 4】出现"关键路径上的活动总时差是零和负数"情况下,下列分析正确的是_____。

A. 关键路径上的活动总时差可能为零的原因是每个相邻活动都是紧前或紧后的,需要调整以给活动留出时间余地

B. 关键路径上的活动总时差可能为负的原因是由于安排调配不得当所造成的活动非合理性交错现象,有必要调整活动持续时间、逻辑关系等使得活动总时差为零

C. 关键路径上的活动总时差可能为负的原因是因为用最早时间减去最晚时间,不需要调整以给活动留出余地

D. 关键路径上的活动总时差可能为零的原因是由于安排活动进度没有余地,需要调整以给活动留出余地

TOP47 项目进度控制

真题分析

【真题1】在项目实施期间的其次周例会上,项目经理向大家通报了项目目前的进度,根据以下表格,目前的进度_____。

活动	计划值(元)	完成百分比	实际成本(元)
基础设计	20000	90%	10000
详细设计	50000	90%	60000
测试	30000	100%	40000

A. 提前计划 7%   B. 落后计划 15%
C. 落后计划 7%   D. 提前计划 15%

解析:挣值分析。按照当前进度,完成所有工作需要$(10000+60000)/0.9+40000/1.0=11.78$万元,计划完成任务 10 万元,现在已经花了 11 万元,工程还没搞定,所以显然是落后计划了。按照当前的进度,计划花 9.3 万元(EV 挣值),钱都全花了,就应该把 10 万元(PV)的活都干了,$(10-9.3)/10\times100\%=7\%$。

答案:C

【真题2】进度报告是实施项目进度控制的一个主要工具,在进度报告中可不包括_____

A. 实际开始与完成日期

B. 项目例会的时间

C. 未完成计划活动的剩余持续时间

D. 正在进行的计划活动的完成百分比

解析:进度报告及当前进度状态包括如下一些信息,如实际开始与完成日期,以及未完计划活动的剩余持续时间。如果还使用了实现价值这样的绩效测量,则也可能含有正在进行的计划活动的完成百分比。为了便于定期报告项目的进度,组织内参与项目的各个单位可以在项目生命期内自始至终使用统一的模板。模板可以用纸,也可用计算机文件。项目例会的时间这个太细化了,进度报告可不包括项目例会的时间。

答案:B

【真题3】在根据计划对项目进展情况进行跟踪时,项目经理发现最终可交付成果无法按照管理层规定的交付日期完工。这时项目经理应_____。

A. 驱动项目团队更加快速的工作,以便弥补丢失的时间

B. 不要同意管理层要求的不合理的工期

C. 通过削减最终可交付成果的规模或延长项目工期的某种结合重新洽谈

D. 重新计算项目进度,并按照沟通计划进行分发

解析:项目进度控制是依据项目进度基准计划对项目的实际进度进行监控,使项目能够按时完成。有效项目进度控制的关键是监控项目的实际进度,及时、定期地将它与计划进度进行比较,并立即采取必要的纠正措施。项目进度控制必须与其他变化控制过程紧密结合,并且贯穿于项目的始终。当项目的实际进度滞后于计划进度时,首先应发现问题、分析问题根源并找出妥善的解决办法。通常可用以下一些方法缩短活动的工期。

(1) 投入更多的资源以加速活动进程。

(2) 指派经验更丰富的人去完成或帮助完成项目工作。

(3) 减小活动范围或降低活动要求。

(4) 通过改进方法或技术提高生产效率。

对进度的控制,还应当重点关注项目进展报告和执行状况报告,它们反映了项目当前在进度、费用、质量等方面的执行情况和实施情况,是进行进度控制的重要依据。

答案:A

【真题 4】进度控制的一个重要作用是_____。

A. 判断为产生项目可交付成果所需的活动时间

B. 判断是否需要对发生的进度偏差采取纠正措施

C. 评价范围定义是否足以支持进度计划

D. 保持团队的高昂士气,使团队成员能充分发挥潜力

解析:绩效衡量技术的结果是进度偏差与进度效果指数(SPI)。进度偏差与进度效果指数用于估计实际发生任何项目进度偏差的大小。进度控制的一个重要作用是判断发生的进度偏差是否需要采取纠正措施。例如,非关键路径计划活动的重大延误对项目总体进度可能影响甚微,而关键路径或接近关键路径上的一个短得多的延误,却有可能要求立即采取行动。

答案:B

【真题 5】下列做法无助于缩短活动工期的是_____。

A. 投入更多的资源以加快活动进程

B. 减小活动范围或降低活动要求

C. 通过改进方法或者技术提高生产率

D. 采用甘特图法

解析:选项 A、B、C 均属于进度压缩技术,而选项 D 不属于。选项 D 无助于缩短活动工期。

答案:D

【真题 6】某软件开发项目的实际进度已经大幅滞后于计划进度,_____能够较为有效地缩短活动工期。

A. 请经验丰富的老程序员进行技术指导或协助完成工作

B. 要求项目组成员每天加班 2～3 个小时进行赶工

C. 招聘一批新的程序员到项目组中

D. 购买最新版本的软件开发工具

解析:项目进度控制是依据项目进度基准计划对项目的实际进度进行监控,使项目能够按时完成。当项目的实际进度滞后于进度计划时,首先发现问题、分析问题根源并找出妥善的解决办法。通常可以采用以下一些方法缩短活动的工期:

(1) 投入更多的资源以加速活动进程。

(2) 指派经验更丰富的人去完成或帮助完成项目工作。

(3) 减少活动范围或降低活动要求。

(4) 通过改进方法或技术提高生产率。

(5) 快速跟进(或称并行)。

若没找出造成拖期的原因而"要求项目组成员每天加班 2～3 个小时进行赶工"不会有明显的效果。

"招聘一批新的程序员到项目组中"还要进行培训,培训后效率也不会比老员工效率高。

通常情况下,通过新版本的软件开发工具不会对缩短进度有太大影响,并且新工具又面临一个熟悉过程。而"请经验丰富的老程序员进行技术指导或协助完成工作"可以凭借其丰富的经验帮助项目组找出拖期原因,并通过其高效的工作来缩短工期。

答案:A

🎯 题型点睛

1. 项目进度控制概念及内容

进度控制是监控项目的状态以便采取相应措施以及管理进度变更的过程。进度控制关注如下内容:

(1)确定项目进度的当前状态。

(2)对引起进度变更的因素施加影响,以保证这种变化朝着有利的方向发展。

(3)确定项目进度已经变更。

(4)当变更发生时管理实际的变更。进度控制是整体变更控制过程的一个组成部分。

2. 缩短工期的方法

通常可用以下一些方法缩短活动的工期:

(1)投入更多的资源以加速活动进程。

(2)指派经验更丰富的人去完成或帮助完成项目工作。

(3)减小活动范围或降低活动要求。

(4)通过改进方法或技术提高生产效率。

🏃 即学即练

【试题1】在项目进度控制中,_____不适合用于缩短活动工期。

A. 准确确定项目进度的当前状态

B. 投入更多的资源

C. 改进技术

D. 缩减活动范围

【试题2】在项目实施中间的某次周例会上,项目经理小王用下表向大家通报了目前的进度。根据这个表格,目前项目的进度_____。

活 动	计 划 值	完成百分比	实际成本
基础设计	20000 元	90%	10000 元
详细设计	50000 元	90%	60000 元
测试	30000 元	100%	40000 元

A. 提前于计划 7% 　　　　　　B. 落后于计划 18%

C. 落后于计划 7% 　　　　　　D. 落后于计划 7.5%

本章即学即练答案

序号	答案	序号	答案
TOP43	【试题 1】答案:B 【试题 2】答案:C 【试题 3】答案:D	TOP44	【试题 1】答案:A
TOP45	【试题 1】答案:D 【试题 2】答案:B	TOP46	【试题 1】答案:C 【试题 2】答案:C 【试题 3】答案:D 【试题 4】答案:B
TOP47	【试题 1】答案:A 【试题 2】答案:C		

第9章 项目成本管理

真题分析

【真题1】企业管理费属于信息工程项目投资的_____。

A. 工程前期费　　　B. 直接费用　　　C. 间接费用　　　D. 措施费

解析:间接成本:来自一般管理费用科目或几个项目共同担负的项目成本所分摊给本项目的费用,就形成了项目的间接成本,如税金、额外福利和保卫费用等。

答案:C

【真题2】单位在项目执行过程中,由于质量管理方面的问题造成了局部范围的返工,单位便失去了承建另外一个项目的机会,这属于_____。

A. 质量成本　　　B. 机会成本　　　C. 时间成本　　　D. 无形成本

解析:质量要求越高,质量成本就越高。质量成本可以分为质量保证成本和质量故障成本。质量保证成本是项目团队根据公司质量体系运行而引起的成本。质量故障成本是由于项目质量存在缺陷进行检测和弥补而引起的成本。在项目的前期和后期,质量成本较高。由于质量管理方面的问题造成了局部范围的返工,单位便失去了承建另外一个项目的机会,因此引起的成本不符合质量成本的概念,属于机会成本。

答案:B

【真题3】某软件公司项目的利润分析如下表所示。设贴现率为10%,则第二年结束时的利润总额净现值为_____元。

利润分析	第零年	第一年	第二年	第三年
利润值	—	11000	12100	12300

A. 10000　　　B. 20000　　　C. 22000　　　D. 21000

解析:投资回收分析、投资回报率和净现值是三种常用的用于评估经济可行性的技术。其中,现值的计算公式为:$PV_n = 1/(1+i)^n$,其中,PV_n 是从现在起到第 n 年 1 元的现值,i 为贴现率。所以,第二年的利润现值为:$12100/(1+0.1)^2 = 10000$ 元。

答案:B

【真题4】每次项目投标,都需要向招标方交纳一定比例的押金,由此产生的费用属于_____。

A. 固定成本　　　B. 直接成本　　　C. 机会成本　　　D. 间接成本

解析:成本类型有:①可变成本:随着生产量、工作量或时间而变的成本为可变成本。可变成本又称变动成本。②固定成本:不随生产量、工作量或时间的变化而变化的非重复成本为固定成本。③直接成本:直接可以归属于项目工作的成本为直接成本。如项目团队差旅费、工资、项目使用的物料及设备使用费等。④间接成本:来自一般管理费用科目或几个项目共同担负的项目成本所分摊给本项目的费用,就形成了项目的间接成本,如税金、额外福利和保卫费用等。本案例比较适合的答案应该是 D。

答案:D

【真题 5】项目预算中包含应急储备的目的是_____。

A. 降低范围变更的概率   B. 杜绝范围变更

C. 降低成本超支的概率   D. 杜绝成本超支

解析:选项 B 和 D 是杜绝,说法太绝对,因此排除,应急储备是为了应对突发、不可预见的事件影响项目的成本。因此,项目预算中包含应急储备的目的是降低成本超支的概率。

答案:C

【真题 6】某项目经理已经完成了 WBS 和每个工作包的成本估算。要根据这些数据编制项目成本估算,该项目经理要_____。

A. 使用 WBS 的最高层次进行类比估算

B. 计算工作包和风险储备估算的总和

C. 把工作包估算累计成为项目估算总和

D. 获得专家对项目成本总计划意见

解析:估算必须包括用于风险的储备。这种储备可以是时间或成本的储备。因此,该项目经理需要计算工作包和风险储备估算的总和。

答案:B

【真题 7】某公司按照项目核算成本,在针对某化工厂信息化咨询项目中,需进行 10 天的驻场研究,产生成本如下:①公司管理费用的项目分摊成本;②咨询顾问每人每天出差补贴 500 元,入工资结算;③顾问如需进入生产车间,每人额外增加健康补助 100 元/天。按照成本类型分类,上述三类成本应分别列入_____。

A. ①间接成本   ②间接成本   ③可变成本

B. ①间接成本   ②直接成本   ③可变成本

C. ①直接成本   ②直接成本   ③固定成本

D. ①直接成本   ②间接成本   ③固定成本

解析:很明显,选项 B 是正确的。

答案:B

题型点睛

1. 项目成本管理的过程

项目成本管理要靠制订成本管理计划、成本估算、成本预算、成本控制 4 个过程来完成,其中:

(1)制订成本管理计划——制定了项目成本结构、估算、预算和控制的标准。

(2)成本估算——编制完成项目活动所需资源的大致成本。

(3)成本预算——合计各个活动或工作包的估算成本,以建立成本基准。

(4)成本控制——影响造成成本偏差的因素,控制项目预算的变更。

2. 成本的类型

(1)可变成本:随着生产量、工作量或时间而变的成本为可变成本。可变成本又称变动成本。

(2)固定成本:不随生产量、工作量或时间的变化而变化的非重复成本为固定成本。

(3)直接成本:直接可以归属于项目工作的成本为直接成本。如项目团队差旅费、工资、项目使用的物料及设备使用费等。

(4)间接成本:来自一般管理费用科目或几个项目共同担负的项目成本所分摊给本项目的费用,就形成了项目的间接成本,如税金、额外福利和保卫费用等。

即学即练

【试题1】企业为某客户实施电子商务平台建设项目,需要采购5台交付给客户使用的服务器,这部分成本属于该项目的_____。

A. 直接成本　　　　　B. 间接成本　　　　　C. 固定成本　　　　　D. 机会成本

【试题2】某单位规定对所有承担的项目全部按其报价的15％提取公司管理费,该项费用对于项目而言属于_____。

A. 直接成本　　　　　B. 间接成本　　　　　C. 固定成本　　　　　D. 可变成本

【试题3】_____不是系统集成项目的直接成本。

A. 进口设备报关费　　　　　　　　B. 第三方测试费用

C. 差旅费　　　　　　　　　　　　D. 员工福利

【试题4】某企业今年用于信息系统安全工程师的培训费为5万元,其中有8000元计入A项目成本,该成本属于A项目的_____。

A. 可变成本　　　　　　　　　　　B. 沉没成本

C. 实际成本AC　　　　　　　　　　D. 间接成本

TOP49　项目成本估算

真题分析

【真题1】项目的成本估算要经过识别并分析成本的构成科目、估算每一科目的成本大小、分析成本估算结果三个步骤,在第一个步骤中无法形成的是_____。

A. 低成本的替代方案　　　　　　　B. 会计科目表

C. 项目资源矩阵　　　　　　　　　D. 项目资源数据表

解析:第一步不能直接得到低成本的替代方案,要根据实际情况和条件一直改善。

答案:A

【真题2】在进行成本估算时,将工作的计划数量与单位数量的历史成本相乘得到估算成本的方法称为_____。

A. 自下而上估算法　　　　　　　　B. 类比估算法

C. 参数估算法　　　　　　　　　　D. 质量成本估算法

解析:1. 类比估算法

这是一种在项目成本估算精确度要求不高的情况下使用的项目成本估算方法。这种方法也被称为自上而下法,是一种通过比照已完成的类似项目实际成本,估算出新项目成本的方法。类比估算法通常比其他方法简便易行,费用低,但它的精度也低。有两种情况可以使用这种方法,其一是以前完成的项目与新项目非常相似,其二是项目成本估算专家或小组具有必需的专业技能。

2. 参数估计法

这也称为参数模型法,是利用项目特性参数建立数学模型来估算项目成本的方法。例如,工业项目可以使用项目生产能力作参数,民用住宅项目可以使用每平方米单价等作参数去估算项目的成本。参数估算法很早就开始使用了,如赖特1936年在航空科学报刊中提出了基本参数的统计评估方法后,又针对批量生产飞机提出了专用的参数估计法的成本估算公式。

3. 工料清单法

工料清单法也称自下而上法,这种方法首先要给出项目所需的工料清单,然后再对工料清单中各项物料和作业的成本进行估算,最后向上滚动加总得到项目总成本。这种方法通常十分详细且耗时,但是估算精度较高,它可对每个工作包进行详细分析并估算其成本,然后统计得出整个项目的成本。

4. 软件工具法

这是一种运用现有的计算机成本估算软件去确定项目成本的方法。项目管理技术的发展和计算机技术的发展是密不可分的,计算机的出现和运算速度的迅猛提升使得使用计算机估算项目成本变得可行以后,涌现出了大量的项目成本估算软件。

答案:C

【真题3】自下而上估算方法是指估算单个工作包或细节详细活动的成本,然后简写详细的成本汇总到更高层级估算的方法,下面关于该方法的描述中,_____是错误的。

A. 其精确性取决于估算对象的规模和复杂程度

B. 便于报告和跟踪

C. 适于对项目情况了解较少时采用

D. 该估算方法的准确性通常高于其他估算方法

解析:自下而上估算技术是指估算单个工作包或细节最详细的活动的成本,然后将这些详细成本汇总到更高层级,以便用于报告和跟踪目的。自下而上估算方法的成本,其准确性取决于单个活动或工作包的规模和复杂程度。一般地说,需要投入量较小的活动,其活动成本估算的准确性较高。

答案:C

【真题4】某项目经理在进行成本估算时采用_____方法,制定出如下的人力资源成本估算表。

A. 类比估算　　　　B. 自下而上的估算　　C. 参数估算　　　　D. 成本汇总

姓　　名	技　能	费率(元/小时)	工作量(工时)	差旅成本	人力资源
张三凤	管理,系统分析	37.50	100	250	4000
李立华	系统分析	37.50	100	100	3850
王　锋	硬件设计	32	50	0	1600
刘丽芳	系统分析,写作	30.00	80	0	2400

解析:很明显,是选项C"参数估算"。

答案:C

📖 题型点睛

1. 输入、工具与技术及输出

(1) 输入:事业环境因素;组织过程资产;项目范围说明书;工作分解结构;工作分解结构词汇表;项目管理计划。

(2) 工具与技术:类比估算;确定资源费率;自下而上估算;参数估算;项目管理软件;供应商投标分析;准备金分析;质量成本。

(3) 输出:活动成本估算;活动成本估算的支持性细节;请求的变更;成本管理计划(更新)。

2. 项目成本估算的主要步骤

(1) 识别并分析成本的构成科目。

(2) 根据已识别的项目成本构成科目,估算每一科目的成本大小。

(3) 分析成本估算结果,找出各种可以相互替代的成本,协调各种成本之间的比例关系。

3. 成本估算的工具和技术

1) 自下而上估算

这种技术是指估算单个工作包或细节最详细的活动的成本,然后将这些详细成本汇总到更高层级,以便用于报告和跟踪目的。

2) 准备金分析

很多成本估算师习惯于在活动成本估算中加入准备金或应急储备。但这存在一个内在问题,即有可能会夸大活动的估算成本。应急储备是由项目经理自由使用的估算成本,用来处理预期但不确定的事件。这些事件称为"已知的未知事件",是项目范围和成本基准的一部分。

即学即练

【试题1】如果项目受资源限制,往往需要项目经理进行资源平衡。但当_____时,不宜进行资源平衡。

    A. 项目在时间上有一定的灵活性

    B. 项目团队成员一专多能

    C 项目在成本上有一定的灵活性

    D. 项目团队处理应急风险

TOP50 项目成本预算

真题分析

【真题1】在完成项目估算后,要制定项目的成本预算,其基本流程是:①将项目总成本分摊到各个工作包;②_____;③确定各项成本再分配的时间;④确定项目成本预算计划。

    A. 将工作包成本再分解到相关活动上

    B. 进行准备金分析并分解到相关活动上

    C. 进行挣值分析和绩效预估

    D. 提出项目资金需求

解析:制定项目成本预算所经过的步骤如下:

(1) 将项目总成本分摊到项目工作分解结构的各个工作包。分解按照自顶向下,根据占用资源数量多少而设置不同的分解权重。

(2) 将各个工作包成本再分配到该工作包所包含的各项活动上。

(3) 确定各项成本预算支出的时间计划及项目成本预算计划。

答案:A

【真题2】以下各项中,不能作为项目成本预算工具或技术的是_____。

    A. 参数估算   B. 资金限制平衡   C. 挣值分析   D. 准备金分析

解析:项目成本预算的工具与技术有:

(1) 成本汇总。对计划活动的成本估算,根据WBS汇总到工作包,然后工作包的成本估算汇总到WBS中的更高一级,最终形成整个项目的预算。

(2) 准备金分析。通过准备金分析形成应急准备金(如管理储备金),该准备金用于应对还未计划但有可能需要的变更。风险登记册中确定的风险可能会导致这种变更。

(3) 参数估算。参数估算技术是指在一个数学模型中使用项目特性(参数)来预测总体项目成本。

(4) 资金限制平衡。对项目实施组织的运行而言,不希望资金的阶段性支出经常发生大的起伏。

答案:C

【真题3】项目经理创建了某软件开发项目的WBS工作包,其中一个工作包举例如下:130(注:工作包编号,下同)需求阶段;131需求调研;132需求分析;133需求定义。通过成本估算,131预计花费3万元;132 预计花费 2 万元;133 预计花费 2.5 万元。根据各工作包的成本估算,采用_____方法,能最终形成整个项目的预算。

A. 资金限制平衡　　B. 准备金分析　　C. 成本参数估算　　D. 成本汇总

解析:成本预算是指将单个活动或工作包的估算成本汇总,以确立衡量项目绩效情况的总体成本基准。

本题目中创建了 WBS 工作包,并给出了某工作包的估算结果,得到各工作包估算数据后,需要将这些详细成本汇总到更高层级,以最终形成整个项目的总体预算。

答案:D

【真题4】根据以下布线计划及完成进度表,在 2010 年 6 月 2 日完工后对工程进度和费用进行预测,按此进度,完成尚需估算(ETC)为_____。

	计划开始时间	计划结束时间	计划费用	实际开始时间	实际结束时间	实际完成费用
1 号区域	2010 年 6 月 1 日	2010 年 6 月 1 日	10000 元	2010 年 6 月 1 日	2010 年 6 月 2 日	18000 元
2 号区域	2010 年 6 月 2 日	2010 年 6 月 2 日	10000 元			
3 号区域	2010 年 6 月 3 日	2010 年 6 月 3 日	10000 元			

A. 18000 元　　　　B. 36000 元　　　　C. 20000 元　　　　D. 54000 元

解析:ETC＝（BAC－EV）/CPI

＝（BAC－EV)/(EV/AC)

＝（10000＋10000＋10000－10000)/(10000/18000)

＝36000

答案:B

📖 题型点睛

1. 输入、工具与技术及输出。

(1) 输入:项目范围说明书;工作分解结构;工作分解结构词汇表;活动成本估算;活动成本估算支持性细节;项目进度计划;资源日历;合同;成本管理计划。

(2) 工具与技术:成本汇总;准备金分析;参数估算;资金限制平衡。

(3) 输出:成本基准;项目资金需求;成本管理计划(更新);请求的变更。

2. 项目成本预算的特征:计划性、约束性、控制性。

3. 项目成本预算的工具与技术有:

(1) 成本汇总。对计划活动的成本估算,根据 WBS 汇总到工作包,然后工作包的成本估算汇总到 WBS 中的更高一级,最终形成整个项目的预算。

(2) 准备金分析。通过准备金分析形成应急准备金(如管理储备金),该准备金用于应对还未计划但有可能需要的变更。风险登记册中确定的风险可能会导致这种变更。

(3) 参数估算。参数估算技术是指在一个数学模型中使用项目特性(参数)来预测总体项目成本。

(4) 资金限制平衡。对项目实施组织的运行而言,不希望资金的阶段性支出经常发生大的起伏。

✍ 即学即练

【试题1】制定项目计划时,首先应关注的是项目_____。

A. 范围说明书　　　B. 工作分解结构　　　C. 风险管理计划　　　D. 质量计划

TOP51 项目成本控制

真题分析

【真题1】项目成本控制是指_____。

A. 对成本费用的趋势及可能达到的水平所做的分析和推断

B. 预先规定计划期内项目施工的耗费和成本要达到的水平

C. 确定各个成本项目内比预计要达到的降低额和降低率

D. 在项目施工过程中,对形成成本的要素进行监督、调节和控制

解析:项目成本控制工作是一项综合管理工作。在项目实施过程中尽量使项目实际发生的成本控制在项目预算范围之内的一项项目管理工作。项目成本控制涉及对于各种能够引起项目成本变化因素的控制(事前控制)、项目实施过程的成本控制(事中控制)和项目实际成本变动的控制(事后控制)三个方面。企业内部控制,是指企业为了保证业务活动的有效进行和资产的安全与完整,发现和纠正错误与舞弊,保证会计资料的真实、合法、完整,从而制定和实施的政策、措施及程序。

答案:D

【真题2】某项目计划成本为400万元,计划工期为4年,项目进行到两年时,监理发现预算成本为200万元,实际成本为100万元,净值为50万元,则项目成本偏差为_____万元,项目进度偏差为_____万元。

A. 150   B. −50   C. −150   D. 50

解析:

已完工作预算费用−已完工作实际费用＝费用偏差

已完工作预算费用−计划工作预算费用＝进度偏差

答案:B   C

【真题3】某项目计划安排为:2014年4月30日完成1000万元的投资任务。在当期进行项目绩效时评估结果为:完成计划投资额的90%,而CPI为50%,这时的项目实际花费为_____万元。

A. 450   B. 900   C. 1800   D. 2000

解析:完成计划投资额的90%,所以EV＝900万元

CPI＝EV/AC,所以AC＝1800万元

答案:C

【真题2】在某一时刻,项目CPI为1.05,这表示_____。

A. 项目100元的成本创造了105元的价值

B. 项目100元的成本创造了100元的价值

C. 项目进度提前了5%

D. 项目进度落后了5%

解析:成本执行(绩效)指数(Cost Performance Index,CPI)等于EV和AC的比值。CPI是最常用的成本效率指标。挣值(Earned Value,EV)是在既定的时间段内实际完工工作的预算成本。实际成本(Actual cost,AC)是在既定的时间段内实际完成工作发生的实际总成本。CPI值若小于1则表示实际成本超出预算,CPI值若大于1则表示实际成本低于预算。CPI为1.05表示实际成本低于预算,是项目成本绩效良好的表现,项目100元的成本创造了105元的价值。

答案:A

【真题4】在各种绩效报告工具或技巧中,通过_____方法可综合范围、成本(或资源)和进度信息作为关键因素。

A. 绩效评审   B. 趋势分析   C. 偏差分析   D. 挣值分析

解析：参考教材的项目绩效审核有，绩效审查是指比较一定时间阶段的成本执行（绩效）、计划活动或工作包超支和低于预算（计划值）的情况、应完成里程碑、已完成里程碑等。绩效审查是举行会议来评估计划活动、工作包或成本账目状态和绩效。它一般和下列一种或多种绩效汇报技术结合使用：

（1）偏差分析。偏差分析是指将项目实际绩效与计划或期望绩效进行比较。成本和进度偏差是最常见的分析领域，但项目范围、资源、质量和风险的实际绩效与计划的偏差也具有相同或更大的重要性。

（2）趋势分析。趋势分析是指检查一定阶段的项目绩效，以确定绩效是否改进或恶化。

（3）挣值分析。挣值技术将计划绩效和实际绩效进行比较。

答案：D

【真题5】项目管理计划应整合其他规划过程的所有子计划和基准，一经确定即成为项目的基准。在项目管理中通常将_____合并为一个绩效测量基准，这些基准可应用于挣值测量从而判断项目的整体绩效。

A. 范围基准、成本基准、进度基准
B. 质量基准、成本基准、范围基准
C. 质量基准、进度基准、范围基准
D. 质量基准、进度基准、成本基准

解析：挣值技术表现形式各异，是一种通用的绩效测量方法。它将项目范围、成本（或资源）、进度整合在一起，帮助项目管理团队评估项目绩效。

答案：A

【真题6】某信息系统集成项目采用挣值分析技术进行成本控制，假设当前状态数据如下表所示，则该项目的 CPI、EAC、当前项目的状态分别是_____。

	预　算	完成百分比	AC
活动1	800	100%	700
活动2	10000	90%	10000
活动3	20000	60%	16000

A. 0.82,37676 元，进度滞后且成本超支
B. 0.8,12500 元，进度提前且成本超支
C. 1.25,12500 元，进度滞后且成本低于预算
D. 1.25,12500 元，进度提前且成本低于预掉

解析：$EV=21800$，$PV=30800$，$AC=26700$

$CPI=0.82$，成本超支。

$SPI=0.71$，进度滞后。

此时，$PV=BAC$，$EAC=AC+ETC=(BAC-EV)/CPI=37676$

答案：A

【真题7】项目经理王某对其负责的系统集成项目进行了成本估算和进度安排，根据团队成员的情况分配了任务，并制定出计划执行预算成本的基准。由于公司高层领导非常重视该项目，特地调配了几名更有经验（薪水更高）的技术骨干参与项目，这种变化对项目绩效造成的最可能影响是_____。

A. 正的成本偏差 CV，正的进度偏差 SV
B. 负的成本偏差 CV，正的进度偏差 SV
C. 正的成本偏差 CV，负的进度偏差 SV
D. 负的成本偏差 CV，负的进度偏差 SV

解析：对项目绩效造成的最可能影响是选项 B。原因是几名更有经验（薪水更高）的技术骨干可能有成本超支的风险，但也有进度提前的收益。

答案:B

【真题8】某信息化施工项目一共要进行 30 天,预算总成本 60 万元,其中 5 万元为管理成本,40 万元为物料使用费,其余为人工成本。按照管理计划,每 5 天进行一次挣值分析以评价项目绩效。在第 5 天绩效评价时计算得到 CPI(绩效评价指数)为 0.95,则说明在前 5 天的施工中,实际成本①预算成本;如果要使下一次绩效评价时 CPI 为 1,且人工、物料使用成本不能改变,以免影响施工质量,则在这两次绩效评价间,每天平均可花费的管理成本为②元。上述①和②依次序应该填写_____(假设所有成本按照天数平均分配,工程进度不存在延时或提前情况)。

    A. ①低于　　　②614 元

    B. ①高于　　　②614 元

    C. ①低于　　　②1052 元

    D. ①高于　　　②1052 元

解析:CPI=0.95,则说明在前 5 天的施工中,实际成本高于预算成本。因假设所有成本按照天数平均分配,工程进度不存在延时或提前情况,所以 SPI=1。即 EV=PV,

	每天计划值(万元)	前 5 天计划值 PV(万元)
总成本	2	10
管理成本	0.1667	0.8333

    前 5 天的 AC = EV/CPI = PV/CPI = 10/0.95 = 10.5263

    因下一次要 CPI=1,后 5 天的 AC 理应 = 20−10.53 = 9.4737

    后 5 天的管理费理应 = 9.47−5×(60−5)/30 = 0.3070

    后 5 天每天的管理费 = 0.3070 万元/5 = 614 元

答案:B

【真题9】甲公司生产急需 5000 个零件,承包给乙工厂进行加工,每个零件的加工费预算为 20 元,计划 2 周(每周工作 5 天)完成。甲公司负责人在开工后第 9 天早上到乙工厂检查进度,发现已完成加工 3600 个零件,支付款项 81000 元。经计算,_____。

    A. 该项目的费用偏差为−18000 元

    B. 该项目的进度偏差为−18000 元

    C. 该项目的 CPI 为 0.80

    D. 该项目的 SPI 为 0.90

解析:本题给定了总预算为 20×5000 元,总工期是 10 个工作日。要求运用挣值分析法,计算累计到第 8 个工作日的费用偏差、进度偏差、成本绩效指数、进度绩效指数情况。

    费用偏差 CV=EV−AC=3600×20−81000= −9000

    进度偏差 SV=EV−PV=3600×20−5000×20×8/10= −8000

    CPI=EV/AC=3600×20/81000=0.9

    SPI=EV/PV=3600×20/(5000×20×8/10)=0.9

答案:D

【真题10】项目进行到某阶段时,项目经理进行了绩效分析,计算出 CPI 值为 0.91。这表示_____。

    A. 项目的每 91 元人民币投资中可创造相当于 100 元的价值

    B. 当项目完成时将会花费投资额的 91%

    C. 项目仅进展到计划进度的 91%

    D. 项目的每 100 元人民币投资中只创造相当于 91 元的价值

解析:成本执行(绩效)指数(Cost Performance Index,CPI)等于挣值(Earned Value,EV)和实际成

本(Actual Cost, AC)的比值。CPI 是最常用的成本效率指标。计算公式为：

$$CPI = EV/AC$$

CPI 是既定的时间段内实际完工工作的预算成本(EV)与既定的时间段内实际完成工作发生的实际总成本(AC)的比值。CPI 值若小于 1 则表示实际成本超出预算，CPI 值若大于 1 则表示实际成本低于预算。

根据 CPI 的定义，项目经理进行了绩效分析，计算出 CPI 值为 0.91，表示项目的每 100 元人民币投资中可创造相当于 91 元的价值。

答案：D

【真题 11】下图是一项布线工程计划和实际完成的示意图，2009 年 3 月 23 日的 PV、EV、AC 分别是_____。

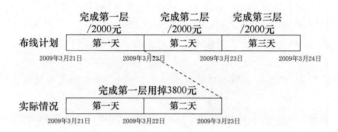

A. PV＝4000 元、EV＝2000 元、AC＝3800 元
B. PV＝4000 元、EV＝3800 元、AC＝2000 元
C. PV＝3800 元、EV＝4000 元、AC＝2000 元
D. PV＝3800 元、EV＝3800 元、AC＝2000 元

解析：到 2009 年 3 月 23 日早上 8:30 上班前：应该完成的预算 PV＝2000＋2000＝4000 元

净值 EV＝2000 元

实际成本 AC＝3800 元

该题的选项是"PV＝4000 元、EV＝2000 元、AC＝3800 元"。

答案：A

题型点睛

1. 项目成本控制包括如下内容：

①对造成成本基准变更的因素施加影响；②确保变更请求获得同意；③当变更发生时，管理这些实际的变更；④保证潜在的成本超支不超过授权的项目阶段资金和总体资金；⑤监督成本执行(绩效)，找出与成本基准的偏差；⑥准确记录所有的与成本基准的偏差；⑦防止错误的、不恰当的或未批准的变更被纳入成本或资源使用报告中；⑧就审定的变更，通知项目干系人；⑨采取措施，将预期的成本超支控制在可接受的范围内。

2. 挣值：挣值技术是将已完成工作的预算成本(挣值)，按原先分配的预算值进行累加获得的累加值与计划工作的预算成本(计划值)和已完成工作的实际成本(实际值)进行比较。

挣值技术利用项目管理计划中的成本基准来评估项目绩效和发生的任何偏差的量级。挣值技术需要为每项计划活动、工作包或控制账目确定这些重要数值，即：

(1) 计划值(Planned Value, PV)。PV 是到既定的时间点前计划完成活动或 WBS 组件工作的预算成本。

(2) 挣值(Earned Value, EV)。EV 是在既定的时间段内实际完工工作的预算成本。

（3）实际成本（Actual cost，AC）。AC 是在既定的时间段内实际完成工作发生的实际总成本。AC 在定义和内容范围方面必须与 PV 和 EV 相对应（如仅包含直接小时，仅包含直接成本，或包括间接成本在内的全部成本）。

（4）完成尚需估算（Estimate Completian，ETC）和完成时估算。有关此点，将在下面介绍的预测技术中描述。

综合使用 PV、EV、AC 值能够衡量在某一给定时间点是否按原计划完成了工作。最常用的测量指标是成本偏差（CV）和进度偏差（SV）。由于已完成工作量的增加，CV 和 SV 的偏差值随着项目接近完工而趋向减少。可在成本管理计划中预先设定随项目朝完工方向不断减少的可接受偏差值。

（1）成本偏差（Cost Variance，CV）。$CV = EV - AC$。

（2）进度偏差（Schedule Variance，SV）。$SV = EV - PV$。

CV 和 SV 能够转化为反映任何项目成本和进度执行（绩效）的效率指标。

（1）成本执行（绩效）指数（Cost Performance Index，CPI）。CPI 等于 EV 和 AC 的比值。CPI 是最常用的成本效率指标。CPI 值若小于 1 则表示实际成本超出预算，CPI 值若大于 1 则表示实际成本低于预算。

（2）累加 CPI（CPIC）。广泛用来预测项目完工成本。CPIC 等于阶段挣值的总和（EVC）除单项实际成本的总和（ACC）。

（3）进度执行（绩效）指标（Schedule Performance Index，SPI）。除进度状态外，SPI 还预测完工日期。有时和 CPI 结合使用来预测项目完工估算。SPI 等于 EV 和 PV 的比值。SPI 值若小于 1 则表示实际进度落后于计划进度，SPI 值若大于 1 则表示实际进度提前于计划进度。

3. 预测技术是指在预测当时的时间点根据已知的信息和知识，对项目将来的状况做出估算和预测。预测技术帮助评估完成计划活动的工作量或工作费用，即 EAC。预测技术可帮助决定 ETC，它是完成一个计划活动、工作包或控制账目中的剩余工作所需的估算。ETC 预测技术是：基于新估算计算 ETC。

另外，也可通过挣值数据来计算 ETC。

（1）基于非典型的偏差计算 ETC。

如果当前的偏差被看作是非典型的，并且项目团队预期在以后将不会发生这种类似偏差时，这种方法被经常使用。ETC 等于 BAC 减去截至目前的累加挣值（EVC）。

（2）基于典型的偏差计算 ETC。

如果当前的偏差被看作是可代表未来偏差的典型偏差时，这种方法被经常使用。ETC 等于 BAC 减去累加 EVC 后除以累加成本执行（绩效）指数（CPIC）。

两个常用的使用挣值计算 EAC 的预测技术是下述两种技术或其某种变形。

（1）使用剩余预算计算 EAC。

EAC 等于 ACC 加上完成剩余工作所需的预算，而完成剩余工作所需的预算等于完成时预算减去挣值。如果当前的偏差被看作是非典型的，并且项目团队预期在以后将不会发生这种类似的偏差时，这种方法被经常使用。

（2）使用 CPIC 计算 EAC。

EAC 等于截至目前的实际成本（ACC）加上完成剩余项目工作所需的预算。完成剩余项目工作所需的预算等于 BAC 减去 EV 后再由绩效系数修正（一般是 CPIC）。

即学即练

【试题 1】在项目实施中间的某次周例会上，项目经理小王用下表向大家通报了目前的进度。根据这个表格，目前项目的进度_____。

活　动	计 划 值	完成百分比	实际成本
基础设计	20000 元	90％	10000 元
详细设计	50000 元	90％	60000 元
测试	30000 元	100％	40000 元

A. 提前于计划 7％　　　　　　　　　B. 落后于计划 18％

C. 落后于计划 7％　　　　　　　　　D. 落后于计划 7.5％

【试题 2】如果挣值 EV 是 300 万元,实际成本 AC 是 350 万元,计划值 PV 是 375 万元。进度执行指数显示_____。

A. 仅以原始计划速率的 86％进行项目

B. 正在以原始计划速率的 93％进行项目

C. 正在以原始计划速率的 107％进行项目

D. 仅以原始计划速率的 80％进行项目

【试题 3】项目管理计划应整合其他规划过程的所有子计划和基准,一经确定即成为项目的基准。在项目管理中通常将_____合并为一个绩效测量基准,这些基准可应用于挣值测量从而判断项目的整体绩效。

A. 范围基准、成本基准、进度基准

B. 质量基准、成本基准、范围基准

C. 质量基准、进度基准、范围基准

D. 质量基准、进度基准、成本基准

【试题 4】挣值管理是一种综合了范围、时间、成本绩效测量的方法,通过与计划完成的工作量、实际挣得的收益、实际的成本进行比较,可以确定成本进度是否按计划执行。下图中标号所标识的区域依次应填写_____。

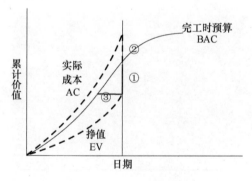

A. ①进度落后　　　　②成本差 CV　　　　③进度差 SV

B. ①成本差 CV　　　　②进度差 SV　　　　③进度落后时间

C. ①进度差 SV　　　　②成本差 CV　　　　③进度落后时间

D. ①进度落后　　　　②进度差 SV　　　　③成本差 CV

本章即学即练答案

序号	答案	序号	答案
TOP48	【试题 1】答案：A 【试题 2】答案：B 【试题 3】答案：D 【试题 4】答案：D	TOP49	【试题 1】答案：D
TOP50	【试题 1】答案：A	TOP51	【试题 1】答案：C 【试题 2】答案：D 【试题 3】答案：A 【试题 4】答案：C

第10章　项目管理一般知识

TOP52　质量管理基础

真题分析

【真题1】质量管理体系文件包括质量手册、程序文件和_____。

A. 质量计划　　　　　B. 质量目标　　　　　C. 质量方针　　　　　D. 质量记录

解析：质量管理体系文件一般由以下内容构成：质量手册；质量管理标准所要求的各种生产、工作和管理的程序性文件；质量管理标准所要求的质量记录。质量方针和质量目标是质量手册所要阐明的内容。

答案：D

【真题2】Plan Quality is the process of identifying quality requirements and standards for the project and product，and documenting how the project will demonstrate compliance. _____ is a method that analyze all the costs incurred over the life of the product by investment in preventing nonconformance to requirements，appraising the product or service for conformance to requirement，and failing to meet requirements.

A. Cost-Benefit analysis　　　　　　B. Control charts

C. Quality function deployment　　　D. Cost of quality analysis

解析：质量分析成本(Cost of quality analysis)是对产品或服务进行需求一致性分析所产生的成本；成本效益分析(Cost-Benefit analysis)是通过比较项目的全部成本和效益来评估项目价值的一种方法；控制图(Control charts)是项目质量控制方法；质量功能展开(Quality function deployment)是把顾客或市场的要求转化为设计要求、零部件特性、工艺要求、生产要求的多层次演绎分析方法。

答案：D

题型点睛

1. 质量管理三大过程：编制质量计划、质量保证、质量控制。

2. 质量管理的相关理论包括：①以实用为核心的多元要求；②系统工程；③职工参与管理；④管理层和第一把手重视；⑤顾客满意度；⑥预防胜于检查；⑦ISO 9000：9000（基础知识和术语）、9001（质量管理体系要求）、9004（有效性和效率指南）、19011（审核质量和环境管理体系指南）；⑧全面质量管理（TQM）：全员参加、全过程、全面方法、全面结果；⑨六西格玛：意为6倍标准差，表示百万个产品中有3～4个有缺陷。六西格玛的优越之处在于从项目实施过程中改进和保证质量，而不是从结果中检验控制质量。这样做不仅减少了检控质量的步骤，而且避免了由此带来的返工成本；⑩戴明理论；⑪朱兰理论；⑫克鲁斯比理论：质量的定义即符合预先的要求，质量源于预防，质量的执行标准是零缺陷。

3. CMMI是软件能力成熟度模型，该模型包含了从产品需求提出、设计、开发、编码、测试、交付运行到产品退役的整个生命周期中各个过程的各项基本要素，是过程改进的有机汇集，旨在为各类组织包括软件企业、系统集成企业等改进其过程和提高其对产品或服务的开发、采购以及维护的能力提供指导。它的过程改进目标为,第一个是保证产品或服务质量,第二个是项目时间控制,第三个是用最低的成本。

即学即练

【试题1】CMMI 所追求的过程改进目标不包括_____。
A. 保证产品或服务质量
B. 项目时间控制
C. 所有过程都必须文档化
D. 项目成本最低

TOP53 制订项目质量计划

真题分析

【真题1】在制定项目质量计划中,_____运用统计方法帮助项目确定影响特定变量的因素,经常用于项目产品的分析。
A. 基准比较
B. 质量成本分析
C. 流程图
D. 实验设计

解析:实验设计是一种统计方法,它帮助确定影响特定变量的因素。此项技术最常用于项目产品的分析,例如,计算机芯片设计者可能想确定材料与设备如何组合,才能以合理的成本生产最可靠的芯片。

然而,实验设计也能用于诸如成本与进度权衡的项目管理问题。例如,高级程序员的成本要比初级程序员高得多,但可以预期他们在较短时间内完成指派的工作。恰当地设计"实验"(高级程序员与初级程序员的不同组合计算项目成本与历时)往往可以从为数有限的方案中确定最优的解决方案。

答案:D

【真题2】在项目管理中经常需要在成本与进度之间做出权衡,尽管聘用高级程序员的花费要比初级程序员高得多,却可以获得更高的生产效率。如果项目经理在编制项目质量计划时,希望确定聘用高级程序员和初级程序员的最佳人数比例,同时还要明确质量标准以及达到标准的最佳方法,最适合采用的方是_____。
A. 基准比较
B. 效益—成本分析
C. 实验设计
D. 质量成本分析

解析:实验设计是一种统计方法,可以帮助确定影响特定变量的因素。此项技术最常用于项目产品的分析,例如,计算机芯片设计者可能想确定材料与设备如何组合,才能以合理的成本生产最可靠的芯片。

然而,实验设计也能用于诸如成本与进度权衡的项目管理问题。例如,高级程序员的成本要比初级程序员高得多,但可以预期他们在较短时间内完成指派的工作。恰当地设计"实验"(高级程序员与初级程序员的不同组合计算项目成本与历时)往往可以从为数有限的方案中确定最优的解决方案。

答案:C

【真题3】项目经理在进行项目质量规划时应设计出符合项目要求的质量管理流程和标准,由此而产生的质量成本属于_____。
A. 纠错成本
B. 预防成本
C. 评估成本
D. 缺陷成本

解析:纠错成本是为消除已发现的不合格所采取的措施而发生的成本。与预防成本的区别是不合格是否发生,故也可称为缺陷成本。

评估成本是指为使工作符合要求目标而进行检查和检验评估所付出的成本。

预防成本是指那些为保证产品符合需求条件,无产品缺陷而付出的成本,是采取预防措施防止不合格产品发生而产生的成本。项目经理在进行项目质量规划时应设计出符合项目要求的质量管理流程和标准，其目标就是制定措施，防止不合格的发生，由此而产生的质量成本属于预防成本。

答案：B

🐲 题型点睛

制订项目质量计划所采用的主要方法、技术和工具：

（1）效益—成本分析：项目质量计划过程必须权衡考虑效益—成本的利弊。满足质量要求最主要的好处就是减少返工，这意味着提高生产率、降低成本和增加项目干系人的满意度。为满足质量要求所付出的主要成本是指用于开展项目质量管理活动的开支。质量管理的原则就是收益胜过成本。

（2）基准比较：基准比较是指将项目的实际做法或计划做法与其他项目的实践相比较，从而产生改进的思路并提出度量绩效的标准。

（3）流程图：流程图是指任何显示与某系统相关的各要素之间相互关系的示意图。流程图是流经一个系统的信息流、观点流或部件流的图形代表。

（4）实验设计：实验设计是一种统计方法，可以帮助确定影响特定变量的因素。此项技术最常用于项目产品的分析。

（5）质量成本分析：质量成本是指为了达到产品的质量要求所付出的全部努力的总成本，既包括为确保符合质量要求所做的全部工作（如质量培训、研究和调查等），也包括因不符合质量要求所引起的全部工作（如返工、废物、过度库存、担保费用等）。质量成本分为预防成本、评估成本和缺陷成本。

（6）质量功能展开：质量功能展开（Quality Function Deployment，QFD）就是将项目的质量要求、客户意见转化成项目技术要求的专业方法。这种方法在工程领域得到广泛应用，它从客户对项目交付结果的质量要求出发，先识别出客户在功能方面的要求，然后把功能要求与产品或服务的特性对应起来，根据功能要求与产品特性的关系矩阵，以及产品特性之间的相关关系矩阵，进一步确定出项目产品或服务的技术参数。技术参数一经确定，项目小组就很容易有针对性地提供满足客户需求的产品或服务。QFD 矩阵主要是用来确定项目质量要求的，形状看起来像房子，又称质量屋（quality house）。

（7）过程决策程序图法：过程决策程序图法（Process Decision Program Chart，PDPC）的主要思想是，在制订计划时对实现既定目标的过程加以全面分析，估计到各种可能出现的障碍及结果，设想并制订相应的应变措施和应变计划，保持计划的灵活性；在计划执行过程中，当出现不利情况时，就立即采取原先设计的措施，随时修正方案，从而使计划仍能有条不紊地进行，以达到预定的目标；当出现了没有预计到的情况时随机应变，采取灵活的对策予以解决。

✍ 即学即练

【试题 1】_____ is one of the quality planning outputs.

A. Scope base line   B. Cost of quality

C. Product specification   D. Quality checklist

【试题 2】某项目经理在制订项目质量计划时，从客户对项目交付物的质量要求出发，先识别客户在功能方面的要求，然后把功能要求与产品的特性对应起来，形成功能要求与产品特性的关系矩阵，进而确定产品的技术参数。他采用的方法是_____。

A. 质量成本分析   B. 效益—成本分析

C. 质量功能展开   D. 过程决策程序图法

TOP54 项目质量保证

真题分析

【真题1】质量保证部门最近对某项目进行了质量审计,给出了一些建议和规定,一项建议看来关键应该采纳执行。因为它将影响到这个项目是成功地交给客户。如果建议不被执行,产品就不能满足需要。该项目的项目经理下一步应该_____。

A. 开一个项目团队会议,以确定谁对这个问题负责
B. 重新分配任务并且发现对这个错误负有责任的队员
C. 立即进行产品的返工
D. 发布一项变更申请以采取必要的纠正措施

解析: 通过质量审计获取的信息可以用于改善质量系统和业绩水平。在大多数情况下,实施质量改善工作需要先准备变更要求。因此,选项D是正确的。

答案: D

【真题2】某系统集成公司制定了一系列完备的质量管理制度,其中一项是要求每个项目在各个阶段的最后都必须进行质量审计。这种审计活动是_____过程的一部分工作。

A. 质量保证   B. 质量成本   C. 质量控制   D. 质量计划

解析: 质量计划是质量管理的一部分,致力于制定质量目标,并规定必要的运行过程和相关资源以实现项目质量目标。

质量控制就是项目团队的管理人员采取有效措施,监督项目的具体实施结果,判断它们是否符合项目有关的质量标准,并消除产生不良结果原因的途径。

质量成本是指为满足质量要求所付出的主要成本。

质量保证是通过对质量计划的系统实施,确保项目需要的相关过程达到预期要求的质量活动。

答案: A

【真题3】关于项目质量审计的叙述中,_____是不正确的。

A. 质量审计是对其他质量管理活动的结构化和独立的评审方法
B. 质量审计可以内部完成,也可以委托第三方完成
C. 质量审计应该是预先计划的,不应该是随机的
D. 质量审计用于判断项目活动是否遵从于项目定义的过程

解析: 质量审计是对其他质量管理活动的结构化和独立的评审方法,用于判断项目活动的执行是否遵从于组织及项目定义的方针、过程和规程。质量审计的目标是:识别在项目中使用的低效率以及无效果的政策、过程和规程。后续对质量审计结果采取纠正措施的努力,将会达到降低质量成本和提高客户或(组织内的)发起人对产品和服务的满意度的目的。质量审计可以是预先计划的,也可以是随机的;可以是组织内部完成,也可以委托第三方(外部)组织来完成。质量审计还确认批准过的变更请求、纠正措施、缺陷修订以及预防措施的执行情况。故选项A、B和D都是正确的。

答案: C

【真题4】_____ is the application of planned, systematic quality activities to ensure that the project will employ all processes needed to meet requirements.

A. Quality assurance(QA)   B. Quality planning
C. Quality control(QC)   D. Quality costs

解析: 质量计划是质量管理的一部分,致力于制定质量目标,并规定必要的运行过程和相关资源以实现项目质量目标。

质量控制就是项目团队的管理人员采取有效措施,监督项目的具体实施结果,判断它们是否符合

项目有关的质量标准,并消除产生不良结果原因的途径。

质量成本是指为满足质量要求所付出的主要成本。

质量保证是通过对质量计划的系统实施,确保项目需要的相关过程达到预期要求的质量活动。选项 A 是质量保证(QA),选项 B 是质量计划,选项 C 是质量控制(QC),选项 D 是质量成本。

答案:A

题型点睛

1. 项目管理过程的质量保证活动的基本内容如下:

(1) 制定质量标准。

(2) 制定质量控制流程。

(3) 提出质量保证所采用的方法和技术。

① 制定质量保证规划。

② 质量检验。

③ 确定保证范围和等级。

④ 质量活动分解。

(4) 建立质量保证体系。

2. 项目质量保证的工具、技术和方法。

(1) 过程分析依据过程改进计划的指导,识别从组织和技术角度需要的改进措施。

(2) 质量审计是对其他质量管理活动的结构化和独立的评审方法,用于判断项目活动的执行是否遵从于组织及项目定义的方针、过程和规程。

3. 质量审计的目标是:识别在项目中使用的低效率以及无效果的政策、过程和规程。后续对质量审计结果采取纠正措施的努力,将会达到降低质量成本和提高客户或(组织内的)发起人对产品和服务的满意度的目的。

4. 质量审计可以是预先计划的,也可是随机的;可以是组织内部完成,也可以委托第三方(外部)组织来完成。质量审计还确认批准过的变更请求、纠正措施、缺陷修订以及预防措施的执行情况。

即学即练

【试题1】某系统集成商现正致力于过程改进,打算为过去的项目建立历史档案,现阶段完成该工作的最好方法是_____。

A. 建立项目计划　　　B. 总结经验教训　　　C. 绘制网络图　　　D. 制定项目状态报告

【试题2】_____不是进行项目质量保证采用的方法和技术。

A. 制定质量保证规划　　　　　　B. 质量活动分解

C. 建立质量保证体系　　　　　　D. 统计抽样

TOP55　项目质量控制

真题分析

【真题1】应用 Paretol 图可以_____。

A. 将精力集中到最关键的因素上　　　　B. 量化风险

C. 帮助预测未来的问题　　　　　　　　D. 改进风险管理

解析: 帕累托(Paretol)图又称排列图,是一种柱状图,按事件发生的频率排列而成,它显示由于某种原因引起的缺陷数量或不一致的排列顺序,是找出影响质量的主要因素的方法。帕累托图是直方图,用来确认问题和问题排序。帕累托分析是确认造成系统质量问题的诸多因素中最为重要的几个因素。帕累托分析也被称为 80－20 法则,意思是,80%的问题经常是由于 20%的原因引起的。它将引起缺陷的原因从大到小排列,项目团队应关注造成最多缺陷的原因。

答案: A

【真题 2】 一个项目经理和他的团队正在使用鱼骨图讨论所发现的一个重大质量问题的原因,这属于质量管理中的_____。

A. 质量计划编制　　B. 质量工具　　　　C. 质量保证　　　　D. 质量控制

解析: 鱼骨图是一个非定量的工具,可以帮助我们找出引起问题潜在的根本原因。因此,属于质量管理中的质量工具。

答案: B

【真题 3】 控制图中的控制上限和控制下限标明_____。

A. 客户将要接受的界限　　　　　　　　B. 可能出现的过程的偏差范围

C. 可以接受的过程的偏差范围　　　　　D. 判断项目成败的统计控制点

解析: 控制限值比规范限值的限制力度更强。这样,如果一个数据在控制限值范围之外,但是,也可以仍旧在规范限值范围之内,因此,控制图中的控制上限和控制下限标明可以接受的过程的偏差范围。

答案: C

【真题 4】 某项目质量管理员希望采用一些有助于分析问题发生原因的工具,来帮助项目组对出现的质量问题进行预测并制定应对措施。以下工具中,能够满足其需要的是_____。

A. 控制图　　　　　　B. 流程图　　　　　C. 树状图　　　　　D. 活动网络图

解析: 流程图是流经一个系统的信息流、观点流或部件流的图形代表。在企业中,流程图主要用来说明某一过程。这种过程既可以是生产线上的工艺流程,也可以是完成一项任务必需的管理过程。

流程图是揭示和掌握封闭系统运动状况的有效方式。作为诊断工具,它能够辅助决策制定,让管理者清楚地知道,问题可能出在什么地方,从而确定出可供选择的行动方案。

流程图有时也称为输入/输出图。该图直观地描述一个工作过程的具体步骤。流程图对准确了解事情是如何进行的,以及决定应如何改进过程极有帮助。这一方法可以用于整个企业,以便直观地跟踪和图解企业的运作方式。

答案: B

【真题 5】 下图所示的质量控制工具为_____。

A. 散点图法　　　　　B. 因果图　　　　　　C. 帕累托图　　　　　D. 控制图

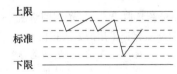

解析: 很明显,该质量控制工具为"D. 控制图"。

答案: D

【真题 6】 在质量管理中可使用下列各图作为管理工具,这 4 种图按顺序号从小到大依次是_____。

A. 相互关系图、控制图、流程图、排列图

B. 网络活动图、因果图、流程图、直方图

C. 网络活动图、因果图、过程决策程序图、直方图

D. 相互关系图、控制图、过程决策程序图、排列图

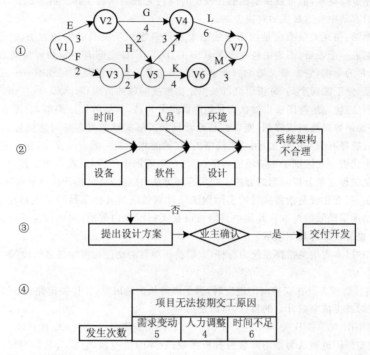

解析: 图①为活动网络图法,又称箭条图法、矢线图法,是网络图在质量管理中的应用。活动网络图法用箭线表示活动,活动之间用节点(称为"事件")连接,表示"结束—开始"关系,可以用虚工作线表示活动间的逻辑关系。每个活动必须用唯一的紧前事件和唯一的紧后事件描述;紧前事件编号要小于紧后事件编号;每一个事件必须有唯一的事件号。它是计划评审法在质量管理中的具体运用,使质量管理的计划安排具有时间进度内容的一种方法。它有利于从全局出发,统筹安排,抓住关键线路,集中力量,按时或提前完成计划。

图②为因果图,又称因果分析图、石川图或鱼刺图。因果图直观地反映了影响项目的各种潜在原因或结果及其构成因素同各种可能出现的问题之间的关系。因果图法是全世界广泛采用的一项技术。该技术首先确定结果(质量问题),然后分析造成这种结果的原因。每个"刺"都代表着可能的差错原因,用于查明质量问题的可能所在和设立相应检验点。它可以帮助项目组事先估计可能会发生哪些质量问题,然后,制定解决这些问题的途径和方法。

图③展示了从设计到开发的流程,该流程图体现了设计评审需经业主确认,业主同意后才能交付开发。

图④是直方图。直方图/柱形图是一种横道图,可反映各变量的分布。每一栏代表一个问题或情况的一个特征或属性。每个栏的高度代表该种特征或属性出现的相对频率。

答案: B

【真题 7】 甲公司最近中标某市应急指挥系统建设,为保证项目质量,项目经理在明确系统功能和性能的过程中,以本省应急指挥系统为标杆,定期将该项目的功能和性能与之比较。这种方法属于_____。

A. 实验设计法　　　　　　　　　B. 相互关系图法
C. 优先矩阵图法　　　　　　　　D. 基准比较法

解析: 实验设计法:实验设计法是一种统计方法,可以帮助确定影响特定变量的因素。此项技术最常用于项目产品的分析,例如,计算机芯片设计者可能想确定材料与设备如何组合,才能以合理的成本生产最可靠的芯片。实验设计也能用于诸如成本与进度权衡的项目管理问题。例如,高级程序员的成本要比初级程序员高得多,但可以预期他们在较短时间内完成指派的工作。恰当地设计"实验"往往可以从为数有限的方案中确定最优的解决方案。

相互关系图法:相互关系图法是指用连线图来表示事物相互关系的一种方法,它也称关系图法。专家们将此绘制成一个表格,图表中各种因素 A、B、C、D、E、F、G 之间有一定的因果关系。其中因素 B 受到因素 A、C、E 的影响,它本身又影响到因素 F,而因素 F 又影响着因素 C 和 G……,这样,找出因素之间的因果关系,便于统观全局,分析研究以及拟定出解决问题的措施和计划。

优先矩阵图法:优先矩阵图法也被认为是矩阵数据分析法,与矩阵图法类似,它能清楚地列出关键数据的格子,将大量数据排列成阵列,能够容易地看到和了解关键数据。将与达到目的最优先考虑的选择或二选一的抉择有关系的数据,用一个简略的、双轴的相互关系图表示出来,相互关系的程度可以用符号或数值来代表。它区别于矩阵图法的是:不是在矩阵图上填符号,而是填数据,形成一个分析数据的矩阵。它是一种定量分析问题的方法。应用这种方法,往往需要借助计算机来求解。

基准比较法:基准比较是指将项目的实际做法或计划做法与其他项目的实践相比较,从而产生改进的思路并提出度量绩效的标准。其他项目既可以是实施组织内部的,也可以是外部的;既可以来自同一应用领域,也可以来自其他领域。

故本题目中"以本省应急指挥系统为标杆,定期将该项目的功能和性能与之比较"的方法应该是 D。

答案:D

【真题8】质量管理人员在安排时间进度时,为了能够从全局出发、抓住关键路径、统筹安排、集中力量,从而达到按时或提前完成计划的目标,可以使用_____。

A. 活动网络图　　　B. 因果图　　　C. 优先矩阵图　　　D. 检查表

解析:优先矩阵图也被认为是矩阵数据分析法,与矩阵图法类似,它能清楚地列出数据的格子,将大量数据排列成阵列,能容易了解和看到它是一种定量分析问题的方法。

因果图是由日本管理大师石川馨先生发明推出的,又名石川图、鱼刺图。它是一种发现问题"根本原因"的方法,原本用于质量管理。

检查表通常用于收集反映事实的数据,便于改进检查表上记录着的可视内容,特点是容易记录数据并能自动分析这些数据。

活动网络图又称箭条图法、矢线图法,是网络图在质量管理中的应用。它是计划评审法在质量管理中的具体运用,使质量管理的计划安排具有时间进度内容的一种方法。可以达到从全局出发、抓住关键路径、统筹安排、集中力量,从而达到按时或提前完成计划的目标。

答案:A

题型点睛

项目质量控制的方法、技术和工具如下:

1)测试。

2)检查。

3)统计抽样。

4)6σ。

5)因果图。

又称石川图或鱼骨图,它说明了各种要素是如何与潜在的问题或结果相关联的。它可以将各种事件和因素之间的关系用图解表示。它是利用"头脑风暴法",集思广益,寻找影响质量、时间、成本等问题的潜在因素,然后用图形的形式来表示的一种方法,它能帮助我们集中注意搜寻产生问题的根源,并为收集数据指出方向。

6)流程图。

用于帮助分析问题发生的缘由。所有过程流程图都具有几项基本要素,即活动、决策点和过程顺序。它表明一个系统的各种要素之间的交互关系。设计审查过程的流程图可协助项目团队预期将在何时、何地发生质量问题，因此有助于应对方法的制定。

7）直方图。

8）检查表。

9）散点图。

散点图显示两个变量之间的关系和规律。

10）排列图。

排列图也被称为帕累托图，是按照发生频率大小顺序绘制的直方图，表示有多少结果是由已确认类型或范畴的原因所造成的。按等级排序的目的是指导如何采取主要纠正措施。项目团队应首先采取措施纠正造成最多数量缺陷的问题。从概念上说，帕累托图与帕累托法则一脉相承，该法则认为：相对来说数量较小的原因往往造成绝大多数的问题或者缺陷。此项法则往往称为二八原理，即 80% 的问题是 20% 的原因所造成的。也可使用帕累托图汇总各种类型的数据，进行二八分析。

11）控制图。

又称管理图、趋势图，它是一种带控制界限的质量管理图表。它是判断项目是否失控的图形。

12）相互关系图。

相互关系图法，是指用连线图来表示事物相互关系的一种方法。它也称关系图法。

13）亲和图。

亲和图也被称为"KJ法"，是日本川喜二郎提出的。KJ法不同于统计方法。统计方法强调一切用数据说话，而 KJ 法则主要用事实说话，靠"灵感"发现新思想、解决新问题。KJ 法认为许多新思想、新理论都往往是灵机一动、突然发现。但应指出，统计方法和 KJ 法的共同点都是从事实出发，重视根据事实考虑问题。

14）树状图。

树状图由方块和箭头构成，形状似树枝，又称系统图、家谱图、组织图等，是系统地分析、探求实现目标的最好手段的方法。在质量管理中，为了达到某种目的，就需要选择和考虑某一种手段；而为了采取这一手段，又需考虑它下一级相应的手段。这样，上一级手段就成为下一级手段的行动目的。如此把要达到的目的和所需要的手段按照系统来展开，按照顺序来分解，做出图形，就能对问题有一个全面的认识。然后，从图形中找出问题的重点，提出实现预定目的最理想的途径。它是系统工程理论在质量管理中的一种具体运用。

15）矩阵图。

矩阵图法，是指借助数学上矩阵的形式，把与问题有对应关系的各个因素列成一个矩阵图；然后，根据矩阵图的特点进行分析，从中确定关键点（或着眼点）的方法。

16）优先矩阵图。

优先矩阵图也被认为是矩阵数据分析法，与矩阵图法类似，它能清楚地列出关键数据的格子，将大量数据排列成阵列，能够容易地看到和了解。与达到目的最优先考虑的选择或二者挑一的抉择有关系的数据，用一个简略的、双轴的相互关系图表示出来，相互关系的程度可以用符号或数值来代表。它区别于矩阵图法的是：不是在矩阵图上填符号，而是填数据，形成一个分析数据的矩阵。它是一种定量分析问题的方法，应用这种方法，往往需要借助计算机来求解。

17）过程决策程序图。

过程决策程序图法（Process Decision Program Chart，PDPC）是在制订达到研制目标的计划阶段，对计划执行过程中可能出现的各种障碍及结果做出预测，并相应地提出多种应变计划的一种方法。

18）活动网络图。

活动网络图法又称箭条图法、矢线图法，是网络图在质量管理中的应用。活动网络图法用箭线表示活动，活动之间用节点（称作"事件"）连接，表示"结束—开始"关系，可以用虚工作线表示活动间逻辑关系。每个活动必须用唯一的紧前事件和唯一的紧后事件描述；紧前事件编号要小于紧后事件编号；

每一个事件必须有唯一的事件号。

即学即练

【试题 1】在质量控制中,排列图是用来_____的。

A. 分析并控制工序质量　　　　　　　　B. 分析影响质量的主要原因

C. 分析质量问题产生的可能原因　　　　D. 分析、掌握质量分布规律

【试题 2】_____一般不是用于质量控制的方法和技术。

A. 趋势分析　　　　B. 检验　　　　C. 控制图　　　　D. 制定参数基准

【试题 3】某公司对本单位负责的信息系统集成项目实施失败原因进行分析后,发现约 80% 的原因都是用户需求不明确、授权不清晰以及采用了不适宜的技术,而其他十几种原因造成的失败较少。根据这些分析结果,该公司采用的项目质量控制的方法是_____。

A. 散点图法　　　　B. 直方图法　　　　C. 帕累托法　　　　D. 控制图法

【试题 4】甲公司承担的某系统开发项目,在进入开发阶段后,出现了一系列质量问题。为此,项目经理召集项目团队,列出问题,并分析问题产生的原因。结果发现,绝大多数的问题都是由几个原因造成的,项目组有针对性地采取了一些措施。这种方法属于_____法。

A. 因果图　　　　B. 控制图　　　　C. 排列图　　　　D. 矩阵图

【试题 5】排列图(帕累托图)可以用来进行质量控制,是因为_____。

A. 它按缺陷的数量多少画出一条曲线,反映了缺陷的变化趋势

B. 它将缺陷数量从大到小进行了排列,使人们关注数量最多的缺陷

C. 它将引起缺陷的原因从大到小排列,项目团队应关注造成最多缺陷的原因

D. 它反映了按时间顺序抽取的样本的数值点,能够清晰地看出过程实现的状态

本章即学即练答案

序号	答案	序号	答案
TOP52	【试题 1】答案:C	TOP53	【试题 1】答案:D 【试题 2】答案:C
TOP54	【试题 1】答案:B 【试题 2】答案:D	TOP55	【试题 1】答案:B 【试题 2】答案:D 【试题 3】答案:C 【试题 4】答案:C 【试题 5】答案:C

第11章 项目人力资源管理

TOP56 项目人力资源计划编制

真题分析

【真题1】项目经理在项目管理时使用了下图,该图是_____。

	人员				
活动	张三	李四	王五	赵六	钱七
需求定义	●	◎	◎		
系统设计	◇	●	◎		◎
系统开发	◇	●	◎	◎	
测试	◎				●

  A. 责任分配矩阵   B. 沟通计划表   C. 列表式   D. 组织结构分解图

  解析:责任分配矩阵又称表格,可以使每个成员看到与自己相关的所有活动以及和某个活动相关的所有成员。

  答案:A

【真题2】一个公司的新员工被分配到一个正处在计划编制阶段的项目中工作,她必须决定是否接受分配到这个项目或者要求被分配到另一个不同的项目。但是项目经理没有上班并且也联系不上。项目团队成员可以查看_____以帮助她确认分配的工作。

  A. 活动定义   B. 项目计划
  C. 工作说明   D. 责任分配矩阵

  解析:责任分配矩阵又称表格,可以使每个成员看到与自己相关的所有活动以及和某个活动相关的所有成员。

  答案:D

【真题3】人员配备管理计划描述何时以及怎样满足人力资源需求。关于人员配备管理计划的叙述中,_____是正确的。

  A. 制定人员配备管理计划可采用工作分解结构、组织分解结构和资源分解结构等描述工具

  B. 项目人力资源计划可以是正式或非正式的,但人员配备管理计划是不能省略的正式计划

  C. 人员配备管理计划通常制定人员需求和人力资源时间安排,不涉及人员培训和奖惩措施

  D. 项目人力资源计划是项目人员配备管理计划的一个分计划

  解析:项目人力资源计划可以是正式或非正式的,但人员配备管理计划可以是详细的,也可以是省略的正式计划,人员配备管理计划通常制定人员需求和人力资源时间安排,需要人员培训和奖惩措施的介入,项目人员配备管理计划是项目人力资源计划的一个分计划,因此只有 A 才是正确的。

  答案:A

【真题4】下列工具或方法均可用来描述项目组织,以下说法中,不正确的是_____。

  A. 组织分解结构(OBS)与工作分解结构(WBS)形式上相似,是根据项目的交付物进行分解,把项

目的活动和工作包列在负责的部门下面

B. 资源分解结构(RBS)用于分解项目中各类型的资源,除了包含人力资源之外,还可以包括各种资源类型,例如材料和设备

C. 工作分解结构(WBS)可以用来确定项目的范围,也可以用来描述不同层次的职责

D. 团队成员职责需要详细描述时,可以采用文档文字形式,详细提供职责、权利、能力和资格等信息

解析: 选项 A 是不正确的。组织分解结构(OBS)与工作分解结构(WBS)形式上相似,但是它不是根据项目的交付物进行分解,而是根据组织现有的部门、单位或团队进行分解。

答案: A

【真题 5】在组建项目团队时,人力资源要满足项目要求。以下说法中,_____是不妥当的。

A. 对关键岗位要有技能标准,人员达标后方可聘用

B. 与技能标准有差距的员工进行培训,合格后可聘用

C. 只要项目经理对团队成员认可就可以

D. 在组建团队时要考虑能力、经验、兴趣、成本等人员因素

解析: 企业在人力资源管理体系建立过程中的基本要求为:基于适当的教育、培训、技能和经验,从事影响产品与要求的符合性工作的人员是能够胜任的。要确定从事影响产品与要求的符合性工作的人员所必要的能力,即制定关键岗位的技能标准,可考虑能力、经验、兴趣、成本等人员因素;如果目前一些人员达不到标准要求,要提供培训或采取其他措施以获得所需的能力。而不建立人力资源管理制度,或在项目团队组建时完全由项目经理个人好恶决定项目成员是不符合科学管理潮流的。

综合以上分析,"只要项目经理对团队成员认可就可以"属于在项目团队组建时完全由项目经理个人好恶决定项目成员的做法,这种做法是不符合科学管理潮流的。

答案: C

题型点睛

1. 输入、工具与技术及输出

(1) 输入:活动资源估计;环境和组织因素;组织过程资产;项目管理计划。

(2) 工具与技术:组织机构图和职位描述;人力资源模板;非正式的人际网络。

(3) 输出:项目人力资源计划;项目的组织结构图;人员配备管理计划。

2. 项目组织结构图

组织结构图最常用的有三种:层次结构图、责任分配矩阵和文本格式。

1) 层次结构图

(1) 用工作分解结构(WBS)来确定项目的范围,将项目可交付物分解成工作包即可得到该项目的 WBS。也可用 WBS 来描述不同层次的职责。

(2) 组织分解结构(OBS)与工作分解结构形式上相似,但是它不是根据项目的交付物进行分解,而是根据组织现有的部门、单位或团队进行分解。把项目的活动和工作包列在负责的部门下面。

(3) 资源分解结构(Resolution Breakdown Structure,RBS)是另一种层次结构图,它用来分解项目中各种类型的资源。

区别和联系:OBS 和 WBS 类似,区别在于 OBS 不是按照项目可交付成果的分解组织的,而是按照组织所设置的部门、单位和团队组织的。

2) 矩阵图

反映团队成员个人与其承担的工作之间联系的方法有多种,而责任分配矩阵(RAM)是最直观的方法。

RAM 表示完成工作与成员间的关系;RAM 是将从 OBS 中的每一项工作指派到 WBS 中的执行人

员所形成的一个矩阵。

3）文本格式

团队成员职责需要详细描述时，可以用文字形式表示。通常提供如下信息：职责、权利、能力、资格等。

即学即练

【试题1】对于一个新分配来的项目团队成员，_____应该负责确保他得到适当的培训。

A. 项目发起人　　　　B. 职能经理　　　　C. 项目经理　　　　D. 培训协调员

【试题2】在制定人力资源计划时，不适合采用的工具或技术是_____。

A. 人际交往　　　　　　　　　　　　B. 组织理论

C. 组织结构图与职位描述　　　　　　D. 专家判断

【试题3】在项目人力资源计划编制中，一般会涉及组织结构图和职位描述。其中，根据组织现有的部门、单位或团队进行分解，把工作包和项目的活动列在负责的部门下面的图采用的是_____。

A. 工作分解结构（WBS）　　　　　　B. 组织分解结构（OBS）

C. 资源分解结构（RBS）　　　　　　D. 责任分配矩阵（RAM）

【试题4】项目人力资源计划编制完成以后，不能得到的是_____。

A. 角色和职责的分配　　　　　　　　B. 项目的组织结构图

C. 人员配置管理计划　　　　　　　　D. 项目团队成员的人际关系

TOP57　组建项目团队

真题分析

【真题1】为了满足员工的归属感需要，某公司经常为新员工组织一些聚会或者社会活动，按照马斯洛的需要层次理论，这属于满足员工的_____的需要。

A. 安全　　　　　B. 社会交往　　　　C. 自尊　　　　D. 自我实现

解析：社会交往的需要：社会交往（社交）需要包括对友谊、爱情以及隶属关系的需要。当生理需要和安全需要得到满足后，社交需要就会突出出来，进而产生激励作用。这些需要如果得不到满足，就会影响员工的精神，导致高缺勤率、低生产率、对工作不满及情绪低落。

答案：B

【真题2】一家公司为了满足员工社会交往的需要会经常组织一些聚会和社会活动，还为没有住房的员工提供抵押贷款，这些激励员工的理论基础是_____。

A. 期望理论　　　　　　　　　　　　B. X 理论和 Y 理论

C. 赫茨伯格的双因素理论　　　　　　D. 马斯洛需要层次理论

解析：著名的心理学家亚伯拉罕·马斯洛（Abraham Maslow）建立了一个需要层次理论，是一个 5 层的金字塔结构。安全需要：安全需要包括对人身安全、生活稳定、不致失业以及免遭痛苦、威胁或疾病等的需要。和生理需要一样，在安全需要没有得到满足之前，人们一般不追求更高层的需要。社会交往的需要：社会交往（社交）需要包括对友谊、爱情以及隶属关系的需要。当生理需要和安全需要得到满足后，社交需要就会突出出来，进而产生激励作用。这些需要如果得不到满足，就会影响员工的精神，导致高缺勤率、低生产率、对工作不满及情绪低落。自尊的需要：指自尊心和荣誉感。自我实现的需要：指想获得更大的空间以实现自我发展的需要。在马斯洛需要层次中，低层的 4 种需要——生理、安全、社会、自尊被认为是基本的需要，而自我实现的需要是最高层次的需要。

答案：D

【真题 3】在进行项目团队的激励时,一般不会采用的方法是_____。

A. 马斯洛的需要层次理论 B. 赫茨伯格的双因素理论

C. 人际网络管理 D. 期望理论

解析: 选项 C 不属于激励理论。

答案: C

题型点睛

1. 组建项目团队的工具和技术

组建项目团队的方法:

(1) 事先分派;

(2) 谈判(找部门经理、其他项目管理团队);

(3) 采购(招聘);

(4) 虚拟团队(需要制定一个可行的沟通计划,不在一起的一起工作的团体)。

2. 激励理论

所谓激励,就是如何发挥员工的工作积极性的方法。典型的激励理论有马斯洛需要层次理论、赫茨伯格的双因素理论和期望理论。

1) 马斯洛需要层次理论:生理需要;安全需要:安全需要包括对人身安全、生活稳定、不致失业以及免遭痛苦、威胁或疾病等的需要;社会交往的需要:社会交往(社交)需要包括对友谊、爱情以及隶属关系的需要;自尊的需要:指自尊心和荣誉感;自我实现的需要:指想获得更大的空间以实现自我发展的需要。

2) 赫茨伯格的双因素理论:第一类是保健因素,包括工作环境、工资薪水、公司政策、个人生活、管理监督、人际关系等;第二类是激励因素,包括成就、承认、工作本身、责任、发展机会等。

3) 期望理论:目标效价;期望值。

4) X 理论和 Y 理论。

5) 领导与管理。

即学即练

【试题 1】在当今高科技环境下,为了成功激励一个 IT 项目团队,_____可以被项目经理用来激励项目团队保持气氛活跃、高效率的士气。

A. 期望理论和 X 理论

B. Y 理论和马斯洛理论

C. Y 理论、期望理论和赫茨伯格的卫生理论

D. 赫茨伯格的卫生理论和期望理论

【试题 2】_____不是组建项目团队的工具和技术。

A. 事先分派 B. 资源日历 C. 采购 D. 虚拟团队

TOP58 项目团队建设

真题分析

【真题 1】进行团队建设时可以采取的方式有_____。

A. 培训、拓展训练、认可和奖励

B. 冲突管理、观察和对话、绩效评估

C. 冲突管理、观察帮对话、认可和奖励

D. 谈判、采购、虚拟团队

解析:一种新兴的团队建设方式——体验式团队建设,以一种独有的、有内涵的方式着手,终极目的是实现梦想,拓展心灵空间,同时加强团队凝聚力,达到每个成员与团队之间的一种融合。这种方式更加注重团队成员的参与性、亲历性,追求过程的内涵性,其中包括精神内涵与文化内涵,是一种新兴的团队建设方式。

旅行时团队建设是体验式旅行团队建设的一种形式,旨在旅行的过程中提高团队成员自身素质与团队协作能力。

答案:A

【真题2】由于在执行任务时,遇到了超出想象的困难,项目团队成员之间开始争执互相指责,并开始怀疑项目经理的能力。按照项目团队建设的阶段来划分,该阶段属于_____。

A. 形成阶段   B. 震荡阶段   C. 规范阶段   D. 发挥阶段

解析:作为一个持续不断的过程,项目团队建设对项目的成功至关重要。在项目的早期,团队建设相对简单,但随着项目的推进,项目团队建设一直在深化。项目环境的改变不可避免,因此团队建设的努力应该不断地进行。项目经理应该持续地监控团队的工作与绩效,以确定为预防或纠正团队问题是否采取相应的行动。优秀的团队不是一蹴而就的,一般要依次经历以下5个阶段。

(1) 形成阶段(Forming):一个个的个体成员转变为团队成员,开始形成共同目标;对未来团队往往有美好的期待。

(2) 震荡阶段(Storming):团队成员开始执行分配的任务,一般会遇到超出预想的困难,希望被现实打破。个体之间开始争执,互相指责,并且开始怀疑项目经理的能力。

(3) 规范阶段(Norming):经过一定时间的磨合,团从成员之间相互熟悉和了解,矛盾基本解决,项目经理能够得到团队的认可。

(4) 发挥阶段(Performing):随着相互之间的配合默契和对项目经理的信任,成员积极工作,努力实现目标。这时集体荣誉感非常强,常将团队换成第一称谓,如"我们那个组"、"我们部门"等,并会努力捍卫团队声誉。

(5)结束阶段(Adjouming):随着项目的结束,团队也被遣散了。

以上的每个阶段按顺序依次出现,至于每个阶段的长短则取决于团队的结构、规模和项目经理的领导力。

答案:B

【真题3】项目团队建设活动的首要目的是提高团队绩效,而很多活动所产生的附属效应也能够提高团队绩效。以下活动中_____就代表了这种情况。

A. 建立一套以团队为基础的奖励与表彰系统

B. 让非管理层的团队成员参与到项目计划制订过程中

C. 确定团队绩效的目标,并审查达到这些目标的最佳方法

D. 为所有团队成员安排一间大办公室进行集中工作

解析:团队建设活动包括专门的活动和个人行动,首要目的是提高团队绩效。许多行动,例如在计划过程中的工作分解结构之类的团体活动,也许不能明确地当作团队建设,但是如果组织有力的话,同样可以增进团队的凝聚力。另外,为平息和处理人际冲突制定基本规则等,其间接结果都可以提高团队绩效。团队建设可以有多种形式,如日常的评审会中5分钟的议事日程,为了增进关键性项目的相关人员之间的人际关系而设计的专业的团队拓展训练等。

鼓励非正式的沟通和活动也是非常重要的,因为它们在培养信任、建立良好工作关系的过程中起着很重要的作用。团队建设的策略对于那些借助电子化手段在异地工作的、不能面对面交流的虚拟团队来说尤其重要。

答案:B

题型点睛

1. 项目团队建设的 5 个阶段:形成阶段、震荡阶段、规范阶段、发挥阶段、结束阶段。

2. 成功的团队具有如下共同特点:

(1) 团队的目标明确,成员清楚自己的工作对目标的贡献。

(2) 团队的组织结构清晰,岗位明确。

(3) 有成文或习惯的工作流程和方法,且流程简明有效。

(4) 项目经理对团队成员有明确的考核和评价标准,工作结果公正公开,赏罚分明。

(5) 共同制订并遵守的组织纪律。

(6) 协同工作,也就是一个成员工作需要依赖于另一个成员的结果,善于总结和学习。

即学即练

【试题 1】团队建设一般要经历几个阶段,这几个阶段的大致顺序是_____。

A. 震荡期、形成期、正规期、表现期

B. 形成期、震荡期、表现期、正规期

C. 表现期、震荡期、形成期、正规期

D. 形成期、震荡期、正规期、表现期

TOP59 项目团队管理

真题分析

【真题 1】在项目实施过程中,_____容易增加冲突发生的概率。

A. 保证资源的供给

B. 项目组织结构由矩阵结构改为项目型结构

C. 项目实施中引入新技术

D. 明确责任

解析:引入新的技术,由于对新技术的不熟悉容易导致冲突。

答案:C

【真题 2】某公司刚刚宣布下个月将要裁员,并且极可能包括张工项目团队里的一些成员。团队成员议论纷纷,已无心正常工作。张工告诉团队:"让我们冷静下来,回到工作上去,也许我们下个月的绩效可以保住我们的工作。"此时,张工采取的冲突解决技术是_____。

A. 妥协   B. 强制   C. 安抚   D. 撤退

解析:不管冲突对项目的影响是正面的还是负面的,项目经理都有责任处理它,以减少冲突对项目的不利影响,增加其对项目积极有利的一面。冲突管理的 6 种方法如下。

(1) 问题解决(Problem Solving/Confrontation)。问题解决就是冲突各方一起积极地定义问题、收集问题的信息、制定解决方案,最后直到选择一个最合适的方案来解决冲突,此时为双赢或多赢。但在这个过程中,需要公开地协商,这是冲突管理中最理想的一种方法。

(2) 合作(Collaborating)。集合多方的观点和意见,得出一个多数人接受和承诺的冲突解决方案。

(3) 强制(Forcing)。强制就是以牺牲其他各方的观点为代价,强制采纳一方的观点。一般只适用于赢一输这样的游戏情景里。

（4）妥协（Compromising）。妥协就是冲突的各方协商并且寻找一种能够使冲突各方都有一定程度满意,但冲突各方没有任何一方完全满意,是一种都做一些让步的冲突解决方法。

（5）求同存异（Smoothing/Accommodating）。求同存异的方法就是冲突各方都关注他们一致的一面,而淡化不一致的一面。一般求同存异要求保持一种友好的气氛,但是回避了解决冲突的根源。也就是让大家都冷静下来,先把工作做完。

（6）撤退（Withdrawing/Avoiding）。撤退就是把眼前的或潜在的冲突搁置起来,从冲突中撤退。

答案:D

【真题3】关于项目管理环境中的冲突管理的叙述中,_____是正确的。

A. 通过建立团队基本规则及实施可行的项目管理经验,冲突是可以避免的

B. 解决冲突最理想的方法是求同存异

C. 冲突管理的最终目的是消除意见分歧

D. 不管冲突对项目的影响是正面的还是负面的,项目经理都有责任处理它

解析:冲突是不可避免的;解决冲突最理想的方法是问题的解决;冲突管理的最终目的是问题解决;不管冲突对项目的影响是正面的还是负面的,项目经理都有责任处理它。

答案:B

【真题4】下列关于冲突及其解决方式的描述中,不正确的是_____。

A. 冲突是自然的团队问题,不是某人的个人问题

B. 冲突的产生原因有项目的高压环境、责任划分不清楚、存在多个上级或者新科技的使用等

C. 冲突的解决方法有合作、强制、妥协等,但不能将冲突搁置起来,从中撤退

D. 冲突应早被发现,利用私下但直接的、合作的方式来处理冲突

解析:选项C是不正确的。可以将冲突搁置起来,也可以从中撤退。

答案:C

题型点睛

冲突管理的6种方法:

（1）问题解决（Problem Solving/Confrontation）。问题解决就是冲突各方一起积极地定义问题、收集问题的信息、制定解决方案,最后直到选择一个最合适的方案来解决冲突,此时为双赢或多赢。但在这个过程中,需要公开地协商,这是冲突管理中最理想的一种方法。

（2）合作（Collaborating）。集合多方的观点和意见,得出一个多数人接受和承诺的冲突解决方案。

（3）强制（Forcing）。强制就是以牺牲其他各方的观点为代价,强制采纳一方的观点。一般只适用于赢—输这样的游戏情景里。

（4）妥协（Compromising）。妥协就是冲突的各方协商并且寻找一种能够使冲突各方都有一定程度满意、但冲突各方没有任何一方完全满意,是一种都做一些让步的冲突解决方法。

（5）求同存异（Smoothing/Accommodating）。求同存异的方法就是冲突各方都关注他们一致的一面,而淡化不一致的一面。一般求同存异要求保持一种友好的气氛,但是回避了解决冲突的根源。也就是让大家都冷静下来,先把工作做完。

（6）撤退（Withdrawing/Avoiding）。撤退就是把眼前的或潜在的冲突搁置起来,从冲突中撤退。

即学即练

【试题1】对于一个新分配来的项目团队成员,_____应该负责确保他得到适当的培训。

A. 项目发起人　　　B. 职能经理　　　　C. 项目经理　　　　D. 培训协调员

【试题2】某项目小组的两位技术骨干分别提出了一套技术解决方案并因此发生激烈争论。项目经

理决定召开团队会议,让两人进行公开讨论,直到最终选择出一套最佳方案。该项目经理所采用的冲突管理方法是_____。

    A. 解决问题   B. 撤退   C. 妥协   D. 合作

【试题 3】项目经理管理项目团队有时需要解决冲突,_____属于解决冲突的范畴。

    A. 强制、妥协、撤退

    B. 强制、求同存异、观察

    C. 妥协、求同存异、增加权威

    D. 妥协、撤退、预防

本章即学即练答案

序号	答案	序号	答案
TOP56	【试题 1】答案:C 【试题 2】答案:D 【试题 3】答案:B 【试题 4】答案:D	TOP57	【试题 1】答案:C 【试题 2】答案:B
TOP58	【试题 1】答案:D	TOP59	【试题 1】答案:C 【试题 2】答案:A 【试题 3】答案:A

第 12 章　项目沟通管理

TOP60　沟通管理计划编制

真题分析

【真题1】项目沟通管理计划的主要内容中不包括_____。

A. 信息的传递方式　　　　　　　　B. 项目问题的解决

C. 更新沟通管理计划的方法　　　　D. 项目干系人沟通要求

解析:(1) 信息沟通方式和途径。主要说明在项目的不同实施阶段,针对不同的项目相关组织及不同的沟通要求,拟采用的信息沟通方式和沟通途径。即说明信息(包括状态报告、数据、进度计划、技术文件等)流向何人、将采用什么方法(包括书面报告、文件、会议等)分发不同类别的信息。

(2) 信息收集归档格式。用于详细说明收集和储存不同类别信息的方法。应包括对先前收集和分发材料、信息的更新与纠正。

(3) 信息的发布和使用权限。

(4) 发布信息说明。包括格式、内容、详细程度以及应采用的准则或定义。

(5) 信息发布时间。即用于说明每一类沟通将发生的时间,确定提供信息更新依据或修改程序,以及确定在每一类沟通之前应提供的现时信息。

(6) 更新和修改沟通管理计划的方法。

(7) 约束条件和假设。

答案:B

【真题2】项目经理小张想要与客户就合同变更事宜进行沟通,他应该采取_____沟通方式比较合适。

A. 口头、非正式　　B. 书面、非正式　　C. 口头、正式　　　D. 书面、正式

解析:作为沟通过程的一部分,发送方要保证信息内容清晰明确、不模棱两可和完整无缺,以便让接收方能正确接收,并确认理解无误。接收方的责任是保证信息接收完整无缺,信息理解正确无误。沟通过程有多种方式,包括:

(1) 书面与口头,听与说。

(2) 对内(在项目内)与对外(对顾客、媒体、公众等)。

(3) 正式(如报告、情况介绍会等)与非正式(如备忘录、即兴谈话等)。

(4) 垂直与水平。

由于合同变更本身具有的严肃正式的特点,应该采用书面、正式的沟通方式。

答案:D

【真题3】项目经理编制了一份项目沟通计划,其主要内容包括项目干系人要求、发布信息的描述、传达信息所需的技术方法和沟通频次。这份计划中还欠缺的最主要内容是_____。

A. 信息接收的个人和组织　　　　　B. 沟通计划检查要求

C. 沟通备忘　　　　　　　　　　　D. 干系人分析

解析：项目沟通管理计划应该包括以下内容：

(1) 项目干系人沟通要求。

(2) 对要发布信息的描述，包括格式、内容和详尽程度。

(3) 信息接收的个人或组织。

(4) 传达信息所需的技术或方法，如备忘录、电子邮件和/或新闻发布等。

(5) 沟通频率，如每周沟通等。

(6) 上报过程，对下层无法解决的问题，确定问题上报的时间要求和管理链（名称）。

(7) 随项目的进展对沟通管理计划更新与细化的方法。

(8) 通用词语表。

根据题目所述，这份计划中还欠缺的最主要内容是信息接收的个人和组织。

答案：A

【真题 4】_____是制订项目沟通管理计划的输入。

A. 沟通技术   B. 项目可行性分析

C. 成本控制   D. 项目范围说明书

解析：项目沟通管理计划编制的标准输入：①企业环境因素；②组织过程资产；③沟通需求分析；④沟通技术；⑤项目范围说明书；⑥项目管理计划。

答案：D

【真题 5】状态会议的目的是_____。

A. 交换项目信息   B. 让团队成员汇报正在执行的工作

C. 签发工作授权   D. 确认团队提交的成本的准确性

解析：项目状态/评审会议的主要目的是：

(1) 介绍项目进展情况；

(2) 项目是否偏离进度计划，若偏离，应采取什么样的措施；

(3) 说明造成进度偏离计划的原因和如何在今后的工作中防止偏差；

(4) 汇报在项目执行中发现的问题及潜在的问题，如何解决所发现的问题及如何防止潜在的问题发生；

(5) 应引起客户或项目负责人注意的事项，如客户可能尚未签署某一文件等。

答案：A

【真题 6】某项目的现状是：已经被按照沟通计划发布了项目信息；一些项目可交付物成果发生了变更；这些变更是按照变更控制计划做出的；一位干系人在得知以前曾经公布过的项目可交付物成果变更时，感觉十分惊讶；其余干系人都收到了变更通知的消息。针对这种情况，项目经理应该_____。

  A. 告知干系人信息公布的日期

  B. 审核沟通计划，确定为什么干系人不理解自己的职责

  C. 对沟通计划进行审核，如需要，对沟通计划进行修改

  D. 在下次项目工作会议上说明该问题，以便其他干系人不会遗忘公布的变更信息，信息接收人应该确保完整地收到信息并理解信息。

解析：沟通规则中要求信息接收人必须确保完整地接收到信息并理解信息。因此，对沟通计划进行审核，如需要，对沟通计划进行修改。

答案：C

【真题 7】在项目沟通管理过程中存在若干影响因素，其中潜在的技术影响因素包括_____。

① 信息需求的迫切性   ② 资金是否到位

③ 预期的项目人员配备   ④ 项目环境   ⑤ 项目时间的长短

A. ①③④⑤   B. ①②③④   C. ①②④⑤   D. ②③④⑤

解析：沟通技术是项目管理者在沟通时需要采用的方式和需要考虑的限定条件。影响项目沟通的

技术因素如下：

（1）对信息需求的紧迫性。项目的成败与否取决于能否即刻调出不断更新的信息？还是只要有定期发布的书面报告就已足够？

（2）技术是否到位。已有的沟通系统能否满足要求？还是项目需求足以证明有改进的必要？

（3）预期的项目人员配备。所建议的沟通系统是否适合项目参与者的经验与特长？还是需要大量的培训与学习？

（4）项目时间的长短。现有沟通技术在项目结束前是否有变化的可能？

（5）项目环境。项目团队是以面对面的方式进行工作和交流，还是在虚拟的环境下进行工作和交流？

答案： A

【真题8】某公司正在计划实施一项用于公司内部的办公自动化系统项目，由于该系统的实施涉及公司很多内部人员，因此项目经理打算制订一个项目沟通管理计划，他应采取的第一个工作步骤是_____。

A. 设计一份日程表，标记进行每种沟通的时间

B. 分析所有项目干系人的信息需求

C. 构建一个文档库并保存所有的项目文件

D. 描述准备发布的信息

解析： 在日常实践中，沟通管理计划编制过程一般分为如下几个步骤：

① 确定干系人的沟通信息需求，即哪些人需要沟通，谁需要什么信息，什么时候需要以及如何把信息发出去。

② 描述信息收集和文件归档的机构。

③ 发送信息和重要信息的格式，主要是指创建信息发送的档案；获得信息的访问方法。

根据上述沟通管理计划的一般编制过程，应选择 B。

答案： B

🎯 题型点睛

1. 项目沟通管理包括如下过程：

（1）沟通计划编制。确定项目干系人的信息和沟通需求：哪些人是项目干系人，他们对于该项目的收益水平和影响程度如何，谁需要什么样的信息，何时需要，以及应怎样分发给他们。

（2）信息分发。以合适的方式及时向项目干系人提供所需信息。

（3）绩效报告。收集并分发有关项目绩效的信息，包括状态报告、进展报告和预测。

（4）项目干系人管理。对项目沟通进行管理，以满足信息需要者的需求并解决项目干系人之间的问题。

2. 沟通管理计划编制的步骤。

在日常实践中，沟通管理计划编制过程一般分为如下几个步骤。

（1）确定干系人的沟通信息需求，即哪些人需要沟通，谁需要什么信息，什么时候需要以及如何把信息发送出去。

（2）描述信息收集和文件归档的结构。

（3）发送信息和重要信息的格式，主要是指创建信息发送的档案，获得信息的访问方法。

3. 沟通管理计划应该包括以下内容。

（1）项目干系人沟通要求。

（2）对要发布信息的描述，包括格式、内容和详尽程度。

（3）信息接收的个人或组织。

（4）传达信息所需的技术或方法，如备忘录、电子邮件和/或新闻发布等。

（5）沟通频率，如每周沟通等。

（6）上报过程，对下层无法解决的问题，确定问题上报的时间要求和管理链（名称）。

（7）随项目的进展对沟通管理计划更新与细化的方法。

（8）通用词语表。

即学即练

【试题1】对于一个新分配来的项目团队成员，_____应该负责确保他得到适当的培训。

A. 项目发起人　　　　　　　　　　　B. 职能经理

C. 项目经理　　　　　　　　　　　　D. 培训协调员

【试题2】小张最近被任命为公司某信息系统开发项目的项目经理，正着手制定沟通管理计划，下列选项中_____属于小张应该采取的主要活动。

① 找到业主，了解业主的沟通需求　　② 明确文档的结构

③ 确定项目范围　　　　　　　　　　④ 明确发送信息的格式

A. ①②③④　　　　B. ①②④　　　　C. ①③④　　　　D. ②③④

【试题3】某公司正在编制项目干系人沟通的计划，以下选项中_____属于干系人沟通计划的内容。

① 干系人需要哪些信息　② 各类项目文件的访问路径

③ 各类项目文件的内容　④ 各类项目文件的接收格式　⑤ 各类文件的访问权限

A. ①②③④⑤　　　B. ①②③④　　　C. ①②④⑤　　　D. ②③④⑤

【试题4】某项目组的小组长王某和程序员李某在讨论确定一个功能模块的技术解决方案时发生激烈争执，此时作为项目经理应首先采用_____的方法来解决这一冲突。

A. 请两人先冷静下来，淡化争议，然后在讨论问题时求同存异

B. 帮助两人分析对错，然后解决问题

C. 要求李某服从小组长王某的意见

D. 请两人把当前问题搁置起来，避免争吵

TOP61　信息分发

真题分析

【真题1】在项目管理中，讲行信息分发时，_____的特点是：复杂程度高，往往不受当事人的控制。

A. 正式沟通　　　B. 非正式沟通　　　C. 垂直沟通　　　D. 水平沟通

解析：常用的沟通方式的优缺点或特点介绍如下。

1. 书面与口头、听与说

书面的沟通方式优点是清晰，二义性少以及可以作为备忘录，也可作为双方沟通的证据。而缺点是缺乏人性化，如某些用语较为生硬的话，容易使双方的关系出现矛盾。

口头的沟通方式较为人性化，也容易使双方充分了解和沟通。但口头的沟通也容易产生问题，例如缺乏沟通的有效证据，当一方的理解和另一方不同时，容易产生较强的分歧。

2. 对内与对外

项目经理通常采用不同的方式进行对内（项目团队内）和对外（对顾客、媒体和公众等）的沟通。对

内沟通讲求的是效率和准确度,对外沟通强调的是信息的充分和准确。对内的沟通可以以非正式的方式出现,而对外的沟通要求项目经理以正式的方式进行。

3. 正式与非正式

通常情况下,正式(如报告、情况介绍会等)的沟通是在项目会议时进行的,而非正式(如备忘录、即兴谈话等)的项目沟通属于大多数场合的方式。

4. 垂直与水平

垂直方向(从下到上或者从上到下)沟通的特点是:沟通倍息传播速度快,准确程度高。水平方向沟通的特点是:复杂程度高,往往不受当事人的控制。

答案:D

【真题 2】在沟通管理中,沟通方式的选择是一项重要的工作。_____不是书面沟通的特点。

A. 沟通速度快　　　B. 歧义性少　　　C. 内容清晰　　　D. 信息充分

解析:书面的沟通方式优点是清晰,二义性少以及可以作为备忘录,也可作为双方沟通的证据。而缺点是缺乏人性化,如某些用语较为生硬的话,容易使双方的关系出现矛盾。

口头的沟通方式较为人性化,也容易使双方充分了解和沟通。但口头的沟通也容易产生问题,例如缺乏沟通的有效证据,当一方的理解和另一方不同时,容易产生较强的分歧。

答案:A

【真题 3】沟通是项目管理和团队建设中的重要环节。下面关于沟通的说法中,_____是正确的。

A. 正式沟通优于非正式沟通。项目经理不应鼓励团队成员的非正式沟通和交流

B. 水平沟通优于垂直沟通。项目经理不应鼓励团队成员的垂直沟通

C. 集中办公和会议有利于提高沟通效率,是团队建设的有效手段

D. 沟通的及时性是沟通的第一目标,项目的所有问题需第一时间与干系人沟通

解析:项目经理通常采用不同的方式进行对内(项目团队内)和对外(对顾客、媒体和公众等)的沟通。对内沟通讲求的是效率和准确度,对外沟通强调的是信息的充分和准确。对内的沟通可以以非正式的方式出现,而对外的沟通要求项目经理以正式的方式进行。通常情况下,正式(如报告、情况介绍会等)的沟通是在项目会议时进行的,而非正式(如备忘录、即兴谈话等)的项目沟通属于大多数场合的方式。鼓励非正式的沟通和活动也是非常重要的,因为它们在培养信任、建立良好工作关系的过程中起着很重要的作用。

垂直方向(从下到上或者从上到下)沟通的特点是:传播速度快,准确程度高。水平方向沟通的特点是:复杂程度高,往往不受当事人的控制。

集中办公是指将所有或者几乎所有重要的项目团队成员安排在同一个工作地点,以增进他们作为一个团队工作的能力。集中可以是暂时性的,如仅在项目的关键阶段,也可贯穿项目的始终。集中办公的办法需要有一个会议室(有时也称作战室、工程指挥部等),拥有电子通信设备,张贴项目进度表,以及其他便利设施,用以加强交流和培养集体感。

答案:C

🐻 题型点睛

常用沟通方式有如下几种:

1) 书面与口头、听与说。

2) 对内与对外:项目经理通常采用不同的方式进行对内(项目团队内)和对外(对顾客、媒体和公众等)的沟通。对内沟通讲求的是效率和准确度,对外沟通强调的是信息的充分和准确。

对内的沟通可以以非正式的方式出现,而对外的沟通要求项目经理以正式的方式进行。

3) 正式与非正式。

通常情况下,正式(如报告、情况介绍会等)的沟通是在项目会议时进行的,而非正式(如备忘录、即

兴谈话等)的项目沟通属于大多数场合的方式。

    4)垂直与水平。

    垂直方向(从下到上或者从上到下)沟通的特点是:传播速度快,准确程度高。水平方向沟通的特点是:复杂程度高,往往不受当事人的控制。

即学即练

【试题1】在以下的 4 项条件中,_____对项目经理最重要。

A. 管理经验   B. 谈判技巧

C. 所受的技术方面的教育   D. 与其他人一起工作的能力

【试题2】有效沟通对项目的成功是至关重要的。范围变更、约束、假设、整合和界面需求、角色和责任的交叉以及许多其他因素都对沟通构成挑战。沟通障碍的出现最可能导致_____。

A. 生产率下降   B. 敌对情绪增长

C. 士气低下   D. 冲突增多

TOP62　项目干系人管理

真题分析

【真题1】对项目干系人管理的主要目标是_____。

A. 调查项目干系人的需求和期望,以了解项目干系人的目标、目的和沟通层次

B. 充分理解项目干系人的需求以便充分与干系人合作,以达到项目的目标

C. 使用沟通管理计划中为每个项目干系人确定的沟通方式讨论、解决问题

D. 促进干系人对项目的理解与支持,使干系人了解项目的进展和有可能带来的影响

解析:对项目干系人管理的主要目标是充分理解项目干系人的需求以便充分与干系人合作,以达到项目的目标。

答案:B

【真题2】某公司正在编制项目干系人沟通的计划,以下选项中_____属于干系人沟通计划的内容。

① 干系人需要哪些信息   ② 各类项目文件的访问路径

③ 各类项目文件的内容   ④ 各类项目文件的接受格式   ⑤ 各类文件的访问权限

A. ①②③④⑤   B. ①②③④   C. ①②④⑤   D. ②③④⑤

解析:在了解和调查干系人之后,就可以根据干系人的需求进行分析和应对,制定干系人沟通计划。其主要内容是:项目成员可以看到哪些信息,项目经理需要哪些信息,高层管理者需要哪些信息以及客户需要哪些信息等;文件的访问权限、访问路径以及文件的接收格式等。

    根据项目团队组织结构确定内部人员的信息浏览权限,还需要考虑客户、客户的领导层和分包商等关键的干系人的沟通需求。项目还应该在初期计划的时候规定好一些主要的沟通规则。例如,哪类事情是由谁来发布、哪些会议由谁来召集、由谁来发布正式的文档等。以上内容都应反映到沟通管理计划中。

答案:C

【真题3】召开会议就某一事项进行讨论是有效的项目沟通方法之一,确保会议成功的措施包括提前确定会议目的、按时开始会议等,_____不是确保会议成功的措施。

    A. 项目经理在会议召开前一天,将会议议程通过电子邮件发给参会人员

B. 在技术方案的评审会议中,某专家发言时间超时严重,会议主持人对会议进程进行控制

C. 系统验收会上,为了避免专家组意见太发散,项目经理要求会议主持人给出结论性意见

D. 项目经理指定文档管理员负责会议记录

解析:确保讨论会议成功的措施包括提前确定会议目的、提前进行会议准备、按时开始会议、把握会议的发言节奏、进行会议记录等能使会议组织好的措施。讨论会议的主要目的是让与会人员充分发表意见,按照程序形成结论,而不能提前给出结论性的意见。

答案:C

题型点睛

　　项目存在众多项目干系人,项目干系人从项目中获利或受损,对项目的开展会有推进或阻碍的影响。影响力有多大,需要对项目干系人进行分析,采取有效措施对项目干系人的利益进行平衡,并制定信息沟通等级。项目干系人管理就是对他们的沟通进行管理,让不同的项目干系人得到相应等级内容的项目信息并解决项目干系人之间的问题,从而使项目顺利按计划推进。

即学即练

【试题1】以下_____因素对团队沟通的贡献最大。

A. 外部反馈　　　　　　　　　　　　B. 绩效评价

C. 项目经理解决团队的冲突　　　　　D. 同地集结

本章即学即练答案

序号	答案	序号	答案
TOP60	【试题 1】答案:C 【试题 3】答案:B 【试题 4】答案:C 【试题 5】答案:A	TOP61	【试题 1】答案:D 【试题 2】答案:D
TOP62	【试题 2】答案:D		

第 13 章　项目合同管理

TOP63　项目合同

真题分析

【真题1】根据《中华人民共和国合同法》，_____不属于合同的权利义务终止的条件。

A. 债务已经按照约定履行

B. 合同终止

C. 债务相互抵销

D. 债权债务同归于一人,且涉及第三人利益

解析:《中华人民共和国合同法》第九十一条　有下列情形之一的,合同的权利义务终止:

(一)债务已经按照约定履行;

(二)合同解除;

(三)债务相互抵销;

(四)债务人依法将标的物提存;

(五)债权人免除债务;

(六)债权债务同归于一人;

(七)法律规定或者当事人约定终止的其他情形。

第一百零六条　债权和债务同归于一人的,合同的权利义务终止,但涉及第三人利益的除外。

答案:D

【真题2】小张草拟了一份信息系统定制开发合同,其中写明"合同签订后建设单位应在7个工作日内向承建单位支付60%合同款;系统上线并运行稳定后,建设单位应在7个工作日内向承建单位支付30%合同款"。上述条款中存在的主要问题为_____。

A. 格式不符合行业标准的要求　　　　　B. 措辞不够书面化

C. 条款描述不清晰、不准确　　　　　　D. 名词术语不规范

解析:信息系统定制开发合同属于技术合同。根据《中华人民共和国合同法》,技术合同的内容由当事人约定,一般包括以下条款:

(一)项目名称;

(二)标的的内容、范围和要求;

(三)履行的计划、进度、期限、地点、地域和方式;

(四)技术情报和资料的保密;

(五)风险责任的承担;

(六)技术成果的归属和收益的分成办法;

(七)验收标准和方法;

(八)价款、报酬或者使用费及其支付方式;

(九)违约金或者损失赔偿的计算方法;

（十）解决争议的方法；

（十一）名词和术语的解释。

本题目中合同条款的核心在于约定费用的分期支付,但此内容没有描述清楚分期支付的具体额度,"合同款"这种表述不清晰、不准确。

答案:C

题型点睛

1. 有效合同应具备以下特点。

（1）签订合同的当事人应当具有相应的民事权利能力和民事行为能力。

（2）意思表示真实。

（3）不违反法律或社会公共利益。

2. 与有效合同相对应,需要避免无效合同。无效合同通常需具备下列任一情形。

（1）一方以欺诈、胁迫的手段订立合同。

（2）恶意串通,损害国家、集体或者第三人利益。

（3）以合法形式掩盖非法目的。

（4）损害社会公共利益。

（5）违反法律、行政法规的强制性规定。

即学即练

【试题1】合同法律关系是指由合同法律规范调整的在民事流转过程中形成的_____。

A. 买卖关系　　　　B. 监督关系　　　　C. 权利义务关系　　　　D. 管控关系

【试题2】_____属于《合同法》规定的合同内容。

A. 风险责任的承担　　　　　　　　B. 争议解决方法

C. 验收标准　　　　　　　　　　　D. 测试流程

【试题3】《合同法》规定,价款或酬金约定不明的,按_____的市场价格履行。

A. 订立合同时订立地　　　　　　　B. 履行合同时订立地

C. 订立合同时履行地　　　　　　　D. 履行合同时履行地

TOP64　项目合同的分类

真题分析

【真题1】按照付款方式的不同,工程合同分_____。

① 总价合同　　② 单价合同　　③ 分包合同　　④ 成本加酬金合同

A. ①②③④　　　　B. ①②③　　　　C. ①②④　　　　D. ①③④

解析:信息系统工程合同可分为总价合同、单价合同和成本加酬金合同。

答案:C

【真题2】某项目在启动阶段难以确定所需要的人员和资源,需要在实施过程中动态增加较多人员、专家和外部资源。在为该项目制订采购计划时需要确定采购合同类型,最适合该项目的合同类型是_____。

A. 时间和材料合同
B. 成本加固定酬金合同
C. 成本补偿合同
D. 固定总价合同

解析：时间和材料合同是包含成本补偿合同与固定总价合同的混合类型。当不能迅速确定准确的工作量时，时间和材料合同适用于动态增加人员、专家或其他外部支持人员等情况。由于合同具有可扩展性，买方成本可能增加，这些类型的合同类似于成本补偿合同。合同的总额和合同应交付产品的确切数量在买方签订合同时还不能确定。

总价合同又称固定价格合同，是指在合同中确定一个完成项目的总价，承包人据此完成项目全部合同内容的合同。这种合同类型能够使建设单位在评标时易于确定报价最低的承包商，易于进行支付计算。适用于工程量不太大且能精确计算、工期较短、技术不太复杂、风险不大的项目，同时要求发包人必须准备详细全面的设计图纸和各项说明，使承包人能准确计算工程量。

成本加酬金合同，是由发包人向承包人支付工程项目的实际成本，并且按照事先约定的某一种方式支付酬金的合同类型。在这类合同中，建设单位须承担项目实际发生的一切费用，因此也承担了项目的全部风险。承建单位由于无风险，其报酬往往也较低。这类合同的缺点是建设单位对工程造价不易控制，承建单位也往往不注意降低项目成本。这类合同主要适用于需立即开展工作、对项目内容及技术经济指标未确定、风险大的项目。

成本补偿合同为卖方报销实际成本，通常加上一些费用作为卖方利润。成本通常分为直接成本和间接成本。直接成本指直接、单独花在项目上的成本。间接成本，通常指分摊到项目上的经营费用。间接成本一般按直接成本的一定百分比计算。成本补偿合同也常常包括对达到或超过既定的项目目标（例如进度目标或总成本目标等）的奖励。

答案：A

【真题3】项目工作说明书是对项目提供的产品、成果或服务的描述，其内容一般不包括_____。

A. 服务人员
B. 技术方案选择
C. 验收标准
D. 收费及付款方式

解析：工作说明书（SOW）是对项目所要提供的产品、成果或服务的描述。对内部项目而言，项目发起者或投资人基于业务需要，或产品或服务的需求提出工作说明书。内部的工作说明书有时也称任务书。工作说明书包括的主要内容有前言、服务范围、方法、假定、服务期限和工作量估计、双方角色和责任、交付资料、完成以及验收标准、服务人员、聘用条款、收费和付款方式、变更管理等。

答案：B

【真题4】某电信企业要建设一个 CRM 系统（包括呼叫中心和客服中心），系统集成一级资质企业甲和系统集成二级资质企业乙参与该系统建设。关于合同的签订，下面说法中，_____是正确的。

A. 如电信企业和乙签订 CRM 建设总包合同，则乙和甲就呼叫中心的建设只能签订分包合同
B. 如电信企业和乙签订客服中心建设总包合同，则电信企业和甲就 CRM 的建设只能签订总价合同
C. 如电信企业和乙签订客服中心建设单项承包合同，则电信企业和甲就 CRM 的建设只能签订单项承包合同
D. 如电信企业和甲签订 CRM 建设总价合同，则甲和乙就呼叫中心建设只能签订单价合同

解析：总价合同又称固定价格合同，是指在合同中确定一个完成项目的总价，承包人据此完成项目全部合同内容的合同。这种合同类型能够使建设单位在评标时易于确定报价最低的承包商，易于进行支付计算，适用于工程量不太大且能精确计算、工期较短、技术不太复杂、风险不大的项目，同时要求发包人必须准备详细全面的设计图纸和各项说明，使承包人能准确计算工程量。

单价合同是指承包人在投标时，以招标文件就项目所列出的工作量表确定各部分项目工程费用的合同类型。这类合同的适用范围比较宽，其风险可以得到合理的分摊，并且能鼓励承包人通过提高工效等手段从成本节约中提高利润。

因此，如果电信企业和乙签订 CRM 建设总包合同，则乙和甲就呼叫中心的建设只能签订分包

合同。

答案：A

【真题 5】某机构将一大型信息系统集成项目分成 3 个包进行招标，共有 3 家承包商中标，发包人与承包商应签署_____。

A. 技术转让合同   B. 单项项目承包合同

C. 分包合同   D. 总承包合同

解析：《中华人民共和国合同法》有如下相关规定：

第二百五十一条　承揽合同是承揽人按照定作人的要求完成工作，交付工作成果，定作人给付报酬的合同。承揽包括加工、定作、修理、复制、测试、检验等工作。

第二百七十二条　发包人可以与总承包人订立建设工程合同，也可以分别与勘察人、设计人、施工人订立勘察、设计、施工承包合同。发包人不得将应当由一个承包人完成的建设工程肢解成若干部分发包给几个承包人。

第三百四十二条　技术转让合同包括专利权转让、专利申请权转让、技术秘密转让、专利实施许可合同。技术转让合同应当采用书面形式。

故本题目中，发包人与承包商应签署单项项目承包合同，不是总承包合同、分包合同，也不是技术转让合同。

答案：B

题型点睛

1. 按信息系统范围划分的合同分类：总承包合同、单项项目承包合同、分包合同。

2. 按项目付款方式划分的合同分类：

1）总价合同

总价合同又称固定价格合同，是指在合同中确定一个完成项目的总价，承包人据此完成项目全部合同内容的合同。这种合同类型能够使建设单位在评标时易于确定报价最低的承包商，易于进行支付计算，适用于工程量不太大且能精确计算、工期较短、技术不太复杂、风险不大的项目，同时要求发包人必须准备详细全面的设计图纸和各项说明，使承包人能准确计算工程量。

2）单价合同

单价合同是指承包人在投标时，以招标文件就项目所列出的工作量表确定各部分项目工程费用的合同类型。这类合同的适用范围比较宽，其风险可以得到合理的分摊，并且能鼓励承包人通过提高工效等手段从成本节约中提高利润。

3）成本加酬金合同

成本加酬金合同，是由发包人向承包人支付工程项目的实际成本，并且按照事先约定的某一种方式支付酬金的合同类型。在这类合同中，建设单位须承担项目实际发生的一切费用，因此也承担了项目的全部风险。承建单位由于无风险，其报酬往往也较低。这类合同的缺点是建设单位对工程造价不易控制，承建单位也往往不注意降低项目成本。

即学即练

【试题 1】某项目在招标时被分成 5 个标段，分别发包给不同的承包人。承包人中标后与招标人签订的是_____。

A. 单项项目承包合同   B. 分包合同

C. 单价合同   D. 总承包合同

【试题 2】某承建单位准备把机房项目中的消防系统工程分包出去，并准备了详细的设计图纸和各项说明。该项目工程包括：火灾自动报警、广播、火灾早期报警灭火等。该工程宜采用_____。

A. 单价合同
B. 成本加酬金合同
C. 总价合同
D. 委托合同

TOP65　项目合同管理

真题分析

【真题1】_____ management includes negotiating the terms and conditions in contracts and ensuring compliance with the terms and conditions, as well as documenting and agreeing on any changes or amendments that may arise during its implementation or execution.

A. Contract
B. Document
C. Communication
D. Risk

解析：合同管理的任务。合同管理包括谈判合同的条款和条件，并确保遵守的条款和条件，以及记录在实施或执行过程中任何更改或修正可能出现的情况。

答案：A

【真题2】以下关于合同变更的叙述中，_____是不正确的。

A. 合同变更一般处理程序如下：变更的提出、变更请求的审查、变更的批准、变更的实施
B. 变更申请可以以口头形式提出，变更评估必须采取书面方式
C. 对于任何变更的评估都应该有变更影响分析
D. 合同变更的处理由合同变更控制系统来完成

解析：合同变更必须遵守法定的方式，我国《合同法》第77条第2款规定："法律、行政法规规定变更合同应当办理批准、登记等手续的，依照其规定。"依此规定，如果当事人在法律、行政法规规定变更合同应当办理批准、登记手续的情况下，未遵循这些法定方式的，即便达成了变更合同的协议，也是无效的。由于法律、行政法规对合同变更的形式未作强制性规定，因此我们可以认为，当事人变更合同的形式可以协商决定，一般要与原合同的形式相一致。如原合同为书面形式，变更合同也应采取书面形式；如原合同为口头形式，变更合同既可以采取口头形式，也可以采取书面形式。

答案：B

【真题3】在信息系统建设中，建设方与承建方的合同可用于_____。

① 作为监理工作的基本依据
② 规定总监工程师的职责
③ 确定项目的工期
④ 规定双方的经济关系
⑤ 规定扣除招标公司费用的比例

A. ①②③
B. ①③④
C. ②③④⑤
D. ①②③④⑤

解析：市场经济的确立和完善，为信息系统工程的形成和完善提供了有利条件，信息系统工程合同的普遍实行，更加有利于市场的规范和发展，加速推进工程监理制度的完善和发展。信息系统工程合同的科学性、公平性和法律效率，规范了合同各方的行为，使信息系统工程建设活动有章可循，具体作用如下。

（1）合同确定了信息系统工程实施和管理的主要目标，是合同双方在工程中各种经济活动的依据。

合同在信息系统工程实施前签订，确定了该信息系统工程所要达到的目标以及和目标相关的所有主要的细节的问题。合同确定的信息系统工程目标主要有三个方面：

- 信息系统工程工期，包括项目开始、项目结束的具体日期以及项目中的一些主要活动持续时间，由合同协议书、总工期计划、双方一致同意的详细进度计划等决定。
- 信息系统工程质量、项目规模和范围，包括详细而具体的质量、技术和功能等方面的要求，例如

信息系统工程要达到的生产能力、设计、实施等质量标准和技术规范等,它们由合同条件、图纸、规范、项目工作量表、供应清单等定义。

- 信息系统工程价格,包括项目总价格、各分项项目的单价和总价等,由项目工作量报价单、中标函或合同协议书等定义。这是承建单位按合同要求完成项目责任所应得的报酬。

(2) 合同规定了双方的经济关系。合同一经签订,合同双方便形成了一定的经济关系。合同规定了双方在合同实施过程中的经济责任、利益和权利。签订合同,则说明双方互相承担责任,双方居于一个统一体中,共同完成合同。合同中确定了各方在整个项目中的基本地位,明确了各方的权利与义务。

(3) 合同是监理工作的基本依据,利用合同可以对工程进行进度、质量和成本实施管理与控制。

从另外一个角度看问题,②规定了总监工程师的职责,⑤规定了扣除招标公司费用的比例都不可能是建设方与承建方合同的内容,所以选择 B。

答案:B

【真题4】在合同谈判前,要制定切合实际的谈判目标,要抓住实质问题,要营造一个平等协商的氛围。这些工作在合同管理中属于_____管理。

A. 合同签订　　　　　B. 合同履行　　　　　C. 合同变更　　　　　D. 合同档案

解析:合同签订管理:

(1)签订合同的前期调查。

每一项合同在签订之前,应当做好以下几项工作。

① 应当做好市场调查。主要了解产品的技术发展状况、市场供需情况和市场价格等。

② 应当进行潜在合作伙伴或者竞争对手的资信调查,准确把握对方的真实意图,正确评判竞争的激烈程度。

③ 了解相关环境,做出正确的风险分析判断。

(2) 合同谈判和合同签署。

谈判是指人们为了协调彼此之间的关系,满足各自的需要,通过协商而争取达成一致意见的行为和过程。合同谈判的结果决定了合同条文的具体内容。因此,必须重视签订合同之前的谈判工作。谈判要注意如下两个问题。

① 要制定切合实际的谈判目标。

② 要抓住实质问题。只有抓住了问题的实质和关键,才能衡量谈判的难度和距离,适当调整谈判策略。

答案:A

【真题5】合同管理是项目管理中一个重要的组成部分,其中合同_____管理是合同管理的基础。

A. 索赔　　　　　B. 履行　　　　　C. 档案　　　　　D. 变更

解析:本题考查合同档案的管理,亦即合同文件管理,是整个合同管理的基础。

答案:C

【真题6】某项目甲、乙双方签订了建设合同,其中对工程款支付及知识产权的描述分别是"……甲方在系统安装完毕,经试运行及初验合格后,收到乙方材料××日内,支付第二笔款××××元。乙方提供的材料包括:① 商业发票;②……",从上述描述可看出,支付第二笔款还必须附加的材料是_____。

A. 第三方测试报告　　　　　　　　B. 初验报告

C. 专家评审报告　　　　　　　　　D. 监理工作总结报告

解析:从题干"经试运行及初验合格后",可知选项 B 是正确的。

答案:B

【真题7】根据《合同法》规定,_____不属于违约责任的承担方式。

A. 继续履行　　　　　　　　　　　B. 采取补救措施

C. 支付约定违约金或定金　　　　　D. 终止合同

解析:根据《中华人民共和国合同法》"第七章 违约责任"的规定:

第一百零七条 当事人一方不履行合同义务或者履行合同义务不符合约定的,应当承担继续履行、采取补救措施或者赔偿损失等违约责任。

第一百一十四条 当事人可以约定一方违约时应当根据违约情况向对方支付一定数额的违约金,也可以约定因违约产生的损失赔偿额的计算方法。约定的违约金低于造成的损失的,当事人可以请求人民法院或者仲裁机构予以增加;约定的违约金过分高于造成的损失的,当事人可以请求人民法院或者仲裁机构予以适当减少。当事人就迟延履行约定违约金的,违约方支付违约金后,还应当履行债务。

第一百一十五条 当事人可以依照《中华人民共和国担保法》约定一方向对方给付定金作为债权的担保。债务人履行债务后,定金应当抵作价款或者收回。给付定金的一方不履行约定的债务的,无权要求返还定金;收受定金的一方不履行约定的债务的,应当双倍返还定金。

第一百一十六条 当事人既约定违约金,又约定定金的,一方违约时,对方可以选择适用违约金或者定金条款。

由此可知选项 D 不属于违约责任的承担方式。

答案:D

【真题 8】为保证合同订立的合法性,关于合同签订,以下说法不正确的是_____。

A. 订立合同的当事人双方应当具有相应的民事权利能力和民事行为能力

B. 为保障双方利益,应在合同正文部分或附件中清晰规定质量验收标准,并可在合同签署生效后协议补充

C. 对于项目完成后发生技术性问题的处理与维护,如果合同中没有相关条款,默认维护期限为一年

D. 合同价款或者报酬等内容,在合同签署生效后,还可以进行协议补充

解析:根据《中华人民共和国合同法》的规定:

第二条 本法所称合同是平等主体的自然人、法人、其他组织之间设立、变更、终止民事权利义务关系的协议。

第九条 当事人订立合同,应当具有相应的民事权利能力和民事行为能力。即选项 A 是正确的。

第六十一条 合同生效后,当事人就质量、价款或者报酬、履行地点等内容没有约定或者约定不明确的,可以协议补充;不能达成补充协议的,按照合同有关条款或者交易习惯确定。

即选项 D 是正确的。

第三百二十四条 技术合同的内容由当事人约定,一般包括以下条款:

(一)项目名称;

(二)标的内容、范围和要求;

(三)履行的计划、进度、期限、地点、地域和方式;

(四)技术情报和资料的保密;

(五)风险责任的承担;

(六)技术成果的归属和收益的分成办法;

(七)验收标准和方法;

(八)价款、报酬或者使用费及其支付方式;

(九)违约金或者损失赔偿的计算方法;

(十)解决争议的方法;

(十一)名词和术语的解释。

与履行合同有关的技术背景资料、可行性论证和技术评价报告、项目任务书和计划书、技术标准、技术规范、原始设计和工艺文件以及其他技术文档,按照当事人的约定可以作为合同的组成部分。即选项 B 是正确的。合同法没有对于项目完成后发生技术性问题的处理与维护问题、维护期限问题进行约定。故选项 C 是错误的。

答案：C

【真题9】小王为本公司草拟了一份计算机设备采购合同，其中写着"乙方需按通常的行业标准提供技术支持服务"。经理审阅后要求小王修改，原因是＿＿＿＿。

A. 文字表达不通顺

B. 格式不符合国家或行业标准的要求

C. 对合同标的描述不够清晰、准确

D. 术语使用不当

解析：为了使签约各方对合同有一致理解，建议如下：

① 使用国家或行业标准的合同格式。

② 为避免因条款的不完备或歧义而引起合同纠纷，系统集成商应认真审阅建设单位拟订的合同。除了法律的强制性规定外，其他合同条款都应与建设单位在充分协商并达成一致的基础上进行约定。

对"合同标的"的描述务必达到"准确、简练、清晰"的标准要求，切忌含混不清。如合同标的是提供服务的，一定要写明服务的质量、标准或效果要求等，切忌只写"按照行业的通常标准提供服务或达到行业通常的服务标准要求等"之类的描述。综合以上分析，经理审阅后要求小王修改其草拟的合同，是因为对"合同标的"的描述不够清晰、准确。因此选择 C。

答案：C

【真题10】系统集成商与建设方在一个 ERP 项目的谈判过程中，建设方提出如下要求：系统初验时间为 2010 年 6 月底（付款 50％）；正式验收时间为 2010 年 10 月底（累计付款 80％）；系统运行服务期限为一年（可能累计付款 100％）；并希望长期提供应用软件技术支持。系统集成商在起草项目建设合同时，合同期限设定到＿＿＿＿为妥。

A. 2010 年 10 月底　　　　　　　　B. 2011 年 6 月底

C. 2011 年 10 月底　　　　　　　　D. 长期

解析：根据《中华人民共和国合同法》第四十六条，"当事人对合同的效力可以约定附期限。附生效期限的合同，自期限届至时生效。附终止期限的合同，自期限届满时失效"。系统集成可分为系统设计、系统集成、系统售后服务三个阶段，建设方提出的付款条件也是按照集成、售后服务阶段划分的。一年的售后服务圆满完成后意味该项集成合同的结束，至于建设方在售后服务期满后希望承建方长期提供应用软件技术支持，可再签订运维合同。

系统集成商在起草项目建设合同时，合同期限应设定为：

正式验收的时间（2010 年 10 月底，此时累计付款 80％）＋1 年的系统运行服务期（可能累计付款 100％）。

因此，该题的选项为"2011 年 10 月底"。至于 2011 年 10 月以后的"长期提供应用软件技术支持"，则可另行订立服务合同。

答案：C

🐾 题型点睛

1. 合同管理内容包含合同签订、合同履行、合同变更和合同档案管理。

2. 项目合同签订的注意事项：

(1) 当事人的法律资格：民事权利能力。

(2) 质量验收标准：验收是否合格。

(3) 验收时间：什么时候验收。

(4) 技术支持服务：明确技术支持，后续服务。

(5) 损害赔偿。

(6) 保密约定：当事人在订立合同过程中知悉的商业秘密，无论合同是否成立，不得泄露或者不正当地使用。

（7）知识产权约定：合同生效后，当事人就质量、价款或者报酬、履行地点等内容没有约定或者约定不明确的，可以协议补充；不能达成补充协议的，按照合同有关条款或者交易习惯确定。

（8）合同附件、法律公证。

3. 有多种因素会导致合同变更，例如范围变更、成本变更、进度变更、质量要求的变更甚至人员变更都可能会引起合同的变更，乃至重新修订。

4. 合同档案的管理，亦即合同文件管理，是整个合同管理的基础。

即学即练

【试题 1】制订项目计划时，首先应关注的是项目_____。

A. 范围说明书　　　　B. 工作分解结构　　　　C. 风险管理计划　　　　D. 质量计划

【试题 2】以下关于项目合同签订的描述中，正确的是_____。

A. 具有相应民事权利能力的自然人、法人或其他组织均可订立合同

B. 如果合同中对技术支持服务期限未作出任何规定，则认为企业所有的维护要求都要另行付费

C. 对于当事人在订立合同过程中知悉的商业秘密，一旦造成泄露的，必须承担经济损害赔偿

D. 为了避免合同纠纷，当事人必须将签订的合同进行公证，使之获得法律强制执行效力

【试题 3】小张草拟了一份信息系统定制开发合同，其中写明"合同签订后建设单位应在 7 个工作日内向承建单位支付 60％合同款；系统上线并运行稳定后，建设单位应在 7 个工作日内向承建单位支付 30％合同款"。上述条款中存在的主要问题为_____。

A. 格式不符合行业标准的要求　　　　B. 措辞不够书面化

C. 条款描述不清晰、不准确　　　　D. 名词术语不规范

【试题 4】合同的内容就是当事人订立合同时的各项合同条款，下列不属于项目合同主要内容的是_____。

A. 项目费用及支付方式　　　　B. 项目干系人管理

C. 违约责任　　　　D. 当事人各自权利、义务

TOP66　项目合同索赔管理

真题分析

【真题 1】索赔是合同管理中经常会碰到的问题，以下关于索赔管理的描述中，_____是正确的。

A. 一方或双方存在违约行为和事实是合同索赔的前提

B. 凡是遇到客观原因造成的损失，承包商都可以申请费用补偿

C. 索赔是对对方违约行为的一种惩罚

D. 承建方应该将索赔通知书直接递交建设方，监理方不参与索赔管理

解析：索赔是在工程承包合同履行中，当事人一方由于另一方未履行合同所规定的义务而遭受损失时，向另一方提出赔偿要求的行为。

合同索赔的重要前提条件是合同一方或双方存在违约行为和事实，并且由此造成了损失，责任应由对方承担。对提出的合同索赔，凡属于客观原因造成的延期和属于业主也无法预见到的情况，如特殊反常天气，达到合同中特殊反常天气的约定条件，承包商可能得到延长工期，但得不到费用补偿。对于属于业主方面的原因造成拖延工期，不仅应给承包商延长工期，还应给予费用补偿。

索赔必须以合同为依据。项目发生索赔事件后，一般先由监理工程师调解，若调解不成，由政府建

设主管机构进行调解,若仍调解不成,由经济合同仲裁委员会进行调解或仲裁。在整个索赔过程中,遵循的原则是索赔的有理性、索赔依据的有效性、索赔计算的正确性。

答案:A

【真题 2】甲公司与乙公司订立了一份总货款额为 20 万元的设备供货合同。合同约定的违约金为货款总额总值的 10%。同时,甲公司向乙公司给付定金 5000 元。后乙公司违约,给甲公司造成损失 2 万元。乙公司依法向甲公司支付违约金_____万元。

A. 2　　　　　　　　B. 2.5　　　　　　　　C. 4　　　　　　　　D. 1.5

解析: 索赔是在工程承包合同履行中,当事人一方由于另一方未履行合同所规定的义务而遭受损失时,向另一方提出赔偿要求的行为。索赔必须以合同为依据。因此,乙公司依法向甲公司支付违约金 $20 \times 10\% = 2$ 万元。

答案:A

【真题 3】M 公司委托 T 公司开发一套新的管理信息系统,T 公司未能按合同规定的日期交付最终产品,给 M 公司造成巨大的运营损失,因此 M 公司向 T 公司提出索赔,其中不包括_____。

A. 清算赔偿金　　B. 间接损失赔偿金　　C. 补偿性赔偿金　　D. 惩罚性赔偿金

解析: 索赔的行为属于经济补偿行为,不是惩罚行为。索赔是在工程承包合同履行中,当事人一方由于另一方未履行合同所规定的义务而遭受损失时,向另一方提出赔偿要求的行为。在实际工作中,"索赔"是双向的,建设单位和承建单位都可能提出索赔要求。通常情况下,索赔是指承建单位在合同实施过程中,对非自身原因造成的工程延期、费用增加而要求建设单位给予补偿损失的一种权利要求。而建设单位对于属于承建单位应承担责任造成的,且实际发生了的损失,向承建单位要求赔偿,称为反索赔。索赔在一般情况下都可以通过协商方式友好解决,若双方无法达成妥协时,可通过仲裁解决。

答案:D

【真题 4】某信息系统集成项目实施期间,因建设单位指定的系统部署地点所处的大楼进行线路改造,导致项目停工一个月,由于建设单位未提前通知承建单位,导致双方在项目启动阶段协商通过的项目计划无法如期履行。根据我国有关规定,承建单位_____。

A. 可申请延长工期补偿,也可申请费用补偿

B. 可申请延长工期补偿,不可申请费用补偿

C. 可申请费用补偿,不可申请延长工期补偿

D. 无法取得补偿

解析: 合同索赔的重要前提条件是合同一方或双方存在违约行为和事实,并且由此造成了损失,责任应由对方承担。对提出的合同索赔,凡属于客观原因造成的延期和属于业主也无法预见到的情况,如特殊反常天气,达到合同中特殊反常天气的约定条件,承包商可能得到延长工期,但得不到费用补偿。对于属于业主方面的原因造成拖延工期,不仅应给承包商延长工期,还应给予费用补偿。

本题目中由于建设单位的原因,导致项目停工一个月,双方在项目启动阶段协商通过的项目计划无法如期履行。承建单位不但可申请延长工期补偿,还可申请费用补偿,即选项 A 是正确的。

答案:A

【真题 5】某机构信息系统集成项目进行到项目中期,建设单位单方面终止合作,承建单位于 2010 年 7 月 1 日发出索赔通知书,承建单位最迟应在_____之前向监理方提出延长工期和(或)补偿经济损失的索赔报告及有关资料。

A. 2010 年 7 月 31 日　　　　　　　　B. 2010 年 8 月 1 日

C. 2010 年 7 月 29 日　　　　　　　　D. 2010 年 7 月 16 日

解析: 项目发生索赔事件后,一般先由监理工程师调解,若调解不成,由政府建设主管机构进行调解,若仍调解不成,由经济合同仲裁委员会进行调解或仲裁。在整个索赔过程中,遵循的原则是索赔的有理性、索赔依据的有效性、索赔计算的正确性。

（1）提出索赔要求。

当出现索赔事项时，索赔方以书面的索赔通知书形式，在索赔事项发生后的 28 天以内，向监理工程师正式提出索赔意向通知。

（2）报送索赔资料。

在索赔通知书发出后的 28 天内，向监理工程师提出延长工期和（或）补偿经济损失的索赔报告及有关资料。索赔报告的内容主要有总论部分、根据部分、计算部分和证据部分。

（3）监理工程师答复。

监理工程师在收到送交的索赔报告及有关资料后，于 28 天内给予答复，或要求索赔方进一步补充索赔理由和证据。

（4）监理工程师逾期答复后果。

监理工程师在收到承包人送交的索赔报告及有关资料后 28 天未予答复或未对承包人作进一步要求，视为该项索赔已经认可。

（5）持续索赔。

当索赔事件持续进行时，索赔方应当阶段性地向监理工程师发出索赔意向，在索赔事件终了后 28 天内，向监理工程师送交索赔的有关资料和最终索赔报告，监理工程师应在 28 天内给予答复或要求索赔方进一步补充索赔理由和证据。逾期未答复，视为该项索赔成立。

（6）仲裁与诉讼。

监理工程师对索赔的答复，索赔方或发包人不能接受，即进入仲裁或诉讼程序。

答案：C

【真题6】合同变更控制系统规定合同修改的过程，包括_____。

① 文书工作　　　　② 跟踪系统　　　　③ 争议解决程序　　　　④ 合同索赔处理

A. ①②③　　　　　B. ②③④　　　　　C. ①②④　　　　　D. ①③④

解析：合同变更控制系统规定合同修改的过程，包括文书工作、跟踪系统、争议解决程序以及批准变更所需的审批层次。合同变更控制系统应当与整体变更控制系统结合起来。由此可知，合同变更控制系统规定合同修改的过程不包括合同索赔处理，即 A 是正确的。

答案：A

【真题7】某软件开发项目合同规定，需求分析要经过客户确认后方可进行软件设计。但建设单位以客户代表出国、其他人员不知情为由拒绝签字，造成进度延期。软件开发单位进行索赔一般按_____顺序较妥当。

① 由该项目的监理方进行调解　　　　　② 由经济合同仲裁委员会仲裁

③ 由有关政府主管机构仲裁

A. ①②③　　　　　B. ①③②　　　　　C. ③①②　　　　　D. ②①③

解析：索赔是在工程承包合同履行过程中，当事人一方由于另一方未履行合同所规定的义务而遭受损失时，向另一方提出索赔要求的行为。

项目发生索赔事件后，一般先由监理工程师调解，若调解不成，由政府建设主管机构进行调解，若仍调解不成，由经济合同仲裁委员会进行调解或仲裁。在整个索赔过程中，遵循的原则是索赔的有理性、索赔依据的有效性、索赔计算的正确性。根据上述索赔程序，应选择 B。

答案：B

题型点睛

1. 索赔是在工程承包合同履行中，当事人一方由于另一方未履行合同所规定的义务而遭受损失时，向另一方提出赔偿要求的行为。在实际工作中，"索赔"是双向的，建设单位和承建单位都可能提出索赔要求。通常情况下,索赔是指承建单位在合同实施过程中,对非自身原因造成的工程延期、费用增加而要求建设单位给予补偿损失的一种权利要求。

2. 索赔的性质属于经济补偿行为,而不是惩罚;索赔在一般情况下都可以通过协商方式友好解决,若双方无法达成妥协时,可通过仲裁解决。

3. 合同索赔的构成条件:合同索赔的重要前提条件是合同一方或双方存在违约行为和事实,并且由此造成了损失,责任应由对方承担。对提出的合同索赔,凡属于客观原因造成的延期和属于业主也无法预见到的情况,如特殊反常天气,达到合同中特殊反常天气的约定条件,承包商可能得到延长工期,但得不到费用补偿。对于属于业主方面的原因造成拖延工期,不仅应给承包商延长工期,还应给予费用补偿。

4. 索赔必须以合同为依据。根据我国有关规定,索赔应依据下面的内容。

(1) 国家有关的法律,如《合同法》、法规和地方法规。

(2) 国家、部门和地方有关信息系统工程的标准、规范与文件。

(3) 本项目的实施合同文件,包括招标文件、合同文本及附件。

(4) 有关的凭证,包括来往文件、签证及更改通知,会议纪要,进度表,产品采购等。

(5) 其他相关文件,包括市场行情记录、各种会计核算资料等。

即学即练

【试题 1】下述关于项目合同索赔处理的叙述中,不正确的是_____。

A. 按业务性质分类,索赔可分为工程索赔和商务索赔

B. 项目实施中的会议纪要和来往文件等不能作为索赔依据

C. 建设单位向承建单位要求的赔偿称为反索赔

D. 项目发生索赔事件后一般先由监理工程师调解

【试题 2】按照索赔程序,索赔方要在索赔通知书发出后_____内,向监理方提出延长工期和(或)补偿经济损失的索赔报告及有关资料。

A. 2 周　　　　　　　B. 28 天　　　　　　　C. 30 天　　　　　　　D. 3 周

【试题 3】某项工程需在室外进行线缆铺设,但由于连续大雨造成承建方一直无法施工,开工日期比计划晚了 2 周(合同约定持续 1 周以内的天气异常不属于反常天气),给承建方造成一定的经济损失。承建方若寻求补偿,应当_____。

A. 要求延长工期补偿　　　　　　　B. 要求费用补偿

C. 要求延长工期补偿、费用补偿　　D. 自己克服

【试题 4】下列关于索赔的描述中,错误的是_____。

A. 索赔必须以合同为依据

B. 索赔的性质属于经济惩罚行为

C. 项目发生索赔事件后,合同双方可以通过协商方式解决

D. 合同索赔是规范合同行为的一种约束力和保障措施

本章即学即练答案

序号	答案	序号	答案
TOP63	【试题 1】答案：C 【试题 2】答案：B 【试题 3】答案：C	TOP64	【试题 1】答案：A 【试题 2】答案：C
TOP65	【试题 1】答案：A 【试题 2】答案：B 【试题 3】答案：C 【试题 4】答案：C	TOP66	【试题 1】答案：B 【试题 2】答案：B 【试题 3】答案：A 【试题 4】答案：B

第 14 章　项目采购管理

TOP67　编制采购计划

真题分析

【真题1】政府采购的主要采购方式是_____。

A. 公开招标　　　　B. 邀请招标　　　　C. 询价　　　　　D. 竞争性谈判

解析:《中华人民共和国政府采购法》"第三章　政府采购方式"规定:

第二十六条　政府采购采用以下方式:

(一)公开招标;

(二)邀请招标;

(三)竞争性谈判;

(四)单一来源采购;

(五)询价;

(六)国务院政府采购监督管理部门认定的其他采购方式。

公开招标应作为政府采购的主要采购方式。

答案:A

【真题2】某系统集成项目的项目经理需采购第三方软件插件,在编制询价计划时,由于待采购软件插件比较专业,为了更加明确采购需求,该项目经理需要使用的文件为_____。

A. 供应商意见书　　B. 方案邀请书　　C. 投标邀请书　　D. 报价邀请书

解析:采购文件用来得到潜在卖方的报价建议书。当选择卖方的决定基于价格(例如当购买商业产品或标准产品)时,通常使用标价或报价而不是报价建议书这个术语;而当技术能力或技术方法等其他的考虑极为重要时,则通常使用建议书这个术语。但人们经常交替使用这些术语,如果出现了这种情况就要搞清楚这些术语的真实含义。

供应商意见书(RFI)用来征求供应商意见,以使需求明确化。

答案:A

【真题3】某项目经理在执行项目时,在详细了解了项目所需要采购的产品和服务后,制订了包含如下所示的采购说明书模板让采购人员填写,该工作说明书中缺少了_____。

××项目采购工作说明书样本

1. 采购目标的详细描述

2. 采购工作范围

—　　　详细描述本次采购各个阶段要完成的工作;

—　　　详细说明所采用的软硬件以及功能、性能。

3. 工作地点

—　　　工作进行的具体地点;

—　　　详细阐明软硬件所使用的地方;

　　— 　员工必须在哪里和以什么方式工作。

　　4．产品及服务的供货周期

　　— 　详细说明每项工作的预计开始时间、结束时间和工作时间等；

　　— 　相关的进度信息。

　　5．适用标准

A．拟采购产品和服务的规格说明　　　　　　B．验收标准

C．质量要求　　　　　　　　　　　　　　　D．工作方式

　　解析：采购说明书包括验收标准。

　　答案：B

　　【真题4】乙公司参加一个网络项目的投标，为增加中标的可能性，乙公司决定将招标文件中的一些次要项目(约占总金额的 3%)作为可选项目，没有计算到投标总价中，而是另做一张可选价格表，由招标方选择是否需要。评标时，评委未计算可选价格部分，这样乙公司因报价低而中标。洽谈合同时，甲方提出乙方所说的可选项是必须的，在招标文件中已明确说明，要求乙方免费完成；乙方以投标文件中有说明为由不同意免费。该项目最可能的结果是_____。

A．甲方追加经费　　　　　　　　　　　　B．重新招标

C．甲方不追加经费，相应部分取消　　　　D．重新确定中标方

　　解析：此题考招标人投标文件和招标人招标文件不一致的解决办法。

　　《中华人民共和国招标投标法》第四十二条规定　　评标委员会经评审，认为所有投标都不符合招标文件要求的，可以否决所有投标。依法必须进行招标的项目的所有投标被否决的，招标人应当依照本法重新招标。所以，不会重新招标。但是由于乙公司操作的不当应当由其他投标者中重新确定中标方。

　　答案：D

　　【真题5】根据《中华人民共和国招标投标法》，以下有关招标文件的说法中，_____是错误的。

A．针对邀请招标，招标人应当根据潜在的投标人的情况和特点编制招标文件

B．国家对招标项目的技术、标准有规定的，招标人应当按照其规定在招标文件中提出相应要求

C．招标文件应当包括招标项目的技术要求、对投标人资格审查的标准、投标报价要求和评标标准等所有实质性要求和条件以及拟签订合同的主要条款

D．招标项目需要划分标段、确定工期的，招标人应当合理划分标段、确定日期，并在招标文件中载明

　　解析：《中华人民共和国招标投标法》中关于招投标有下列条款：

　　第十九条　　招标人应当根据招标项目的特点和需要编制招标文件。

　　因此招标人不应当根据潜在投标人的情况和特点编制招标文件，选择 A。

　　答案：A

　　【真题6】技术部给采购部提供了一份采购产品的技术标准和要求，这份文件可被称作_____。

A．项目建议书　　　　　　　　　　　　B．工作说明书

C．工作包　　　　　　　　　　　　　　D．项目范围说明书

　　解析：工作说明书(SOW)是对项目所要提供的产品、成果或服务的描述。对内部项目而言，项目发起者或投资人基于业务需要，或产品或服务的需求提出工作说明书。内部的工作说明书有时也称任务书。

　　工作说明书与项目范围说明书的区别：工作说明书是对项目所要提供的产品或服务的叙述性的描述。项目范围说明书则通过明确项目应该完成的工作而确定了项目的范围。

　　答案：B

　　【真题7】某公司现有的职员能轻易满足某新项目的一部分要求，但是这个项目的其他方面对该公司来说是新的。项目经理经过调研了解到一些供应商专业生产这类产品，可能能满足项目很多或全部需要。项目经理在准备项目计划和决定怎样招聘最佳人选及处理所需要的资源时，首先应该_____。

A. 进行自制/外购分析

B. 进行市场调查

C. 通过邀请提交建议书(RFP)向供应商征求方案来决定是否将项目外包出去

D. 评审公司采购部门提供的合格的卖方名单,并向选定的卖方发邀请提交建议书

解析:自制或外购的决策,是指企业围绕既可自制又可外购的零部件的取得方式而开展的决策,又称零部件取得方式的决策。企业生产产品所需要的零部件,是自己组织生产还是从外部购进,这是任何企业都会遇到的决策问题。需要指出,无论是零部件自制还是外购,并不影响产品的销售收入,只需考虑两个方案的成本,哪一个方案的成本低则选择哪一个方案。

答案:A

【真题8】某项目建设方没有聘请监理,承建方项目组在编制采购计划时可包括的内容有_____。

① 第三方系统测试服务　　② 设备租赁　　③ 建设方按照进度计划提供的货物

④ 外部聘请的项目培训

A. ①②③　　　　　　B. ②③④　　　　　　C. ①③④　　　　　　D. ①②④

解析:有些产品、服务和成果,项目团队不能自己提供,需要采购。或者即使项目团队能够自己提供,但有可能购买比由项目团队完成更合算。所以编制采购计划过程的第一步是要确定项目的某些产品、服务和成果是项目团队自己提供还是通过采购来满足,然后确定采购的方法和流程以及找出潜在的卖方,确定采购多少,确定何时采购,并把这些结果都写到项目采购计划中。

需要采购的内容应该包括由项目组之外的其他组织提供的产品、服务和成果。本题目中"①第三方系统测试服务、②设备租赁、④外部聘请的项目培训"都应属于采购计划中可以包括的内容。"③建设方按照进度计划提供的货物"不属于此范畴。故 D 是正确答案。

答案:D

【真题9】编制采购计划时,项目经理把一份"计算机的配置清单及相关的交付时间要求"提交给采购部。关于该文件与工作说明书的关系,以下表述_____是正确的。

A. 虽然能满足采购需求,但它是物品清单不是工作说明书

B. 该清单不能作为工作说明书,不能满足采购验收需要

C. 与工作说明书主要内容相符

D. 工作说明书由于很专业,应由供应商编制

解析:对所购买的产品、成果或服务来说,采购工作说明书定义了与合同相关的部分项目范围。每个采购工作说明书来自项目范围基准。

采购工作说明书描述足够的细节,以允许预期的卖方确定他们是否有提供买方所需的产品、成果或服务的能力。这些细节将随采购物的性质、买方的需要或预期的合同形式而变化。采购工作说明书描述了由卖方提供的产品、服务或者成果。采购工作说明书中的信息有规格说明书、期望的数量和质量的等级、性能数据、履约期限、工作地以及其他要求。

采购工作说明书应写得清楚、完整和简单明了,包括附带的服务描述,如与采购物品相关的绩效报告或者售后技术支持。在一些领域中,对于一份采购工作说明书有具体的内容和格式要求。每一个单独的采购项需要一个工作说明书。然而,多个产品或者服务也可以组成一个采购项,写在一个工作说明书里。

工作说明书应该清楚地描述工作的具体地点、完成的预定期限、具体的可交付成果、付款方式和期限、相关质量技术指标、验收标准等内容。一份优秀的工作说明书可以让供应商对买方的需求有较为清晰的了解,便于供应商提供相应产品和服务。

由此可知,本题中的"计算机的配置清单及相关的交付时间要求"与项目采购工作说明书有本质的不同。它的内容与工作说明书主要内容不相符。它不能作为工作说明书,不能满足采购验收需要。它是由项目组出具,经项目管理团队批准的。即 A、C、D 都是错误的,B 是正确的。

答案:B

【真题 10】以下采用单一来源采购方式的活动，_____是不恰当的。

A. 某政府部门为建立内部办公系统，已从一个供应商采购了 120 万元的网络设备，由于办公地点扩大，打算继续从原供应商采购 15 万元的设备

B. 某地区发生自然灾害，当地民政部门需要紧急采购一批救灾物资

C. 某地方主管部门需要采购一种市政设施，目前此种设施国内仅有一家厂商生产

D. 某政府机关为升级其内部办公系统，与原承建商签订了系统维护合同

解析：根据《中华人民共和国政府采购法》的如下条款：

第三十一条　符合下列情形之一的货物或者服务，可以依照本法采用单一来源方式采购：

（一）只能从唯一供应商处采购的；

（二）发生了不可预见的紧急情况不能从其他供应商处采购的；

（三）必须保证原有采购项目一致性或者服务配套的要求，需要继续从原供应商处添购，且添购资金总额不超过原合同采购金额百分之十的。

可知本题的选项 A 是不恰当的。

答案：A

【真题 11】以下关于采购工作说明书的叙述中，_____是错误的。

A. 采购说明书与项目范围基准没有关系

B. 采购工作说明书与项目的工作说明书不同

C. 应在编制采购计划的过程中编写采购工作说明书

D. 采购工作说明书定义了与项目合同相关的范围

解析：对所购买的产品、成果、服务来说，采购工作说明书定义了与合同相关的部分项目范围。每个采购工作说明书都来自于项目范围基准。工作说明书（SOW）是对项目所要提供的产品、成果或服务的描述。在一些应用领域中，对于一份采购工作说明书有具体的内容和格式要求。每一个单独的采购项需要一个工作说明书。然而，多个产品或服务也可以组成一个采购项，写在一个工作说明书里。

随着采购过程的进展，采购工作说明书可根据需要修订和更进一步明确。编制采购管理计划过程可能导致申请变更，从而可能会引发项目管理计划的相应内容和其他分计划的更新。

综上所述，可以分析得出，采购工作说明书与项目的工作说明书之间存在区别和联系。采购工作说明书不是一次编写完成的，编制采购管理计划的过程可能会引起采购工作说明书的变更，采购工作说明书定义了与合同相关的部分项目范围。每个采购说明书来都自于项目的范围基准，与项目范围基准之间存在密切关系。

答案：A

🌀 题型点睛

1. 项目采购管理的过程：

（1）编制采购计划。决定采购什么，何时采购，如何采购。

（2）编制询价计划。记录项目对于产品、服务或成果的需求，并且寻找潜在的供应商。

（3）询价、招投标。获取适当的信息、报价、投标书或建议书。

（4）供方选择。审核所有建议书或报价，在潜在的供应商中选择，并与选中者谈判最终合同。

（5）合同管理和收尾。管理合同以及买卖双方之间的关系，审核并记录供应商的绩效以确定必要的纠正措施并作为将来选择供应商的参考，管理与合同相关的变更。合同收尾的工作是：完成并结算合同，包括解决任何未决问题，并就与项目或项目阶段相关的每项合同进行收尾工作。

2. 工作说明书（SOW）是对项目所要提供的产品、成果或服务的描述。对内部项目而言，项目发起者或投资人基于业务需要，或产品或服务的需求提出工作说明书。内部的工作说明书有时也称任务书。工作说明书包括的主要内容有前言、服务范围、方法、假定、服务期限和工作量估计、双方角色和责

任、交付资料、完成标准、顾问组人员、收费和付款方式、变更管理等。

工作说明书与项目范围说明书的区别：工作说明书是对项目所要提供的产品或服务的叙述性的描述。项目范围说明书则通过明确项目应该完成的工作而确定了项目的范围。

即学即练

【试题1】_____活动应在编制采购计划过程中进行。

A. 自制或外购决策　　　　　　　　　　B. 回答卖方的问题

C. 制订合同　　　　　　　　　　　　　D. 制订 RFP 文件

【试题2】某项目经理要求采购管理员从外面供货商那里采购硬件设备时，需要准备一个_____以描述采购设备的相关质量技术指标、验收标准和付款方式与期待等内容。

A. 工作说明书　　　B. 合同范围说明　　　C. 项目章程　　　D. 合同

【试题3】某公司承担了一项系统集成项目，正在开发项目适用的软件系统，但是需要从其他公司购买一些硬件设备。该公司的转包合同负责人应当首先准备一份_____。

A. 项目章程　　　B. 项目范围说明书　　　C. 工作说明书　　　D. 外包合同

TOP68　编制询价计划

真题分析

【真题1】用来征求潜在供应商建议的文件一般称为_____。

A. RFI　　　　　　B. IFB　　　　　　C. RFQ　　　　　　D. RFP

解析：方案邀请书（Request For Proposal，RFP）是用来征求潜在供应商建议的文件，有人称 RFP 为请求建议书；报价邀请书（Request For Quoting，RFQ）是一种主要依据价格选择供应商时，用于征求潜在供应商报价的文件。一般项目执行组织多在涉及简单产品的招标中使用 RFQ。有人称 RFQ 为请求报价单。

除方案邀请书、报价邀请书外，用于不同类型采购的文件还包括征求供应商意见书（Request For Information，RFI）、投标邀请书（Invitation For Bid，IFB）、招标通知、洽谈邀请以及承包商初始建议征求书，这些文件都在编制采购计划阶段使用。其中，RFI 用来征求供应商意见，以使需求明确化。如果需求很明确，则用方案邀请书，征求供应商的建议书。

答案：C

【真题2】在采购管理中，编制询价计划需要用到_____。

A. 标准表格　　　　　　　　　　　　B. 评估标准

C. 采购管理计划　　　　　　　　　　D. 采购文件

解析：编制询价计划涉及编写支持询价所需要的各种文件，这种文件被统称为"采购文件"。这些文件主要用于一些潜在的承包商或者是向潜在的卖方征求建议书，征求报价。

答案：D

题型点睛

1. 输入、工具与技术及输出

（1）输入：采购管理计划；工作说明书；项目管理计划；自制/外购决定。

（2）工具与技术：标准表格；专家判断。

（3）输出：采购文件；评估标准；工作说明书（更新）。

2. 常见的询价文件

1）方案邀请书（Request For Proposal，RFP）是用来征求潜在供应商建议的文件，有人称 RFP 为请求建议书。

2）报价邀请书（Request For Quoting，RFQ）是一种主要依据价格选择供应商时，用于征求潜在供应商报价的文件。一般项目执行组织多在涉及简单产品的招标中使用 RFQ。有人称 RFQ 为请求报价单。

3）询价计划编制过程常用到的其他文件：征求供应商意见书（Request For Information，RFI）、投标邀请书（Invitation For Bid，IFB）、招标通知、洽谈邀请以及承包商初始建议征求书。具体使用的采购术语可根据采购的行业和地点而变化。

即学即练

【试题 1】适用于购买的正式和非正式的政策是_____的一部分。

A. 外部组织过程资产　　　　　　　　B. 项目管理事务

C. 企业环境因素　　　　　　　　　　D. 总的管理事务

【试题 2】在组织准备进行采购时，应准备的采购文件不包括_____。

A. 标书　　　　　B. 建议书　　　　　C. 工作说明书　　　　　D. 评估标准

TOP69　询价

真题分析

【真题 1】某项目采购人员接到一个紧急采购任务后启动了询价流程。关于询价，下面说法不正确的是_____。

A. 询价就是询问卖方的产品价格

B. 询价主要是以卖方处获取如何满足项目需要的答复

C. 询价过程是确定合格供应商名单

D. 在询价过程中即使卖方参与了大部分工作，买方也无须为其直接支付费用

解析：询价不仅是询问卖方的产品价格，还有服务、质量等，因此选项 A 不正确。

答案：A

【真题 2】投标人会议是在_____过程中采用的一种方法。

A. 开标　　　　　B. 询价　　　　　C. 评标　　　　　D. 投标

解析：询价的方法和技术如下。

（1）投标人会议。投标人会议（也称为发包会、承包商会议、供应商会议、投标前会议或竞标会议）是指在准备建议书之前与潜在供应商举行的会议。投标人会议用来确保所有潜在供应商对采购目的（如技术要求和合同要求等）有一个清晰、共同的理解。对供应商问题的答复可能作为修订条款包含到采购文件中。在投标人会议上，所有潜在供应商都应得到同等对待，以保证一个好的招标结果。

（2）刊登广告。现有潜在供应商清单通常可以通过在报纸等通用出版物、专业出版物，或有关的网站上刊登广告加以扩充。在政府的某些管辖范围内，政府会要求一些特定类型的采购事项应做公开广告，同时大部分政府机构要求政府合同必须做公开广告。

（3）制定合格卖方清单。如果一些企业和项目执行组织的过程资产中保留了以前的合格供应商清单，或经过询价过程制定了合格供应商清单，在此基础上通过投标人会议、刊登广告等办法再增加一些

合格供应商清单。最后整理为一个完整的合格供应商清单。

答案:B

题型点睛

输入、工具与技术及输出:

(1) 输入:组织过程资产;采购管理计划;采购文件。

(2) 工具与技术:投标人会议;刊登广告;制订合格卖方清单。

(3) 输出:合格卖方清单;采购文件;建议书。

即学即练

【试题 1】在项目采购中经常使用询价过程,询价过程的输出不包括_____。

A. 合格卖方清单　　　　　　　　　B. 采购工作说明书

C. 采购建议书　　　　　　　　　　D. 采购管理计划

TOP70　招标

真题分析

【真题 1】某招标文件包括:招标项目的技术要求、投标人员资格审查标准、投标报价要求、评标标准,该招标文件还缺少_____。

A. 评标组构成

B. 拟签订合同的主要条款

C. 特定的生产供应者

D. 是否要求投标人组成联合体共同投标

解析:《政府采购货物和服务招标投标管理办法》第十八条　招标采购单位应当根据招标项目的特点和需求编制招标文件。招标文件包括以下内容:

(一)投标邀请;(二)投标人须知(包括密封、签署、盖章要求等);(三)投标人应当提交的资格、资信证明文件;(四)投标报价要求、投标文件编制要求和投标保证金交纳方式;(五)招标项目的技术规格、要求和数量,包括附件、图纸等;(六)合同主要条款及合同签订方式;(七)交货和提供服务的时间;(八)评标方法、评标标准和废标条款;(九)投标截止时间、开标时间及地点;(十)省级以上财政部门规定的其他事项。

答案:B

【真题 2】以下关于评标过程和方法的叙述中,_____是不正确的。

A. 在评标时,当出现最低评标价远远高于标底或缺乏竞争性等情况时,应废除全部投标

B. 在评标时,先进行初步评标,只有在初评中确定为基本合格的投标,才有资格进入详细评定和比较阶段

C. 评标工作结束后,评标委员会要编写评标报告,上报采购主管部门

D. 如果在投标前没有进行资格预审,在评标后则需要对最低评标价的投标商进行资格后审。如果审定结果认为他有资格、有能力承担合同任务,则应把合同授予他

解析:(1) 详细评标

在完成初步评标以后,下一步就进入到详细评定和比较阶段。只有在初评中确定为基本合格的投

标,才有资格进入详细评定和比较阶段。具体的评标方法取决于招标文件中的规定,并按评标价的高低,由低到高,评定出各投标的排列次序。

在评标时,当出现最低评标价远远高于标底或缺乏竞争性等情况时,应废除全部投标。

(2) 如果在投标前没有进行资格预审,在评标后则需要对最低评标价的投标商进行资格后审。如果审定结果认为他有资格、有能力承担合同任务,则应把合同授予他;如果认为他不符合要求,则应对下一个评标价最低的投标商进行类似的审查。

(3) 初步评标工作比较简单,但却是非常重要的一步。初步评标的内容包括供应商资格是否符合要求,投标文件是否完整,是否按规定方式提交投标保证金,投标文件是否基本上符合招标文件的要求,有无计算上的错误等。如果供应商资格不符合规定,或投标文件未做出实质性的反映,都应作为无效投标处理,不得允许投标供应商通过修改投标文件或撤销不合要求的部分而使其投标具有响应性。经初步评标,凡是确定为基本上符合要求的投标,下一步要核定投标中有没有计算和累计方面的错误。

(4) 评标工作结束后,采购单位要编写评标报告,上报采购主管部门。

答案:A

【真题 3】依据《中华人民共和国招标法》,_____必须进行招标。

A. 政府部门为大型项目选择可行性研究服务提供方

B. 政府部门为涉及抢险救灾项目选择承建方

C. 为国际组织援助的项目选择承建方

D. 为私有企业投资的信息管理系统选择承建方

解析:在中华人民共和国境内进行下列工程建设项目包括项目的勘察、设计、施工、监理以及与工程建设有关的重要设备、材料等的采购,必须进行招标:

(一) 大型基础设施、公用事业等关系社会公共利益、公众安全的项目;

(二) 全部或者部分使用国有资金投资或者国家融资的项目;

(三) 使用国际组织或者外国政府贷款、援助资金的项目。

前款所列项目的具体范围和规模标准,由国务院发展计划部门会同国务院有关部门制订,报国务院批准。法律或者国务院对必须进行招标的其他项目的范围有规定的,依照其规定。

答案:C

【真题 4】根据《中华人民共和国招投标法》中关于招投标程序的规定,_____是错误的。

A. 招标人如采用公开招标方式的,应当公开发布招标公告;依法必须进行招标的项目的招标公告,应当通过国家指定的报刊、信息网络或者其他媒介发

B. 招标人根据招标项目的具体情况,可以组织潜在投标人踏勘项目现场

C. 投标人应当在招标文件要求提交投标文件的截止时间前将投标文件送达投标地点。招标人收到投标文件后,应当签收,并当面开启进行初审

D. 评标由招标人依法组建的评标委员会负责,中标结果确定后,评标委员会成员的名单可以在中标公告中公布

解析:《中华人民共和国招投标法》第二十八条 投标人应当在招标文件要求提交投标文件的截止时间前,将投标文件送达投标地点。招标人收到投标文件后,应当签收保存,不得开启。投标人少于三个的,招标人应当依照本法重新招标。

答案:C

【真题 5】在某单位招标过程中发生了如下事件,根据《中华人民共和国招投标法》及其实施条例,当出现_____之一时,评标委员会应当否决其投标。

① 投标文件未经投标单位盖章和单位负责人签字

② 同一投标人提交两个以上不同的投标文件,但招标文件未要求提交备选投标

③ 投标报价高于招标文件设定的最高投标价

④ 投标书中包括投标联合体共同签发的报价折扣声明

A. ①②　　　　　B. ①②④　　　　　C. ①③④　　　　　D. ①②③

解析:根据《招标投标法实施条例》第五十一条,有下列情形之一的,评标委员会应当否决其投标:

(一)投标文件未经投标单位盖章和单位负责人签字;

(二)投标联合体没有提交共同投标协议;

(三)投标人不符合国家或者招标文件规定的资格条件;

(四)同一投标人提交两个以上不同的投标文件或者投标报价,但招标文件要求提交备选投标的除外;

(五)投标报价低于成本或者高于招标文件设定的最高投标限价;

(六)投标文件没有对招标文件的实质性要求和条件做出响应;

(七)投标人有串通投标、弄虚作假、行贿等违法行为。

答案:D

【真题6】根据《中华人民共和国政府采购法》,下面关于采购方式的说法中_____是不正确的。

A. 采用公开招标方式的招标费用占政府采购项目总价值的比例过大的,可依照政府采购法单一来源方式采购

B. 招标后没有供应商投标或者没有合格标的或者重新招标未能成立的,可依照政府采购法采用竞争性谈判方式采购

C. 采购的货物或服务具有特殊性,只能从有限范围的供应商处采购的,可依照政府采购法采用邀请招标方式采购

D. 采购的货物规格,标准统一,现货货源充足且价格变化幅度小的政府采购项目,可依照政府采购法采用询价方式采购

解析:根据《中华人民共和国政府采购法》第二十九条,符合下列情形之一的货物或者服务,可以依照本法采用邀请招标方式采购:

(一)具有特殊性,只能从有限范围的供应商处采购的;

(二)采用公开招标方式的费用占政府采购项目总价值的比例过大的。

第三十条　符合下列情形之一的货物或者服务,可以依照本法采用竞争性谈判方式采购:

(一)招标后没有供应商投标或者没有合格标的或者重新招标未能成立的;

(二)技术复杂或者性质特殊,不能确定详细规格或者具体要求的;

(三)采用招标所需时间不能满足用户紧急需要的;

(四)不能事先计算出价格总额的。

第三十一条　符合下列情形之一的货物或者服务,可以依照本法采用单一来源方式采购:

(一)只能从唯一供应商处采购的;

(二)发生了不可预见的紧急情况不能从其他供应商处采购的;

(三)必须保证原有采购项目一致性或者服务配套的要求,需要继续从原供应商处添购,且添购资金总额不超过原合同采购金额百分之十的。

第三十二条　采购的货物规格、标准统一、现货货源充足且价格变化幅度小的政府采购项目,可以依照本法采用询价方式采购。

答案:A

【真题7】根据《中华人民共和国政府采购法》,关于询价采购的程序,下面说法不正确的是_____。

A. 询价小组应由采购人的代表和有关专家共五人以上的单数组成。其中专家的人数不得少于成员总数的三分之二

B. 询价小组按照采购需求,从符合相应资格条件的供应商的名单中确定不少于三家的供应商,并向其发出询价通知书让其报价

C. 询价小组应要求被询价的供应商一次报出不得更改的价格

　　D. 采购人员根据符合采购需求、质量和服务同等且报价最低的原则确定成交供应商,并将结果通知所有被询价的未成交的供应商

　　解析:《中华人民共和国政府采购法》第四十条规定,采取询价方式采购的,应当遵循下列程序:(一)成立询价小组。询价小组由采购人的代表和有关专家共三人以上的单数组成,其中专家的人数不得少于成员总数的三分之二。询价小组应当对采购项目的价格构成和评定成交的标准等事项作出规定。(二)确定被询价的供应商名单。询价小组根据采购需求,从符合相应资格条件的供应商名单中确定不少于三家的供应商,并向其发出询价通知书让其报价。(三)询价。询价小组要求被询价的供应商一次报出不得更改的价格。(四)确定成交供应商。采购人根据符合采购需求、质量和服务相等且报价最低的原则确定成交供应商,并将结果通知所有被询价的未成交的供应商。

　　答案:A

　　【真题8】某系统集成一级企业年项目合同额近 3 亿元。采购部门要面临从交换机到固定螺丝及相关服务的大量采购任务,下面的采购措施中,不可取的是_____。

　　A. 为防止采购人员可能出现经济问题,所有产品都按照统一规则、统一方法进行

　　B. 按照重要程度将产品分为 A 类、B 类、C 类,分别制定采购规则,A 类产品要通过招标,C 类产品可简化采购手续

　　C. 无论采购产品还是服务,都要建立对供应商的评价制度

　　D. 建立和维护合格供应商名录来缩小采购选择的范围

　　解析:年项目合同额近 3 亿元,采购部门要面临从交换机到固定螺丝及相关服务的大量采购任务,不可能对所有产品都按照统一规则、统一方法进行采购。因此选项 A 是不可取的。

　　答案:A

　　【真题9】某政府部门要进行采购招标,其招标的部分流程如下:

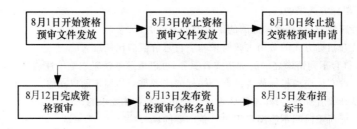

　　关于上述招标流程,下面说法正确的是_____。

　　A. 4 日内完成资格预审文件发放符合招投标相关法规

　　B. 停止发放资格预审文件到终止提交预审资格申请的时间间隔符合招投标相关法规

　　C. 发布资格预审合格名单和发布招标书时间间隔不符合招投标相关法规

　　D. 招标书应在 8 月 3 日前发售

　　解析:《招标投标法》规定:"招标人应当按照招标公告或投标邀请书规定的时间、地点出售招标文件或资格预审文件。自招标文件或资格预审文件出售之日起至停止出售之日止,最短不得少于五个工作日。"

　　《实施条例》第十六条规定:"招标人应当按照资格预审公告、招标公告或者投标邀请书规定的时间、地点发售资格预审文件或招标文件。资格预审文件或者招标文件的发售期不得少于 5 日。"

　　由于资格预审和招标开标是前后不同的两个阶段,法律法规对两个阶段均未规定间隔最少时间,所以递交资格预审文件截止时间至施工招标开标时间应该是多长时间无法确定。只能依据招标人的工作计划确定。资格预审结果法律法规未规定必须公示,只是发出资格预审结果通知书。在通知书中告知合格的投标人在规定的时间和地点购买招标文件。并告知购买招标文件的起止时间,依据《实施条例》购买招标文件的时间不得少于 5 日。《实施条例》第五十四条规定,依法必须招标的项目,评定中标候选人的结果(应在网上)进行公示,公示期不得少于 3 日。因此,只有选项 B 是正确的。

答案:B

【真题10】下列说法不正确的是_____。

A. 《招标投标法》规定招标方式分为公开招标和邀请招标两类

B. 只有不属于法规规定必须招标的项目才可以采用直接委托方式

C. 建设行政主管部门派人参加开标、评标、定标的活动,监督招标按法定程序选择中标人;所派人员可作为评标委员会的成员,但不得以任何形式影响或干涉招标人依法选择中标人的活动

D. 比较而言,公开招标的评标工作量较大,所需招标时间长,费用高

解析:建设行政主管部门派人员参加开标、评标、定标的活动,监督招标人按法定程序选择中标人。所派人员不作为评标委员会的成员,也不得以任何形式影响或干涉招标人依法选择中标人的活动。因此,选项 C 显然是不正确的。

答案:C

【真题11】《中华人民共和国政府采购法》第二十四条规定,两个以上的自然人、法人或者其他组织可以组成一个联合体,以一个供应商的身份共同参加政府采购。以下关于联合体供应商的叙述,_____是不正确的。

A. 参加联合体的供应商均应具备相关的条件

B. 参加联合体的供应商应当向采购人提交联合协议,载明联合体各方承担的工作和义务

C. 参加联合体的供应商各方应当共同与采购人签订采购合同

D. 参加联合体的次要供应商不需要就采购合同约定的事项对采购承担连带责任

解析:《中华人民共和国政府采购法》第二十四条规定:两个以上的自然人、法人或者其他组织可以组成一个联合体,以一个供应商的身份共同参加政府采购。以联合体形式进行政府采购的,参加联合体的供应商均应具备本法第二十二条规定的条件,并应当向采购人提交联合协议,载明联合体各方承担的工作和义务。联合体各方应当共同与采购人签订采购合同,就采购合同约定的事项对采购人承担连带责任。

答案:D

【真题12】关于中标条件的叙述中,_____是最为完整正确的。

A. 能够最大限度地满足招标文件中规定的各项综合评价标准

B. 能够满足招标文件的实质性要求,并且经评审的投标价格最低

C. 能够很好地满足招标文件中规定的各项综合评价标准

D. 能够满足招标文件的实质性要求,并且经评审的投标价格合理

解析:中标人的投标应当符合下列条件之一。

(1) 能够最大限度地满足招标文件中规定的各项综合评价标准。

(2) 能够满足招标文件的实质性要求,并且经评审的投标价格最低。但是,投标价格低于成本的除外。

答案:A

【真题13】拟采购货物的规格、标准统一,现货货源充足且价格变化幅度小的政府采购项目,可以依照《中华人民共和国政府采购法》采用_____方式进行采购。

A. 竞争性谈判采购　　　　　　　B. 邀请招标

C. 单一来源采购　　　　　　　　D. 询价

解析:《采购法》第三十条规定:采购的货物规格、标准统一、现货货源充足且价格变化幅度小的政府采购项目,可以依照本法采用询价方式采购。

答案:D

【真题14】根据《中华人民共和国招投标法》,以下叙述中不正确的是_____。

A. 两个以上法人或组织组成联合体共同投标时,联合体各方均应当具备承担招标项目的相应能力

B. 联合体中标的,联合体各方应当共同与招标人签订合同,就中标项目向招标人承担连带责任

C. 联合体各方应当签订共同投标协议,并将共同投标协议连同投标文件一并提交给投标人

D. 由同一专业的单位组成的联合体,按照其中资质等级最高的单位确定资质等级

解析:《中华人民共和国招投标法》第三十一条规定:两个以上法人或者其他组织可以组成一个联合体,以一个投标人的身份共同投标。

联合体各方均应当具备承担招标项目的相应能力;国家有关规定或者招标文件对投标人资格条件有规定的,联合体各方均应当具备规定的相应资格条件。由同一专业的单位组成的联合体,按照资质等级较低的单位确定资质等级。联合体各方应当签订共同投标协议,明确约定各方拟承担的工作和责任,并将共同投标协议连同投标文件一并提交招标人。联合体中标的,联合体各方应当共同与招标人签订合同,就中标项目向招标人承担连带责任。

招标人不得强制投标人组成联合体共同投标,不得限制投标人之间的竞争。

答案:D

【真题15】某公司甲计划建立一套 ERP 系统,在一家监理单位协助下开始招标工作。在以下招标过程中,不符合《招标投标法》有关规定的是_____。

A. 甲公司在编制了招标文件以后,于 3 月 4 日发出招标公告,规定投标截止时间为 3 月 25 日 17 时

B. 公司在收到五家公司的投标书后,开始制订相应的评标标准,并且邀请了 5 位行业专家和 2 名公司领导组成 7 人评标委员会

C. 在评标会议上,评标委员会认为 T 公司的投标书虽然满足投标文件中规定的各项要求,但报价低于成本价,因此选择了投标书同样满足要求而报价次低的 S 公司作为中标单位

D. 在 4 月 1 日发布中标公告后,S 公司希望修改合同中的付款方式,搬方经过多次协商后,于 4 月 28 日正式签订了 ERP 项目合同

解析:根据《招投标法》第十九条的要求,招标方在制订招标文件时,就应该开始制订相应的评标标准,而不是收到投标文件后。因此,公司在收到五家公司的投标书后,开始制订相应的评标标准,并且邀请了 5 位行业专家和 2 名公司领导组成 7 人评标委员会是不符合投标法的。

答案:B

【真题16】某市政府采购办公用计算机及配套软件时进行了公开招标,以下做法正确的是_____。

A. 在招标文件中明确指出投标企业不应有外资背景

B. 该项目招标结束后,招标单位向中标人发出中标通知书,但对所有未中标的投标人只通知了中标结果

C. 某项目在招标时仅有一家企业投标,于是该企业顺利中标

D. 某项目的评标委员会由一名经济专家、一名技术专家和一名招标单位负责人组成

解析:很明显,只有选项 B 是正确的。

《中华人民共和国招投标法》第四十五条规定:中标人确定后,招标人应当向中标人发出中标通知书,并同时将中标结果通知所有未中标的投标人。

答案:B

【真题17】某大型系统集成项目进行公开招标,要求投标人具有计算机系统集成二级资质,甲、乙两家企业为提高竞争力、增加投标成功的可能性,组成联合体以一个投标人的身份共同投标,如出现以下_____情况,甲、乙两家企业组成的联合体将无法满足该项目的招标要求。

A. 甲、乙两家企业共同按照招标文件的要求编制投标文件,对招标文件提出的实质性要求和条件做出了响应

B. 甲企业具有计算机系统集成二级资质,乙企业具有计算机系统集成三级资质

C. 甲、乙两家企业签订了共同投标协议,将该协议连同投标文件一并提交招标人

D. 甲、乙两家企业经过协商,对招标项目提出了略低于市场价格的报价

解析:很明显,选项 B 是有问题的。这是因为,《招投标法》规定,投标联合体的资质 = 联合体中最低一方的资质。

答案:B

【真题 18】关于竞争性谈判,以下说法不恰当的是_____。

A. 竞争性谈判公告须在财政部门指定的政府采购信息发布媒体上发布,公告发布日至谈判文件递交截止日期的时间不得少于 20 个自然日

B. 某地方政府采用公开招标采购视频点播系统,招标公告发布后仅两家供应商在指定日期前购买标书,经采购、财政部门认可,可改为竞争性谈判

C. 某机关办公大楼为配合线路改造,需在两周内紧急采购一批 UPS 设备,因此可采用竞争性谈判的采购方式

D. 须有 3 家以上具有资格的供应商参加谈判

解析:根据《中华人民共和国政府采购法》第三十条,符合下列情形之一的货物或者服务,可以依照本法采用竞争性谈判方式采购:

(一)招标后没有供应商投标或者没有合格标的或者重新招标未能成立的;

(二)技术复杂或者性质特殊,不能确定详细规格或者具体要求的;

(三)采用招标所需时间不能满足用户紧急需要的;

(四)不能事先计算出价格总额的。

第三十五条　货物和服务项目实行招标方式采购的,自招标文件开始发出之日起至投标人提交投标文件截止之日止,不得少于二十日。

第三十八条　采用竞争性谈判方式采购的,应当遵循下列程序:

(一)成立谈判小组。谈判小组由采购人的代表和有关专家共三人以上的单数组成,其中专家的人数不得少于成员总数的三分之二。

(二)制定谈判文件。谈判文件应当明确谈判程序、谈判内容、合同草案的条款以及评定成交的标准等事项。

(三)确定邀请参加谈判的供应商名单。谈判小组从符合相应资格条件的供应商名单中确定不少于三家的供应商参加谈判,并向其提供谈判文件。

(四)谈判。谈判小组所有成员集中与单一供应商分别进行谈判。在谈判中,谈判的任何一方不得透露与谈判有关的其他供应商的技术资料、价格和其他信息。谈判文件有实质性变动的,谈判小组应当以书面形式通知所有参加谈判的供应商。

(五)确定成交供应商。谈判结束后,谈判小组应当要求所有参加谈判的供应商在规定时间内进行最后报价,采购人从谈判小组提出的成交候选人中根据符合采购需求、质量和服务相等且报价最低的原则确定成交供应商,并将结果通知所有参加谈判的未成交的供应商。

根据《中华人民共和国政府采购法》的上述条款可知,选项 A 的说法是不恰当的。

答案:A

【真题 19】某省政府采用公开招标方式采购信息系统项目及服务,招标文件要求投标企业必须具备系统集成二级及其以上资质,提交证书复印件并加盖公章。开标当天共有 5 家企业在截止时间之前投递了标书。根据《中华人民共和国政府采购法》,如发生以下_____情况,本次招标将作废标处理。

A. 有 3 家企业具备系统集成一级资质

B. 有 3 家企业具备系统集成二级资质

C. 5 家企业都具有系统集成二级资质,质证书有效期满未延续换证

D. 有 3 家企业具备系统集成三级资质

解析:根据《中华人民共和国政府采购法》第三十六条,在招标采购中,出现下列情形之一的,应予废标:

（一）符合专业条件的供应商或者对招标文件作实质响应的供应商不足 3 家的；

（二）出现影响采购公正的违法、违规行为的；

（三）投标人的报价均超过了采购预算，采购人不能支付的；

（四）因重大变故，采购任务取消的。废标后，采购人应当将废标理由通知所有投标人。

根据上述条款，选项 D 符合第三十六条所述的情形（一），该情形应予废标，因此应选 D。

答案：D

【真题 20】某市经济管理部门规划经济监测信息系统，由于该领域的专业性和复杂性，拟采取竞争性谈判的方式进行招标。该部门自行编制谈判文件并在该市政府采购信息网发布采购信息，谈判文件要求自谈判文件发出 12 天内提交投标文档，第 15 天进行竞争性谈判。谈判小组由建设方代表 1 人、监察部门 1 人、技术专家 5 人共同组成，并邀请 3 家有行业经验的 IT 厂商参与谈判。在此次竞争性谈判中存在的问题是_____。

A. 该部门不应自行编制谈判文件，应委托中介机构编制

B. 谈判文件发布后 12 日提交投标文件违反了"招投标类采购自招标文件发出之日起至投标人提交投标文件截止之日止，不得少于 20 天"的要求

C. 应邀请 3 家以上（不含 3 家）IT 厂商参与谈判

D. 谈判小组人员组成不合理

解析：《中华人民共和国政府采购法》第三十五条规定：货物和服务项目实行招标方式采购的，自招标文件开始发出之日起至投标人提交投标文件截止之日止，不得少于二十日。采购法中只针对项目实行招标方式采购的提交投标文件截止时间有要求，本项目不属于招标类采购。

第三十八条规定：采用竞争性谈判方式采购的，应当遵循下列程序。

（一）成立谈判小组。谈判小组由采购人的代表和有关专家共三人以上的单数组成，其中专家的人数不得少于成员总数的 2/3（本题目中的谈判小组共 5 人，技术专家 3 人，技术专家不足 2/3）。

（二）制定谈判文件。谈判文件应当明确谈判程序、谈判内容、合同草案的条款以及评定成交的标准等事项（采购法中没有规定谈判文件的制定方）。

（三）确定邀请参加谈判的供应商名单。谈判小组从符合相应资格条件的供应商名单中确定不少于三家的供应商参加谈判，并向其提供谈判文件。

（四）谈判。谈判小组所有成员集中与单一供应商分别进行谈判。在谈判中，谈判的任何一方不得透露与谈判有关的其他供应商的技术资料、价格和其他信息。谈判文件有实质性变动的，谈判小组应当以书面形式通知所有参加谈判的供应商。

（五）确定成交供应商。谈判结束后，谈判小组应当要求所有参加谈判的供应商在规定时间内进行最后报价，采购人从谈判小组提出的成交候选人中根据符合采购需求、质量和服务相等且报价最低的原则确定成交供应商，并将结果通知所有参加谈判的未成交的供应商。

因此本题目的正确答案是 D。

答案：D

【真题 21】某企业 ERP 项目拟采用公开招标方式选择系统集成商，2010 年 6 月 9 日上午 9 时，企业向通过资格预审的甲、乙、丙、丁、戊 5 家企业发出了投标邀请书，规定投标截止时间为 2010 年 7 月 19 日下午 5 时。甲、乙、丙、戊 4 家企业在截止时间之前提交投标文件，但丁企业于 2010 年 7 月 20 日上午 9 时才送达投标文件。在评标过程中，专家组确认：甲企业投标文件有项目经理签字并加盖公章，但无法定代表人签字；乙企业投标报价中的大写金额与小写金额不一致；丙企业投标报价低于标底和其他四家的报价较多。以下论述不正确的是_____。

A. 丁企业投标文件逾期，应不予接受

B. 甲企业无法定代表人签字，做废标处理

C. 丙企业报价不合理，做废标处理

D. 此次公开招标依然符合投标人不少于三个的要求

解析：在《中华人民共和国招标投标法》中有如下规定：

第二十八条 投标人应当在招标文件要求提交投标文件的截止时间前，将投标文件送达投标地点。招标人收到投标文件后，应当签收保存，不得开启。投标人少于三个的，招标人应当依照本法重新招标。在招标文件要求提交投标文件的截止时间后送达的投标文件，招标人应当拒收。故 A 是正确的。

第二十七条 投标人应当按照招标文件的要求编制投标文件。投标文件应当对招标文件提出的实质性要求和条件做出响应。通常，评标时对于有以下情况之一的投标书，按废标处理：①投标人或投标设备来自非指定区域或国度；②投标人未提交投标保证金或金额不足、保函有效期不足、投标保证金形式或出证银行不符合招标文件要求的；③无银行资信证明；④代理商投标，投标书中无货源证明，或无主要设备制造厂有效委托书的；⑤投标书无法人代表签字，或无法人代表有效委托书的；⑥投标有效期不足的。由此可见选项 B 是正确的。

第三十三条 投标人不得以低于成本的报价竞标，也不得以他人名义投标或者以其他方式弄虚作假，骗取中标。

第四十一条 中标人的投标应当符合下列条件之一：

（一）能够最大限度地满足招标文件中规定的各项综合评价标准；

（二）能够满足招标文件的实质性要求，并且经评审的投标价格最低；但是投标价格低于成本的除外。

从第三十三条和第四十一条可以看出，对于投标价格与中标价格的规定与是否低于成本价相关，与是否低于标底无关。故选项 C 是错误的。由上述分析可知，目前标书被废掉的有丁、甲，满足要求的有乙、丙、戊，故选项 D 是正确的。

答案：C

【真题22】某项目建设内容包括机房的升级改造、应用系统的开发以及系统的集成等。招标人于 2010 年 3 月 25 日在某国家级报刊上发布了招标公告，并规定 4 月 20 日上午 9 时为投标截止时间和开标时间。系统集成单位 A、B、C 购买了招标文件。在 4 月 10 日，招标人发现已发售的招标文件中某技术指标存在问题，需要进行澄清，于是在 4 月 12 日以书面形式通知 A、B、C 三家单位。根据《中华人民共和国招标投标法》，投标文件截止日期和开标日期应该不早于_____。

A. 5 月 5 日   B. 4 月 22 日   C. 4 月 25 日   D. 4 月 27 日

解析：根据《中华人民共和国招标投标法》第二十三条规定：招标人对已发出的招标文件进行必要的澄清或者修改的，应当在招标文件要求提交投标文件截止时间至少十五日前，以书面形式通知所有招标文件收受人。该澄清或者修改的内容为招标文件的组成部分。招标单位在 4 月 12 日以书面形式通知 A、B、C 三家单位需要进行澄清的技术指标问题，投标文件截止日期和开标日期应该不早于 4 月 27 日。

答案：D

【真题23】在评标过程中，_____是不符合招标投标法要求的。

A. 评标委员会委员由 5 人组成，其中招标人代表 2 人，经济、技术专家 3 人

B. 评标委员会认为 A 投标单位的投标文件中针对某项技术的阐述不够清晰，要求 A 单位予以澄清

C. 某单位的投标文件中某分项工程的报价存在个别漏项，评标委员会认为个别漏项属于细微偏差，投标标书有效

D. 某单位虽然按招标文件要求编制了投标文件，但是个别页面没有编制页码，评标委员会认为投标标书有效

解析：评标由招标人依法组建的评标委员会负责。依法必须进行招标的项目，其评标委员会由招标人的代表和有关技术、经济等方面的专家组成，评标委员会组成方式与专家资质将依据《中华人民共和国招投标法》有关条款来确定。

《中华人民共和国招投标法》第三十七条规定："依法必须进行招标的项目,其评标委员会由招标人的代表和有关技术、经济等方面的专家组成,成员人数为五人以上单数,其中技术、经济等方面的专家不得少于成员总数的三分之二。"因此,"评标委员会委员由 5 人组成,其中招标人代表 2 人,经济、技术专家 3 人"不符合招投标法要求。

答案:A

🎯 题型点睛

输入、工具与技术及输出:

(1) 输入:建议书;评估标准;组织过程资产;风险数据库;风险相关的合同协议;合格卖方清单;采购文件包。

(2) 工具与技术:加权系统;独立估算;筛选系统;合同谈判。

(3) 输出:选中的卖方;合同;合同管理计划;资源可用性;采购管理计划(更新)。

✏️ 即学即练

【试题 1】依据《中华人民共和国招标投标法》,公开招标是指招标人以招标公告的方式邀请_____投标。

A. 特定的法人或者其他组织

B. 不特定的法人或者其他组织

C. 通过竞争性谈判的法人或者其他组织

D. 单一来源的法人或者其他组织

【试题 2】招标人采用邀请招标方式的,应当向三个以上具备承担招标项目的能力、资信良好的_____发出投标邀请书。

A. 不特定的法人

B. 特定的法人

C. 不特定的法人或者其他组织

D. 特定的法人或者其他组织

【试题 3】根据《中华人民共和国招投标法》,以下做法正确的是_____。

A. 某项目于 2 月 1 日公开发布招标文件,标明截止时间为 2011 年 2 月 14 日 9 时整

B. 开标应当在招标文件确定的提交投标文件截止时间的同一时间公开进行

C. 某项目的所有投标都不符合招标文件要求,评标委员会在与招标方商量后,确定其中最接近投标文件要求的一家公司中标

D. 联合投标的几家企业中只需一家达到招标文件要求的资质即可

【试题 4】某项目在招标时被分成 5 个标段,分别发包给不同的承包人。承包人中标后与招标人签订的是_____。

A. 单项项目承包合同　B. 分包合同　　　　　C. 单价合同　　　　　D. 总承包合同

TOP71　合同及合同收尾

📑 真题分析

【真题 1】小王为本公司草拟了一份计算机设备采购合同,其中写到"乙方需按通常的行业标准提供

技术支持服务"。经理审阅后要求小王修改,原因是_____。

A. 文字表达不通顺　　　　　　　　B. 格式不符合国家或行业标准的要求

C. 对合同标的的描述不够清晰、准确　　D. 术语使用不当

解析:为了使签约各方对合同有一致理解,建议如下:

① 使用国家或行业标准的合同格式。

② 为避免因条款的不完善或歧义而引起合同纠纷,系统集成商应认真审阅建设单位拟订的合同。除了法律的强制性规定外,其他合同条款都应与建设单位在充分协商并达成一致的基础上进行约定。

对"合同标的"的描述务必达到"准确、简练、清晰"的标准要求,切忌含混不清。如合同标的是提供服务的,一定要写明服务的质量、标准或效果要求等,切忌只写"按照行业的通常标准提供服务或达到行业通常的服务标准要求等"之类的描述。综合以上分析,经理审阅后要求小王修改其草拟的合同,是因为对"合同标的"的描述不够清晰、准确。因此选择 C。

答案:C

【真题2】某项采购已经到了合同收尾阶段,为了总结这次采购过程中的经验教训,以供公司内的其他项目参考借鉴,公司应组织_____。

A. 业绩报告　　　B. 采购评估　　　C. 项目审查　　　D. 采购审计

解析:对采购合同收尾使用的工具和技术有采购审计与合同档案管理系统,采购审计是对采购的过程进行系统的审查,除找出本次采购的成功、失败之处外,还发现经验教训,以供公司内的其他项目参考借鉴。"采购评估"不是项目管理中的标准名词,而项目审查、业绩报告主要针对整个项目而不仅仅是采购,即使是指在采购中的业绩报告和项目审查,它们也没有"采购审计"表述准确和完整。

答案:D

题型点睛

1. 合同管理过程输入、工具与技术及输出

(1) 输入:合同文件;合同管理计划;已批准的变更申请;工作绩效信息;选中的供方;合同管理。

(2) 工具与技术:合同变更控制系统;买方主持绩效评审;检查和审计;绩效报告;支付系统;索赔管理;记录管理系统。

(3) 输出:合同文件;请求的变更;组织过程资产(更新);推荐的纠正措施;采购管理计划(更新);合同管理计划(更新)。

2. 合同收尾过程输入、工具与技术及输出

(1) 输入:合同文件;合同管理计划;合同收尾程序。

(2) 工具与技术:采购审计;合同档案管理系统。

(3) 输出:合同收尾;组织过程资产(更新)。

即学即练

【试题1】采购审计的主要目的是_____。

A. 确认合同项下收取的成本有效、正确

C. 确定可供其他采购任务借鉴的成功之处

B. 简要地审核项目

D. 确认基本竣工

本章即学即练答案

序号	答案	序号	答案
TOP67	【试题 1】答案：A 【试题 2】答案：A 【试题 3】答案：C	TOP68	【试题 1】答案：A 【试题 2】答案：B
TOP69	【试题 1】答案：D	TOP70	【试题 2】答案：B 【试题 4】答案：D 【试题 5】答案：B 【试题 6】答案：A
TOP71	【试题 1】答案：C		

第 15 章　信息(文档)和配置管理

TOP72　信息系统项目相关信息(文档)及其管理

真题分析

【真题 1】根据 GB/T 16680—1996《软件文档管理指南》的规定,项目文档分为开发文档、产品文档和管理文档三类。_____属于开发文档类。

A. 可行性研究报告 　　　　　　　　B. 职责定义
C. 软件支持手册 　　　　　　　　　D. 参考手册和用户指南

解析:开发文档是描述软件开发过程,包括软件需求、软件设计、软件测试、保证软件质量的一类文档,开发文档也包括软件的详细技术描述(程序逻辑、程序间相互关系、数据格式和存储等)。

答案:A

【真题 2】根据 GB/T 16680—1996《软件文档管理指南》的规定,文档也是要分质量等级的,适合于同一单位内若干人联合开发的程序,或可被其他单位使用的程序的文档被称为_____。

A. 最低限度文档 　　　　　　　　　B. 内部文档
C. 工作文档 　　　　　　　　　　　D. 正式文档

解析:《软件文档管理指南》(GB/T 16680—1996)中明确指出了如何确定文档的质量等级,内容如下:

仅仅依据规章、传统的做法或合同的要求去制作文档是不够的,管理者还必须确定文档的质量要求以及如何达到和保证质量要求。

质量要求的确定取决于可得到的资源、项目的大小和风险,可以对该产品的每个文档的格式及详细程度做出明确的规定。

每个文档的质量必须在文档计划期间就有明确的规定。文档的质量可以按文档的形式和列出的要求划分为 4 级。

最低限度文档(1 级文档):1 级文档适合开发工作量低于一个人月的开发者自用程序。该文档应包含程序清单、开发记录、测试数据和程序简介。

内部文档(2 级文档):2 级文档可用于在精心研究后被认为似乎没有与其他用户共享资源的专用程序。除 1 级文档提供的信息外,2 级文档还包括程序清单内足够的注释以帮助用户安装和使用程序。

工作文档(3 级文档):3 级文档适合于由同一单位内若干人联合开发的程序,或可被其他单位使用的程序。

正式文档(4 级文档):4 级文档适合那些要正式发行供普遍使用的软件产品。关键性程序或具有重复管理应用性质(如工资计算的程序)需要 4 级文档。4 级文档应遵守 GB 8567 的有关规定。

质量方面需要考虑的问题既要包含文档的结构,也要包含文档的内容。文档内容可以根据正确性、完整性和明确性来判断。而文档结构由各个组成部分的顺序和总体安排的简单性来测定。要达到这 4 个质量等级,需要的投入和资源逐级增加,质量保证机构必须处于适当的行政地位以保证达到期望的质量等级。

答案:C

【真题3】《软件文档管理指南》(GB/T 16680—1996)将文档的质量按文档的形式和列出要求划分为四级,分别是最低限度文档、内部文档、_____和正式文档。

A. 外部文档　　　B. 管理文档　　　　C. 工作文档　　　　D. 临时文档

解析:每个文档的质量必须在文档计划期间就有明确的规定。文档的质量可以按文档的形式和列出的要求划分为四级。

最低限度文档(1级文档):适合开发工作量低于一个人月的开发者自用程序,该文档应包含程序清单、开发记录、测试数据和程序简介。

内部文档(2级文档):可用于在精心研究后被认为似乎没有与其他用户共享资源的专用程序。除1级文档提供的信息外,2级文档还包括程序清单内足够的注释以帮助用户安装和使用程序。

工作文档(3级文档):适合于同一单位内若干人联合开发的程序,或可被其他单位使用的程序。

正式文档(4级文档):适合那些要正式发行供普遍使用的软件产品。关键性程序或具有重复管理应用性质(如工资计算的程序)需要4级文档级。

答案:C

【真题4】信息系统文档的管理主要体现在文档书写规范、图表编号规则、文档目录编写标准和_____等几个方面。

A. 文档管理方法　　　　　　　　B. 文档管理制度

C. 建立文档规范　　　　　　　　D. 文档使用权限控制

解析:本题考查文档管理制度内容。

管理信息系统文档的规范化管理主要体现在文档书写规范、图表编号规则、文档目录编写标准和文档管理制度等几个方面。文档的管理制度需根据组织实体的具体情况而定,主要包括建立文档的相关规范、文档借阅记录的登记制度、文档使用权限控制规则等。

答案:B

【真题5】在管理信息系统的开发过程中用到很多图表,对这些图表进行有规则的编号,可以方便图表的查找。根据生命周期的5个阶段,可以给出下图所示的分类编号规则,其中第3、4位应该表示_____。

A. 文档页数　　　B. 文档编号　　　　C. 文档内容　　　　D. 文档目录

解析:如下图所示,选项C是正确的。

答案:C

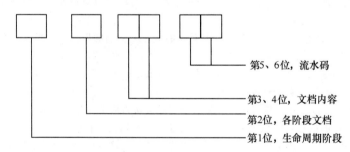

第5、6位,流水码
第3、4位,文档内容
第2位,各阶段文档
第1位,生命周期阶段

【真题6】以下关于文档管理的描述中,_____是正确的。(2010年5月)

A. 程序源代码清单不属于文档

B. 文档按项目周期可以分为开发文档和管理文档两大类

C. 文档按重要性和质量要求可以分为正式文档和非正式文档

D.《软件文档管理指南》明确了软件项目文档的具体分类

解析:GB/T 16680—1996《软件文档管理指南》中指出:

文档定义:一种数据媒体和其上所记录的数据。它具有永久性并可以由人或机器阅读,通常仅用于描述人工可读的内容,例如技术文件、设计文件、版本说明文件等。

软件文档可分为三种类别:开发文档描述开发过程本身;产品文档描述开发过程的产物;管理文档记录项目管理的信息。

(1) 开发文档

开发文档是描述软件开发过程包括软件需求、软件设计、软件测试,保证软件质量的一类文档,开发文档也包括软件的详细技术描述,程序逻辑、程序间相互关系、数据格式和存储等。

(2) 产品文档

产品文档规定关于软件产品的使用、维护、增强、转换和传输的信息。

因此,程序源代码清单属于文档。

按照质量要求,文档可分为 4 个级别。正式文档(第 4 级)适合那些要正式发行供普遍使用的软件产品。关键性程序或具有重复管理应用性质如工资计算的程序需要第 4 级文档。因此"文档按重要性和质量要求可以分为正式文档和非正式文档"是正确的。因此选择 C。

答案:C

题型点睛

1. 按照要求分类:正式文档与非正式文档;按项目周期分类:开发文档、产品文档、管理文档;更细致一点还可分为 14 类文档文件,具体有可行性研究报告、项目开发计划、软件需求说明书、数据要求说明书、概要设计说明书、详细设计说明书、数据库设计说明书、用户手册、操作手册、模块开发卷宗、测试计划、测试分析报告、开发进度月报和项目开发总结报告。

2. 信息系统项目相关信息(文档)管理的规则和方法:

(1) 文档书写规范:应该遵循统一的书写规范,包括符号的使用、图标的含义、程序中注释行的使用、注明文档书写人及书写日期等。

(2) 图表编号规则:对这些图表进行有规则的编号(见下图),可以方便图表的查找。

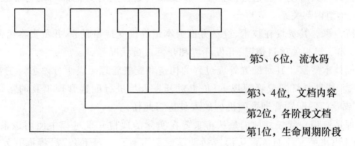

(3) 文档目录编写标准。

(4) 文档管理制度:应该建立相应的文档管理制度。

即学即练

【试题 1】按照规范的文档管理机制,程序流程图必须在_____两个阶段内完成。

A. 需求分析、概要设计　　　　　　　　B. 概要设计、详细设计

C. 详细设计、实现阶段　　　　　　　　D. 实现阶段、测试阶段

【试题 2】从软件开发生命周期的角度划分,可将项目文档分为开发文档、产品文档和_____。

A. 记录文档　　B. 测试文档　　C. 维护文档　　D. 管理文档

【试题 3】根据《计算机软件产品开发文件编制指南》,用户手册应在_____开始编制。

A. 可行性研究与计划阶段　　　　　B. 设计阶段

C. 需求分析阶段　　　　　　　　　D. 运行与维护阶段

TOP73　配置管理

真题分析

【真题 1】在进行项目文档及配置管理时,引入"基线"这一概念的目的是_____。

A. 保证成果的完整与正确

B. 合理分配权限

C. 保证成果相互依赖性

D. 合理控制变更

解析:一组拥有唯一标识号的需求、设计、源代码文卷以及相应的可执行代码、构造文卷和用户文档构成一条基线。基线一经放行,就可以作为从配置管理系统检索源代码文卷(配置项)和生成可执行文卷的工具。

在建立基线之前,工作产品的所有者能快速、非正式地对工作产品做出变更。但基线建立之后,变更要通过评价和验证变更的正式程序来控制。

答案:D

【真题 2】建立配置管理方案首先要组建配置管理方案构造小组,该小组包括四类成员,其中设计人员、编码人员、测试人员均属于_____。

A. 小组负责人　　　　　　　　　　B. 技术支持专家

C. 配置管理技术专家　　　　　　　D. 配置管理系统用户代表

解析:配置管理过程构造小组应该包括如下成员。

(1) 小组负责人。其对整个构造过程负责。主要职责是协调与其他部门或与上级主管的关系,监督工作进程,协调小组内部关系。

(2) 技术支持专家。其负责在技术、设备方面为本组提供支持和服务,并负责本组同其他部门就技术问题进行联络,如了解相关项目情况、开发环境和开发人员状况等。

(3) 配置管理技术专家。其对配置管理过程的构造和配置管理工具十分熟悉。主要任务是指导配置管理过程的构造,帮助制订配置管理规章,负责对开发人员进行配置管理工具的培训。通常由配置管理工具提供商或专门的配置管理顾问机构的人员担当此任。

(4) 配置管理系统用户代表。他们是从将来要在实际的项目开发过程中使用该系统、遵循该过程的开发人员中挑选出来的。他们负责从构造初期了解配置管理系统和规程,根据开发经验协助制订、修改配置管理规程,并在试验项目中担任部分开发角色。这部分成员应包括软件开发项目经理、设计人员、编码、测试和构造、发布人员。该项目小组成立后,将按后述步骤开展配置管理过程的构造工作。

答案:D

【真题 3】某软件集成公司承接了一个软件开发项目,需求分析师张工在公司刚完成的类似项目的需求规格说明书 V3.0 版本上,增加了新项目的需求,拟准备合用户开会讨论确认,此时需求规格说明书的版本是_____。

A. V0.1　　　　　B. V3.1　　　　　C. V1.0　　　　　D. V3.01

解析:还没确定的草稿不能是 V1.0,与之前的项目 V3.0 无关,只是借鉴关系。

答案:A

【真题 4】_____可作为软件生存期中各开发阶段的一个质量检查点。

A. 配置项　　　　B. 程序　　　　　C. 基线　　　　　D. 过程

解析:配置项:IEEE 对配置项的定义为"硬件、软件或二者兼有的集合,为配置管理指定的,在配置管理过程中作为一个单独的实体对待"。

基线:指一个(或一组)配置项在项目生命周期的不同时间点上通过正式评审而进入正式受控的一种状态。基线其实是一些重要的里程碑,但相关交付物要通过正式评审,并作为后续工作的基准和出发点。基线一旦建立后其变化需要受控。重要的检查点是里程碑,重要的需要客户确认的里程碑,就是基线。在我们的实际项目中,周例会是检查点的表现形式,高层的阶段汇报会是基线的表现形式。

答案:C

【真题5】某软件开发项目中将《详细设计说明书》作为配置项,项目的开发人员正在编写一份《详细设计说明书》的版本号为 V0.1,此后他对这份文件进行了修改并保存,版本号应升级为_____。

A. V0.2　　　　B. V0.5　　　　C. V1.0　　　　D. V1.1

解析:版本管理:配置项版本号规则。

(1)处于"草稿"状态的配置项的版本号格式为:0.YZ。

YZ 数字范围为 01~99。随着草稿的不断完善,"YZ"的取值应递增。"YZ"的初值和增幅由用户自己把握。

(2)处于"正式发布"状态的配置项的版本号格式为:X.Y。

X 为主版本号,Y 为次版本号。

配置项第一次"正式发布"时,版本号为 1.0。

如果配置项的版本升级幅度比较小,一般只增大 Y 值,X 值保持不变。只有当配置项版本升级幅度比较大时,才允许增大 X 值。

(3)处于"正在修改"状态的配置项的版本号格式为:X.Y.Z。

配置项正在修改时,一般只增大 Z 值,X.Y 值保持不变。Z 的初值和增幅由用户自己把握。

当配置项修改完毕,状态重新成为"正式发布"时,去掉 Z 值,增加 X.Y 值。参见规则(1)。

在文件名中使用配置项的版本号时,用下画线代替版本号中的点。

答案:C

【真题6】配置管理作为项目综合变更管理的重要支持,为项目综合变更管理提供了标准化的、有效率的变更管理平台,配置管理系统在项目变更中的作用不包括_____。

A. 建立一种前后一致的变更管理方法

B. 定义变更控制委员会的角色和责任

C. 提供改进项目的机会

D. 提供了统一的变更发布方法

解析:配置管理系统在项目范围内的应用,包括变更控制过程,实现下列目标:

(1)建立一个方法,前后一贯地识别与提出对基准的变更请求,并且评估这些变更的价值和有效性。

(2)通过考虑每一变更的影响,提供改进项目的机会。

(3)向项目管理团队提供方法,以前后一致的方式把批准的和拒绝的所有变更告知项目干系人。

(4)整体变更控制过程里面的一些配置管理活动:配置识别项、配置状态、配置核实和审计。

答案:B

【真题7】软件开发项目中选用了配置管理工具对文档进行管理,下面关于配置权限符合配置管理要求的是_____。

A. 测试报告向项目经理开放读取权限

B. 源代码向质保人员开放读写权限

C. 需求说明书向测试人员开放读写权限

D. 所有配置权限都由项目经理严格管理

解析:所有配置项都应按照相关规定统一编号,按照相应的模板生成,并在文档中的规定章节(部分)记录对象的标识信息。在引入软件配置管理工具进行管理后,这些配置项都应以一定的目录结构保存在配置库中。所有配置项的操作权限应由 CMO(配置管理员)严格管理,基本原则是:基线配置项向软件开发人员开放读取的权限;非基线配置项向 PM,CCB 及相关人员开放。

配置项的识别是配置管理活动的基础,也是制定配置管理计划的重要内容。软件配置项分类软件的开发过程是一个不断变化着的过程,为了在不严重阻碍合理变化的情况下来控制变化,软件配置管理引入了"基线"这一概念。根据这个定义,我们在软件的开发流程中把所有需加以控制的配置项分为基线配置项和非基线配置项两类。例如,基线配置项可能包括所有的设计文档和源程序等;非基线配置项可能包括项目的各类计划和报告等。

答案:A

【真题 8】配置项的版本控制作用于多个配置管理活动之中,如创建配置项、配置项的变更和配置项的评审等。下面关于配置项的版本控制的描述中,_____是正确的。

A. 在项目开发过程中,绝大部分的配置项目都要经过多次的修改才能最终确定下来

B. 对配置项的修改不一定产生新版本

C. 版本控制的目的是按照一定的规则有选择地保存配置项的必要的版本

D. 由于我们保证新版本一定比旧版本好,所以可以抛弃旧版本

解析:配置项的版本控制作用于多个配置管理活动之中,如创建配置项、配置项的变更和配置项的评审等。在项目开发过程中,绝大部分的配置项都要经过多次的修改才能最终确定下来。对配置项的任何修改都将产生新的版本。由于我们不能保证新版本一定比旧版本"好",所以不能抛弃旧版本。版本控制的目的是按照一定的规则保存配置项的所有版本,避免发生版本丢失或混淆等现象,并且可以快速准确地查找到配置项的任何版本。

答案:A

【真题 9】如果一个配置项的版本号为 1.1,那么这个配置项处于_____状态。

A. 草稿 B. 正式 C. 修改 D. 完成

解析:配置项的版本号与配置项的状态紧密相关:

(1)处于"草稿"状态的配置项的版本号格式为:0. YZ。YZ 数字范围为 01～99。

(2)处于"正式发布"状态的配置项的版本号格式为:X. Y. X 为主版本号,Y 为次版本号。

(3)处于"正在修改"状态的配置项的版本号格式为:X. Y. Z。

因此配置项 1.1 属于正式状态。

答案:B

【真题 10】配置项的版本号规则与配置项的状态相关,以下叙述中正确的是_____。

A. 处于"正式"状态的配置项版本号格式为 XY,当配置项升级幅度较大时,可以将变动部分制作为配置项的附件,附件版本依次为 1.0,1.1

B. 处于"修改"状态的配置项版本号格式为 X. YZ,其中 X 保持不变,YZ 在 01～99 之间递增

C. 处于"草稿"状态的配置项版本号格式为 0. YZ,随着草稿的修正,YZ 取值逐渐递增,而 YZ 的初值和幅值由用户自行把握

D. 处于"草稿"状态的配置项版本号,格式为 X. YZ,当配置项通过评审,状态第一次成为"正式"时,版本号直接设置为 1.0

解析:产品配置是指一个产品在其生命周期各个阶段所产生的各种形式和各种版本的文档、计算机程序、部件及数据的集合。该集合中的每一个元素称为该产品配置中的一个配置项,典型的配置项有项目计划书、需求文档、设计文档、源代码、测试用例等。

配置项的版本号规则与配置项的状态相关如下:

(1)处于"草稿"状态的配置项的版本号格式为 0. YZ,YZ 的数字范围为 01～99。随着草稿的修正,YZ 的取值应递增。YZ 的初值和增幅由用户自己把握。

(2)处于"正式"状态的配置项的版本号格式为 X. Y,X 为主版本号,取值范围为 1～9。Y 为次版本

号,取值范围为 0~9。

(3)处于"修改"状态的配置项的版本号格式为 X. YZ。配置项正在修改时,一般只增大 Z 值,X. Y值保持不变。当配置项修改完毕,状态成为"正式"时,将 Z 值设置为 0,增加 X. Y 值。

答案:C

【真题 8】某系统集成企业为做好项目配置管理,对配置库中的操作权限进行了以下定义:

权　限	内　容
Read	可以读取文件内容,但不能对文件进行变更
Check	可使用 checkin 命令,对文件内容进行变更
Add	可使用文件的追加、文件的重命名、删除等命令
Destory	有权执行文件的不可逆毁坏、清除、rollback 等命令

同时,对项目相关人员在该产品库中的操作权限进行了如下分配:

Work(开发库)						
人员权限		项目经理	项目成员	QA	测试人员	配置管理员
文档	Read	√	√	√	√	√
	Check	①	√	√	√	√
	Add	√	√	②	√	√
	Destory	×	×	×	×	√
代码	Read	√	√	√	√	√
	Check	√	③	×	×	√
	Add	√	√	×	④	√
	Destory	×	×	×	×	⑤

其中√表示该人员具有相应权限,×表示该人员没有相应权限,则产品库权限分配表中用①②③④⑤标出的位置,应填写的内容为_____。

A. ①√;②×;③×;④√;⑤√

B. ①×;②×;③×;④×;⑤√

C. ①√;②√;③√;④×;⑤√

D. ①×;②√;③×;④×;⑤√

解析:配置项的操作权限由配置管理员 CMO 严格管理,基本的原则是:基线配置项向开发人员开发读取权限;非基线配置项向项目经理、变更控制委员会 CCB 及相关人员开放。配置管理里部分角色的权限如下。

(1)项目经理:是整个软件研发活动的负责人,他根据软件配置控制委员会的建议批准配置管理的各项活动并控制它们的进程。其具体职责为以下几项:

① 制定和修改项目的组织结构和配置管理策略。

② 批准、发布配置管理计划。

③ 决定项目起始基线和开发里程碑。

④ 接受并审阅配置控制委员会的报告。

(2)QA 人员:需要对软件配置管理有较深的认识,其主要工作是跟踪当前项目的状态,测试,报告错误,并验证其修复结果。

（3）开发人员（Developer）：其职责就是根据组织确定的软件配置管理计划和相关规定，按照软件配置管理工具的使用模型来完成开发任务。

很明显，配置管理员 CMO 的权限都是√，因此⑤是可不予考虑的，测试人员是没有 Add 权限的，项目成员是没有 Check 权限的，只有 CMO 才有 CHECK 权限。

答案：B

【真题 12】某开发项目配置管理计划中定义了三条基线，分别是需求基线、设计基线和产品基线，_____应该是需求基线、设计基线和产品基线均包含的内容。

A. 需求规格说明书   B. 详细设计说明书

C. 用户手册   D. 概要设计说明书

解析：软件需求是一个为解决特定问题而必须由被开发或被修改的软件展示的特性。因此，软件需求是软件配置控制的基础。软件设计、实现、测试和维护等所有软件开发生命周期中的活动所产生的产品都要建立与软件需求之间的追溯关系。通常，要唯一地标识软件需求，才能在整个软件生命周期中，进行软件配置控制。因此，需求基线、设计基线和产品基线必然要包括软件的需求，通常用需求规格说明书来表达软件需求。

答案：A

🔅 题型点晴

1."配置管理"正式定义为"应用技术的和管理的指导和监督来标识和用文档记录配置项的功能和物理特征、控制对这些特征的变更、记录和报告变更处理过程和实现状态、验证与规定的需求的一致性"。

2. 基线：一组拥有唯一标识号的需求、设计、源代码文卷以及相应的可执行代码、构造文卷和用户文档构成一条基线。

基线的分类如下。

（1）功能基线：被正式评审批准或签字同意的软件系统的规格说明。

（2）分配基线：软件需求分析阶段结束时，经正式评审和批准的软件需求规格说明。

（3）产品基线：软件组装与系统测试阶段结束时，经正式评审和批准的有关所开发的软件产品的全部配置项的规格说明。

区别和联系：基线可以由多个配置项组成，一个软件配置项可以是一个文档，或者是一个可直接放在配置控制之下的工作产品，能够作为一个独立的基本部件加以修改。

3. 配置识别是配置管理员的职能，包括如下内容：

（1）识别需要受控的软件配置项。

（2）给每个产品和它的组件及相关的文档分配唯一的标识。

（3）定义每个配置项的重要特征以及识别其所有者。

（4）识别组件、数据及产品获取点和准则。

（5）建立和控制基线。

（6）维护文档和组件的修订与产品版本之间的关系。

4. 配置管理中权限的分配、配置项：所有配置项的操作权限由配置管理人员（CMO）严格管理，基本原则是：基线配置项向软件开发人员开放读权限；非基线配置项向 PM、变更控制委员会（CCB）及相关人员开放。基线配置项可能包括所有的设计文档和源程序等；非基线配置项可能包括项目的各类计划和报告等。

即学即练

【试题 1】进行配置管理的第一步是_____。

A. 制定识别配置项的准则

B. 建立并维护配置管理的组织方针

C. 制定配置项管理表

D. 建立 CCB

【试题 2】_____不是创建基线或发行基线的主要步骤。

A. 获得 CCB 的授权　　　　　　　　B. 确定基线配置项

C. 形成文件　　　　　　　　　　　　D. 建立配置管理系统

【试题 3】配置识别是配置管理的一个要素,包括选择一个系统的配置项和在技术文档中配置项目的功能和物理特性,_____是配置管理员的关键职责。

A. 识别软件开发中产生的所有工作结果

B. 给每个产品及其组件和相关的文档分配标识

C. 定义每个配置项目的重要特征以及识别其所有者

D. 修改基线

【试题 4】下面任务中,_____不是在配置管理过程中执行的内容。

A. 确认一个条目或一个系统的功能和物理特征

B. 针对特征控制变更

C. 对项目范围进行审核以检验当前的项目是否与预定的要求相符

D. 允许对变更自动承认

【试题 5】以下关于配置项的描述中,不正确的是_____。

A. 使用配置管理工具后,所有配置项要以一定的目录结构保存在配置库中

B. 所有配置项的操作权限应该由项目经理严格统一管理

C. 所有配置项都必须按照相关规定进行统一编号

D. 基线配置项要向软件开发人员开放读取的权限

【试题 6】软件开发项目中的很多过程产出物都属于配置项,一般意义上来讲,以下可以不作为配置项的是_____。

A. 项目计划书　　　　　　　　　　　B. 需求文档

C. 程序代码　　　　　　　　　　　　D. 会议记录解析

【试题 7】配置识别是软件项目管理中的一项重要工作,它的工作内容不包括_____。

A. 确定需要纳入配置管理的配置项

B. 确定配置项的获取时间和所有者

C. 为识别的配置项分配唯一的标识

D. 对识别的配置项进行审计

本章即学即练答案

序号	答案	序号	答案
TOP28	【试题 1】答案:B 【试题 2】答案:D 【试题 3】答案:C	TOP29	【试题 1】答案:B 【试题 2】答案:D 【试题 3】答案:C 【试题 4】答案:D 【试题 5】答案:B 【试题 6】答案:D 【试题 7】答案:D

第 16 章　项目变更管理

TOP74　项目变更的基本概念

真题分析

【真题1】项目发生变更在所难免,但项目经理应让项目干系人(特别是业主)认识到_____。

A. 在项目策划阶段,变更成本较高

B. 在项目策划阶段,变更成本较低

C. 在项目策划阶段,变更带来的附加值较低

D. 在项目执行阶段,变更成本较低

解析:大多数项目生命周期都具有许多共同的特征:

在初始阶段,费用和人员水平较低,在中间阶段达到最高,当项目接近结束时则快速下降。

在项目的初始阶段不确定性水平最高,因此不能达成项目目标的风险是最高的。随着项目的继续,完成项目的确定性通常也会逐渐变好。

在项目的初始阶段,项目干系人影响项目的最终产品特征和项目最终费用的能力最高,随着项目的继续逐渐变低。造成这种现象的一个主要原因是随着项目继续,变更和缺陷修改的费用通常会增加。

综上所述,可知在项目策划阶段属于项目的早期,变更成本较低,一般来说变更带来的附加价值较高。在项目执行阶段,变更成本较高。

答案:B

【真题2】在项目变更时,如果有人要求项目进度提前,那么根据变更控制流程,首先应该_____。

A. 提交书面的进度变更申请单

B. 变更的影响分析

C. 对该变更接受或拒绝

D. 执行变更

解析:项目变更流程如下:

第一步,变更申请者提出变更,并提交变更申请单(CR)。

第二步,项目经理或项目管理团队根据正式的 CR 召集相关干系人对变更请求进行综合分析。

第三步,项目团队将 CR 连同综合分析的结果和实施建议根据变更管理计划提交给相应的干系人进行审批。

第四步,如果变更请求得到批准,则需要将被批准的变更请求更新到相关的文件或计划里。

第五步,通知受变更影响的干系人,并按照计划执行批准的变更。

第六步,对被批准执行的变更求情实施情况进行跟踪。

答案:A

【真题3】甲公司承担了某市政府门户网站建设项目,与该市信息中心签订了合同。在设计页面的过程中,经过多轮讨论和修改,页面在两周前终于得到了信息中心的认可,项目进入开发实施阶段。然而,信息中心本周提出,分管市领导看到页面设计后不是很满意,要求重新设计页面。但是,如果重新设

计页面,可能会影响项目工期,无法保证网站按时上线。在这种情况下,项目经理最恰当的做法是_____。

    A. 坚持原设计方案,因为原页面已得到客户认可

    B. 让设计师加班加点,抓紧时间修改页面

    C. 向领导争取网站延期上线,重新设计页面

    D. 评估潜在的工期风险,再决定采取何种应对措施

解析: 项目是为达到特定的目的、使用一定资源、在确定的期间内、为特定发起人而提供独特的产品、服务或成果而进行的一次性努力。

项目目标包括成果性目标和约束性目标。项目的成果性目标有时也简称为项目目标,指通过项目开发出的满足客户要求的产品、系统、服务或成果。项目的约束性目标也称管理性目标,是指完成项目成果性目标需要的时间、成本以及要求满足的质量。项目经理的首要责任就是要满足项目目标。本题中给出了项目的核心目标:重新设计页面,网站按时上线。可见"坚持原设计方案,因为原页面已得到客户认可"不能满足项目目标,故选项 A 是错误的。

"让设计师加班加点,抓紧时间修改页面"没有计划,仍不一定满足进度要求,故选项 B 是不恰当的。

"向领导争取网站延期上线,重新设计页面"不能满足网站按时上线的要求,故选项 C 不是恰当做法。题目中已说明,如果重新设计页面,可能会影响项目工期。那么为了确保满足工期目标应该对工期风险有充分的认识,做好应对计划,并严格按计划执行。"评估潜在的工期风险,再决定采取何种应对措施"是为了满足项目目标的妥善做法。

答案: D

题型点睛

1. 项目变更是指在信息系统项目的实施过程中,由于项目环境或者其他原因而对项目产品的功能、性能、架构、技术指标、集成方法、项目的范围基准、进度基准和成本基准等方面做出的改变。

2. 项目变更产生的原因。

变更的常见原因如下:

(1) 产品范围(成果)定义的过失或者疏忽。

(2) 项目范围(工作)定义的过失或者疏忽。

(3) 增值变更。

(4) 应对风险的紧急计划或回避计划。

(5) 项目执行过程与项目基准要求不一致带来的被动调整。

(6) 外部事件。

即学即练

【试题1】_____活动应在编制采购计划过程中进行。

    A. 自制或外购决策   B. 回答卖方的问题

    C. 制定合同   D. 制定 RFP 文件

【试题2】项目变更贯穿于整个项目过程的始终,项目经理应让项目干系人(特别是业主)认识到_____。

    A. 在项目策划阶段,变更成本较高

    B. 在项目执行阶段,变更成本较低

C. 在项目编码开始前,变更成本较低

D. 在项目策划阶段,变更成本较低

TOP75　变更管理组织机构与工作程序

真题分析

【真题1】系统集成公司 A 为保险公司 B 开发非核心业务系统,项目开发程中客户常常提出一些新的要求,如界面上的按钮位置、业务流程上的更改。以下项目经理的做法中,_____是正确的。

A. 对于要求更改操作界面的颜色、按钮位置这样小的变更要求,开发人员可以请示项目经理后直接更改,不用保存变更记录

B. 对于修改业务流程这样的要求,项目经理可以单独批准

C. 项目经理应考虑客户需求方面的变更对进度、成本等方面是否有较大的影响,如果有较大影响并决定变更,需要修订相应的项目管理计划及其子计划

D. 项目经理应尽量找到有说服力的理由来劝说客户不要进行变更

解析:项目经理应考虑客户需求方面的变更对进度、成本等方面是否有较大的影响,如果有较大影响并决定变更,需要修订相应的项目管理计划及其子计划。其他都是错误的,选项 A 中需要保存变更记录存档,选项 B 中项目经理不能单独批准,D 选项中项目经理应该考虑客户需求。

答案:C

【真题 2】The Perform Integrated Change Control process is conducted from project inception through completion and is the ultimate responsibility of the _____。

A. Chang control board

B. Project management office

C. Project manager

D. Configuration management officer

解析:项目经理的职责。执行综合变更控制过程是从从项目开始到完成,这也是项目经理的职责。

答案:C

【真题3】对变更效果的评估是变更管理中非常重要的一环。_____不属于变更效果评估的内容。

A. 项目基准是评估依据

B. 是否达到了变更提出时的要求

C. 在干系人间就变更达成共识

D. 评估变更的效率和效果

解析:变更评估可以从以下几个方面进行:

1. 首要的评估依据,是项目基准。

2. 还需结合变更的初衷来看,变更所要达到的目的是否已达成。

3. 评估变更方案中的技术论证、经济论证内容与实施过程的差距并推进解决。

答案:D

【真题4】依据项目变更管理流程,项目中的正式变更手续应该由_____来进行审批。

A. 项目经理

B. 公司高层领导

C. 变更控制委员会

D. 公司高层领导与客户方高层领导共同

解析: 正式变更由变更控制委员会来审批。

答案: D

【真题 5】 某企业的管理系统已进入试运行阶段,公司领导在试用该系统时认为他使用的出差报销表格的栏目设置不合理,便电话要求负责系统建设的项目经理修改,根据变更管理的要求,项目经理正确的做法是_____。

A. 告诉公司领导,项目试运行结束后再统一修改

B. 让开发人员修改,再通知公司领导确认

C. 将公司领导的要求记录下来,确认变更内容后提出正式的变更申请

D. 亲自督促对该表格的修改,完成后亲自确认并向公司领导汇报

解析: 变更管理的工作程序如下。

(1) 提出与接受变更申请。变更提出应当及时以正式方式进行,并留下书面记录。变更的提出可以是各种形式,但在评估前应以书面形式提出。

(2) 对变更进行初审。

(3) 变更方案论证。

(4) 项目变更控制委员会审查。

(5) 发出变更通知并开始实施。

(6) 变更实施的监控。

(7) 变更效果的评估。

(8) 判断发生变更后的项目是否已纳入正常轨道。

答案: C

【真题 6】 变更管理的工作程序包括:接受变更申请、对变更的初审、_____、CCB 决定是否批准、发出变更通知并开始实施、变更实施监控、变更效果评估。

A. 变更实施

B. 变更方案论证

C. 组建 CCB

D. 判断发生变更的项目是否已纳入正常轨道

解析: 项目变更控制委员会或更完整的配置控制委员会(Configuration Control Board,CCB),或相关职能的类似组织,是项目的所有者权益代表,负责裁定接受哪些变更。CCB 由项目所涉及的多方人员共同组成,通常包括用户和实施方的决策人员。

CCB 是决策机构,不是作业机构。通常,CCB 的工作是通过评审手段来决定项目是否能变更,但不提出变更方案。

答案: B

【真题 7】 某软件开发项目进度紧迫,在设计方案还没完成前,项目经理改变计划,停止设计工作,要求项目组成员立即转入代码编写。关于项目经理的行为,下面说法正确的是_____。

A. 项目经理的行为不妥,等 CCB 批准后方可改变计划

B. 项目经理有权改变流程,不需审批

C. 这种行为属于赶工,项目经理可直接安排实施

D. 这种行为属于快速跟进,项目经理有权决定

解析: 项目经理的行为不妥,变更要经过一定的流程,需要变更委员会批准,即等 CCB 批准后方可改变计划。

答案: A

【真题 8】 某信息系统集成项目经理王某收到客户的最新变更要求,他带领其团队成员经过认真分析,发现这次变更将导致项目范围增加近 70%,初步估计成本将增加 5 倍。王某必须要在已被批准的项目计划中改变原定的开始和结束日期,那么他的第一步工作应该是_____。

A. 修改合同　　　　　　　　　　　B. 增加人员和资源

C. 重新制订基准计划　　　　　　　D. 采用一个新的目标进度计划

解析：假定项目经理王某已经把这次变更的后果告知了客户，并且客户已经同意了变更，那么他在管理变更后的范围及成本后，应"采用一个新的目标进度计划"，……，再"重新制订基准计划"提交客户认可。

答案：D

【真题9】某公司最近承接了一个大型信息系统项目，项目整体压力较大，对这个项目中的变更，可以使用＿＿＿(1)＿＿等方式提高效率。

① 分优先级处理　② 规范处理　③ 整批处理　④ 分批处理

A. ①②　　　　　B. ①②④　　　　　C. ②③④　　　　　D. ①③④

合同变更控制系统规定了合同修改的过程，包括＿＿(2)＿＿。

① 文书工作　② 跟踪系统　③ 争议解决程序　④ 合同索赔处理

A. ①②③　　　　B. ②③④　　　　　C. ①②④　　　　　D. ①③④

解析：由于变更的实际情况千差万别，可能简单，也可能相当复杂。越是大型的项目，调整项目基准的边际成本越高，随意地调整可能带来的麻烦也越大、越多，包括基准失效、项目干系人冲突、资源浪费和项目执行情况混乱等。在项目整体压力较大的情况下，更需强调变更的提出、处理应当规范化，可以使用分批处理、分优先级等方式提高效率。

项目规模小、与其他项目的关联度小时，变更的提出与处理过程可在操作上力求简便、高效，但仍应注意以下几点。

(1) 对变更产生的因素施加影响。防止不必要的变更，减少无谓的评估，提高必要变更的通过效率。

(2) 对变更的确认应当正式化。

(3) 变更的操作过程应当规范化。

由此可知，对于大型项目、项目整体压力较大的信息系统项目中的变更，要提高效率，强调变更的规范化、次序化，不能整批处理。故(1)中B是正确的。

合同变更控制系统规定合同修改的过程，包括文书工作、跟踪系统、争议解决程序以及批准变更所需的审批层次。合同变更控制系统应当与整体变更控制系统结合起来。由此可知合同变更控制系统规定合同修改的过程不包括合同索赔处理，即(2)中选项A是正确的。

答案：(1)B(2)A

【真题10】一项新的国家标准出台，某项目经理意识到新标准中的某些规定将导致其目前负责的一个项目必须重新设定一项技术指标，该项目经理首先应该＿＿＿＿。

A. 撰写一份书面的变更请求

B. 召开一次变更控制委员会会议，讨论所面临的问题

C. 通知受到影响的项目干系人将采取新的项目计划

D. 修改项目计划和WBS，以保证该项目产品符合新标准

解析：变更是指对计划的改变，由于极少有项目能够完全按照原来的项目计划安排运行，因而变更不可避免。同时对变更也要加以管理，因此变更控制就必不可少。变更控制过程如下：

① 受理变更申请。

② 变更的整体影响分析。

③ 接受或拒绝变更。

④ 执行变更。

⑤ 变更结果追踪和审核。

上述选项中，选项A属于变更申请，选项B属于变更的整体影响分析，选项C属于接受变更后执行变更，选项D属于执行变更和变更结果追踪。根据变更控制过程，首先要提出变更申请，因此应选A。

答案:A

题型点睛

1. 项目变更控制委员会或项目配置控制委员会(Configuration Control Board,CCB) 由项目所涉及的多方人员共同组成,通常包括用户和实施方的决策人员。可以包括高层经理、项目经理(技术负责人)、配置管理负责人、质量保证负责人、测试负责人等;该组织不必是常设机构,包括的人员也不必面面俱到,可以根据项目的实际情况决定其人员组成:小的项目中可以只有一个人或者多个人,甚至只是兼职人员。

2. CCB 是决策机构,不是作业机构。通常,CCB 的工作是通过评审手段来决定项目是否能变更,但不提出变更方案。

3. 项目规模小、与其他项目的关联度小时,变更的提出与处理过程可在操作上力求简便、高效,但仍应注意以下几点:

① 对变更产生的因素施加影响。防止不必要的变更,减少无谓的评估,提高必要变更的通过效率。

② 对变更的确认应当正式化。

③ 变更的操作过程应当规范化。但是变更申请可以是口头的,也可以是书面的,但是必须要有书面记录。

4. 变更的流程:

(1) 提出与接受变更申请。

(2) 对变更的初审。

(3) 变更方案论证。

(4) 项目管理委员会(变更控制委员会)审查。

(5) 发出变更通知并开始实施。

(6) 变更实施的监控。

(7) 变更效果的评估。

(8) 判断发生变更后的项目是否已经纳入正常轨道。也可以是:变更申请→变更评估→变更决策→变更实施→变更验证→沟通存档 。

5. 变更初审的目的:

(1) 对变更提出方施加影响,确认变更的必要性,确保变更是有价值的。

(2) 格式校验,完整性校验,确保评估所需信息准备充分。

(3) 在干系人间就提出供评估的变更信息达成共识。

(4) 变更初审的常见方式为变更申请文档的审核流转。

6. 进度控制关注的内容:

(1) 确定项目进度的当前状态。

(2) 对引起进度变更的因素施加影响,以保证这种变化朝着有利的方向发展。

(3) 确定项目进度已经变更。

(4) 当变更发生时管理实际的变更。

即学即练

【试题 1】项目将要完成时,客户要求对工作范围进行较大的变更,项目经理应_____。

A. 执行变更

B. 将变更能造成的影响通知客户

C. 拒绝变更

D. 将变更作为新项目来执行

【试题 2】某公司正在为某省公安部门开发一套边防出入境管理系统,该系统包括 15 个业务模块,计划开发周期为 9 个月,即在今年 10 月底之前交付。开发团队一共有 15 名工程师。今年 7 月份,中央政府决定开放某省个人到香港特区旅游,并在 8 月 15 日开始实施。为此客户要求公司在新系统中实现新的业务功能,该功能实现预计有 5 个模块,并要求在 8 月 15 日前交付实施。但公司无法立刻为项目组提供新的人力资源。面对客户的变更需求,以下_____处理方法最合适。

A. 拒绝客户的变更需求,要求签订一个新合同,通过一个新项目来完成

B. 接受客户的变更需求,并争取如期交付,建立公司的声誉

C. 采用多次发布的策略,将 20 个模块重新排定优先次序,并在 8 月 15 日之前发布一个包含到香港旅游业务功能的版本,其余延后交付

D. 在客户同意增加项目预算的条件下,接受客户的变更需求,并如期交付项目成果。

【试题 3】在变更管理中,"变更初审"的目的是_____。

A. 确保评估所需信息准备的必要性

B. 在干系人间就提出供评估的变更信息达成共识

C. 以项目基准为评估依据

D. 对变更实施进行监控

【试题 4】进度变更的控制活动包括_____。

A. 判断项目进度的当前状态,对造成进度变更的因素施加影响,查明进度是否已经改变,在实际变更出现时对其进行调整

B. 判断项目进度的当前状态,对造成成本变更的因素施加影响,查明进度是否已经改变,在实际变更出现时对其进行管理

C. 判断项目进度的当前状态,对造成进度变更的因素施加影响,查明进度是否已经改变,在实际变更出现时对其进行管理

D. 判断项目进度的当前状态,对造成进度变更的因素施加影响,查明进度改变的原因,在实际变更出现时对其进行调整

【试题 5】项目规模小并且与其他项目的关联度小时,变更的提出与处理过程可在操作上力求简便和高效。关于小项目变更,不正确的说法是_____。

A. 对变更产生的因素施加影响,以防止不必要的变更并减少无谓的评估

B. 应明确变更的组织与分工合作

C. 变更流程也要规范化

D. 对变更的申请和确认,既可以是书面的也可以是口头的,以简化程序

本章即学即练答案

序号	答案	序号	答案
TOP74	【试题 1】答案:A 【试题 2】答案:D	TOP75	【试题 1】答案:B 【试题 2】答案:C 【试题 4】答案:B 【试题 5】答案:C 【试题 6】答案:D

第17章 信息系统安全管理

TOP76 信息安全管理

真题分析

【真题1】某公司系统安全管理员在建立公司的"安全管理体系"时,根据 GB/T 20269—2006《信息安全技术信息系统安全管理要求》,对当前公司的安全风险进行了分析和评估,他分析了常见病毒对计算机系统、数据文件等的破坏程度及感染特点,制定了相应的防病毒措施。这一做法符合_____的要求。

  A. 资产识别和评估   B. 威胁识别和分析

  C. 脆弱性识别和分析   D. 等保识别和分析

  解析:风险评估的实施过程:①风险评估的准备;②资产识别;③威胁识别;④脆弱性识别;⑤已有安全措施确认;⑥风险分析;⑦风险评估文件记录。资产识别过程要列出所需评估的各类别资产,定义评分的方式,对每一项资产按机密性、完整性及可用性,赋予不同的价值水准。威胁识别过程要列出影响资产的各项威胁事件,针对每一项威胁事件的发生频率和严重程度,赋予不同的威胁水准。基于表现形式,威胁分为软硬件故障、物理环境影响、无作为或操作失误、管理不到位、恶意代码和病毒、越权或滥用、网络攻击、物理攻击、泄密、篡改、抵赖等。脆弱性识别则要列出影响资产的各项脆弱事件,根据每一项脆弱事件发生后导致威胁事件入侵资产的容易性和危害程度,赋予不同的脆弱水准。

  答案:B

【真题2】依据 GB/T 20271—2006《信息系统安全技术信息系统通用安全技术要求》中的规定,_____不属于信息系统安全技术体系包含的内容。

  A. 物理安全   B. 运行安全   C. 人员安全   D. 数据安全

  解析:信息系统安全技术体系包含物理安全、运行安全、数据安全。

  答案:C

【真题3】在信息系统安全管理中,业务流控制、路由选择控制和审计跟踪等技术主要用于提高信息系统的_____。

  A. 保密性   B. 可用性   C. 完整性   D. 不可抵赖性

  解析:本题考查信息系统安全属性中的可用性内容。可用性是应用系统信息可被授权实体访问并按需求使用的特性。即信息服务在需要时,允许授权用户或实体使用的特性,或者是网络部分受损或需要降级使用时,仍能为授权用户提供有效服务的特性。可用性是应用系统面向用户的安全性能。应用系统最基本的功能是向用户提供服务,而用户的需求是随机的、多方面的,有时还有时间要求。可用性一般用系统正常使用时间和整个工作时间之比来度量。可用性还应该满足以下要求:身份识别与确认、访问控制(对用户的权限进行控制,只能访问相应权限的资源,防止或限制经隐蔽通道的非法访问。包括自主访问控制和强制访问控制)、业务流控制(利用均分负荷方法,防止业务流量过度集中而引起网络阻塞)、路由选择控制(选择那些稳定可靠的子网、中继线或链路等)、审计跟踪(把应用系统中发生的所有安全事件情况存储在安全审计跟踪之中,以便分析原因,分清责任,及时采取相应的措施。审计跟踪的信息主要包括事件类型、被管信息等级、事件时间、事件信息、事件回答以及事件统计等方面的信息)。

答案：B

【真题 4】信息安全的级别划分有不同的维度，以下级别划分正确的是_____。

A. 系统运行安全和保密有 5 个层次，包括设备级安全、系统级安全、资源访问安全、功能性安全和数据安全

B. 机房分为 4 个级别：A 级、B 级、C 级、D 级

C. 根据系统处理数据划分系统保密等级为绝密、机密和秘密

D. 根据系统处理数据的重要性，系统可靠性分 A 级和 B 级

解析：选项 C 是正确的。

答案：C

【真题 5】电子商务安全要求的 4 个方面是_____。

A. 传输的高效性、数据的完整性、交易各方的身份认证和交易的不可抵赖性

B. 存储的安全性、传输的高效性、数据的完整性和交易各方的身份认证

C. 传输的安全性、数据的完整性、交易各方的身份认证和交易的不可抵赖性

D. 存储的安全性、传输的高效性、数据的完整性和交易的不可抵赖性

解析：现代电子商务是指使用基于因特网的现代信息技术工具和在线支付方式进行商务活动。电子商务安全要求包括 4 个方面：

(1) 数据传输的安全性。对数据传输的安全性要求是指在网络传送的数据不被第三方窃取。

(2) 数据的完整性。对数据的完整性要求是指数据在传输过程中不被篡改。

(3) 身份验证。确认双方的账户信息是否真实有效。

(4) 交易的不可抵赖性。保证交易发生纠纷时有所对证。

答案：C

🎯 题型点睛

1. 信息系统安全的内容：保密性、完整性、可用性、不可抵赖性(也称作不可否认性)。

2. 保障应用系统完整性的主要方法如下：

① 协议；

② 纠错编码方法；

③ 密码校验和方法；

④ 数字签名；

⑤ 公证。

3. 信息系统安全技术体系包括：物理安全、运行安全和数据安全。

🖊 即学即练

【试题 1】信息系统的安全属性包括_____和不可抵赖性。

A. 保密性、完整性、可用性

B. 符合性、完整性、可用性

C. 保密性、完整性、可靠性

D. 保密性、可用性、可维护性

【试题 2】根据《信息安全技术信息系统安全通用性技术要求》(GB/T 27201—2006)，信息系统安全的技术体系包括_____。

A. 物理安全、运行安全、数据安全

B. 物理安全、网络安全、运行安全

C. 人类安全、资源安全、过程安全

D. 方法安全、过程安全、工具安全

【试题3】完整性是信息未经授权不能进行改变的特性,它要求保持信息的原样。下列方法中,不能用来保证应用系统完整性的措施是_____。

A. 安全协议   B. 纠错编码   C. 数字签名   D. 信息加密

TOP77 物理安全管理

真题分析

【真题1】以下各项措施中,不能够有效防止计算机设备发生电磁泄漏的是_____。

A. 配备电磁干扰设备,且在被保护的计算机设备工作时不能关机

B. 设置电磁屏蔽室,将需要重点保护的计算机设备进行隔离

C. 禁止在屏蔽墙上打钉钻孔,除非连接的是带金属加强芯的光缆

D. 将信号传输线、公共地线以及电源线上加装滤波器

解析:对需要防止电磁泄漏的计算机设备应配备电磁干扰设备,在被保护的计算机设备工作时电磁干扰设备不准关机;必要时可以采用屏蔽机房。屏蔽机房应随时关闭屏蔽门;不得在屏蔽墙上打钉钻孔,不得在波导管以外或不经过过滤器对屏蔽机房内外连接任何线缆;应经常测试屏蔽机房的泄露情况并进行必要的维护。因此正确答案是 C。

答案:C

【真题2】某公司接到通知,上级领导要在下午对该公司机房进行安全检查,为此公司做了如下安排:

① 了解检查组人员数量及姓名,为其准备访客证件

② 安排专人陪同检查人员对机房安全进行检查

③ 为了体现检查的公正,下午为领导安排了一个小时的自由查看时间

④ 根据检查要求,在机房内临时设置一处吸烟区,明确规定检查期间机房内其他区域严禁烟火

上述安排符合《信息安全技术信息系统安全管理要求》(GB/T 20269—2006)的做法是_____。

A. ③④   B. ②③   C. ①②   D. ②④

解析:在《信息安全技术信息系统安全管理要求(GB/T 20269—2006)》物理安全管理中给出了技术控制方法:

(1) 检测监视系统

应建立门禁控制手段,任何进出机房的人员都应经过门禁设施的监控和记录,应有防止绕过门禁设施的手段(可见“③为了体现检查的公正,下午为领导安排了一个小时的自由查看时间”是错误的);门禁系统的电子记录应妥善保存以备查;进入机房的人员应佩戴相应证件(可见“①了解检查组人员数量及姓名,为其准备访客证件”是正确的);未经批准,禁止任何物理访问;未经批准,禁止任何人移动计算机相关设备或带离机房。机房所在地应有专设警卫,通道和入口处应设置视频监控点。24 小时值班监视;所有来访人员的登记记录、门禁系统的电子记录以及监视录像记录应妥善保存以备查;禁止携带移动电话、电子记事本等具有移动互联功能的个人物品进入机房。

(2) 人员进出机房和操作权限范围控制

应明确机房安全管理的责任人,机房出入应有指定人员负责,未经允许的人员不准进入机房;获准进入机房的来访人员,其活动范围应受限制,并有接待人员陪同(可见“②安排专人陪同检查人员对机

房安全进行检查"是正确的);机房钥匙由专人管理,未经批准,不准任何人私自复制机房钥匙或服务器开机钥匙;没有指定管理人员的明确准许,任何记录介质、文件材料及各种被保护品均不准带出机房,与工作无关的物品均不准带入机房;机房内严禁吸烟及带入火种和水源(可见"④根据检查要求,在机房内临时设置一处吸烟区,明确规定检查期间机房内其他区域严禁烟火"是错误的)。应要求所有来访人员经过正式批准,登记记录应妥善保存以备查;获准进入机房的人员,一般应禁止携带个人计算机等电子设备进入机房,其活动范围和操作行为应受到限制,并有机房接待人员负责和陪同。

答案:C

【真题 3】以下关于计算机机房与设施安全管理的要求,_____是不正确的。

A. 计算机系统的设备和部件应有明显的标记,并应便于去除或重新标记

B. 机房中应定期使用静电消除剂,以减少静电的产生

C. 进入机房的工作人员,应更换不易产生静电的服装

D. 禁止携带个人计算机等电子设备进入机房

解析:对计算机机房的安全保护包括机房场地选择、机房防火、机房空调、降温、机房防水与防潮、机房防静电、机房接地与防雷、机房电磁防护等。答案选项涉及的相关要求如下。

标记和外观:系统设备和部件应有明显的无法擦去的标记。

服装防静电:人员服装采用不易产生静电的衣料,工作鞋采用低阻值材料制作。

静电消除要求:机房中使用静电消除剂,以进一步减少静电的产生。

机房物品:没有管理人员的明确准许,任何记录介质、文件资料及各种被保护品均不准带出机房,磁铁、私人电子计算机或电设备等不准带入机房。

分析上述要求和答案选项,答案选项 A 中"设备和部件应有明显的标记,并应便于去除或重新标记"的提法与上述"标记和外观"要求中的"系统设备和部件应有明显的无法擦去的标记"不符。

答案:A

🌀 题型点睛

1. 物理安全管理范围包括:计算机机房、计算机、计算机设备。

2. 根据对机房安全保护的不同要求,机房供、配电分为如下几种。

① 分开供电:机房供电系统应将计算机系统供电与其他供电分开,并配备应急照明装置。

② 紧急供电:配置抗电压不足的基本设备、改进设备或更强设备,如基本 UPS、改进的 UPS、多级 UPS 和应急电源(发电机组)等。

③ 备用供电:建立备用的供电系统,以备常用供电系统停电时启用,完成对运行系统必要的保留。

④ 稳压供电:采用线路稳压器,防止电压波动对计算机系统的影响。

⑤ 电源保护:设置电源保护装置,如金属氧化物可变电阻、二极管、气体放电管、滤波器、电压调整变压器和浪涌滤波器等,防止/减少电源发生故障。

⑥ 不间断供电:采用不间断供电电源,防止电压波动、电器干扰和断电等对计算机系统的不良影响。

⑦ 电器噪声防护:采取有效措施,减少机房中电器噪声干扰,保证计算机系统正常运行。

⑧ 突然事件防护:采取有效措施,防止/减少供电中断、异常状态供电(指连续电压过载或低电压)、电压瞬变、噪声(电磁干扰)以及由于雷击等引起的设备突然失效事件的发生。

3. 对计算机机房的安全保护包括机房场地选择、机房防火、机房空调、降温、机房防水与防潮、机房防静电、机房接地与防雷击、机房电磁防护等。

4. 人员进出机房和操作权限范围控制:

应明确机房安全管理的责任人,机房出入应有指定人员负责,未经允许的人员不准进入机房;获准

进入机房的来访人员,其活动范围应受限制,并有接待人员陪同;机房钥匙由专人管理,未经批准,不准任何人自复制机房钥匙或服务器开机钥匙;没有指定管理人员的明确准许,任何记录介质、文件材料及各种被保护品均不准带出机房,与工作无关的物品均不准带入机房;机房内严禁吸烟及带入火种和水源。

应要求所有来访人员经过正式批准,登记记录应妥善保存以备查;获准进入机房的人员,一般应禁止携带个人计算机等电子设备进入机房,其活动范围和操作行为应受到限制,并有机房接待人员负责和陪同。

机房和重要的记录介质存放间,其建筑材料的耐火等级,应符合 GBJ 45—1982 中规定的二级耐火等级;机房相关的其余基本工作房间和辅助房,其建筑材料的耐火等级应不低于 TJ 16—1974 中规定的二级防火等级。

即学即练

【试题1】在信息系统安全技术体系中,环境安全主要指中心机房的安全保护。以下不属于该体系中环境安全内容的是_____。

    A. 设备防盗毁　　　　　　　　　　　B. 接地和防雷击

    C. 机房空调　　　　　　　　　　　　D. 防电磁泄漏

【试题2】依据《电子信息系统机房设计规范》(GB 50174—2008),对于涉及国家秘密或企业对商业信息有保密要求的电子信息系统机房,应设置电磁屏蔽室。以下描述中,不符合该规范要求的是_____。

    A. 所有进入电磁屏蔽室的电源线缆应通过电源滤波器进行

    B. 进出电磁屏蔽室的网络线宜采用光缆或屏蔽线缆线,光缆应带有金属加强芯

    C. 非金属材料穿过屏蔽层时应采用波导管,波导管的截面尺寸和长度应满足电磁屏蔽的性能要求

    D. 截止波导通风窗内的波导管宜采用等边六角形,通风窗的截面积应根据室内换气次数进行计算

【试题3】某机房部署了多级 UPS 和线路稳压器,这是出于机房供电的_____需要。

    A. 分开供电和稳压供电　　　　　　　B. 稳压供电和电源保护

    C. 紧急供电和稳压供电　　　　　　　D. 不间断供电和安全供电

TOP78　人员安全管理

真题分析

【真题1】具有保密资质的公司中一名涉密的负责信息系统安全的安全管理员提出了离职申请,公司采取的以下安全控制措施中,_____可能存在安全隐患。

    A. 立即终止其对安全系统的所有访问权限

    B. 收回所有相关的证件、徽章、密钥、访问控制标志、提供的专用设备等

    C. 离职员工办理完人事交接,继续工作一个月后离岗

    D. 和离职人员签订调离后的保密要求及协议

解析:本题应该很容易选择,人事交接都办完了,还让继续工作一个月,存在安全隐患。

答案:C

【真题2】系统运行安全的关键是管理,下列关于日常安全管理的做法,不正确的是_____。

    A. 系统开发人员和系统操作人员应职责分离

B. 信息化部门领导安全管理组织,一年进行一次安全检查

C. 用户权限设定应遵循"最小特权"原则

D. 在数据转储、维护时要有专职安全人员进行监督

解析:选项 B 是不正确的。安全组织由单位主要领导人领导,不能属于计算机运行或应用部门。

答案:B

【真题3】基于用户名和口令的用户入网访问控制可分为_____三个步骤。

A. 用户名的识别与验证、用户口令的识别与验证、用户账号的默认限制检查

B. 用户名的识别与验证、用户口令的识别与验证、用户权限的识别与控制

C. 用户身份识别与验证、用户口令的识别与验证、用户权限的识别与控制

D. 用户账号的默认限制检查、用户口令的识别与验证、用户权限的识别与控制

解析:访问控制是网络安全防范和保护的主要策略,它的主要任务是保证网络资源不被非法使用和访问。它是保证网络安全最重要的核心策略之一。访问控制涉及的技术也比较广,包括入网访问控制、网络权限控制、目录级控制以及属性控制等多种手段。

入网访问控制为网络访问提供了第一层访问控制。它控制哪些用户能够登录到服务器并获取网络资源,控制准许用户入网的时间和准许他们在哪台工作站入网。用户的入网访问控制可分为三个步骤:用户名的识别与验证、用户口令的识别与验证、用户账号的默认限制检查。三道关卡中只要任何一关未过,该用户便不能进入该网络。对网络用户的用户名和口令进行验证是防止非法访问的第一道防线。为保证口令的安全性,用户口令不能显示在显示屏上,口令长度应不少于 6 个字符,口令字符最好是数字、字母和其他字符的混合,用户口令必须经过加密。用户还可采用一次性用户口令,也可用便携式验证器(如智能卡)来验证用户的身份。网络管理员可以控制和限制普通用户的账号使用、访问网络的时间和方式。用户账号应只有系统管理员才能建立。

因此,基于用户名和口令的用户入网访问控制可分为用户名的识别与验证、用户口令的识别与验证、用户账号的默认限制检查三个步骤。

答案:A

🌀 题型点睛

1. 人员安全管理的内容:岗位安全考核与培训、离岗人员安全管理。

2. 系统运行的安全管理中关于用户管理制度的内容包括建立用户身份识别与验证机制,防止非法用户进入应用系统;对用户及其权限的设定进行严格管理,用户权限的分配遵循"最小特权"原则。用户密码应严格保密,并及时更新;重要用户密码应密封交安全管理员保管,人员调离时应及时修改相关密码和口令。

👆 即学即练

【试题1】某涉密单位的应用系统运行安全管理制度有下列规定,其中不正确的是_____。

A. 单位的安全组织由单位重要领导人领导,不隶属于计算机运行或应用部门

B. 重要应用系统投入运行前,请公安机关的计算机监察部门进行安全检查

C. 系统开发人员须兼任系统操作人员,关键操作步骤要有两人在场

D. 设立监视系统,分别监视设备的运行情况或工作人员及用户的操作情况

TOP79 应用系统安全管理

真题分析

【真题1】信息安全策略应该全面地保护信息系统整体的安全,网络安全体系设计是网络逻辑设计工作的重要内容之一,可从物理线路安全、网络安全、系统安全、应用安全等方面来进行安全体系的设计与规则。其中,数据库的容灾属于_____的内容。

    A. 物理线路安全与网络安全   B. 网络安全与系统安全

    C. 物理线路安全与系统安全   D. 系统安全与应用安全

解析:数据库容灾是目前企业都在做的一件事。所谓容灾就是当应用系统和数据库发生不可抗力(地震、海啸、火山喷发、9·11恐怖袭击)的时候,我们可以通过起用在异地实时在线的备用应用系统以及备用数据库立刻接管,保证交易的顺利进行,当然备用系统如果也发生灾难的情况下,那就无能为力了,除非在全球建立几个大的同步中心才能避免此种情况的发生。因此,选择D。

答案:D

【真题2】应用系统运行的安全管理中心,数据域安全是其中非常重要的内容。数据域安全包括_____。

    A. 行级数据域安全、字段级数据域安全

    B. 系统性数据域安全、功能性数据域安全

    C. 数据资源安全、应用性数据安全

    D. 组织级数据域安全、访问性数据域安全

解析:数据域安全包括两个层次,其一是行级数据域安全,即用户可以访问哪些业务记录,一般以用户所在单位为条件进行过滤;其二是字段级数据域安全,即用户可以访问业务记录的哪些字段,不同的应用系统数据域安全的需求存在很大的差别,业务相关性比较高。

答案:A

【真题3】以下不属于主动式攻击策略的是_____。

    A. 中断   B. 篡改   C. 伪造   D. 窃听

解析:主动式攻击是指攻击者通过有选择地修改、删除、延迟、乱序、复制、插入数据等以达到其非法目的,可以归纳为中断、篡改、伪造三种。

答案:D

【真题4】以下关于计算机机房与设施安全管理的要求,_____是不正确的。

    A. 计算机系统的设备和部件应有明显的标记,并应便于去除或重新标记

    B. 机房中应定期使用静电消除剂,以减少静电的产生

    C. 进入机房的工作人员,应更换不易产生静电的服装

    D. 禁止携带个人计算机等电子设备进入机房

解析:选择选项C。

答案:A

【真题5】应用系统运行中涉及的安全和保密层次包括系统级安全、资源访问安全、功能性安全和数据域安全。以下关于这4个层次安全的论述,错误的是_____。

    A. 按粒度从粗到细排序为系统级安全、资源访问安全、功能性安全、数据域安全

    B. 系统级安全是应用系统的第一道防线

    C. 所有的应用系统都会涉及资源访问安全问题

    D. 数据域安全可以细分为记录级数据域安全和字段级数据域安全

解析:应用系统运行中涉及的安全和保密层次包括系统级安全、资源访问安全、功能性安全和数据

域安全。这 4 个层次的安全,按粒度从粗到细的排序是:系统级安全、资源访问安全、功能性安全、数据域安全(可见 A 是正确的)。程序资源访问控制安全的粒度大小界于系统级安全和功能性安全两者之间,是最常见的应用系统安全问题,几乎所有的应用系统都会涉及这个安全问题。

(1) 系统级安全

企业应用系统越来越复杂,因此制定得力的系统级安全策略才是从根本上解决问题的基础。应通过对现行系统安全技术的分析,制定系统级安全策略,策略包括敏感系统的隔离、访问 IP 地址段的限制、登录时间段的限制、会话时间的限制、连接数的限制、特定时间段内登录次数的限制以及远程访问控制等,系统级安全是应用系统的第一道防护大门。可见选项 B 是正确的。

(2) 资源访问安全

对程序资源的访问进行安全控制,在客户端,为用户提供和其权限相关的用户界面,仅出现和其权限相符的菜单和操作按钮;在服务端则对 URL 程序资源和业务服务类方法的调用进行访问控制。可见不是"所有的应用系统都会涉及资源访问安全问题",选项 C 是错误的。

(3) 功能性安全

功能性安全会对程序流程产生影响,如用户在操作业务记录时是否需要审核、上传附件不能超过指定大小等。这些安全限制是程序流程内的限制,在一定程度上影响程序流程的运行。

(4) 数据域安全

数据域安全包括两个层次,其一是行级数据域安全,即用户可以访问哪些业务记录,一般以用户所在单位为条件进行过滤;其二是字段级数据域安全,即用户可以访问业务记录的哪些字段。不同的应用系统数据域安全的需求存在很大的差别,业务相关性比较高。可见选项 D 是正确的。

答案:C

【真题 6】某企业应用系统为保证运行安全,只允许操作人员在规定的工作时间段内登录该系统进行业务操作,这种安全策略属于_____层次。

A. 数据域安全　　　　　　　　　　B. 功能性安全
C. 资源访问安全　　　　　　　　　D. 系统级安全

解析:具体解析见真题 5。

答案:D

题型点睛

1. 应用系统运行中涉及的安全和保密层次包括系统级安全、资源访问安全、功能性安全和数据域安全。这 4 个层次的安全,按粒度从粗到细的排序是:系统级安全、资源访问安全、功能性安全、数据域安全。

2. 根据应用系统所处理数据的秘密性和重要性确定安全等级,并据此采用有关规范和制定相应管理制度。安全等级可分为保密等级和可靠性等级两种,系统的保密等级与可靠性等级可以不同。保密等级应按有关规定划分为绝密、机密和秘密。可靠性等级可分为三级,对可靠性要求最高的为 A 级,系统运行所要求的最低限度可靠性为 C 级,介于中间的为 B 级。

3. 建立用户身份识别与验证机制,防止非授权用户进入应用系统。对用户及其权限的设定应进行严格管理,用户权限的分配必须遵循"最小特权"原则。用户密码应严格保密,并及时更新。重要用户的密码应密封交安全管理员保管,人员调离时应及时修改相关密码和口令。

4. 计算机网络上的通信面临以下四种威胁。

(1) 截获:从网络上窃听他人的通信内容。

(2) 中断:有意中断他人在网络上的通信。

(3) 篡改:故意篡改网络上传送的报文。

(4) 伪造:伪造信息在网络上传送。

主动攻击:更改信息和拒绝用户使用资源的攻击,攻击者对某个连接中通过的 PDU 进行各种处理。

被动攻击:截获信息的攻击,攻击者只是观察和分析某一个协议数据单元 PDU 而不干扰信息流。

即学即练

【试题1】某单位的应用系统运行安全管理操作规程中有下列规定,其中不正确的是_____。

A. 应用系统操作的关键步骤应有两名操作人员在场

B. 关键应用系统的开发人员应兼任该系统的操作人员,以防止发生误操作

C. 对用户及权限应严格管理,用户权限的分配必须遵循"最小特权"原则

D. 重要用户密码应密封交安全管理员保管,人员调离时应及时修改相关密码

本章即学即练答案

序号	答案	序号	答案
TOP76	【试题1】答案:A 【试题2】答案:A 【试题3】答案:D	TOP77	【试题1】答案:A 【试题2】答案:B 【试题3】答案:C
TOP78	【试题1】答案:C	TOP79	【试题1】答案:B

第 18 章 项目风险管理

TOP80 制订风险管理计划

真题分析

【真题1】由于员工对一些新技术的使用缺乏经验,而导致项目偏离轨迹,那么项目发起人可以通过_____来减少这一风险。

A. 启动风险应急计划

B. 从应急储备中拨出一部分资金,雇佣外部的顾问,为项目成员使用新技术提供培训和咨询

C. 对项目利害关系者的承受水平进行修订,以适应这一突发状况

D. 对这一问题进行记录、界定,并与相关人员进行必要的沟通

解析:风险管理计划的其他内容:

风险管理计划的其他内容包括角色和职责,风险分析定义,低风险、中等风险和高风险的风险眼界值,进行项目风险管理所需的成本和时间。

很多项目除了编制风险管理计划之外,还有应急计划和应急储备。

(1) 应急计划。是指当一项可能的风险事件实际发生时项目团队将采取的预先确定的措施。例如,当项目经理根据一个新的软件产品开发的实际进展情况,预计到该软件开发成果将不能及时集成到正在按合同进行的信息系统项目中时,他们就会启动应急计划,例如采用对现有版本的软件产品进行少量的必要更动的措施。

(2) 应急储备。是指根据项目发起人的规定,如果项目范围或者质量发生变更,这一部分资金可以减少成本或进度风险。例如,如果由于员工对一些新技术的使用缺乏经验,而导致项目偏离轨迹,那么项目发起人可以从应急储备中拨出一部分资金,雇佣外部的顾问,为项目成员使用新技术提供培训和咨询。

答案:B

【真题2】在进行风险评估时,如果发现风险概率和影响很低,可_____。

A. 将该风险作为待观察项目列入清单中,供将来进一步监测

B. 对该风险进行等级排序

C. 着手消除该风险

D. 不做任何措施

解析:根据风险管理计划中给定的定义,确定风险概率和影响的等级。有时,风险概率和影响明显很低,此种情况下,不会对之进行等级排序,而是作为待观察项目列入清单中,供将来进一步监测。

答案:A

【真题3】根据风险的概率及其风险发生的影响量,对风险进行优先级排列的风险管理步骤是_____。

A. 制定风险管理机制   B. 风险识别

C. 实施定性风险分析   D. 定量风险分析

解析:根据项目风险管理过程包括如下内容。

(1) 风险管理规划:决定如何进行、规划和实施项目风险管理活动。

(2) 风险识别:判断哪些风险会影响项目,并以书面形式记录其特点。

(3) 定性风险分析:对风险概率和影响进行评估和汇总,进而对风险进行排序,以便于随后的进一步分析或行动。

(4) 定量风险分析:就识别的风险对项目总体目标的影响进行定量分析。

(5) 应对计划编制:针对项目目标制订提高机会、降低威胁的方案和行动。

(6) 风险监控:在整个项目生命周期中,跟踪已识别的风险、监测残余风险、识别新风险,实施风险应对计划,并对其有效性进行评估。

答案:C

【真题 4】关于项目的风险管理,下列说法中,_____是不正确的。

A. 风险管理包括风险识别、定性分析、定量分析、风险应对、风险监控等过程

B. 定性风险分析后,可制定和采取风险应对措施

C. 制定了风险应对措施后,可重新进行定量风险分析,以确定风险降低的程度

D. 风险管理的最终目标是消除风险

解析:风险是不能消除的。风险管理要学会规避风险。在既定目标不变的情况下,改变方案的实施路径,从根本上消除特定的风险因素。

答案:D

【真题 5】某系统集成企业为做好项目风险管理,给风险定义了 3 个参数:

(1) 风险严重性:指风险对项目造成的危害程度。

(2) 风险可能性:指风险发生的概率。

(3) 风险系数:是风险严重性和风险可能性的乘积。

其中,项目进度延误、工作量偏差的风险严重性等级和风险可能性等级如下表所示:

风险严重性等级			
参数名	等级	值	描述
风险严重性	很高	5	进度延误大于 30%,或者费用超支大于 30%
	比较高	4	进度延误 20%~30%,或者费用超支 20%~30%
	中等	3	进度延误低于 20%,或者费用超支低于 20%
	比较低	2	进度延误低于 10%,或者费用超支低于 10%
	很低	1	进度延误低于 5%,或者费用超支低于 5%

风险可能性等级			
参数名	等级	值	描述
风险可能性	很高	5	风险发生的概率为 0.8~1.0(不包括 1.0)
	比较高	4	风险发生的概率为 0.6~0.8(不包括 0.8)
	中等	3	风险发生的概率为 0.4~0.6(不包括 0.6)
	比较低	2	风险发生的概率为 0.2~0.4(不包括 0.4)
	很低	1	风险发生的概率为 0.0—0.2(不包括 0.0 和 0.2)

假定该企业将风险系数大于等于 15 的情况定义为红灯状态,需要优先处理,则下列_____的情况属于红灯状态。

A. 进度延误 15%,工作量偏差 15%,发生概率为 0.5

B. 进度延误 15％,工作量偏差 35％,发生概率为 0.2

C. 进度延误 25％,工作量偏差 15％,发生概率为 0.6

D. 进度延误 15％,工作量偏差 25％,发生概率为 0.4

解析:根据题干所给的风险严重等级表和风险可能性等级表:

选项 A 的风险严重性等级的数值为 2,风险可能性等级的数值为 1,其风险系数(两者之积)为 2;选项 B 的风险严重性等级的数值为 3,风险可能性等级的数值为 1,其风险系数(两者之积)为 3;选项 C 的风险严重性等级的数值为 3,风险可能性等级的数值为 2,其风险系数(两者之积)为 6;选项 D 的风险严重性等级的数值为 2,风险可能性等级的数值为 2,其风险系数(两者之积)为 4;只有选项 C 的情况使得风险系数的数值达到 6,属于红灯状态,故应选 C。

答案:C

【真题 6】Project _____ is an uncertain event or condition that, if it occurs, has a positive or a negative effect on at least one project objective, such as time, cost, scope, or quality.

A. risk　　　　　　B. problem　　　　　　C. result　　　　　　D. data

解析:风险是一个不确定因素或条件,它一旦发生,则可能至少对一个项目目标,如项目进度、项目成本、项目范围或项目质量产生负面或正面的影响。选项 A 是风险,选项 B 是问题,选项 C 是结果,选项 D 是数据。根据项目风险定义,风险包括两方面含义:一是未实现目标;二是不确定性。因此应选择 A。

答案:A

🏵 题型点睛

项目风险管理过程包括如下内容。

(1) 风险管理规划:决定如何进行、规划和实施项目风险管理活动。

(2) 风险识别:判断哪些风险会影响项目,并以书面形式记录其特点。

(3) 定性风险分析:对风险概率和影响进行评估和汇总,进而对风险进行排序,以便于随后的进一步分析或行动。

(4) 定量风险分析:就识别的风险对项目总体目标的影响进行定量分析。

(5) 应对计划编制:针对项目目标制定提高机会、降低威胁的方案和行动。

(6) 风险监控:在整个项目生命周期中,跟踪已识别的风险、监测残余风险、识别新风险,实施风险应对计划,并对其有效性进行评估。

⚡ 即学即练

【试题 1】在项目管理的下列四类风险类型中,对用户来说如果没有管理好_____,将会造成最长久的影响。

A. 范围风险　　　　　　　　　　B. 进度计划风险

C. 费用风险　　　　　　　　　　D. 质量风险

【试题 2】如果项目受资源限制,往往需要项目经理进行资源平衡。但当_____时,不宜进行资源平衡。

A. 项目在时间上有一定的灵活性

B. 项目团队成员一专多能

C. 项目在成本上有一定的灵活性

D. 项目团队处理应急风险

【试题 3】_____指通过考虑风险发生的概率及风险发生后对项目目标及其他因素的影响,对已识别风险的优先级进行评估。

  A. 风险管理   B. 定性风险分析

  C. 风险控制   D. 风险应对计划编制

TOP81　风险识别

真题分析

【真题1】识别风险就是确定风险的来源、确定风险产生的条件和描述风险特征等方面工作的总称。_____是指造成损失的直接或外在的原因,是损失的媒介物。

  A. 风险事件   B. 风险事故   C. 风险因素   D. 风险危害

  解析:风险事故是造成损失的直接或外在的原因,是损失的媒介物,即风险只有通过风险事故的发生才能导致损失。

  就某一事件来说,如果它是造成损失的直接原因,那么它就是风险事故;而在其他条件下,如果它是造成损失的间接原因,它便成为风险因素。

  风险识别是项目风险管理的基础和重要组成部分,通过风险识别,可以将那些可能给项目带来危害和机遇的风险因素识别出来,把风险管理的注意力集中到具体的项目上来。

  答案:B

【真题2】软件风险是指在软件开发过程中面临的一些不确定性和可能造成的损失。软件风险大致可以分为三类:项目风险、技术风险和商业风险。下列叙述中,_____属于商业风险。

  A. 软件的开发时间可能会超出预期时间

  B. 采用的开发技术过于先进,技术本身尚不稳定

  C. 软件开发过程中需求一直未能稳定下来

  D. 软件开发过程没有得到预算或人员上的保证

  解析:软件风险是指在软件开发过程中面临的一些不确定性和可能造成的损失。软件风险大致可以分为三类:项目风险、技术风险和商业风险。商业风险包括5个方面:开发了一个没有人真正使用的优良产品或系统;开发的产品不再符合公司的整体战略;开发了一个销售部门不知道如何销售的软件;失去了高层管理人员的支持,没有得到预算或人员的保证。

  答案:D

【真题3】在项目执行阶段,一名团队成员识别了一项新风险,此时,应该_____。

  A. 将之涵盖在风险触发因素中   B. 对假设条件进行测试

  C. 将之加入风险管理计划内   D. 对风险进行定性分析

  解析:项目风险管理过程包括如下内容。

  (1)风险管理规划:决定如何进行、规划和实施项目风险管理活动。

  (2)风险识别:判断哪些风险会影响项目,并以书面形式记录其特点。

  (3)定性风险分析:对风险概率和影响进行评估和汇总,进而对风险进行排序,以便于随后的进一步分析或行动。

  (4)定量风险分析:就识别的风险对项目总体目标的影响进行定量分析。

  (5)应对计划编制:针对项目目标制订提高机会、降低威胁的方案和行动。

  (6)风险监控:在整个项目生命周期中,跟踪已识别的风险、监测残余风险、识别新风险,实施风险应对计划,并对其有效性进行评估。

  因此,在识别了一项新风险后,接下来应该进行定性风险分析。

  答案:C

【真题4】风险识别的方式是从专家争执中收集意见并综合,从而对将来的可能风险做出预测的风险识别工具是_____。

A. 风险分解结构　B. 头脑风暴　　　　C. 错误方法　　　　D. 德尔菲

解析:在具体识别风险时,需要综合利用一些专门技术和工具,以保证高效率地识别风险并不发生遗漏,这些方法包括德尔菲法、头脑风暴法、检查表法、SWOT 技术、检查表和图解技术等。

(1) 德尔菲技术是众多专家就某一专题达成一致意见的一种方法。项目风险管理专家以匿名方式参与此项活动。主持人用问卷征询有关重要项目风险的见解,问卷的答案交回并汇总后,随即在专家之中传阅,请他们进一步发表意见。此项过程进行若干轮之后,就不难得出关于主要项目风险的一致看法。德尔菲技术有助于减少数据中的偏倚,并可以防止任何个人对结果不适当地产生过大的影响。

(2) 头脑风暴法的目的是取得一份综合的风险清单。头脑风暴法通常由项目团队主持,也可邀请多学科专家来实施此项技术。在一位主持人的推动下,与会人员就项目的风险进行集思广益。可以以风险类别作为基础框架,然后再对风险进行分门别类,并进一步对其定义加以明确。

(3) SWOT 分析法是一种环境分析方法。所谓的 SWOT,是英文 Strength(优势)、Weakness(劣势)、Opportunity(机遇)和 Threat(挑战)的简写。

(4) 检查表是管理中用来记录和整理数据的常用工具。用它进行风险识别时,将项目可能发生的许多潜在风险列于一个表上,供识别人员进行检查核对,用来判别某项目是否存在表中所列或类似的风险。

(5) 图解技术包括如下内容:①因果图。又被称作石川图或鱼骨图,用于识别风险的成因。②系统或过程流程图。显示系统的各要素之间如何相互联系以及因果传导机制。③影响图。显示因果影响。

答案:D

【真题5】德尔菲技术是一种非常有用的风险识别方法,其主要优势在于_____。

A. 可以明确表示出特定变量出现的概率

B. 能够为决策者提供一系列图表式的决策选择

C. 可以过滤分析过程中的偏见,防止任何个人结果施加不当的过大影响

D. 有助于综合考虑决策者对风险的态度

解析:本题考查德尔菲风险识别技术。

风险识别方法包括德尔菲技术、头脑风暴法、SWOT 技术、检查表和图解技术。德尔菲技术是众多专家就某一专题达成意见的一种方法。项目风险管理专家以匿名方式参与此项活动。主持人用问卷征询有关重要项目风险的见解,问卷的答案交回并汇总后,随即在专家中传阅,请他们进一步发表意见。此项过程进行若干轮之后,就不难得出关于主要项目风险的一致看法。德尔菲技术有助于减少数据中的偏倚,并防止任何个人对结果不适当地产生过大的影响。

答案:C

【真题6】软件开发项目规模度量(size measurement)是估算软件项目工作量、编制成本预算、策划合理项目进度的基础。在下列方法中,_____可用于软件的规模估算,帮助软件开发团队把握开发时间、费用分布等。

A. 德尔菲法　　　B. V 模型方法　　　C. 原型法　　　　　D. 用例设计

解析:很明显,该题的选项是 A。其他选项都不是估算软件规模的方法。

答案:A

【真题7】SWOT analysis is a kind of risk identification method. If the project team chose the SO strategy, they should _____.

A. make full use of the advantage and catch the opportunity

B. overcome the weakness and catch the opportunity

C. make full use of the advantage and reduce the threat

D. overcome the weakness and reduce the threat

解析:在 SWOT 分析方法中,SO 战略是指将内部优势和外部机会相结合,制定抓住机会、发挥优势的战略。A 选项为发挥优势抓住机会;B 选项为克服弱点抓住机会;C 选项为发挥优势减少威胁;D 选项为克服困难减少威胁。因此,正确答案应选 A。

答案:A

【真题 8】Categories of risk response are _____.

A. Identification, quantification, response development, and response control.

B. Marketing, technical, financial, and human

C. Avoidance, retention, control, and deflection

D. Avoidance, mitigation, acceptance, and Transferring

解析:应对风险就是采取什么样的措施和办法,跟踪和控制风险。具体应对风险的基本措施一般为规避、减轻、接受、转移。选项 A 是识别、量化、措施制定、措施控制,选项 B 是市场、技术、资金、人员,选项 C 是规避、保留、控制、偏离,选项 D 是规避、减轻、接受、转移,因此应选择 D。

答案:D

即学即练

【试题 1】德尔菲法区别于其他专家预测法的明显特点是_____。

A. 引入了权重参数

B. 多次有控制的反馈

C. 专家之间互相取长补短

D. 至少经过 4 轮预测

【试题 2】德尔菲技术作为风险识别的一种方法,主要用途是_____。

A. 为决策者提供图表式的决策选择次序

B. 确定具体偏差出现的概率

C. 有助于将决策者对风险的态度考虑进去

D. 减少分析过程中的偏见,防止任何人对事件结果施加不正确的影响

TOP82　定性风险分析

真题分析

【真题 1】风险管理是项目管理中的重要内容,其中风险概率分析是指_____。

A. 分析风险对项目的潜在影响　　　　B. 调查每项具体风险发生的可能性

C. 分析风险的可能消极影响　　　　　D. 分析风险的可能积极影响

解析:定性风险分析的技术方法有风险概率与影响评估法、概率和影响矩阵、风险紧迫性评估等。

风险概率分析是指调查每项具体风险发生的可能性。风险影响评估旨在分析风险对项目目标(如时间、费用、范围或质量)的潜在影响,既包括消极影响或威胁,也包括积极影响或机会。

根据评定的风险概率和影响级别,对风险进行等级评定。通常采用参照表的形式或概率影响矩阵的形式,评估每项风险的重要性及其紧迫程度。概率和影响矩阵形式规定了各种风险概率和影响组合,并规定哪些组合被评定为高重要性、中重要性或低重要性。

风险紧迫性评估,需要近期采取应对措施的风险可被视为最需解决的风险。实施风险应对措施所需的时间、风险征兆、警告和风险等级都可作为确定风险优先级或紧迫性的指标。

答案:B

【真题2】某集成企业在进行风险定性分析时,考虑了风险的几种因素:①威胁,指风险对项目造成的危害程度;②机会,指对项目带来的收益程度;③紧迫性,对风险亟待处置的程度;④风险发生的概率。关于该公司的定性风险分析,下列说法中,_____是不正确的。

　　A. ①×③×④的值越大,则表明风险高,应考虑优先处理

　　B. ②×③×④的值越大,则表明机会大,应考虑优先处理

　　C. ①×②×④的值越大,则表明风险高、机会大,应考虑优先处理

　　D. ②×④的值越大,则表明机会大,应考虑优先处理

　　解析:①×②×④的值越大,则表明威胁大、机会大、风险高,应考虑优先处理。

　　答案:C

【真题3】以下关于定性风险分析的描述中,不正确的是_____。

　　A. 定性风险分析需要考虑风险发生的概率及其后果的影响

　　B. 实施定性风险分析的方法中包括 SWOT 分析法

　　C. 通常情况下,技术含量越高的项目,其风险程度也越高

　　D. 定性风险分析的工作成果之一是按优先级形成风险总排队

　　解析:风险定性分析的技术方法有风险概率与影响评估法、概率和影响矩阵、风险分类、风险数据质量评估以及风险紧迫性评估等。建模技术用于定量风险分析。

　　答案:B

【真题4】风险紧迫性评估多用于_____中。

　　A. 风险识别　　　　　　　　　　B. 定性风险分析

　　C. 定量风险分析　　　　　　　　D. 风险应对

　　解析:风险紧迫性评估多用于"定性风险分析"中。

　　答案:B

题型点睛

1. 输入、工具与技术及输出。

(1) 输入:组织过程资产;项目范围说明书;风险管理计划;风险登记单。

(2) 工具与技术:风险概率与影响评估;概率和影响矩阵;风险分类;风险紧迫性评估。

(3) 输出:风险登记单(更新)。

2. 定性风险分析的技术方法有风险概率与影响评估法、概率和影响矩阵、风险紧迫性评估等。

即学即练

【试题1】定性风险分析工具和技术不包括_____。

　　A. 概率及影响矩阵　　　　　　　B. 建模技术

　　C. 风险紧急度评估　　　　　　　D. 风险数据质量评估

TOP83　定量风险分析

真题分析

【真题1】建立一个概率模型或者随机过程,使它的参数等于问题的解,然后通过对模型或过程的观察计算所求参数的统计特征,最后给出所求问题的近似值,解的精度可以用估计值的标准差表示。这

种技术称为_____方法。

    A. 期望货币分析   B. 决策树分析

    C. 蒙特卡罗分析   D. 优先顺序图

    解析:蒙特卡罗(Monte Carlo)分析也称为随机模拟法,其基本思路是首先建立一个概率模型或随机过程,使它的参数等于问题的解,然后通过对模型或过程的观察计算所求参数的统计特征,最后给出所求问题的近似值,解的精度可以用估计值的标准误差表示。

    答案:C

    【真题 2】以下各项中,不属于定量风险分析工作成果的是_____。

    A. 近期需优先应对的风险清单

    B. 项目的概率分析

    C. 经过量化的风险优先清单

    D. 实现成本和时间目标的概率

    解析:定量风险分析的输出是风险登记单(更新)。风险登记单在风险识别过程中形成,并在风险定性分析过程中更新。在风险定量分析过程中会进一步更新。风险登记单是项目管理计划的组成部分。此处的更新内容主要包括:

    (1) 项目的概率分析。项目潜在进度与成本结果的预报,并列出可能的竣工日期或项目工期与成本及其可信度水平。该项成果(通常以累积分布表示)与利害关系者的风险承受度水平结合在一起,以对成本和时间应急储备金进行量化。需要把应急储备金将超出既定项目目标的风险降低到组织可接受的水平。

    (2) 实现成本和时间目标的概率。采用目前的计划以及目前对项目所面临的风险的了解,可用风险定量分析方法估算出实现项目目标的概率。因此正确答案是 A。

    答案:A

    【真题 3】决策树分析是风险分析过程中的一项常用技术。某企业在项目风险分析过程中,采用了决策树分析方法,并计算出了 EMV(期望货币值)。以下说法中,正确的是_____。

    A. 以上进行的是定量风险分析,根据分析结果应选择升级当前系统

    B. 以上进行的是定量风险分析,根据分析结果应选择全新开发

    C. 以上进行的是定性风险分析,根据分析结果应选择升级当前系统

    D. 以上进行的是定性风险分析,根据分析结果应选择全新开发

    解析:期望货币值(EMV)是一个统计概念,用以计算在将来某种情况发生或不发生情况下的平均结果(即不确定状态下的分析)。机会的期望货币值一般表示为正数,而风险的期望货币值一般被表示为负数。这种分析最通常的用途是用于决策树分析。决策树是对所考虑的决策以及采用这种或那种现有方案可能产生的后果进行描述的一种图解方法。它综合了每项可用选项的成本和概率以及每条事件逻辑路径的收益。

    综上所述,决策树分析是定量风险分析方法,图中标注了机会节点的 EMV,代表收益,应选择收益大的决策,即修改现有技术方案的路线,因此应选 A。

    答案:A

    【真题 4】下图是某项目成本风险的蒙特卡罗分析图。以下说法中不正确的是_____。

    A. 蒙特卡罗分析法也称随机模拟法

    B. 该图用于风险分析时,可以支持定量分析

    C. 根据该图,41 万元完成的概率是 12%,如果要达到 75% 的概率,需要增加 5.57 万元作为应急储备

    D. 该图显示,用 45 万元的成本也可能完成计划

    解析:蒙特卡罗(Monte Carlo)分析也称为随机模拟法(A 是正确的),其基本思路是首先建立一个概率模型或随机过程,使它的参数等于问题的解,然后通过对模型或过程的观察计算所求参数的统计特征,最后给出所求问题的近似值,解的精度可以用估计值的标准误差表示。该图为成本风险模拟结

果图,可以支持风险的定量分析。故 B 是正确的。

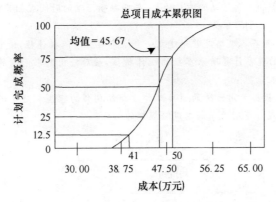

总项目成本累积图

从该图可以看出,项目在估算值 41 万元时完成的概率是 12%,如果要达到 75% 的概率,需要 50 万元,即需要增加 9 万(41 万的 22%)。故 C 是不正确的。用 45 万元的成本完成计划的概率应该在 25%~50% 之间。故 D 是正确的。

答案:C

🎯 题型点睛

定量风险分析的工具和技术如下:

1) 期望货币值(EMV)

决策树的计算如下图所示。

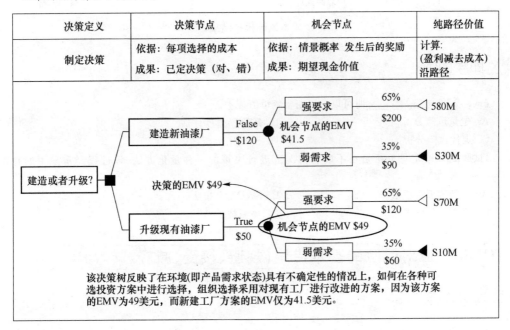

决策树分析

2) 计算分析因子

3) 计划评审技术

PERT是利用网络分析制定计划以及对计划予以评价的技术。PERT网络是一种类似流程图的箭线圈。它描绘出项目包含的各种活动的先后次序,标明每项活动的时间或相关的成本。

4)蒙特卡罗(Monte Carlo)分析

也称为随机模拟法,其基本思路是首先建立一个概率模型或随机过程,使它的参数等于问题的解,然后通过对模型或过程的观察计算所求参数的统计特征,最后给出所求问题的近似值,解的精度可以用估计值的标准误差表示。

对于成本风险分析,模拟可用传统的项目工作分解结构作为模型。对于进度风险分析,可用优先顺序图法(PDM)标识进度。下图表示成本风险模拟的结果。

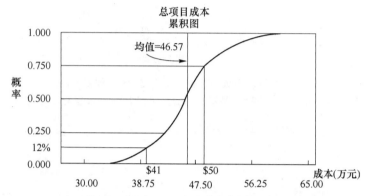

本图表明了通过访谈收集的项目成本的乐观估计值、悲观估计值和最可能估计值符合一定的资金分布。其统计的概率分布超出成本估算的风险。从此图可以看出,该项目在估算值41万元内完成的概率仅有12%,为了要达到75%的成功概率则需要50万元(即还需41万元的22%作为应急储备)。

成本风险模拟结果

即学即练

【试题1】在进行_____时可以采用期望货币值技术。

A. 定量风险分析　　　　　　　　B. 风险紧急度评估

C. 定性风险分析　　　　　　　　D. SWOT 分析

【试题2】风险定量分析是在不确定情况下进行决策的一种量化方法,该过程经常采用的技术有_____。

A. 蒙特卡罗分析法　　　　　　　B. SWOT 分析法

C. 检查表分析法　　　　　　　　D. 预测技术

TOP84　应对风险的基本措施(规避、接受、减轻、转移)

真题分析

【真题1】在应对风险的基本措施中,_____属于消极风险应对策略。

A. 改变项目计划,以排除风险或条件,或者保护项目目标,使其不受影响,或对受到威胁的一些目标放松要求

B. 为项目分配更多的有能力的资源,以便缩短完成时间或实现超过最初预期的高质量

C. 将风险的责任分配给最能为项目的利益获取机会的第三方

D. 通过提高风险的概率或其积极影响，识别并最大程度发挥这些风险的驱动因素，致力于改变机会的"大小"

解析： 消极风险或威胁的应对策略：

（1）规避。规避风险是指改变项目计划，以排除风险或条件，或者保护项目目标，使其不受影响，或对受到威胁的一些目标放松要求。例如，延长进度或减少范围等。

（2）转移。转移风险是指设法将风险的后果连同应对的责任转移到他方身上。

（3）减轻。减轻是指设法把不利的风险事件的概率或后果降低到一个可接受的临界值。

答案： A

【真题 2】 风险转移是设法将风险的后果连同应对的责任转移到他方的风险应对措施，_____不属于风险转移的措施。

A. 履约保证书　　　　　　　　　　B. 购买保险

C. 第三方担保　　　　　　　　　　D. 改变工艺流程

解析： 转移风险是指设法将风险的后果连同应对的责任转移到他方身上。转移风险实际是把风险损失的部分或全部以正当理由让他方承担，而并非将其拔除。对于金融风险而言，风险转移策略最有效。风险转移策略几乎总需要向风险承担者支付风险费用。转移工具丰富多样，包括但不限于利用保险、履约保证书、担保书和保证书。出售或外包将自己不擅长的或自己开展风险较大的一部分业务委托他人帮助开展，集中力量在自己的核心业务上，从而有效地转移了风险。同时，可以利用合同将具体风险的责任转移给另一方。在多数情况下，使用费用加以成合同可将费用风险转移给买方，如果项目的设计是稳定的，可以用固定总价合同把风险转移给卖方。有条件的企业可运用一些定量化的风险决策分析方法和工具，来精算优化保险方案。

改变工艺流程属于风险减轻的措施之一。

答案： D

🅰 题型点睛

风险应对计划的内容具体如下：

（1）消极风险或威胁的应对策略：规避、转移与减轻。

① 规避风险是指改变项目计划，以排除风险或条件，或者保护项目目标，使其不受影响，或对受到威胁的一些目标放松要求。

② 转移风险是指设法将风险的后果连同应对的责任转移到他方身上。转移风险实际只是把风险损失的部分或全部以正当理由让他方承担，而并非将其拔除。

③ 减轻是指设法把不利的风险事件的概率或后果降低到一个可接受的临界值，比如冗余。

（2）接受：采取该策略的原因在于很少可以消除项目的所有风险。

（3）积极风险或机会的应对策略：开拓、分享和提高。

🅰 即学即练

【试题 1】 在信息系统试运行阶段，系统失效将对业务造成影响。针对该风险，如果采取"接受"的方式进行应对，应该_____。

A. 签订一份保险合同，减轻中断带来的损失

B. 找出造成系统中断的各种因素，利用帕累托分析减轻和消除主要因素

C. 设置冗余系统

D. 建立相应的应急储备

本章即学即练答案

序号	答案	序号	答案
TOP80	【试题1】答案:D 【试题2】答案:D 【试题3】答案:B	TOP81	【试题1】答案:B 【试题2】答案:C
TOP82	【试题1】答案:B	TOP83	【试题1】答案:A 【试题2】答案:A
TOP84	【试题1】答案:D		

第 19 章 信息收尾管理

TOP85 项目收尾的内容

真题分析

【真题1】项目收尾过程是结束项目某一阶段中的所有活动,正式收尾该项目阶段的过程。_____不属于管理收尾。

A. 确认项目或者执行阶段已满足所有赞助者、客户,以及其他项目干系人需求

B. 确认已满足项目阶段或者整个项目的完成标准,或者确认项目阶段或者整个项目的退出标准

C. 当需要时,把项目产品或者服务转移到下一个阶段,或者移交到生产或运作

D. 更新反映最终结果的合同记录并把将来会用到的信息存档

解析:

管理收尾包括下面提到的按部就班的行动和活动。

(1) 确认项目或者阶段已满足所有赞助者、客户,以及其他项目干系人需求的行动和活动。

(2) 确认已满足项目阶段或者整个项目的完成标准,或者确认项目阶段或者整个项目的退出标准的行动和活动。

(3) 当需要时,把项目产品或者服务转移到下一个阶段,或者移交到生产和/或运作的行动和活动。

(4) 活动需要收集项目或者项目阶段记录、检查项目成功或者失败、收集教训、归档项目信息,以方便组织未来的项目管理。

答案:D

【真题2】系统终验是系统投入正式运行前的重要工作,系统验收工作通常是在建设方主管部门的主持下,按照既定程序来进行,下列系统终验的做法中,_____是错误的。

A. 承建方应该首先提出工程终验的申请和终验方案

B. 监理方应该协助建设方审查承建方提出的终验申请,如果符合条件则开始准备系统终验;否则,向承建方提出系统整改意见

C. 监理方应协助建设方成立验收委员会,该委员会包括建设方、承建方和专家组成

D. 验收测试小组可以是专业的第三方的测试机构或者是承建方聘请的专家测试小组或者三方共同成立的测试小组

解析:如果验收测试小组是承建方聘请的专家测试小组,会影响验收测试结果的公正性,因为他们之间存在着利益关系。其他选项描述均是正确的。

答案:D

【真题3】项目收尾包括_____。

A. 产品收尾和管理收尾　　　　　　　B. 管理收尾和合同收尾

C. 项目总结和项目审计　　　　　　　D. 产品收尾和合同收尾

解析:项目收尾的具体内容主要是项目验收、项目总结和项目评估审计。项目收尾过程包括对于管理项目或者项目阶段收尾的所有必要活动。项目收尾包括管理收尾和合同收尾。

答案:B

【真题4】某地方政府策划开展一项大型电子政务建设项目,项目建设方在可行性研究的基础上开展项目评估,以下做法不正确的是_____。

A. 项目建设方的相关领导和业界专家,根据国家颁布的政策、法规、方法、参数和条例等,进行项目评估

B. 从项目、国民经济、社会角度出发,对拟建项目建设的必要性、建设条件、生产条件、产品市场需求、工程技术、经济效益和社会效益等进行评价、分析和论证,进而判断其是否可行

C. 项目评估按照成立评估小组、制订评估计划、开展调查研究、分析与评估、编写评估报告的程序开展

D. 评估工作采用费用效益分析法,比较为项目所支出的社会费用和项目对社会所提供的效益,评估项目建成后将对社会做出的贡献程度

解析:项目评估由第三方进行,因此选项 A 是不正确的。

答案:A

🌀 题型点睛

1. 项目收尾的内容:管理收尾、合同收尾。

2. 项目的正式验收包括验收项目产品、文档及已经完成的交付成果。

3. 一般的项目总结会应讨论如下内容:

(1) 项目绩效;(2) 技术绩效;(3) 成本绩效;(4) 进度计划绩效;(5) 项目的沟通;(6) 识别问题和解决问题;(7) 意见和建议。

4. 项目评估的意义是将项目的所有工作加以客观的评价,从而对项目全体成员的成果形成绩效结论。

🖋 即学即练

【试题1】在项目结束阶段,大量的行政管理问题必须得到解决。一个重要问题是评估项目有效性,完成这项评估的方法之一是_____。

A. 制作绩效报告   B. 进行考察

C. 举行绩效评估会议   D. 进行采购审计

【试题2】项目绩效审计不包括_____。

A. 决算审计   B. 经济审计   C. 效率审计   D. 效果审计

本章即学即练答案

序号	答案	序号	答案
TOP85	【试题 1】答案:C 【试题 2】答案:A		

第20章 案例分析

TOP86 案例分析简介和答题步骤、技巧

真题分析

【真题1】阅读下列说明,回答问题1至问题3,将解答填入答题纸的对应栏内。

【说明】项目经理在为某项目制定进度计划时绘制了如下所示的前导图。图中活动 E 和活动 B 之间为结束-结束关系,即活动 E 结束后活动 B 才能结束,其他活动之间的关系为结束-开始关系,即前一个活动结束,后一个活动才能开始。

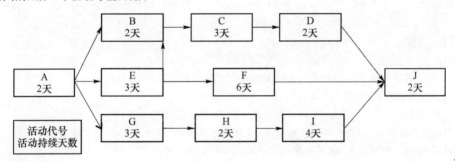

【问题1】(6分)

请指出该网络图的关键路径并计算出项目的计划总工期。

【问题2】(8分)

根据上面的前导图,活动 C 的总时差为 ___(1)___ 天,自由时差为 ___(2)___ 天。

杨工是该项目的关键技术人员,他同一时间只能主持并参与一个活动。若杨工要主持并参与 E、C、I 三个活动,那么项目工期将比原计划至少推迟 ___(3)___ 天。在这种情况下杨工所涉及的活动序列(含紧前和紧后活动)为 ___(4)___ 。

请将上面(1)到(4)处的答案填写在答题纸的对应栏内。

【问题3】(4分)

针对问题2所述的情形,若仍让杨工主持并参与 E、C、I 三个活动,为避免项目延期,请结合网络图的具体活动顺序叙述项目经理可采取哪些措施。

解析:本题考查项目进度管理中根据前导图计算项目关键路径、计划总工期、时差等关键参数。

前导图法(PDM)是用于编制项目进度网络图的一种方法,使用方框代表活动,它们之间用箭头连接,显示它们彼此之间存在的逻辑关系。根据题目给出的前导图,计算各条路径的历时,主要如下:

ABCDJ:12 天;

AEFJ:13 天;

AGHIJ:13 天。

因此,该网络图的关键路径为 AEFJ 和 AGHIJ,项目的计划总工期为 13 天。

活动的自由时差是指一项活动在不耽误直接后继活动最早开始日期的情况下可以拖延的时间长度，其计算公式为：后续活动的最早开始时间－本活动的最早结束时间。因此，活动 C 的自由时差为：8－8＝0 天。

活动的总时差是指在不耽误项目计划完成日期的条件下，一项活动从最早开始时间算起可以拖延的时间长度。其计算公式为：本活动的最迟开始(结束)时间－本活动的最早开始(结束)时间。因此，活动 C 的总时差为：8－7＝1 天。

若杨工要主持并参与 E、C、I 三个活动，则此时项目工期为：2＋3＋3＋4＋2＝14 天，比原计划至少推迟 1 天。在这种情况下杨工所涉及的活动序列(含紧前和紧后活动)为 AECIJ。

为避免项目延期，项目经理可采取的措施有在活动 A、E、C、I、J 处赶工，包括加班、改进技术、增加资源等措施。

答案：

【问题1】

关键路径：AEFJ(2分)和 AGHIJ(2分)

计划总工期：13 天(2分)

【问题2】

(1) 1　　(2) 0　　(3) 1　　(4) AECIJ

【问题3】

在活动 A、E、C、I、J 处赶工(2分)，包括加班、改进技术、增加资源等措施(2分)。

题型点睛

1. 系统集成项目管理工程师考试案例分析作为下午的考试(2:00—4:30)，考试题目为 5 道或者 4 道案例分析试题，希望考生在答题的时候注意以下答题技巧：

(1) 回答问题的文字要简练，千万不要长篇大论，答案长度适中为好。

(2) 过程要清晰，特别是一些公式的计算，过程要写出来，哪怕结果不对，过程也给分的。

(3) 文字清晰，书写工整，这样判卷老师对考生的印象就很好。

(4) 可能考生考试的时候记得不是很清晰，脑子里面有好几个答案，建议考生都写上，因为多写不扣分的。

(5) 答题要有次序，阅卷老师要批改成千上万的试卷，如果考生答得没有次序，老师也不会认真看的，也许就随便给几分了，因此建议大家答题一定要有次序，最好分列说明，如 1、2、3、4、5 点 a、b、c、d 类型等。

(6) 尽量使用专业化的术语，不要用口语；避免使用绝对的语言；引用案例；紧密联系知识点。

(7) 当遇到自己不会做的，千万不要放弃，因为案例的评分标准是达到点子上就有分的！所以考生不会写也得写点东西，尽量往相关知识点上靠拢，还有，案例分析是多写不扣分的，比如标准答案只有 3 条，考生答了 5 条，只要多答的 2 条，没有很明显的错误，都是不影响得分的，因此，建议大家在答题的时候，可以尽量多写。尽量往理论知识上靠拢(非常重要，就算不会写也得写，不写肯定没有分，写了肯定有分，只是分数的多少而已)！

(8) 考试经验也很重要，主要是案例分析，由于答错不扣分，答对就有分，每个问题必须答够 6 点，每一点至少 10 个字，这样总有几点是对的。多看试题分析，理解为什么会是这样的答案。注重分析过程，不要太过注重结果，当然，那些死记硬背的题目无须这样考虑。

2. 对于案例分析，大家也需要合理安排考试时间，建议如下：

(1) 每一道题目控制在 20 分钟内完成。

(2) 对于每一道题目，可以用 5 分钟对照答题要点、仔细阅读案例。花 10 分钟左右进行定性分析或者是定量估算，构思答案的要点，最后 10 分钟以简练的语言写出答案，然后再进行相关的检查和补充。

（3）坚持先易后难的原则，先做简单题目，再做自己没把握的试题。

 即学即练

【试题1】

【说明】

下图为某项目主要工作的单代号网络图，工期以工作日为单位。

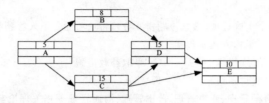

工作节点图例如下：

ES	工	EF
	工作	
LS	总0	LF

【问题1】（5分）

请在图中填写各活动的最早开始时间（ES）、最早结束时间（EF）、最晚开始时间（LS）、最晚结束时间（LF），从第0天开始计算。

【问题2】（6分）

请找出该网络图的关键路径，分别计算工作B、工作C的总时差和自由时差，说明此网络工程的关键部分能否在40个工作日内完成，并说明具体原因。

【问题3】（4分）

请说明通常情况下，若想缩短工期可采取哪些措施。

TOP87　案例分析通用答题方法

 真题分析

【真题1】

【说明】

系统集成商A与生产型企业B签订了一份企业MIS（管理信息系统）开发合同，合同已执行到设计和开发阶段，由于企业B内部组织结构调整，可能会影响核心业务的流程。集成商A提出建议，合同暂停执行至新的组织机构确定之后，双方经过会议协商和沟通，同意上述建议，后续工作再另行协商确定。

6个月后，企业B组织结构基本确定，要求继续执行合同，并表示可将工期延后6个月。但集成商A原来参与项目的部分人员离职，新的项目组成员对该项目不熟悉，通过仔细阅读原来的需求文件还是无法理解MIS系统的需求。同时，由于企业B组织结构的调整导致原需求发生了较大变化，因此不得不重新进行所有的需求调研。

项目继续开展了1个月后，集成商A提出需要增加合同费用，理由是新的需求导致工作量增加，软件系统需要重新开发。但企业B认为需求变更是正常的，集成商A之所以工作量增加也是由于原来的项目文档保留不完整，并且人员更换等原因造成的。双方未就合同变更达成一致，陷入僵局。随后，企业B考虑是否使用法律手段来解决纠纷,但发现整个合同执行过程的备忘录和会议记录都没有,无法提出直接的证据材料。

【问题1】(4分)

请结合案例分析在合同管理与文档管理过程中集成商S和企业B共同存在的问题。

【问题2】(8分)

请结合案例分析集成商A在项目管理方面存在的问题。

【问题3】(4分)

结合案例简要叙述为使项目继续执行双方应该做的工作。

【问题4】(4分)

从候选答案中选择2个正确选项(多选该题得0分),将选项编号填入答题纸对应栏内。

合同法规定的违约责任承担方式不包括_____。

A. 不予承认   B. 继续履行   C. 采取补救措施

D. 赔偿   E. 支付违约金   F. 终止

解析:本题考查项目合同管理、变更管理、范围管理、沟通管理等相关理论与实践;并偏重于在实践中的应用。核心考查点为项目合同问题,属于工程建设项目中常见的一项合同管理的内容,同时也是规范合同行为的一种约束力和保障措施。

问题1和问题4要求考生分析B公司在合同管理与文档管理方面有何不妥之处以及合同违约的相关法律,其实是在考查考生是否具有合同管理方面的相关经验,是否熟悉合同管理相关条款和流程。

问题2和问题3是对问题的进一步深化,考查考生应用理论知识分析、解决具体问题的能力。考查考生如何针对存在的问题进行项目沟通,保证项目能够在遇到变化的情况下顺利地继续进行。

答案:

【问题1】

(1)合同中缺少必要的项目需求描述及违约责任约定。

(2)合同执行过程中没有做好记录保存工作。

(3)缺少事先约定的合同变更流程。

【问题2】

(1)为项目制定的原需求文件不够清晰或完整(或范围管理没有做好)。

(2)对人员流动给项目带来的风险,缺乏充分的分析和合理有效的应对措施。

(3)没有充分估计项目变更带来的影响(或变更管理没有做好)。

(4)与企业B的沟通管理没有做好或者存在问题。

【问题3】

(1)确定一个变更控制委员会,确定合同变更流程。

(2)对于需求变更带来的影响进行合理的评估,形成需求文件。

(3)双方协商对合同内容进行变更,提交变更控制委员会批准。

(4)加强沟通,双方各自做出一定的让步(或考虑再延长一定时间的工期,或补偿合理的项目费用)。

(5)集成商A要加强人员组织管理和团队建设。

【问题4】

A   F

【真题2】

【说明】

某项目6个月的预算如下表所示。表中按照月份和活动给出了相应的PV值,当项目进行到3月底时,项目经理组织相关人员对项目进行了绩效考评,考评结果是完成计划进度的90%。

单位:元

活动	1月	2月	3月	4月	5月	6月	活动 PV	活动 EV
编制计划	4000	4000					8000	①
需求调研		6000	6000				12000	
概要设计			4000	4000			8000	②
数据库设计				8000	4000		12000	
详细设计					8000	2000	10000	
……								
……								
月度 PV	4000	10000	10000	12000	12000	20000		
月度 AC	4000	11000	11000					

【问题 1】(7 分)

请计算 3 月底时项目的 SPI、CPI、CV、SV 值,以及表中①、②处的值(注:表中①处代表"编制计划"活动的 EV 的值,表中②处代表"概要设计"活动的 EV 值)。

【问题 2】(7 分)

(1) 如果项目按照当前的绩效继续进行,请预测项目的 ETC(完成时尚需估算)和 EAC(完成时估算)。

(2) 请评价项目前 3 月的进度和成本绩效并提出调整措施。

【问题 3】(6 分)

假设项目按照当前的绩效进行直至项目结束,请在下图中画出从项目开始直到结束时 EV 和 AC 的曲线,并在图中用相应的线段表明项目完成时间与计划时间的差(用"t"标注)、计划成本与实际成本的差(用"c"标注)。

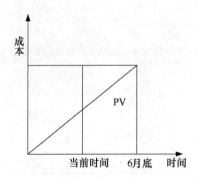

解析:本题是一道挣值分析计算的试题,题目给出了相关的条件,要求考试能够识别出 PV、AC 和 EV。同时,根据这些参数来计算 CV 和 SV,然后来判断项目的状态。解答此题的关键在于充分理解 PV、AC 和 EV 的概念,同时需要识记相关的公式。

PV 是到既定的时间点前计划完成活动的预算成本。

EV 是在既定的时间段内实际完工工作的预算成本。

AC 是在既定的时间段内实际完成工作发生的实际总成本。

AC 在定义和内容范围方面必须与 PV、EV 相对应。综合使用 PV、EV、AC 能够衡量在某一给定时间点是否按原计划完成了工作,最常用的指标就是 CV、SV、CPI 和 SPI。

$$CV＝EV－AC$$
$$SV＝EV－PV$$
$$成本执行指数＝EV/AC$$
$$进度执行指数＝EV/PV$$

另外,难点在于完工预测部分,计算 ETC 和 EAC,要求识别典型偏差和非典型偏差,对于典型偏差,要求知道公式 EAC＝AC＋(EAC－EV)/CPI,在典型偏差情况下,ETC＝(EAC－EV)/CPI。

此外,还需要考虑是项目成本管理问题,准确地说,是项目成本控制问题。项目管理受范围、时间、成本和质量的约束,其中,项目成本管理要确保在批准的预算内完成项目,在项目管理中占有重要地位。虽然项目成本管理主要关心的是完成项目活动所需资源的成本,但是也必须考虑项目决策对项目产品、服务或成果的使用成本、维护成本和支持成本的影响。

答案:

【问题 1】

3 月底时,

$$PV＝(4000＋10000＋10000)元＝240000 元$$
$$AC＝(4000＋11000＋11000)元＝26000 元$$
$$SPI＝EV/PV＝90\%$$
$$EV＝SPI×PV＝90\%×24000＝21600$$
$$CPI＝EV/AC＝(216000/26000)元＝0.83$$
$$CV＝EV－AC＝(216000－26000)元＝－4400 元$$
$$SV＝EV－PV＝(216000－24000)元＝－2400 元$$
$$①＝4000＋4000＝8000$$

说明:刚某活动完成后,就是 EV＝PV

$$②＝(216000－8000－12000)元＝1600$$

说明:3 月底的总 EV 减去编制计划和调研的 EV。

【问题 2】

(1) ETC＝(BAC－EV)/CPI＝(50000－216000)/0.83＝34216.8

EAC＝AC＋ETC＝26000＋34216.8＝60216.8

(2) 进度绩效:进度滞后

成本绩效:成本超支

调整措施:用效率高的人员更换效率低的人员,或提前开展数据库设计或详细设计工作。

【问题 3】

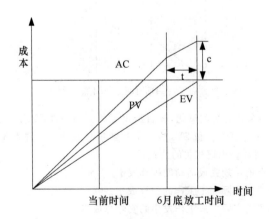

【真题 3】

【说明】

　　某企业 A 承接了某一中心城市数字城管工程建设项目,委派小刘负责该项目的质量保证工作。在项目的执行过程中,由于数字城管建设涉及该市的很多职能部门,互相之间的协调和沟通费时、费力,且在不同单位之间存在需求方面的不一致,导致项目质量管理活动很难开展。

　　【事件1】鉴于沟通协调的困难,项目团队建议小刘暂时弱化对项目的质量管理工作,由项目开发团队先开展工作,然后等合适的时机再补充相关质量手续。小刘也考虑到目前项目成本超支、进度滞后的现状,默许了项目组这样的做法。

　　【事件2】由于项目进度滞后,为了节约招标时间,项目经理决定对部分产品的采购实行竞争性谈判,通过邀请招标的方式与两家企业谈判,并确定了最终供应方。

　　【事件3】企业 A 另委派小王负责该项目的质量管理工作,小王认为目前项目在管理方面存在很多问题,特别是团队沟通方面的问题对项目的影响不容忽视,虽然小王认为改善团队沟通不应该是他的职责,但还是提出了自己的建议。

　　【问题1】(6 分)

　　在事件 1 中,项目组的做法是否恰当?小刘作为质量保证人员,应做好哪些工作?

　　【问题2】(5 分)

　　结合事件 2 中的相关内容,请说明项目组的做法是否合适;并简要指出小刘作为质量保证人员在项目采购中应具体负责哪些工作。

　　【问题3】(4 分)

　　结合事件 3,请简要叙述小王就项目团队沟通状况可提出哪些改善建议。

　　解析:本题考查项目质量管理和项目沟通管理。其中质量管理考查的是有关项目质量管理理论和实践,主要涉及的是质量保证和质量控制方面的内容。在本案例的项目实施过程中,项目经理没有遵循项目管理的标准和流程,没有严格把关项目质量,以至于为了节约招标时间而省掉了一些环节和工作,没有为项目的日后维护留下充足的资料。虽然满足了项目进度要求,但忽略了因项目质量而导致后期维护成本的增加,对公司效益和形象造成了双重不利影响。

　　在实际项目过程中,很多时候我们处于时间紧、任务重、订沟通困难、工作量大的局面。在项目质量管理过程中,只要我们能够合理调配人员,制订合理的计划来控制项目质量和进度,同时使用一些基本项目管理工具与技术来管理项目资产,就能够保证项目高质量地完成,同时还可给项目后期维护提供保证。

　　答案:

　　【问题1】

　　不恰当,小刘应做好如下工作:

　　(1)协作项目团队积极与该项目涉及的该市相关职能部门之间做好沟通协调工作。在此基础上就质量保证工作达成共识。

　　(2)协助项目经理做好相关内外部质量保证工作,甚至将相关情况报告高层,谋求解决办法。

　　【问题2】

　　不合适。

　　(1)首先项目目前情况不符合竞争性谈判的条件。

　　(2)项目的竞争性谈判组织存在问题,如两家企业不可以进行竞争性谈判。

　　小刘作为质量保证人员在项目采购中应该负责如下工作:

　　(1)考察潜在的供货方是否符合竞争性谈判的条件。

　　(2)参与竞争性谈判的厂商是否具有相应的资质。

　　(3)拟采购的设备指标是否符合质量要求。

　　(4)拟签订的采购合同内主要条款是否适用于本项目的实际情况及可能的风险防范。

　　【问题3】

　　(1)对团队成员进行沟通方面的相关培训。

（2）改善团队工作环境,创造有利于沟通的团队氛围。

（3）必要时更换模型项目团体成员,甚至包括项目经理。

（4）制定更清晰的组织目标和工作流程。

（5）制定和实施各种奖罚措施。

题型点睛

历年案例分析大部分无非出在范围管理、进度管理、成本管理、质量管理。可以说这四大管理的分全拿,基本可以说通过考试问题不大。另外,对于配置管理、变更管理、合同管理、整体管理,大家把握住分析的原则,对章节大标题拿一半问题不大。沟通管理一般也同其他管理串联起来,答题时请尽量涉及沟通管理。例如项目的范围"需求"进度出现问题总是包含着沟通不当在内。这类题目无非就是进度落后、成本超出、无法验收、售后困难等。考生读完题目就应该知道该题考查的是什么管理,然后对照原因进行分析与解答。

即学即练

【试题1】

【说明】

小赵是一位优秀的软件设计师,负责过多项系统集成项目的应用开发,现在公司因人手紧张,让他作为项目经理独自管理一个类似的项目,他使用瀑布模型来管理该项目的全生命周期,如下所示:

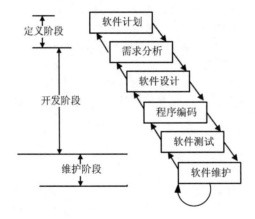

项目进行到实施阶段,小赵发现在系统定义阶段所制订的项目计划估计不准,实施阶段有许多原先没有估计到的任务现在都冒了出来。项目工期因而一再延期,成本也一直超出。

【问题1】（6分）

根据项目存在的问题,请简要分析小赵在项目整体管理方面可能存在的问题。

【问题2】（6分）

（1）请简要叙述瀑布模型的优缺点。

（2）请简要叙述其他模型如何弥补瀑布模型的不足。

【问题3】（3分）

针对本案例,请简要说明项目进入实施阶段时,项目经理小赵应该完成的项目文档工作。

TOP88　项目收尾

真题分析

【真题1】

【说明】

某信息系统集成企业随着规模的扩大,决定委派小王专门对合同进行管理,其职责主要是分析和审核各项目合同,以防潜在的合同风险。小王上任后,根据一般原则梳理了合同管理的主要内容,在此基础上制定了公司的合同管理制度,并将该制度分发给各项目组和职能部门。同时将自己的职责主要确定为对所有项目合同进行分析和审核,降低项目合同的风险。

【问题1】(3分)

请简要说明小王制定的合同管理制度主要应涉及哪些方面的管理。

【问题2】(6分)

任何合同都不可能穷尽合同规范中所有的细节,因此合同分析就成为合同管理的一个重要环节。请指出小王进行合同分析时应重点关注的内容。

【问题3】(6分)

结合本案例,判断下列选项的正误(填写在答题纸的对应栏内,正确的选项填写"√",错误的选项填写"×"):

(1) 合同索赔的内容包括:根据权利而提出的要求;索赔的款项;根据权利而提出法律上的要求

（　　）

(2) 合同档案的管理,也即合同文件管理,是整个合同管理的基础。（　　）

(3) 合同监督就是对合同条款经常与实际实施情况进行比对,以便根据合同来掌握项目的进展,以保证设计、开发、实施的精确性,并符合合同要求。（　　）

(4) 对项目质量、数量、内容等方面做出的微小变动,由于对项目影响不大,因此不需要报建设单位批准,只需要现场监理师审核通过即可。（　　）

(5) 合同的控制指为保证合同所规定的各项义务的全面完成,以合同分析的结果为基准,对整个合同实施过程的全面监督、检查、对比、引导及纠正的管理活动。合同所规定的各项权利不包括在其中。

（　　）

(6) 反索赔是指承建单位向建设单位提出的索赔。（　　）

解析:本题综合了项目合同管理、过程控制和沟通管理在项目管理的作用,具体分析如下。

问题1要求分析合同管理制度的内容,合同分析首先应该保证合同的内容。问题2要求根据合同的定义说明合同分析时关注的内容。问题3是判断正误:变更必须根据合同的相关条款适当地加以处理,"不需要报建设单位批准"是错的;合同管理中的合同履行管理的方式合同控制中说明,合同所规定的各项权利包括在其中,第5小题后半句是错的;建设单位对于属于承建单位应承担责任造成的,且实际发生了的损失,向承建单位要求赔偿,称为反索赔。

答案:

【问题1】

合同管理主要包括:

(1) 合同签订管理;

(2) 合同履行管理;

(3) 合同变更管理;

(4) 合同档案管理。

【问题2】

合同分析时应该关注的内容包括：

（1）当事人各自的权利、义务。

（2）项目费用及工程款的支付方式。

（3）项目变更约定。

（4）违约责任。

（5）信息系统项目质量的要求。

（6）建设单位提交有关基础资料的期限，承建单位提交阶段性及最终成果的期限，当事人之间的其他协作条件。

【问题3】

（1）（√）　（2）（√）　（3）（√）　（4）（×）　（5）（×）　（6）（×）

【真题2】

【说明】

某公司技术人员人力成本如下表所示。

	分 析 师	设 计 师	程 序 员	测试工程师
日均成本（元）	350	300	400	300

项目经理根据项目总体要求制定了某项目的网络资源计划图（如下图所示，单位为日，为简化起见，不考虑节假日），并向公司申请了 2 名分析师负责需求分析，3 名设计师负责系统设计，10 名程序员负责子系统开发和集成，2 名测试工程师负责系统测试和发布。项目经理估算总人力成本为 27400 元。

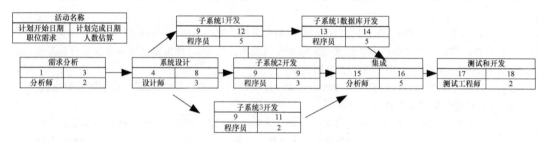

【问题1】（4分）

请指出项目经理在人力成本的估算中使用了哪些成本估算方法。

【问题2】（7分）

第 9 日的工作结束时，项目组已完成需求分析、系统设计工作，子系统 1 的开发完成了四分之一，子系统 3 的开发完成了三分之一，其余工作尚未开展，此时人力部门统计应支付总人力成本 9400 元。请评价项目当前的进度绩效和成本绩效，给出调整措施，并预测按原计划继续执行所需要的 ETC（完工尚需成本）。

【问题3】（4分）

假设每个项目组成员均可胜任分析、设计、开发、集成、测试和发布工作，在不影响工期的前提下，可重新安排有关活动的顺序以减少项目所需人数，在此种情况下，该项目最少需要　（1）　人，子系统 3 的开发最晚应在第　（2）　日开始。

请你将上面的叙述补充完整（将空白处应填写的恰当内容写在答题纸的对应栏内）。

解析：本题主要考查考生对成本管理中成本估算方法以及挣值分析的计算方法的掌握情况。

成本有两种基本的成本估算方法：自顶向下和自底向上。这两种方法都要求采用某种方法做出估算。另外，有许多估算方法可以利用，大致划分为三类：专家估算法、类推估算法和算式估算法。

挣值分析法的核心是将已完成的工作的预算成本（挣值）按其计划的预算值进行累加获得的累加

值与计划工作的预算成本(计划值)和已经完成工作的实际成本(实际值)进行比较,根据比较的结果得到项目的绩效情况。首先画网络图,注意题目给的是第一个活动从 0 开始,如果变成 1,则每个活动左边加 1 即可,其余不动,注意关键路径。

答案:

【问题1】

自顶向下和自底向上(或自下而上)估算、参数估算。

【问题2】

首先根据题目得知　　　　　　　　　　BAC＝27400

第 9 日,预计活动的预计成本

PV＝需求分析＋系统设计工作＋子系统 1 的 1/3＋子系统 2 的 1/3＋子系统 3 的 1/3＝350 元×2 人×3 天＋300 元×3 人×5 天＋400 元×5 人×1 天＋400 元×3 人×1 天＋400 元×2 人×1 天 ＝10560

实际活动的实际成本　　　　　　　　　AC＝9400

实际活动的预计成本

EV＝需求分析＋系统设计工作＋子系统 1 的 1/3＋子系统 3 的 1/3＝350 元×2 人×3 天＋300 元×3 人×5 天＋400 元×5 人×1 天＋400 元×2 人×1 天＝9400

CPI＝EV/AC＝9400/9400＝1

成本刚好预算平衡,不需要调整。

SPI＝EV/PV＝9400/10560＝0.89

进度落后。

方法:用高效人员替换低效率人员,加班(或赶工),或在防范风险的前提下并行施工。

ETC＝(BAC－EV)/CPI＝(27400－9400)/1＝18000(元)

【问题3】

天	1	2	3	4	5	6	7	8	9	10	11	12	13	14	15	16	17	18
活动和人数	需求分析2人	需求分析2人	需求分析2人	系统设计3人	系统设计3人	系统设计3人	系统设计3人	系统设计3人	子1开发5人	子1开发5人	子1开发5人	子1开发5人	子1数据库开发5人	子1数据库开发5人	集成5人	集成5人	测试和发布2人	测试和发布2人
									子2开发2人	子2开发1人	子3开发2人	子3开发2人	子3开发2人					
人	2	2	2	3	3	3	3	3	7	6	7	7	7	5	5	5	2	2

15 日集成前,子系统 3 完成即可,子系统 3 需要 3 天,且在第 11～14 天间只能有 2 个人供支配,所以最晚第 12 天开始;由表可得出在 18 天中,最多需要 7 人。

假设每名项目组成员均可胜任分析、设计、开发、集成、测试和发布工作,在不影响工期的前提下,可重新安排有关活动的顺序以减少项目所需人数,在此种情况下,该项目最少需要 7 人,子系统 3 的开发最晚应在第 12 日开始。

【真题3】

【说明】

A 公司近期成功中标当地政府机构某信息中心的信息安全系统开发项目。公司任命小李为项目经理,配备了信息安全专家张工,负责项目的质量保证和关键技术。

小李为项目制订了整体进度计划,将项目分为需求、设计、实施和上线试运行四个阶段。项目开始后,张工凭借其丰富的经验使开发过程得到了覆盖的质量保证,需求和设计顺利通过了张工的把关。小李认为后续阶段不会有什么太大问题。开发阶段过半时,公司领导通知小李发生了两件事。

第一是公司承揽新项目,需要张工调离;第二是信息中心进行人事调整,更换了负责人。小李向公司领导承诺,一定做好配合工作,保质保量完成项目。

张工调离后,小李亲自负责质量保证和技术把关。项目实施阶段完成后,信息中心新领导对该系统相当重视,派信息中心技术专家到现场调研和考察。小李为此专门组织技术人员与信息中心专家讨论软件开发技术,查看部分关键代码,并考察了部分程序的运行结果。现场考察后,信息中心专家认为 A 公司编写的代码不规范,安全性存在隐患,关键部分执行效率无法满足设备要求,不具备上线试运行的条件。

信息中心领导获悉上述情况后,决定邀请上级领导、业界有关专家并会同 A 公司主要负责人组织召开项目正式评审会。

【问题 1】(5 分)

请结合案例,分析小李在质量管理方面存在的问题。

【问题 2】(6 分)

(1) 简要分析信息中心组织的正式评审会可能产生的几种结论。

(2) 如经评审和协商后 A 公司同意实施返工,简要叙述小李在质量管理方面应采取的后续措施。

【问题 3】(4 分)

项目经理组织技术人员与信息中心专家讨论软件开发技术,查看部分关键代码,这种质量控制方法称为(1);信息中心专家实际运行程序,考察其执行效果和效率,这种质量控制方法是 ___(2)___ 。

解析:

本题主要考查如何实施项目的质量管理工作。质量管理工作对于一个项目来说是至关重要的,但在很多项目中质量管理并不是系统地、有计划地来执行的,经常处于一种救火的状态,还有人认为质量管理就是为了找错。事实上,质量管理活动应该是有计划、有目标、有流程规范的一系列活动。项目质量管理包括确保项目满足其各项要求所需的过程,以及担负全面管理职责的各项活动;确定质量方针、目标和责任,并通过质量策划、质量保证、质量控制和质量改进等手段在质量体系内实施质量管理。

答案:

【问题 1】

(1) 未制订详细的项目质量管理计划,只是制订了整体进度计划。

(2) 质量职责分配不合理,人员不足,经验不够(张工调离后,小李亲自负责质量保证和技术把关)。

(3) 质量职责分配不及时(小李为此专门组织技术人员与信息中心专家讨论软件开发技术)。

(4) 需求和设计未经过外部评审就付诸执行。

(5) 进度计划中缺少测试阶段等质量控制环节(现场考察后才暴露问题)。

(6) 缺少风险评估及应急处理(小李认为后续阶段不会有什么太大的问题)。

【问题 2】

(1) ① 组织上线试运行,加强后续质量控制。

② 修复前一阶段发现的问题。

③ 按照变更流程调整项目的进度、成本和范围基准。

(2) ① 科学制订项目后续的质量管理计划。

② 合理分配质量职责。

③ 实施和加强测试、评审等质量控制环节。

④ 提前准备和启动返工后的上线试运行工作。

⑤ 加强与客户的沟通和交流。

【问题 3】

项目经理组织技术人员与信息中心专家讨论软件开发技术,查看部分关键代码,这种质量控制的方法称为走查;信息中心专家实际运行程序,考察其执行效果和效率,这种质量控制方法是测试。

【真题4】

【说明】

某电力系统公司拟通过信息化来提高生产管理水平,决定开发一个生产过程管理信息系统。经过招投标,与信息系统集成企业 A 公司签订了生产过程管理信息系统开发合同。公司委派小张担任这个项目的项目经理,公司项目办公室和小张一起根据合同制订了项目章程。小张很快组建了项目团队并安排李工负责项目的需求分析,赵工负责项目的设计、开发与实施。李工带领需求分析小组经过实地调查,认真编写了需求分析说明书,并与电力系统公司的有关人员一起对需求进行了评审。但由于电力系统公司的业务十分繁忙,双方并没有在需求说明书中进行签字确认。

A 公司同时进行的信息系统开发项目比较多。李工在完成生产过程管理信息系统的需求分析说明书后,转到了另外的项目开发组。

在赵工带领开发小组进行设计与编码的过程中,客户经常提出一些小的改动,赵工认为满足客户的需求是很重要的,所以,能改的就改了,没有与 A 公司的其他人进行协商。

在系统交付的时候,电力系统公司的业务代表认为已经提出的需求很多没有实现,实现的需求也有很多不能满足业务的要求,与原来预期的需求差别很大,必须重新确定与实现这些需求后才能验收。此时由于李工已经不在项目组,没有人能够清晰地解释需求说明书。最终项目延期超过 50%,电力系统公司对系统的延期表示了强烈的不满。

【问题1】(5分)

结合本题案例判断下列选项的正误(填写在答题纸的对应栏内,正确的选项填写"√",错误的选项填写"×"):

(1) 项目范围确认可以针对一个项目整体的范围进行确认,也可以针对某一个项目阶段的范围进行确认。　　　　　　　　　　　　　　　　　　　　　　　　　　　( )

(2) 项目范围是指为了成功地实现项目目标所必须完成的最少的工作。　　　　( )

(3) 变更不可避免,因而不必强制实施某种形式的变更控制过程。　　　　　　( )

(4) 影响项目范围的变更请求批准后,项目范围管理计划不必修改。　　　　　( )

(5) 范围变更控制应当与任何综合项目管理信息系统结合为整体,共同控制项目范围。( )

【问题2】(6分)

请简要分析本题案例中的范围变更控制存在哪些问题。

【问题3】(4分)

你认为是否不管项目大小,都应该成立变更控制委员会? 如果需要,变更控制委员会由哪些人组成? 如果不需要,请说明理由。

解析:

本题的核心考查点是项目范围管理问题和变更管理,涉及范围定义和范围控制,前者属于计划过程,而后者属于监控过程。在实践中,这些过程以各种形式重叠和相互影响。另外,考查的理论点是详细的项目范围说明书应包含的内容,以及范围变更控制委员会的作用。

答案:

【问题1】

(1) ×(范围确认是客户等项目干系人正式验收并接受已完成的项目可交付物的过程,项目范围确认包括审查项目可交付物以保证每一交付物令人满意地完成。)　(2) √　(3) ×　(4) ×　(5) ×

【问题2】

(1) 制定项目章程和批准项目是由项目外的更高一级组织,或大型项目管理,或项目组合管理部门负责的。

(2) 没有进行合理的人力资源计划,小张很快组建了项目团队,导致李工撤离后无人负责需求。

(3) 没有制订明确的项目管理计划、范围管理计划。

（4）需求没有经过评审、确认就形成需求说明书，并开始了后续的设计工作。

（5）项目范围是否变更，应遵循规范的变更控制流程。

（6）范围变更没有与客户取得一致意见。

（7）缺乏沟通和周期监控。

【问题 3】

变更控制委员会可以是 1 人也可以是多人，变更控制委员会由项目所涉及的多方人员共同组成，通常包括用户和实施方的决策人员。

🌀 题型点睛

1. 项目收尾包括合同收尾（按照合同约定，项目组和业主一项项地核对，检查是否完成了合同所有的要求，是否可以把项目结束掉，也就是我们通常讲的项目验收）和管理收尾（是对内部来说的，把做好的项目文档等归档，对外宣称项目已结束，转入维护期，把相关的产品说明转到维护组，同时进行经验教训总结）。

2. 项目收尾阶段：是以某种正式的活动作为结束标志，主要是完成项目交付成果的检验，由承建方将完成的结果交与用户方，业主（用户）确认结果符合合同规定。项目收尾工作的另一重要内容是从项目中获得相关经验，以便指导和改善未来项目的运作和实施。具体内容是项目验收、项目总结和项目评估审计。

3. 收尾出现问题的原因。

① 合同中没载明验收标准和流程。

② 实施过程中没让客户及时了解项目绩效，客户对进展质量状况不了解（突然就让客户签字验收，并付款，客户心理无法接受）。

③ 没售后承诺，客户担心后续服务没有保障。

④ 合作氛围不良，客户存在某种程度的抵触情绪，缺乏信任感，客户对项目质量信心不足。

4. 验收程序。

5. 项目收尾、准备验收材料、项目团队自检、提交验收申请书和验收资料、验收班子检查验收资料、初审、正式验收、签署验收合格文件和固定资产移交。

6. 项目的正式验收包括验收项目产品、文档及已经完成的交付成果。验收需要正式的验收报告。对于系统集成项目，一般来讲，需要正式的验收测试工作。验收测试工作可由业主和承建单位共同进行，也可由第三方公司进行，但无论哪种方式都需要双方认可的正式文档为依据进行验收测试。如果验收测试未获通过，则应立即查找原因，一般会转向变更环节进行修改和补救。如果项目验收测试正式通过，则标志着项目验收完成。

7. 验收时需注意：

① 文档要齐全，进展要有据可查。

② 是否根据该项目自身特点，制定了合理的信息系统项目管理措施。

③ 与其他职能部门的协作是否到位。

8. 系统集成项目的验收工作包括：

① 系统测试。

② 系统的试运行。

③ 系统的文档验收。

④ 项目的最终验收报告。

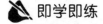 即学即练

【试题 1】

【说明】

小李是国内某知名 IT 公司的项目经理,负责西南某省的一个企业信息系统项目建设的管理。

在该项目合同中,简单列出了项目承建方应该完成的工作,据此小李自己制定了项目的范围说明书,甲方的有关工作由其信息中心组织和领导,信息中心主任兼任该项目的甲方经理。可是在项目实施过程中,有时是甲方的财务部直接向小李提出变更需求,有时是甲方的销售部直接向小李提出变更需求,且这些需求又是矛盾的,面对这些变更需求,小李试图用范围说明书来说服甲方,甲方却动辄用合同的相应条款作为依据,而这些条款要么太粗,不够明确,要么小李与他们理解不同,因此小李对这些变更需求不能简单地接受或拒绝而左右为难,他感到很沮丧,如果不改变这种状况,项目结项看来是遥遥无期。

【问题 1】(5 分)

针对上述情况,请分析问题产生的原因。

【问题 2】(5 分)

如果你是小李,你怎样在合同谈判、计划和执行阶段分别进行范围管理。

【问题 3】(5 分)

说明合同的作用、详细范围说明书的作用,以及两者之间的关系。

TOP89　项目风险管理

真题分析

【真题 1】

【说明】

某大型企业集团拟在生产园区建立一套无线网络,覆盖半径大约 1.5 千米,要求能够支持高速数据传输、无缝漫游以及多种类型数据业务等。集团总经理责成信息中心主任李某负责此事。李某找到曾经承担集团内部网络系统工程的系统集成商 A 公司,提出了集团的需求。A 公司管理层开会研究后命令项目经理张某积极跟进,与李某密切联系。张某经过上网搜索,发现外企 B 公司最近推出的一种基于 WiMAX 技术的无线网络系统比较符合需求,国外也有类似的成功案例。张某亲自到 B 公司的国内代理商 C 公司进行了实地考察,并在 C 公司进行了产品演示实验,感到效果良好。随后,张某和李某沟通后,A 公司正式与 C 公司签订了采购合同,并很快进行了系统的安装部署。

可是当无线网络系统正式投入运行后不久,就出现了一系列问题,比如,无线网络覆盖存在盲区,不支持某些类型的数据业务,用户较多时数据传输率急剧下降,偶尔发生莫名其妙的断网现象,等等。更麻烦的是,当地无线电管理部门认为他们没有取得无线电频带使用执照,要求该集团立即停止运行该无线网络,并且要对他们进行处罚。此时 C 公司传来消息,称 B 公司因内部原因即将退出中国大陆市场,继续提供该系统的技术支持服务比较困难。

【问题 1】(6 分)

在本案例中,张某未进行充分的项目可行性研究以致项目出现危机,请指出具体体现在哪些方面(将正确选项对应的字母填入答题纸对应栏内,多选扣分):

A. 投资必要性　　D. 组织可行性　　　　G. 风险因素分析及对策

B. 技术可行性　　E. 社会可行性

C. 财务可行性　　F. 经济可行性

【问题 2】(3 分)

请简要列举进行项目可行性研究的主要步骤。

【问题 3】(6 分)

如果你被 A 公司任命为该项目的项目经理,请用 300 以内文字简要叙述你应如何应对目前的困境。

解析:

本题考查可行性研究的概念、方法以及主要步骤等,考生应结合案例的背景,综合运用理论知识和实践经验回答问题。

项目可行性研究报告是通过对项目的主要内容和配套条件,如市场需求、资源供应、建设规模、工艺路线、设备选型、环境影响、资金筹措、盈利能力等,从技术、经济、工程等方面进行调查研究和分析比较,并对项目建成以后可能取得的财务、经济效益及社会影响进行预测,从而提出该项目是否值得投资和如何进行建设的咨询意见,为项目决策提供依据的一种综合性的分析方法。可行性研究具有预见性、公正性、可靠性、科学性的特点。

可行性研究一般应包括以下内容:

(1)投资必要性。主要根据市场调查及预测的结果,以及有关的产业政策等因素,论证项目投资建设的必要性。

(2)技术的可行性。主要从项目实施的技术角度,合理设计技术方案,并进行比较、选择和评价。

(3)财务可行性。主要从项目及投资者的角度,合理设计财务方案,从企业理财的角度进行资本预算,评价项目的财务盈利能力,进行投资决策,并从融资主体(企业)的角度评价股东投资收益、现金流量计划及债务偿还能力。

(4)组织可行性。制订合理的项目实施进度计划、设计合理的组织机构、选择经验丰富的管理人员、建立良好的协作关系、制订合适的培训计划等。

(5)经济可行性。主要是从资源配置的角度衡量项目的价值,评价项目在实现区域经济发展目标、有效配置经济资源、增加供应、创造就业、改善环境、提高人民生活等方面的效益。

(6)社会可行性。主要分析项目对社会的影响,包括政治体制、方针政策、经济结构、法律道德、宗教民族、妇女儿童及社会稳定性等。

(7)风险因素及对策。主要是对项目的市场风险、技术风险、财务风险、组织风险、法律风险、经济及社会风险等因素进行评价,制定规避风险的对策,为项目全过程的风险管理提供依据。

可行性研究的主要步骤如下:

(1)初步可行性研究。

(2)详细可行性研究。

(3)项目论证。

(4)项目评估。

(5)项目可行性研究报告的编写、提交和获得批准。

问题 3 主要考查可行性管理方面的知识。

答案:

【问题 1】

B　E　G

【问题 2】

可行性研究的主要步骤如下:

(1)初步可行性研究。

(2)详细可行性研究。

(3)项目论证。

(4)项目评估。

(5)项目可行性研究报告的编写、提交和获得批准。

【问题 3】

(1)了解无线频带使用的有关政策,与政府有关部门沟通,商谈办理无线频带使用手续。

（2）与 C、B 公司沟通，寻求技术解决方案。针对题干中出现的技术问题（速率、多数据类型、断网、覆盖盲区等），商议满足用户技术需求的方法和措施。

（3）与 C 公司就系统后续的技术支持和服务沟通协商。

（4）如果与 C、B 公司协商不能达成一致，根据合同让 C 公司承担相应责任，提出采用其他无线网络替代方案的建议或终止该项目。

【真题 2】

【说明】

某系统集成项目的建设方要求必须按合同规定的期限交付系统，承建方项目经理李某决定严格执行项目进度管理，以保证项目按期完成。他决定使用关键路径法来编制项目进度网络图。在对工作分解结构进行认真分析后，李某得到一张包含了活动先后关系和每项活动初步历时估计的工作列表，如下所示：

活动代号	前序活动	活动历时（天）
A	—	5
B	A	3
C	A	6
D	A	4
E	B、C	8
F	C、D	5
G	D	6
H	E、F、G	9

【问题 1】（5 分）

（1）请计算活动 B、C、F 的自由浮动时间。

（2）请计算活动 D、G 的最迟开始时间。

【问题 2】（4 分）

如果活动 B 拖延了 4 天，则该项目的工期会拖延几天？请说明理由。

【问题 3】（6 分）

按照题干所述，李某实际完成了项目进度管理的什么过程？如果要进行有效的项目进度管理，还要完成哪些过程？

解析：

本题考查项目进度管理，考生应结合案例的背景，综合运用理论知识和实践经验回答问题。

考查点一是活动历时估算，也即估算计划活动持续时间的过程。它利用计划活动对应的工作范围、需要的资源类型和资源数量，以及相关的资源日历信息。估算计划活动持续时间的依据来自于项目团队最熟悉具体计划活动工作内容性质的个人或集体。历时估算是逐步细化与完善的，估算过程要考虑数据依据的有无与质量。例如，随着项目设计工作的逐步深入，可供使用的数据越来越详细，越来越准确，因而提高了历时估算的准确性。这样一来，就可以认为历时估算结果逐步准确，质量逐步提高。

考查点二是关于项目进度管理的阶段性分析。

答案：

【问题 1】

（1）B 的自由浮动时间分别为 3（天）。

C 的自由浮动时间分别为 0（天）。

F 的自由浮动时间分别为 3（天）。

（2）D 的最迟开始时间分别为 9（天）。

G 的最迟开始时间分别为 13（天）。

【问题 2】

结果拖延了 1 天。

理由：

原关键路径为 ACEH，原工期＝5＋6＋8＋9＝28 天。

新关键路径为 ABEH，新工期＝5＋7＋8＋9＝29 天。

【问题 3】

已完成：活动定义；活动排序；活动历时估算。

待完成：活动资源估算；制定进度计划表；进度控制。

【真题 3】

【说明】

M 公司是一个仅有二十几名技术人员的小型信息系统集成公司，运营三年来承担过不同规模的二十多个系统集成项目，积累了一定的项目经验。由于公司尚处于成长期，有些工作尚未规范，某些项目存在质量问题。公司管理层决定采取措施，加强质量管理工作。这些措施包括：提高公司的技术和管理人员素质，专门招聘了几名有经验的项目管理人员；然后成立了专门的质量管理部门，委派新招聘的陈工担任质量管理部门的经理，全面负责公司的质量管理。

【问题 1】（6 分）

项目经理就项目质量保证活动的基本内容向陈工请教，请问陈工应如何回答？

【问题 2】（3 分）

陈工对质量管理的方法、技术和工具进行了整理，主要包括：传统的检查、测试、 （A） 和 6σ。另外，业界在开展全面质量管理的过程中，通常将 （B） 、流程图、直方图、检查表、散点图、 （C） 和控制图称为"老七种工具"，而将相互关系图、亲和图、 （D） 矩阵图、 （E） 、过程决策程序图和 （F） 称为"新七种工具"。请你将上面的叙述补充完整。

【问题 3】（6 分）

公司任命张工为某项目的项目经理，针对项目质量控制过程的基本步骤，陈工可对张工提出怎样的指导性建议？

解析：

本题考查的是有关项目质量管理理论和实践，主要涉及的是质量保证和质量控制方面的内容。

在实际项目过程中，很多时候我们处于时间紧、任务重、工作量大的局面。在项目质量管理过程中，只要我们能够合理调配人员，制订合理的计划来控制项目质量和进度，同时使用一些基本项目管理工具与技术来管理项目资产，就能够保证项目高质量地完成，同时还可给项目后期维护提供保证。然而在项目实施过程中，却出现了类似于本案例中所描述的一些问题，影响了项目质量。项目质量不能满足客户要求，即使进度再快，也会给客户和后期维护带来诸多负面影响。

问题 1 请考生简要说明在项目质量管理的主要内容，基本原则和目标。

问题 2 请考生简要说明在项目建设时可能采取的质量控制方法或工具。

问题 3 公司管理层应提供哪些方面的支持。保障实施项目的质量，不仅是项目经理和项目团队的事，也是公司和公司管理层的事，一个建立了质量管理体系的组织会给项目经理管理项目的质量带来极大的帮助。

答案：

【问题 1】

（1）制定质量标准。

（2）制定质量控制流程。

（3）提出质量保证所采用的方法和技术。

（4）建立质量保证体系。

【问题 2】

（A）统计抽样

（B）因果图

（C）排列图

（D）树状图

（E）优先矩阵图

（F）活动网络图

【问题 3】

（1）选择控制对象。

（2）为控制对象确定标准或目标。

（3）制订实施计划,确定保证措施。

（4）按计划执行。

（5）对项目实施情况进行跟踪监督、检查,并将监测的结果与计划或标准相比较。

（6）发现并分析偏差。

（7）根据偏差采取相应对策。

【真题 4】

【说明】

B 系统集成公司拟承建某大型国有企业 A 单位的一个信息系统项目。该项目由 A 单位信息中心负责。信息中心主任赵某任甲方经理,B 公司委派项目经理杨某负责跟进该项目。经初步调研,杨某发现该项目进度紧、任务重、用户需求模糊,可能存在较大风险。但 B 公司领导认为应该先签下该项目,其他问题在项目实施中再想办法解决。A、B 双方很快签订了一份总价合同。在合同中,根据赵某提供的初步需求说明,简单列出了系统应完成的各项功能和性能指标。杨某根据合同制定了项目的范围说明书。

可是随着需求调研的深入,杨某发现从 A 单位一些业务部门获得的用户需求大大超出了赵某所提出的需求范围。杨某就此和赵某进行了沟通。杨认为需求变化太大,如果继续按合同中所规定的进度和验收标准实施将非常困难,要求 A 单位追加预算并延长项目工期。而赵某认为这些需求已经包含在所签合同条款中,并且这是一个固定预算项目,不可能再增加预算。双方对照合同条款逐条分析,结果杨某发现这些条款要么太粗,不够明确,要么就是双方在需求理解上存在巨大差异。

杨某将上述情况汇报给了 B 公司主管领导,主管领导认为 A 单位为公司大客户,非常重要,要求杨某利用合同条款的模糊性,简化部分模块的功能实现,以保持成本和进度不变。

【问题 1】(6 分)

在本案例中,B 公司在合同管理方面存在哪些问题?

【问题 2】(5 分)

结合本案例,判断下列选项的正误。

（1）合同确定了信息系统实施和管理的主要目标,是签约双方在工程中各种经济活动的依据。

（　）

（2）合同开始生效以后,对于某些未约定或约定不明确的内容,合同双方可以通过合同附件进行补充。

（　）

（3）如果承建方交付的工作成果经过了建设方的验收但实际不符合质量要求,则应该由建设方承担采取补救措施所产生的全部费用。

（　）

（4）承包人通常愿意签订总价合同以便能够通过节约成本来提高利润。

（　）

（5）合同变更的基本处理原则是"公平合理"。

（　）

【问题 3】(4 分)

在题干的最后一段中,B公司主管领导对项目实施的要求是否妥当? 你认为杨某应如何处理才能把合同管理的后续工作做好。

解析:

本题的核心考查点是项目合同问题,属于工程建设项目中常见的一项合同管理的内容,同时也是规范合同行为的一种约束力和保障措施。

问题1要求考生分析B公司在合同管理方面有何不妥之处,其实是在考查考生是否具有合同管理方面的相关经验,是否熟悉合同管理相关条款和流程。

问题2考查考生项目合同管理、变更管理、范围管理、沟通管理等相关理论与实践。

问题3是对问题的进一步深化,考查考生应用理论知识分析、解决具体问题的能力。

答案:

【问题1】

(1) 没有做好签订合同之前的调查工作,合同签订过于草率。

(2) 合同没有制定好,缺乏明确清晰的工作说明或更细化的合同条款。

(3) 没有采取措施,确保合同签约双方对合同条款的一致理解。

(4) 合同中缺乏相应的纠纷处理条款。

(5) 对于签订总价合同的风险认识不足。

【问题2】

(1) √　(2) √　(3) √　(4) √　(5) √

【问题3】

杨某应采取的处理措施有:

(1) 召集项目干系人对A单位的需求变化及引起的相应的合同变更事宜进行评估。

(2) 与B公司管理层沟通,要求实施合同变更。

(3) 建议A、B公司的高层领导沟通协商,就合同的变更及项目的继续执行达成原则一致。

【真题5】

【说明】

项目经理张某率领项目组为某银行开发了一套"银证通"管理系统,这是一套典型的异构环境下的分布式电子交易系统。该系统在实际工作环境下运行状况良好,客户方也非常满意。

在系统正式运行的第三个月末,由于银行业务的调整,客户方提出需要修改一下该系统的功能。为此该系统需要在原有数据库中增加一项新的业务代码,并在另一项原本仅由数字构成的业务代码前增加由3个英文字母组成的前缀码。张某认为这算不上什么特别大的功能调整,就非常有把握地对负责该项目的客服人员说:"小意思,估计一个人一天时间就能完成修改。为了稳定起见,你可以向客户承诺三天内解决问题,五天内新版本正式上线。"

项目经理张某要求经验丰富的程序员甲在一天内独自完成所有相关代码的改动和系统测试。第二天一早,他吃惊地发现,程序员甲一夜未眠,还在埋头查找和修改代码。不得已,他又将程序员乙、丙加入到代码修改者的行列中。但是一周时间飞逝而过,修改工作仍未完成,客户方对此非常不满。

【问题1】(6分)

在本案例中,这次系统功能变更属于一种__(1)__维护工作,导致这次变更发生的原因是__(2)__。从技术角度来看,造成项目修改工作如此困难最可能的原因是系统__(3)__方面的问题;从管理角度来看,造成项目修改工作迟迟不能结束主要是因为在__(4)__过程中存在问题。

(1) A. 适应性　　B. 预防性　　　　C. 完善性　　　　　D. 更正性

(2) A. 项目执行与项目基准不一致导致的被动调整

　　B. 项目范围定义存在疏忽

　　C. 实现项目的价值提升

　　D. 外部环境发生了变化

（3）A. 需求分析　B. 设计　　　　　C. 编码　　　　　D. 测试

（4）A. 进度管理　B. 沟通管理　　　C. 变更管理　　　D. 风险管理

【问题2】（9分）

针对题干中客户提出的要求和有关后续工作,如果你是该项目的项目经理,请简述你将如何实施变更。

解析: 本题的核心考查点是变更管理。变更管理就是为使得项目基准与项目实际执行情况相一致,对项目变更进行管理的一套方法。其可能的两个结果是拒绝变更或者调整基准。从资源增值视角看,变更的实质,是在项目过程中,按一定流程,根据变化了的情况而更新方案、调整资源的配置方式或将储备资源运用于项目之中,以满足客户等相关干系人的需求。

问题1主要考查对变更的一种概念型的认识和分类。

问题2考查考生应用理论知识分析、解决具体问题的能力。

答案:

【问题1】

（1）A　（2）D　（3）B　（4）C

【问题2】

（1）提出和接受变更申请。

（2）对变更的初审。

（3）变更方案论证。

（4）项目变更控制委员会审查。

（5）发出变更通知并开始实施。

（6）变更实施的监控。

（7）变更效果的评估。

（8）判断发生变更后的项目是否已纳入正常轨道。

（9）妥善保存变更产生的相关文档,确保其完整、及时、准确、清晰,适当的时候可以引入配置管理系统。

题型点睛

1. 人力资源风险:人员的时间和精力不能满足;人员拒绝参加到项目组;项目成员发生变动;项目组人员不稳定;没有合适的培训人员。

2. 硬件资源和环境风险:缺少必要的软件;硬件设备不具备;办公环境不完善;测试所需的资源和安排不能满足;测试环境的准备不充分。

3. 客户需求风险:客户需求不明确;客户需求发生变更;客户需求发生重大变化。

4. 技术风险(包括一些人员风险)。

5. 质量风险(包括范围风险):需求报告发生质量问题;概要设计发生质量问题;详细设计发生质量问题;用户操作手册发生质量问题;代码质量不符合项目变更规范的要求;单元测试问题报告数量过多;多个单元模块集成后,整个系统出现重大问题;不能完成软件产品安装;对已安装的软件产品的测试产生新的问题;试运行阶段发现软件产品存在错误。

6. 变更风险:客户需求发生变更;需求分析报告发生变更;概要设计发生变更;详细设计发生变更;代码模块发生变更。

7. 进度风险:软件产品生命周期各个阶段发生进度延迟。

8. 成本风险:项目费用超标;对项目认识不足;组织制度不健全;方法问题(缺乏数据处理分析方法,缺乏系统的控制,缺乏工作制度,缺乏经验数据,缺乏先进的方法手段);技术的制约(规划设计不完善,采用成本估算方法不合适,原材料价格上涨,变更过多,对风险估计不足)。

9. 客户关系风险：无法与用户对交付形式、交付时间和交付内容达成共识；用户对软件产品不认可，不在交付清单和试运行报告上签字。

即学即练

【试题 1】
【说明】

××公司在 2009 年 6 月通过招投标得到了某市滨海新区电子政务一期工程项目，该项目由小李负责，一期工程的任务包括政府网站以及政务网网络系统的建设，工期为 6 个月。

因滨海新区政务网的网络系统架构复杂，为了赶工期，项目组省掉了一些环节和工作，虽然最后通过验收，但却给后续的售后服务带来很大的麻烦：为了解决项目网络出现的问题，售后服务部的技术人员要到现场对网络的每个环节进行检查，绘出网络的实际连接图才能找到问题的所在。售后服务部感到对系统进行支持有帮助的资料就只有政府网站的网页 HTML 文档及其内嵌代码。

【问题 1】（5 分）
请简要分析造成该项目售后存在问题的主要原因。

【问题 2】（6 分）
针对该项目，请简要说明在项目建设时可能采取的质量控制方法或工具。

【问题 3】（4 分）
请指出，为了保障小李顺利实施项目质量管理，公司管理层应提供哪些方面的支持。

TOP90　项目范围管理

真题分析

【真题 1】
【说明】

某信息系统集成公司，根据市场需要从 2013 年年初开始进入信息系统运营服务领域。公司为了加强管理，提高运营服务能力，企业通过了 GB/T 24405.1—2009 和 SO20000-1：2005 认证。

2013 年 12 月，该公司与政府部门就某智能交通管理信息系统运营签订了一份商业合同，并附有一份《服务级别协议》(SLA)，该级别协议部分内容如下：

（1）系统运维要求
内容：检查、维修、监控
服务等级：7 × 24 小时
服务可用性要求：全年累计中断不理过 20 分钟

（2）服务器维修
数量：1 台
内容：检查、维修、监控
服务等级：7×24 小时

此外，对一些网络设施维护等也进行了规定。

公司为了确保该项目达到 SLA 要求，任命了有运维经验的小王为项目经理，并在运维现场建立了备件库、服务台，并配备了 3 名一线运维工程师 3 班轮流驻场服务。公司要求运维团队要充分利用这些资源，争取服务级别达成率不低于 95%，满意度不低于 95%。项目进入实施阶段后，小王根据企业和客户要求，建立了运维实旅程序和运维方案，为了完成 SLA 和公司下达的指标，小王建立了严格的监督管理机制,利用企业的打卡系统,把运维人员也纳入打卡考核。

但在第一个季度报告时,客户就指出,系统经常中断,打服务电话也经常没人接,满意度调查结果也只有 65%。

【问题1】(9分)

根据题目说明,请归纳该项目的范围说明书应包括哪些具体内容。

【问题2】(7分)

围绕题干中列举的现象,请指出造成满意度低的原因。

【问题3】(4分)

在(1)~(4)中填写恰当内容(从候选答案中选择一个正确选项,将该选项编号填入答题纸对应栏内)。

客户接受运维服务季度报告的过程属于范围____(1)____。满意度调查属于质量____(2)____。运维企业管理要符合《信息技术服务运行维护第 1 部分通用要求》,除了要加强人员、资源、流程管理外,还要强化____(3)____管理。服务台属于____(4)____。

(1)~(2)供选择的**答案**:

A. 控制　　　　　　B. 确认　　　　　　C. 评审　　　　　　D. 审计

(3)~(4)供选择的**答案**:

A. 知识库　　　　　B. 流程工具　　　　C. 技术　　　　　　D. 资源

答案:

【问题1】

(1) 项目的目标;

(2) 服务范围描述;

(3) 服务的可交付物;

(4) 项目边界;

(5) 服务验收标准;

(6) 项目的约束条件;

(7) 项目的假定。

【问题2】

(1) 服务范围不明确;

(2) 服务级别协议内容不全面;

(3) 运维人员的考核应与运维工作相关;

(4) 服务台未配备接线员,导致服务电话经常没人接;

(5) 未配备二线工程师;

(6) 缺乏有效的技术管理;

(7) 缺乏有效的运维工具和知识库。

【问题3】

(1) B

(2) D

(3) C

(4) D

【真题2】

【说明】

M 公司承担了某大学图书馆存储及管理系统的开发任务,项目周期 4 个月。小陈是 M 公司的员工,半年前入职。在校期间,小陈跟随导师做过两年的软件开发,具有很好的软件开发基础。领导对小陈很信任,本次任命小陈担任项目的项目经理。项目立项前,小陈参与了用户前期沟通会议,并承担了需求分析工作。

会议后,相关部门按照要求整理会议所形成的决议和共识,并发给客户等待确认。为了节约时间,小陈根据自己在沟通会议上记录的结果,当晚组织相关人员撰写了软件需求规格说明。次日便要求设计人员开始进行系统设计,并指出项目组成员必须严格按照进度计划执行,以不辜负领导的期望与嘱托。

项目进行了2个月后,校方主管此业务的新领导到任,并提出了新的信息化管理要求。小陈进行变更代价分析,认为成本超支严重,于是小陈准备不进行范围变更,并将结果通知客户,引起客户不满。

项目进入测试阶段后,M公司开展内部管理审查活动,此项目作为在建项目接受了抽查,项目审查员给项目提出了多个问题,范围管理方面的问题尤为突出。

【问题1】(5分)

结合本案例,分析小陈在此项目中项目范围管理方面可能存在的不足。

【问题2】(6分)

小陈组织人员撰写的项目WBS如下:

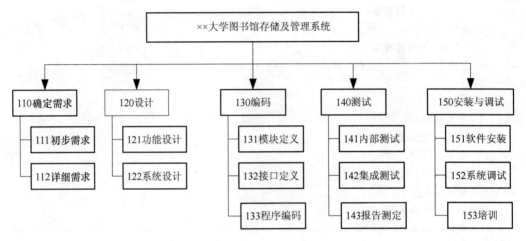

(1) 请说明上述WBS结构是将管理系统作为第一层进行分解的。除了上述方法,还可以采用哪些方式进行分解。

(2) 从上图来看,完整的WBS中除了实现最终产品或服务所必须进行的技术工作外,还需要包括_____。

(3) 创建WBS时要遵循哪些原则?

A. 在各层次上保持项目的完整性,避免遗漏必要的组成部分。

B. 一个工作单元可从属于某些上层单元。

C. 相同层次的工作单元可以具有不同性质。

D. 工作单元应能分开不同责任者和不同工作内容。

E. 便于项目管理进行计划、控制的管理需要。

F. 最低层工作应该具有可比性,是可管理的、可定量检查的。

G. 分解到一定粒度的工作包。

H. WBS不包括分包出去的工作。

【问题3】(4分)

(1) 请指出案例中引起范围变更的原因。

(2) 一般情况下,造成项目范围变更有哪些主要原因。

解析:场景描述,找出范围管理存在的问题,并要求项目经理提出解决方法。非常典型的"原因题"和"方法题",两个问题之间环环相扣。

答案:

【问题1】

(1) 没有制订项目管理计划(或范围管理计划)。

(2) 没有进行项目范围定义(或软件需求规格说明书只是项目范围定义输出的一个组成部分,或没有形成项目范围说明书)。

(3) 在与干系人形成统一意见之前,就开始设计工作(或范围没有确认)。

(4) 项目范围是否变更,应遵循正式变更流程,不能由项目经理单独决定。

(5) 项目范围管理过程中与干系人的沟通存在问题(或范围变更没有与客户取得统一意见)。

(6) 软件需求规格说明没有经过评审就付诸实行。

【问题2】

(1) 按项目生命周期,把项目重要的可交付物作为分解的第一层,把子项目安排在第一层。

(2) 项目的管理工作。

(3) A、D、E、F(2分,0.5分每个选项,多选一个扣0.5分)。

【问题3】

(1) 按客户对项目、项目产品或服务的要求发生变化。(1分)

(2) ① 项目外部环境发生变化,例如政府政策发生变化。

② 项目范围计划编制有错误或遗漏。

③ 市场上出现了或设计人员提出了新技术、新手段或新方案。

④ 项目实施组织本身发生变化。(每条1分,满分3分)

【真题3】

【说明】

某大楼布线工程基本情况为:一层到四层,必须在低层完成后才能进行高层布线。每层工作量完成情况相同。项目经理根据现有人员和工作任务,预计每层需要一天完成。项目经理编制了项目的布线进度计划,并在3月18日工作时间结束后对工作完成情况进行了绩效评估,如下表所示:

		2011-3-17	2011-3-18	2011-3-19	2011-3-20
计　划	计划进度任务	完成第一层布线	完成第二层布线	完成第三层布线	完成第四层布线
	预算(元)	10000	10000	10000	10000
实际绩效	实际进度		完成第一层		
	实际花费(元)		8000		

【问题1】(5分)

请计算2011年3月18日时对应的PV、EV、AC、CP和SPI。

【问题2】(4分)

(1) 根据当前绩效,在下图中划出AC和EV曲线。(2分)

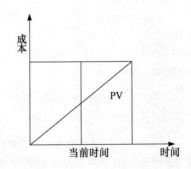

（2）分析当前的绩效，并指出绩效改进的具体措施。（2分）

【问题3】（6分）

（1）如果在2011年3月18日绩效评估后，找到了影响绩效的原因，并纠正了项目偏差，请计算 ETC 和 EAC，并预测此种情况下的完工日期。（3分）

（2）如果在2011年3月18日绩效评估后，未进行原因分析和采取相关措施，仍按目前状态开展工作，请计算 ETC 和 EAC，并预测此种情况下的完工日期。（3分）

解析：

本题是一道有关挣值分析计算的试题，题目给出了相关的条件，要求考生能够识别出 PV、AC 和 EV。同时，根据这些参数来计算 CV 和 SV，然后来判断项目的状态。解答此题的关键在于充分理解 PV、AC 和 EV 的概念，同时，需要识记相关的公式，例如，CPI＝EV/AC 和 SPI＝EV/PV。

难点在于完工预测部分，计算 ETC 和 EAC，要求识别典型偏差和非典型偏差，对于典型偏差，要求知道公式 EAC＝AC＋（EAC－EV）/CPI，在典型偏差情况下，ETC＝（EAC－EV）/CPI。

答案：

【问题1】

1.计算2011年3月18日相对应的 PV、EV、AC、CPI 和 SPI：

$$PV=10000+10000=20000$$
$$EV=10000$$
$$AC=8000$$
$$CPI=EV/AC=10000/8000=1.25$$
$$SPI=EV/PV=10000/20000=0.5$$

【问题2】

根据当前绩效在下图中画出 AC 和 EV 的曲线。

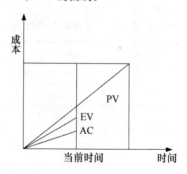

目前的绩效：成本节省；进度滞后。

具体的措施：增加工作人员；赶工；必要时调整计划或基准。

【问题3】

（1）ETC＝EAC－EV＝40000－10000＝30000 元

EAC＝AC＋ETC＝8000＋30000＝38000 元

预测完工日期为：3月21日

（2）ETC＝（EAC－EV）/CPI＝（40000－10000）/1.25＝30000/1.25＝24000

EAC＝AC＋ETC＝8000＋24000＝32000 元

预测完工日期为：3月24日

【真题4】

【说明】

某系统集成商 A 两年前通过了 ISO9000 认证，并能够按照要求持续改进，不断提高质量管理水平。近期，该公司承担了某自然灾害预警系统项目，由于项目时间紧张，上线任务迫切，经过管理层讨论，决定临时简化流程,在开发阶段集中对质量进行把关。

由于以前做过类似项目,为了节约时间,项目经理带领团队采用原有成功项目的需求和设计思路,对历史项目的相关文档进行修改后,立即进入编码阶段。编码完成后,为争取系统提前交付,匆忙进行测试,并上线试运行。

在系统试运行中,各种错误不断涌现。到目前为止,延期半年还没有交付,严重影响了用户满意度。

【问题 1】(5 分)

结合本案例,分析该项目在质量管理方面可能存在的不足,并简述项目质量管理的流程。

【问题 2】(8 分)

(1) 面对该项目现状,你作为该项目的项目经理,请提出下一步的应对措施。(5 分)

(2) 软件的质量保证与控制涉及一系列术语,其中,确定软件开发周期中的一个给定阶段的产品是否达到在上一阶段确立的需求的过程是　(A)　;在软件开发过程结束时对软件进行评价以确定它是否和软件需求相一致的过程是　(B)　;通过执行程序来有意识地发现程序中的设计错误和编码错误的过程是　(C)　。(3 分)

【问题 3】(2 分)

请说明项目质量控制包括哪些活动?

解析:该试题与 IT 服务管理有关,比较冷门,因此复习要全面。

答案:

【问题 1】

不足点有:

(1) 未按 ISO9000 认证体系进行质量管理。

(2) 在项目实施过程中,缺乏 QA 的指导与监控。

(3) 需求、设计等相关文档没有经过评审。

(4) 没有进行单元测试、集成测试、系统测试等工作,前期测试工作不充分。

质量管理流程:

(1) 确定质量标准体系。

(2) 对项目实施进行质量监控。

(3) 将实际与标准对照。

(4) 纠偏纠错。

【问题 2】

面对现状,提出解决的应对措施如下:

(1) 严格执行公司的质量管理体系规范工作流程。

(2) 制定质量管理计划。

(3) 执行质量保证计划。

(4) 调配相关资源(如人、财、物等)加强后续质量保证工作。

(5) 加强后期的质量控制和测试。

(6) 提前加强产品交互后的客户服务和维护工作。

(7) 加强沟通。

(8) 建议必要时修改质量基准争取以最小的代价获得用户认可。

三个填空是:A 验证、B 确认、C 测试。

【问题 3】

质量控制包括如下活动:

(1) 发现与质量标准的差异。

(2) 消除产品或服务过程中性能不能被满足的原因(分析原因并解决)。

(3) 保证由内部或外部机构进行检测管理的一致性。

(4) 确定是否可以修订项目的质量标准或项目的具体目标。

(5) 审查质量标准以决定可以达到的目标、成本、效率问题。

【真题 5】

【说明】

在系统集成项目收尾的时候，项目经理小张和他的团队完成了以下工作。

工作一：系统测试。项目组准备了详尽的测试用例，会同业主共同进行系统测试，测试过程中为了节约时间，小张指派项目开发人员小李从测试用例中挑选了部分数据进行测试，保证系统正常运行。

工作二：试运行。项目组将业主的数据和设置加载到系统中进行正常操作，完成了试运行工作。

工作三：文档移交。小张准备了项目最终报告、项目介绍、说明手册、维护手册、软硬件说明书、质量保证书等文档资料移交结业主。

工作四：项目验收。经过业主验收后，小张派小李撰写了项目验收报告，并提请双方工作主管认可。

工作五：准备总结会。小张整理了项目过程文档以及项目组各技术人员的经验教训，并列出了项目执行过程中的若干优点。

工作六：召开总结会。小张召集全体参与项目的人员参加了总结会，并就相关内容进行了讨论，形成了总结报告。

【问题 1】（5 分）

请简要阐述案例中的六项工作中哪些工作存在问题，并说明原因。

【问题 2】（6 分）

工作六中，项目组召开了总结会，那么总结会讨论的内容应该包括_____。

【问题 3】（4 分）

项目总结会召开之前，核心技术人员小王产生抵触心理，他认为更多的时间应奉献在技术研发上而不是浪费在召开会议上。请简要阐述项目经理小张应该如何从召开总结会意义的角度说服小王参加项目总结会。

结合本案例，判断下列选项的正误。

(1) 项目范围控制需要按照项目整体变更控制过程来处理。 （   ）

(2) 项目范围说明书通过了评审，标志着完成了项目范围确认工作。 （   ）

(3) 小李修改了项目范围说明书，但原有的项目范围管理计划不需要变更。 （   ）

(4) 小李编写的项目范围说明书中应该包括产品验收标准等重要合同条款。 （   ）

(5) 通过评审后，新项目范围说明书将成为该项目的范围基准。 （   ）

请简述小李组织编写的项目范围说明书中 WBS 的表示形式与小张组织编写的范围说明书中 WBS 的表示形式各自的优缺点及适用场合。

解析：本题考查项目质量管理方面的知识点。

答案：

【问题 1】

工作中的不足点如下：

工作一：项目开发人员不能参与系统测试，测试用例中除了挑选合理有效的数据外，还应包括不合理、无效的数据。

工作三：文档移交时应先验收合格并经双方签字认可。

工作四：应该是由双方共同撰写报告而不是由承建方单独撰写。

工作五：经验总结中不仅要列出优点，还应列出若干缺点。

【问题 2】

工作六中项目组召开了总结会议，总结的内容应包括：

项目绩效、团队绩效、技术绩效、成本绩效、进度计划绩效、识别问题和解决问题、意见和建议、沟通情况、总体经验与教训

【问题 3】

可以从以下四个方面说服小王参加项目总结会：

(1) 了解项目全过程的工作情况及相关的团队或成员的绩效状况。

(2) 了解出现的问题并进行改进措施总结。

(3) 了解项目全过程中出现的值得吸取的经验并进行总结。

(4) 对总结后的文档进行讨论,通过后即存入公司的知识库,从而纳入企业的过程资产。

【真题 6】

【说明】

某系统集成企业最近与某法院信息中心签订了一个法院综合信息系统运维项目合同,并签订了服务级别协议,对服务内容和具体要求进行了约定。协议中要求运维项目从解决问题过程到控制问题过程及发布过程要与法院服务管理流程很好地衔接,并建立服务台。而法院信息中心对系统的运维管理非常重视,于 2010 年 10 月通过 ISO20000 的认证。

该系统集成企业的小张被任命为该运维项目的项目经理。小张如何运用学到的项目管理和 IT 服务管理方面的知识做好流程梳理和队伍建设对管理好该项目至关重要。

【问题 1】(5 分)

结合本案例,判断下列选项的正误：

(1) GB/T 24405.1—2009 与 ISO 20000.1—2005 内容是一致的。　　　　(　　)

(2) 该运维合同与服务级别协议没有关系。　　　　(　　)

(3) 服务级别协议中的服务响应时间是决定服务收费的主要依据之一。　　　　(　　)

(4) 运维服务中配置管理完全是系统集成企业的责任。　　　　(　　)

(5) 服务台就是热线电话。　　　　(　　)

【问题 2】(3 分)

按照 IT 服务管理规范,请指出控制过程和发布过程包含哪些内容。

【问题 3】(3 分)

小张在流程梳理的前期调研时,发现某员工不能发送邮件。该问题处置过程往往要经过：问题提出→服务台记录问题→工程师调查问题→解决问题→如果该现象经常出现要调查原因→批准和更新设施或软件。按照 IT 服务管理规范,请选择恰当选项按顺序填入空白处,构成 IT 服务管理流程。

(1) 服务台→(2) _____ →(3) _____ →(4) 变更管理→(5) _____

备选项：

A. 事件管理　　　B. 能力管理　　　　C. 问题管理　　　　D. 服务报告

E. 发布管理

【问题 4】(4 分)

请简述 IT 服务管理的业务价值。

解析：本题考查收尾管理,属于项目整体管理。这类题目也是常考题。经常考,形式也经常变换。有时问"项目未能结项的原因",有时问"项目迟迟不能验收,怎么办",此次问"存在什么问题,如何补救",基本形式大同小异,对于这类题型,其实有很多共同的问题。尤其在培训过程中,一般会从"合同"、"范围说明书"、"质量"等几个方面进行总结,涉及具体题型后再具体化答案。

答案：

【问题 1】

(1)√　(2)×　(3)√　(4)×　(5)×

【问题 2】

(1) 控制过程：包括配量管理、变更管理。

(2) 发布过程：包括发布管理。

【问题 3】

（2）A　（3）C　（5）E

【问题4】

IT服务管理的业务价值如下：

（1）确保IT流程支撑业务流程，整体上提高了业务运营的质量。

（2）通过事故管理流程、变更管理流程和服务台等提供了更可靠的业务支持。

（3）客户对IT有更合理的期望，并更加清楚为达到这些期望他们所需要的付出。

（4）提高了客户和业务人员的生产率。

（5）提供更加及时有效的业务持续性服务。

（6）客户和IT服务提供者之间建立更加融洽的工作关系。

（7）提高了客户满意度。

题型点睛

1. 范围管理的主要内容

（1）范围管理计划。

（2）范围定义。

（3）工作分解。

（4）范围确认。

（5）范围控制。

2. 范围管理可能的问题

（1）没有挖掘到全部隐性需求，缺乏精确的范围定义。

（2）没有有效的范围管理，造成二次变更。

（3）没有对风险进行有效管理。

（4）没有对质量进行有效控制。

（5）对范围控制不足。

（6）没有和客户进行需求确认。

3. 范围管理应对措施

（1）对项目范围进行清晰定义，并根据定义对工作进行分解，制定WBS。

（2）对项目进行合理估算，对工作量有量化的把握。

（3）对项目范围进行有效控制。

（4）重新定义项目范围必须得到高层和客户的确认。

（5）进行沟通管理，协调多个项目干系人之间的矛盾。

即学即练

【试题1】

【说明】

A公司是一家专业的应用系统集成公司。老张为A公司工作了8年，一直做到了高级软件工程师，向软件部经理负责，由于他从事过多种项目工作，在公司里备受尊重，有期望成为项目经理。不久，A公司获得一个1500万元的合同。老张与职能经理一起为这一项目配备了现有最好的人员，他们大多数是亲密的伙伴，以前与老张一起在项目中工作。虽然老张被提升为项目经理，高级技术经理这一职位空缺，但是公司又难以抽调相应人选，于是，总经理招聘了一位新员工小丁，他是从公司的竞争对手那里挖过来的。他是软件工程博士，有20年的工作经验，薪水标准很高，比老张的还高，他被委派到老张的项目中专任技术经理。

老张对小丁的工作给予了特别的关注,并提出与他会谈。然而这个会谈几乎由老张一个人说,完全不理会小丁的说法。最后小丁质问老张为什么检查他的工作比检查项目中其他工程师的时间多得多。老张说:"我不必去检查他们的工作,我了解他们的工作方式,我和他们在其他项目中一起工作过。你是新来的,我想让你理解我们这里的工作方法,这也许与你以前工作的方法不一样。"

另一次,小丁向老张表示他有一个创新的设计方案,可以使系统成本降低。老张告诉他:"尽管我没有博士头衔,我也知道这个方案没有意义,不要故作高深,要踏实做好基本的工程设计。小邓是另一位分配到项目中的工程师,他认识老张已经 6 年了。在与小邓出差旅行中,小丁说他为老张对待他的方式感到苦恼:"老张在项目中的作用,与其说是项目经理,倒不如说是软件工程师。另外,对于软件设计,我忘记的比他知道的还多,他的软件设计方法早已过时。"他还说,他打算向职能经理反映这一情况,他要是早知道这个样子,绝不会来 A 公司工作。

【问题1】(5分)

请用 500 字以内的文字对老张和小丁在项目中的行为进行点评?老张是否能够胜任项目经理?

【问题2】(5分)

请用 400 字以内的文字从项目沟通管理的角度描述项目中沟通的问题?并分析产生上述问题的原因?

【问题3】(5分)

请用 400 字以内的文字描述,如果你是项目经理,你将如何处理上述的事情。

TOP91　企业级项目管理

真题分析

【真题1】

【说明】

甲公司是一家通信技术运营公司,经公司战略规划部开会讨论,决定开发新一代通信管理支持系统,以提升现有系统综合性能,满足未来几年通信业务高速发展的需要。战略规划部按照以下步骤启动该项目:

(1)起草立项申请,报公司总经理批准。

(2)总经理批准后,战略规划部开展了初步的项目可行性研究工作,主要从国家政策导向、市场现状、成本估算等方面进行了粗略的调研。

(3)战略规划部依据初步的项目可行性研究报告,认为该项目符合国家政策导向,肯定要上马。公司立即成立了建设方项目工作小组,计划以公开招标的方式选择承建方。

乙公司成立时间不足两年,研发队伍能力较强,也有为其他通信技术公司开发过软件产品的经验。乙公司得知甲公司的招标信息后,马上组织人员开始投标工作。该项目的投标工作由软件研发部的郑工负责。郑工是公司的软件工程师,具有丰富的软件代码编写经验。郑工从技术角度分析认为项目可行,独立编制完成了投标文件。开标后,甲公司认为乙公司具有类似项目开发经验,选定乙公司中标,但在后续合同谈判过程中,甲、乙双方在项目进度延期违约金、项目边界、交付质量标准等方面存在较大分歧。甲公司代表认为项目范围在投标文件中有明确说明,且乙公司在投标文件中也已经默认;交付质量标准是他们公司专家给定的,不能更改。同时也发现战略规划部当初做的初步的项目可行性研究报告内容不全面,缺少定量的描述,比如实施进度等。

乙公司代表认为,甲公司合同中要求的进度延期违约金数额太高,担心一旦项目交付延期,损失将会非常大;该项目的质量标准明显高于行业标准,很难达到。此时,距中标通知时间超过一个月,双方仍因为以上分歧未达成一致,合同也未签订,最终甲公司与另外一家投标公司签订了系统集成技术合同。

【问题 1】(6 分)

结合案例,试分析甲公司(建设方)在项目立项时存在哪些问题。

【问题 2】(6 分)

结合案例,试分析乙公司(承建方)在项目立项时存在哪些问题。

【问题 3】(6 分)

从候选答案中选择 6 个正确选项(每选对一个得 1 分,选项超过 6 个该题得 0 分),将选项编号填入答题纸对应栏内。

结合案例,属于系统集成技术合同包含的内容有_____。

候选答案:

A. 名词和术语的解释

B. 范围和要求

C. 成本率

D. 技术情报和资料的保密要求

E. 技术成果的归属收益的分成办法

F. 开发工具来源

G. 验收标准和方法

H. 项目经历的资格要求

I. 项目名称

答案:

【问题 1】

(1) 初步可行性研究内容不全面。

(2) 不能单凭项目符合国家政策导向就上马,而是要综合考虑各种因素。

(3) 招标文件中没有交付质量标准。

(4) 招标文件中没有合同主要条款。

(5) 未综合考虑承建方的实力。

【问题 2】

(1) 郑工是软件工程师,没有投标的经验。

(2) 不能单从技术角度分析项目是否可行,还要考虑其他因素。

(3) 投标文件不能由郑工独立编制,而是需要各部门人员配合。

(4) 没有认真阅读和理解招标文件,对建设方的需求把握不准。

(5) 对于招标文件的缺陷,未能与建设方进行有效沟通。

【问题 3】

ABDEGI

【真题 2】

【说明】

某信息系统集成公司(承建方)成功中标当地政府某部门(建设方)办公场所的一项信息系统软件升级改造项目。项目自 2 月初开始,工期 1 年。承建方项目经理制订了相应的进度计划,将项目工期分为 4 个阶段:需求分析阶段,计划 8 月底结束;设计阶段,计划 9 月底结束;编码阶段,计划 11 月底结束;安装、测试、调试和运行阶段,计划次年 2 月初结束。

当年 2 月底,建设方通知承建方,6~8 这 3 个月期间因某种原因,无法配合项目实施。经双方沟通后达成一致,项目仍按原合同约定的工期执行。

由于该项目的按时完成对承建方非常重要,在双方就合同达成一致后,承建方领导立刻对项目经理做出指示:(1)招聘新人,加快需求分析的进度,赶在 6 月之前完成需求分析;(2)6~8 月期间在本单位内部完成系统设计工作。

项目经理虽有不同意见,但还是根据领导的指示立即修改了进度管理计划并招募了新人,要求项目组按新计划执行,但项目进展缓慢。直到 11 月底项目组才刚刚完成需求分析和初步设计。

【问题1】(3分)

除案例中描写的具体事项外,承建方项目经理在进度管理方面可以采取哪些措施?

A. 开发抛弃型原型　　　　　　　　B. 绩效评估

C. 偏差分析　　　　　　　　　　　D. 编写项目进度报告

E. 确认项目范围　　　　　　　　　F. 发布新版项目章程

【问题2】(6分)

(1) 基于你的经验,请指出承建方领导的指示中可能存在的风险,并简要叙述进行变更的主要步骤。

(2) 请简述承建方项目经理得到领导指示之后,如何控制相关变更。

【问题3】(6分)

针对项目现状,请简述项目经理可以采用的进度压缩技术,并分析利弊。

解析:本题考查项目进度管理、变更管理、范围管理等相关理论与实践,并偏重于在进度控制中的应用。从题目的说明中,可以初步分析出以下一些信息。

(1) 承建方领导对项目开发实际情况掌握不够,认为可以通过增加新人来缩短需求分析工作的时间,同时理想地认为只要需求分析阶段的工作完成之后便可以脱离承建方的配合而独立完成系统设计工作。承建方项目经理在没有准确及时地掌握当前的项目进度状态,没有进行适当的绩效评估和风险评估的情况下便按照领导的意图执行,这说明该项目的进度管理和风险管理存在一定的问题。

(2) 在项目实施过程中,对于变更的处理存在问题。当领导提出变更要求时,项目经理根据领导的指示立即修改了进度管理计划并招募了新人,没有按照变更控制流程的要求对变更的影响进行评估,没有经过变更控制委员会的批准,缺乏相应的变更确认环节,这些做法不符合进度变更控制的要求。

从以上的分析可以看出,本题主要考查进度管理、风险管理和范围管理的理论在项目实践中的应用,考生应结合案例的背景,综合运用理论知识和实践经验回答问题。

【问题1】

这是一道选择题,要求考生仔细分析案例,在各项答案中选择属于项目经理职责范围之内、案例背景中没有明确提及并且属于进度管理主要工作的具体措施。

【问题2】

(1) 主要考查风险管理的基本方法和进度变更流程。

(2) 主要考查进度变更控制的方法。

【问题3】

考查进度压缩的典型技术及其利弊。进度压缩是指在不改变项目范围、进度制约条件、强加日期或其他进度目标的前提下缩短项目的进度时间。

答案:

【问题1】

正确选项为 B、C 和 D。

A 选项不适合案例所述的信息系统软件升级改造项目,通常新信息系统项目才考虑开发抛弃型原型。

E 选项不适合案例的背景。范围确认是客户等干系人正式验收并接受已完成的项目可交付物的过程。本案例中,建设方和承建方经过沟通后达成一致,项目仍按原合同约定的工期执行,未明确涉及项目范围的变化和客户验收交付物的相关问题。

F 选项不适合案例的背景。项目章程通常是由项目发起人发布,而不是由项目经理发布。此外,制定和发布项目章程不属于进度管理的主要工作。

【问题2】

（1）解答要点：

① 盲目增加人力未必可以加快项目进度，尤其是增加没有经验的员工，反而可能会拖延进度。

② 项目的风险是否能够规避，需要按照风险管理的方法进行风险识别、风险分析和风险监控。

（2）解答要点：

① 根据领导指示的内容，向变更控制委员会提出相关变更申请。

② 推动变更控制委员会对变更进行评估，分析变更造成的影响及风险。

③ 根据变更决策推动变更的实施，包括更新进度计划、招聘新人和相关活动。

④ 执行或推动变更的确认，开展变更后的项目活动。

【问题 3】

进度压缩的技术有以下两种。

（1）赶进度：对费用和进度进行权衡，确定如何在尽量减少费用的前提下缩短项目所需时间。

利：有可能在尽量减少费用的前提下缩短项目所需的时间。

弊：赶进度并非总能产生可行的方案，有可能反而使费用增加。

（2）快速跟进：这种进度压缩技术通常同时按先后顺序的阶段或活动进行。

利：适当增加费用，可以缩短项目所需的时间。

弊：以增加费用为代价换取时间，并因缩短项目进度时间而增加风险。

【真题 3】

【说明】

某项目经理将其负责的系统集成项目进行了工作分解，并对每个工作单元进行了成本估算，得到其计划成本。各任务同时开工，开工 5 天后项目经理对进度情况进行了考察，如下表所示：

任 务	计划工期（天）	计划成本（元/天）	已发生费用	已完成工作量
甲	10	2000	16000	20%
乙	9	3000	13000	30%
丙	12	4000	27000	30%
丁	13	2000	19000	80%
戊	7	1800	10000	50%
合 计				

【问题 1】（6 分）

请计算该项目在第 5 天末的 PV、EV 值，并写出计算过程。

【问题 2】（5 分）

请从进度和成本两方面评价此项目的执行绩效如何，并说明依据。

【问题 3】（2 分）

为了解决目前出现的问题，项目经理可以采取哪些措施？

【问题 4】（2 分）

如果要求任务戊按期完成，项目经理采取赶工措施，那么任务戊的剩余日平均工作量是原计划日平均工作量的多少倍？

解析：本题主要考查考生对成本管理中挣值分析的计算方法的掌握情况。

挣值分析法的核心是将已完成的工作的预算成本（挣值）按其计划的预算值进行累加获得的累加值与计划工作的预算成本（计划值）和已经完成工作的实际成本（实际值）进行比较，根据比较的结果得到项目的绩效情况。

答案：

【问题 1】

$PV = 2000 \times 5 + 3000 \times 5 + 4000 \times 5 + 2000 \times 5 + 1800 \times 5 = 64000$（3 分）

$EV = 2000 \times 10 \times 20\% + 3000 \times 9 \times 30\% + 4000 \times 12 \times 30\% + 2000 \times 13 \times 80\% + 1800 \times 7 \times 50\% = 64400$（3 分）

【问题 2】

进度超前，成本超支。（1 分）

原因：

$SV = EV - PV = 64400 - 64000 = 400 > 0$

或 $SPI = EV/PV = 64400/64000 = 1.006 > 1$（2 分）

$CV = EV - AC - 64400 - 73000 = 86000 < 0$

或 $CPI = EV/Ac = 64400/73000 = 0.882 < 1$（2 介）

【问题 3】

(1) 整个项目需要抽出部分人员以放慢工作进度；

(2) 整个项目存在成本超支现象，需要采取控制成本措施；

(3) 项目中区分不同的任务，采取不同的成本及进度措施；

(4) 必要时调整成本基准。

【问题 4】

任务戊计划的平均日工作量为 $1/7 = 14.3\%$（0.5 分）

现在的平均日工作量为 $50\%/2 = 25\%$（0.5 分）

所以平均日工作量增加值为 $25\%/14.3\% = 1.75$（1 分）

【真题 4】

【说明】

某市石油销售公司计划实施全市的加油卡联网收费系统项目。该石油销售公司选择了系统集成商 M 作为项目的承包方，M 公司经石油销售公司同意，将系统中加油机具改造控制模块的设计和生产分包给专业从事自动控制设备生产的 H 公司。同时，M 公司任命了有过项目管理经验的小刘作为此项目的项目经理。

小刘经过详细的需求调研，开始着手制订项目计划，在此过程中，他仔细考虑了项目中可能遇到的风险，整理出一张风险列表。经过分析整理，得到排在前三位的风险如下：

(1) 项目进度要求严格，现有人员的技能可能无法实现进度要求；

(2) 现有项目人员中有人员流动的风险；

(3) 分包商可能不能按期交付机具控制模块，从而造成项目进度延误。

针对发现的风险，小刘在做进度计划的时候特意留出了 20% 的提前量，以防上述风险发生，并且将风险管理作为一项内容写进了项目管理计划。项目管理计划制定完成后，小刘通知了项目组成员，召开了第一次项目会议，将任务布置给大家。随后，大家按分配给自己的任务开展了工作。

第 4 个月底，项目经理小刘发现 H 公司尚未生产出联调所需的机具样品。H 公司于 10 天后提交了样品，但在联调测试过程中发现了较多的问题，H 公司不得不多次返工。项目还没有进入大规模的安装实施阶段，20% 的进度提前量就已经被用掉了，此时，项目一旦发生任何问题就可能直接影响最终交工日期。

【问题 1】（4 分）

请从整体管理和风险管理的角度指出该项目的管理存在哪些问题。

【问题 2】（3 分）

项目经理小刘为了防范风险发生，预留了 20% 的进度提前量，在风险管理中这称为　(1)　。

在风险管理的各项活动中，头脑风暴法可以用来进行　(2)　，风险概率及影响矩阵可用来进行　(3)　。

【问题 3】(2 分)

针对"项目进度要求严格,现有人员的技能可能无法实现进度要求"这条风险,请提出你的应对措施。

【问题 4】(6 分)

针对"分包商可能不能按期交付机具控制模块,从而造成项目进度延误"这条风险,结合案例,分别按避免、转移、减轻和应急响应 4 种策略提出具体应对措施。

解析: 本题主要考查的是项目整体管理和风险管理的理论及应用。风险管理是一种综合性的管理活动,它的理论和实践涉及技术、系统科学和管理科学等多种学科的应用,在实际中还经常使用概率论、数理统计和随机过程的理论和方法。

项目的风险管理过程包括的内容有:风险管理计划、风险识别、定性风险分析、定量风险分析、风险应对计划和风险监控。本题主要考查的是风险识别、风险分析和风险应对及风险监控的内容在本案例背景下的应用。

答案:

【问题 1】

(1) 项目计划不应该只由项目经理一个人完成。

(2) 项目组成员参与项目太晚,应该在项目早期(需求阶段或立项阶段)就让他们加入。

(3) 风险识别不应该由项目经理一人进行。

(4) 风险应对措施(或风险应对计划)不够有效。

(5) 没有对风险的状态进行监控。

(6) 没有定期地对风险进行再识别。

(7) 项目的采购管理或合同管理工作没有做好。

【问题 2】

(1) 风险储备(或风险预留、风险预存、管理储备)。

(2) 风险识别。

(3) 风险分析(或风险定性分析)。

【问题 3】

(1) 分析项目组人员的技能需求,在项目前期有针对性地提供培训。

(2) 根据项目组人员的技能及特长分配工作。

(3) 从公司外部引进具有相应技能的人才。

【问题 4】

(1) 避免策略:此部分工作不分包,自主开发。

(2) 转移策略:签订分包合同,在合同中做出明确的约束,必要时可加入惩罚条款。

(3) 减轻策略:定期监控分包商的相关工作,增加后期项目预留。

(4) 应急响应策略:制订应急计划,一旦目前的分包商无法完成任务,马上采取应急计划。

【真题 5】

【说明】

某公司为当地一家书店开发图书资料垂直搜索引擎产品,双方详细约定了合同条款,包括合同金额、产品验收标准等。此项目是该公司独立承担的一个小型项目,项目经理小张兼任项目技术负责人;项目进行到设计阶段后,由于小张从未参与过垂直搜索引擎的产品开发,产品设计方案经过两次评审后仍未能通过。公司决定将小张从项目组调离,由小李接任该项目的项目经理兼技术负责人。

小李仔细查阅了小张组织撰写的项目范围说明书和产品设计方案后,进行了修改。小李将原定从头开发的方案修改为通过学习和重用开源代码来实现的方案。小李还相应地修改了小张组织编写的项目范围说明书,将其中按照项目生命周期分解得到的大型分级目录列表形式的 WBS 改为按照主要可交付物分解的树形结构图形式,减少了 WBS 的层次。小李提出的设计方案和项目范围说明书得到了项目干系人的认可,通过了评审。

【问题1】(5分)

结合本案例,判断下列选项的正误(正确的选项填写"√",错误的选项填写"×")

(1)项目范围控制需要按照项目整体变更控制过程来处理。 （　　）

(2)项目范围说明书通过了评审,标志着完成了项目范围确认工作。 （　　）

(3)小李修改了项目范围说明书,但原有的项目范围管理计划不需要变更。 （　　）

(4)小李编写的项目范围说明书中应该包括产品验收标准等重要合同条款。 （　　）

(5)通过评审后,新项目范围说明书将成为该项目的范围基准。 （　　）

【问题2】(4分)

请简述小李组织编写的项目范围说明书中WBS的表示形式与小张组织编写的范围说明书中WBS的表示形式各自的优缺点及适用场合。

【问题3】(6分)

结合项目现状,请简述在项目后续工作中小李应如何做好范围控制工作。

解析： 本题考查项目范围管理的理论与实践,并偏重于在工作分解结构、范围控制和范围确认中的应用。考生应结合案例的背景,综合运用理论知识和实践经验回答问题。

答案：

【问题1】

正确答案为：(1)√　(2)×　(3)×　(4)√　(5)√

选项(1)正确。控制项目范围以确保所有请求的变更和推荐的行动,都要通过整体变更控制过程处理。

选项(2)错误。项目范围确认是客户等项目干系人正式验收并接受已完成的项目可交付物的过程。项目范围确认应该贯穿项目的始终。

选项(3)错误。新的项目管理计划(包括范围管理计划)是范围控制的输出。

选项(4)正确。项目的验收标准和项目的约束条件是项目范围说明书(详细)中的组成部分。

选项(5)正确。经过批准(含评审)后的项目范围说明书等将成为新的项目范围基准。

【问题2】

小李编写的项目范围说明书中WBS的表示形式为分级的树形结构图。

(1)树形结构图的WBS层次清晰,非常直观,结构性很强,但是不易修改;对于大的、复杂的项目也很难表示出项目的全景,大型项目的WBS要首先分解为子项目,然后由各个子项目进一步分解出自己的WBS。

(2)由于其直观性,一般在一些中小型的应用项目中用得比较多。

小张编写的项目范围说明书中WBS的表示形式为分级目录(列表形式)。

(1)该表格能够反映出项目所有的工作要素,直观性较差,有些项目分解后内容分类较多,容量较大。

(2)常用在一些大的、复杂的项目中。

【问题3】

结合案例,简要叙述下列内容：

(1)小李首先要负责组织建立项目范围基准。

(2)小李其次要负责组织范围基准的维护,必要时按照公司变更流程变更项目范围。

(3)小李还要负责组织实施项目范围变更、确认变更结果,以及后续项目范围控制。

【真题6】

【说明】

某公司的质量管理体系中的配置管理程序文件中有如下规定：

(1)由变更控制委员会(CCB)制订项目的配置管理计划。

(2) 由配置管理员(CMO)创建配置管理环境。

(3) 由 CCB 审核变更计划。

(4) 项目中配置基线的变更经过变更申请、变更评估、变更实施后便可发布。

(5) CCB 组成人员不少于一人,主席由项目经理担任。

公司的项目均严格按照程序文件的规定执行。在项目经理的一次例行检查中,发现项目软件产品的一个基线版本(版本号 V1.3)的两个相关联的源代码文件仍有遗留错误,便向 CMO 提出变更申请。CMO 批准后,项目经理指定上述源代码文件的开发人员甲、乙修改错误。甲修改第一个文件后将版本号定为 V1.4,直接在项目组内发布。次日,乙修改第二个文件后将版本号定为 V2.3,也在项目组内发布。

【问题 1】(6 分)

请结合案例,分析该公司的配置管理程序文件的规定及实际变更执行过程存在哪些问题?

【问题 2】(3 分)

请为案例中的每项工作职责指派一个你认为最合适的负责角色(在相应的单元格中画"√",每一列最多只能有一个单元格画"√",多画、错画"√"不得分)。

工作 负责人	编制配置 管理计划	创建配置 管理环境	审核 变更计划	变更申请	变更实施	变更发布
CCB						
CMO						
项目经理						
开发人员						

【问题 3】(6 分)

请就配置管理,判断以下概念的正确性(正确的画"√",错误的画"×"):

(1) 配置识别、变更控制、状态报告、配置审计是软件配置管理包含的主要活动。　　　(　　)

(2) CCB 必须是常设机构,实际工作中需要设定专职人员。　　　(　　)

(3) 基线是软件生存期各个开发阶段末尾的特定点,不同于里程碑。　　　(　　)

(4) 动态配置库用于管理基线和控制基线的变更。　　　(　　)

(5) 版本管理是对项目中配置项基线的变更控制。　　　(　　)

(6) 配置项审计包括功能配置审计和物理配置审计。　　　(　　)

解析:本题考查配置管理的概念、方法、程序和实践,主要考查信息系统集成项目配置管理中的典型人员角色及其在配置管理中的作用。考生应结合案例的背景,综合运用理论知识和实践经验回答问题。

【问题 1】

这是一道问答题,要求考生从两个方面回答问题。第一个方面是程序规定中的问题,主要体现在配置变更流程、人员职责权限、配置管理环境等方面。配置管理计划的主要内容包括配置管理软硬件资源、配置项计划、基线计划、交付计划、备份计划、配置审计和评审、变更管理等。变更控制委员会(CCB)审批该计划。配置识别是配置管理员(CMO)的职能。所有配置项的操作权限应由 CMO 严格管理。第二个方面是基线的变更,基线的变更需要经过变更申请、变更评估、变更实施、变更验证或确认、变更的发布等步骤。

【问题 2】

这是一道填涂题。要求考生填涂配置管理主要活动中最合适的负责角色,需要说明的是,某些活动多个角色都可以承担,因此部分选项答案不唯一。本题考查配置管理理论与项目实践经验。

【问题 3】

本题为判断题,主要考查考生是否掌握了配置管理中最重要的基本概念。

答案:

【问题 1】

规定中存在的问题:

(1) 配置管理计划不应由 CCB 制订。

(2) 基线变更流程缺少变更验证(或确认)环节。

(3) CCB 成员的要求不应以人数作为规定,而是以能否代表项目干系人利益为原则。

实际中存在的问题:

(1) 甲、乙修改完后应该由其他人完成单元测试和代码走查。

(2) 该公司可能没有版本管理规定或甲乙没有统一执行版本规定。

(3) 变更审查应该提交 CCB 审核。

(4) 变更发布应交由 CMO 完成。

(5) 甲、乙两人不能同时修改错误,这样会导致 V2.3 只包含了乙的修改内容而没有甲的修改内容。

【问题 2】

(注:变更申请可以由 CMO、项目经理或开发人员提出,只要不选 CCB 即算正确,对于表格中的其他列,多选或错选均不得分。)

工作 负责人	编制配置 管理计划	创建配置 管理环境	审核 变更计划	变更申请	变更实施	变更发布
CCB			√			
CMO	√	√		√		√
项目经理				√		
开发人员				√	√	

【问题 3】

正确答案为:(1) √   (2) ×   (3) ×   (4) ×   (5) ×   (6) √

选项(1)正确。配置管理包括 4 个主要活动:配置识别、变更控制、状态报告和配置审计。

选项(2)错误。CCB 是由企业或项目组的主要成员组成的,根据实际需要的不同,既可以设置组织的变更控制委员会,也可以设置项目的变更控制委员会,还可以设置其他形式的变更控制委员会,某些情况下不需要常设。

选项(3)错误。一组拥有唯一标识号的需求、设计、源代码文卷及相应的可执行代码、构造问卷和用户文档等构成一条基线。在建立基线之前,工作产品的所有者能快速、非正式地对工作产品做出变更。但基线建立之后,变更要通过评价和验证变更的正式程序来控制。因此,基线不一定是软件生存期各个开发阶段末尾的特定点。基线主要用于控制变更,里程碑主要用于控制时间进度,两者并非一个概念。

选项(4)错误。配置库可以分为动态库、受控库、静态库和备份库 4 种类型。动态库也称为开发库、程序库或工作库,用于保存开发人员当前正在开发的配置实体。动态库是软件工程师的工作区,由工程师控制。受控库也称为主库或系统库,用于管理当前基线和控制对基线的变更。

选项(5)错误。版本管理包括配置项状态变迁规则、配置项版本号标识和配置项版本控制,并非等同于对项目中配置项基线的变更控制。

选项(6)正确。

题型点睛

1. 项目管理可能存在的问题

（1）项目前期缺乏相关部门的参与。

（2）没有把以往的经验教训收集、归纳和积累。

（3）没有建立完善的内部评审机制，或虽有评审机制但未有效执行。

（4）项目中没有实行有效的变更管理。

（5）公司级的项目管理体系不健全，或者执行得不好。

2. 应对措施

（1）改进项目的组织方式，明确项目团队和职能部门之间的协作关系和工作程序。

（2）做好当前项目的经验教训收集、归纳工作。

（3）明确项目工作的交付物，建立和实施项目的质量评审机制。

（4）建立项目的变更管理机制，识别变更中的利益相关方并加强沟通。

（5）加强对项目团队成员和相关人员的项目管理培训。

3. 改进措施

（1）建立企业级的项目管理体系和工作规范。

（2）加强对项目工作记录的管理。

（3）加强项目质量管理和相应的评审制度。

（4）加强项目经验教训的收集、归纳、积累和分享工作。

（5）引入合适的项目管理工具平台，提升项目管理工作效率。

即学即练

【试题1】

【说明】

老张是某个系统集成公司的项目经理，他身边的员工始终在抱怨公司的氛围不好，沟通不足。老张非常希望通过自己的努力来改善这一状况，因此他要求项目组成员无论如何每周都要参加例会并且发言，但对于会议如何进行，老张却不知如何规定，很快项目组成员就抱怨例会目的不明，效率太低，缺乏效果，等等。由于在例会上意见相左，很多组员开始争吵，甚至影响到人际关系的融洽，为此，老张非常苦恼。

【问题1】（5分）

针对上述情况，分析问题产生的可能原因。

【问题2】（5分）

针对上述情况，你认为应该怎样体高项目例会的效果。

【问题3】（5分）

针对上述情况，你认为除了项目例会外，老张还可以采取哪些措施来促进有效沟通。

TOP92　项目整体变更和配置管理

真题分析

【真题1】

【说明】

某信息系统开发公司承担了某企业的 ERP 系统开发项目,由项目经理老杨带领着一支 6 人的技术团队负责开发。由于工期短、任务重,老杨向公司申请增加人员,公司招聘了两名应届大学毕业生小陈和小王补充到该团队中。老杨安排编程能力强的小陈与技术骨干老张共同开发某些程序模块,而安排编程技术弱的小王负责版本控制工作。在项目开发切期,小陈由于不熟悉企业的业务需求,需要经常更改他和老张共同编写的源代码文件,但是他不知道哪个是最新版本,也不知道老张最近改动了哪些地方。一次由于小王的计算机中了病毒,造成部分程序和文档丢失,项目组不得不连续一周加班进行重新返工。此后,老杨吸取教训,要求小王每天下班前把所有最新版本程序和文档备份到两台不同的服务器上。一段时间后,项目组在模块联调时发现一个基础功能模块存在重大 BUG,需要调取之前的备份进行重新开发。可是小王发现,这样一来,这个备份版本之后的所有备份版本要么失去意义,要么就必须全部进行相应的修改。项目工期过半,团队中的小李突然离职,老杨在他走后发现找不到小李所负责模块的最新版本源代码了,只好安排其他人员对该模块进行重新开发。

整个项目在经历了重重困难,进度延误了 2 个月后终于勉强上线试运行。可是很快用户就反映系统无法正常工作。老杨带领所有团队成员在现场花费了 1 天时间终于找出问题所在,原来是两台备份服务器上的版本号出现混乱,将测试版本中的程序打包到了发布版中。

【问题 1】(5 分)

在(1)~(5)中填写恰当内容(从候选答案中选择一个正确选项,将该选项编号填入答题纸对应栏内)。

为了控制变更,软件配置管理中引入了 __(1)__ 这一概念。根据这个定义,在软件的开发流程中把所有需要加以控制的配置项分为两类,其中, __(2)__ 配置项包括项目的各类计划和报告等。配置项应按照一定的目录结构保存到 __(3)__ 中。所有配置项的操作权限由 __(4)__ 进行严格管理,其中 __(5)__ 配置项向软件开发人员开放读取的权限。

(1)~(5)供选择的**答案**:

A. 版本

B. 基线

C. 配置项

D. 非基线

E. 受控库

F. 静态库

G. 配置库

H. CMO

I. PM

J. CCB

【问题 2】(4 分)

结合案例,请分析为什么要进行配置项的版本控制?

【问题 3】(5 分)

简述配置项的版本控制流程。

【问题 4】(8 分)

针对该项目在配置管理方面存在的问题,结合你的项目管理经验,为老杨提出一些改进措施。

答案:

【问题 1】

(1) B

(2) D

(3) G

(4) H

(5) B

【问题 2】

在项目开发过程中，绝大部分的配置项都要经过多次的修改才能最终确定下来。对配置项的任何修改都将产生新的版本。由于我们不能保证新版本一定比老版本"好"，所以不能抛弃老版本。版本控制的目的是按照一定的规则保存配置项的所有版本，避免发生版本丢失或混淆等现象，并且可以快速准确地查找到配置项的任何版本。

【问题 3】

(1) 创建配置项；

(2) 修改处于"草稿"状态的配置项；

(3) 技术评审或领导审批；

(4) 正式发布；

(5) 变更。

【问题 4】

(1) 使用配置管理工具；

(2) 使用有经验的开发人员；

(3) 使用有经验的配置管理人员；

(4) 加强版本控制；

(5) 做好员工离职时的移交工作。

【真题 2】

【说明】

小张被任命为公司的文档与配置管理员，在了解了公司现有的文档及配置管理现状和问题之后，他做出如下工作计划：

(1) 整理公司所有文档，并进行归类管理

小张在核理公司文档时，根据 GB/T 16680—1996《软件文档管理指南》，从项目生命周期角度将文档划分为开发文档、产品文档和管理文档，并对公司目前的文档进行了如下分类：

a) 开发文档：可行性研究报告、需求规格说明书、概要设计说明书、数据设计说明书、数据字典。

b) 管理文档：开发计划、配置管理计划、测试用例、测试计划、质量保证计划、开发进度报告、项目开发总结报告。

c) 产品文档：用户手册、操作手册。

(2) 建立公司级配置管理系统，将配置库划分为开发库与受控库，并规定开发库用于存放正在开发过程中的阶段成果，受控库作为基线库存放评审后的正式成果。

(3) 建立配置库权限机制，允许公司人员按照不同级别查看并管理公司文档，考虑到公司总经理权限最大、项目经理要查看并了解相关项目资料等额外因素，对受控库进行了下表的权限分配（√表示允许，×表示不允许）：

角色	读取	修改	删除
总经理	√	√	√
项目经理	√	√	×
开发人员	√	√	×
测试人员	√	×	×
质量保证人员	√	×	×
配置管理员	√	√	√

进行了如上配置管理工作后,此时有一个项目 A 的项目经理告知小张,发现基线库中有一个重要的功能缺陷要修改,项目经理组织配置控制委员会进行了分析讨论后,同意修改,并指派了程序员小王进行修改,于是小张按照项目经理的要求在受控库中增加了小王的修改权,以便小王可以在受控库中直接修改该功能。

【问题 1】(6 分)

(1) 依据 16680—1996《软件文档管理指南》,小张对公司项目文档的归类是否正确?

(2) 从候选答案中选择 8 个正确选项(多选该题得 0 分),将选项编号填入答题纸对应栏内。

应归入"开发文档"类的文档有:

候选答案:

A. 可行性研究报告   B. 需求规格说明书   C. 用户手册   D. 数据字典

E. 操作手册   F. 开发计划   G. 配置管理计划   H. 测试用例

I. 测试计划   J. 质量保证计划   K. 项目开发总结报告

【问题 2】(8 分)

小张在建立配置管理系统时,不清楚如何组织配置库,请帮助小张组织配置库(至少写出两种配置库组织形式,并说明优缺点)。

【问题 3】(5 分)

本案例中当发现基线库中有一个重要的功能缺点需要修改时,你认为小张的做法存在哪些问题,并说明正确的做法。

【问题 4】(6 分)

结合案例,请指出小张在整个受控库的权限分配方面存在哪些问题。

解析:本题考查信息文档和配置管理相关的内容。

答案:

【问题 1】6 分

(1) 不正确。

(2) ABDFGHIJ(11 个中排除 3 个就行了,用户手册和操作手册属于产品文档无疑)。

【问题 2】8 分

按配置项类型分类建库,适用于通用软件开发组织。

优点:便于对配置项的统一管理和控制,提高编译和发布效率。

缺点:针对性不强,可能造成开发人员的工作目录结构过于复杂。

按任务建立相应的配置库,适用于专业软件的研发组织。

优点:设置策略灵活。

缺点:不易于配置项统一管理和控制。

【问题 3】5 分

存在问题:(1)项目 A 项目经理缺少书面变更申请;(2)缺少变更初审和变更方案论证环节;(3)在变更实施前,要将变更决定通知各有关的干系人,而不仅仅是小王;(4)变更实施中权限修改做法有误;(5)缺少变更确认和发布环节。

正确做法:(1)由项目 A 项目经理就存在的缺陷修改提出书面变更申请;(2)组织变更初审和变更方案论证;(3)在变更获批后,将变更决定通知影响到的各有关干系人;(4)变更实施中,在开发库开辟工作空间,从受控库取出相关的配置项,放于该工作空间,分配权限给程序员小王进行修改;(5)变更实施完成,进行变更结果评估与确认,更新受控库中的相关配置项,并发布给各相关干系人。

【问题 4】6 分

受控库应对项目经理开放;

受控库对开发人员只应开放读取权限;

受控库对总经理只应开放读取权限;

还应添加 CCB 和 PMO 角色,并开放读取权限。

【真题 3】

【说明】

某网络建设项目在商务谈判阶段,建设方和承建方鉴于以前有过合作经历,并且在合同谈判阶段双方都认为理解了对方的意图,因此签订的合同只简单规定了项目建设内容、项目金额、付款方式和交工时间。

在实施过程中,建设方提出一些新需求,对原有需求也做了一定的更改。承建方项目组经评估认为新需求可能会导致工期延迟和项目成本大幅增加,因此拒绝了建设方的要求,并让此项目的销售人员通知建设方。当销售人员告知建设方不能变更时,建设方对此非常不满意,认为承建方没有认真履行合同。

在初步验收时,建设方提出了很多问题,甚至将曾被拒绝的需求变更重新提出,双方交涉陷入僵局。建设方一直没有在验收清单上签字,最终导致项目进度延误,而建设方以未按时交工为由,要求承建方进行赔偿。

【问题 1】(7 分)

将以下空白处填写的恰当内容,写入答题纸的对应栏内。

(1) 在该项目实施过程中,_____、_____与_____工作没有做好。

① 沟通管理　　② 配置管理　　③ 质量管理

④ 范围管理　　⑤ 绩效管理　　⑥ 风险管理

(2) 从合同管理角度分析可能导致不能验收的原因是:合同中缺少_____、_____、_____的相关内容。

(3) 对于建设方提出的新需求,项目组应_____,以便双方更好地履行合同。

【问题 2】(4 分)

将以下空白处应填写的恰当内容,写入答题纸的对应栏内。

从合同变更管理的角度来看,项目经理应当遵循的原则和方法如下:

(1) 合同变更的处理原则是_____。

(2) 变更合同价款应按下列方法进行:

① 首先确定_____,然后确定变更合同价款。

② 若合同中已有适用于项目变更的价格,则按合同已有的价格变更合同价款。

③ 若合同中只有类似于项目的变更价格,则可以参照类似价格变更合同价款。

④ 若合同中没有适用或类似项目变更的价格,则由_____提出适当的变更价格,经_____确认后执行。

【问题 3】(4 分)

为了使项目通过验收,请简要叙述作为承建方的项目经理,应该如何处理。

解析:本题考查项目合同管理、变更管理、范围管理、沟通管理等相关理论与实践,并偏重于在实践中的应用。从题目的说明中,可以初步分析出以下一些信息:

(1) 合同签订比较随意,说明该项目的合同管理存在一定的问题。只规定了项目建设内容、项目金额、付款方式和交工时间这些合同里面必不可少的组成部分,因此可能会遗漏一些对于项目执行和验收活动至关重要的保障性条款。

(2) 在项目实施过程中,对于变更的处理存在一定问题。当客户提出变更请求时,项目组按照变更控制流程的要求进行了影响评估,这种做法是没有问题的,但评估之后的结果及处理方式不恰当,不能在没有跟客户进行沟通的情况下就直接拒绝客户的要求,同时,项目组应当直接与客户进行沟通,不应该由销售人员来转达。

(3) 当销售人员转达了项目组的意思后,客户已经表示了不满的情绪,但对于该项目组来说并没有采取进一步的措施,也表明项目的沟通管理存在严重的问题。

（4）初步验收的时候客户提出问题，并且迟迟不肯签字，也是由于之前的沟通不到位，客户关系不够融洽造成的后果。

从以上的分析我们可以看出，本题强调的是各范畴的管理理论在项目实践中的应用，考生在考试时不能只注重理论体系，而是要有一定的项目经验，了解项目中的一些正确的实施方法。

答案：

【问题1】

（1）①沟通管理　④范围管理　⑥风险管理（回答编号或术语都可以，顺序不限）

（2）项目范围（或需求）、验收标准（验收步骤或验收方法）、违约责任及判定（顺序不限）。

（3）与建设方正式协商（或沟通）后，就项目的后续执行达成一致（只要答出沟通和协商即可得分）。

【问题2】

（1）公平合理

（2）①合同变更量清单（或合同变更范围、合同变更内容）

④承包人（或承建单位）、监理工程师（业主或建设单位）

【问题3】

（1）对双方的需求（项目范围）做一次全面的沟通和说明，达成一致，并记录下来，请建设方签字确认。

（2）就完成的工作与建设方沟通确认，并请建设方签字。

（3）就待完成的工作列出清单，以便完成时请建设方确认。

（4）就合同中的验收标准、步骤和方法与建设方协商一致。

（5）必要时可签署一份售后服务承诺书，将此项目周期内无法完成的任务做一个备忘，承诺在后续的服务期内完成，先保证项目能按时验收。

（6）对于建设方提出的新需求，可与建设方协商进行合同变更，或签订补充合同。

【真题4】

【说明】

某系统集成公司选定李某作为系统集成项目 A 的项目经理。李某针对 A 项目制定了 WBS，将整个项目分为 10 个任务，这 10 个任务的单项预算见下表：

序　号	工作活动	预算费用（PV）（万元）	序　号	工作活动	预算费用（PV）（万元）
1	任务1	3	6	任务6	4
2	任务2	3.5	7	任务7	6.4
3	任务3	2.4	8	任务8	3
4	任务4	5	9	任务9	2.5
5	任务5	4.5	10	任务10	1

到了第四个月月底的时候，按计划应该完成的任务是 1、2、3、4、6、7、8，但项目经理李某检查发现，实际完成的任务是 1、2、3、4、6、7，其他的工作都没有开始，此时统计出来花费的实际费用总和为 25 万元。

【问题1】（6分）

请计算此时项目的 PV、AC、EV（需写出计算过程）。

【问题2】（4分）

请计算此时项目的绩效指数 CPI 和 SPI（需写出公式）。

【问题3】（5分）

请分析该项目的成本、进度情况，并指出可以在哪些方面采取措施以保障项目的顺利进行。

解析：本题主要考查的是成本控制中挣值分析的方法和应用。

挣值分析是成本控制的方法之一，核心是将已完成的工作的预算成本（挣值）按其计划的预算值进行累加获得的累加值与计划工作的预算成本（计划值）和已经完成工作的实际成本（实际值）进行比较，根据比较的结果得到项目的绩效情况。

【问题 1】

根据 PV、AC、EV 的概念可得到这三个数值。

PV：到既定时间点前计划完成活动或 WBS 组件工作的预算成本。本题目中给出"到了第四个月月底的时候，按计划应该完成的任务是 1、2、3、4、6、7、8"，因此 PV 应该是 1、2、3、4、6、7、8 活动计划值的累加。

AC：在既定时间段内实际完成工作发生的实际费用。题目中给出"此时统计出来花费的实际费用总和为 25 万元"，因此 AC 为 25 万元。

EV：在既定时间段内实际完成工作的预算成本。题目中给出"实际完成的任务是：1、2、3、4、6、7"，因此 AC 应该为 1、2、3、4、6、7 活动计划值的累加。

【问题 2】

需要掌握 CPI 和 SPI 的计算公式以及含义。

CPI 称为成本绩效指数，CPI= EV/AC，CPI 值小于 1 表示实际成本超出预算，CPI 大于 1 表示实际成本低于预算。

SPI 称为进度绩效指数，SPI= EV/PV，SPI 值小于 1 表示实际进度落后于计划进度，SPI 值大于 1 表示实际进度提前于计划进度。

【问题 3】

根据问题 2 中计算出的 CPI 和 SPI 值分析实际项目情况，并根据项目的实际情况提出相应的解决措施。

答案：

【问题 1】

$$PV=3+3.5+2.4+5+4+6.4+3=27.2$$
$$AC=25$$
$$EV=3+3.5+2.4+5+4+6.4=24.2$$

【问题 2】

$$CPI=EV/AC=24.2/25=96.8\%$$
$$SPI=EV/PV=24.2/27.2=89\%$$

【问题 3】

进度落后，成本超支。

措施：用高效人员替换低效率人员，加班（或赶工），或在防范风险的前提下并行施工（快速跟进）。

【真题 5】

【说明】

王某是某管理平台开发项目的项目经理。王某在项目启动阶段确定了项目组的成员，并任命程序员李工兼任质量保证人员。李工认为项目工期较长，因此将项目的质量检查时间定为每月 1 次。项目在实施过程中不断遇到一些问题，具体如下：

事件 1：项目进入编码阶段，在编码工作进行了 1 个月的时候，李工按时进行了一次质量检查，发现某位开发人员负责的一个模块代码未按公司要求的编码规范编写，但是此时这个模块已基本开发完毕，如果重新修改势必影响下一阶段的测试工作。

事件 2：李工对这个开发人员开具了不符合项报告，但开发人员认为并不是自己的问题，且修改代码会影响项目进度，双方一直未达成一致，因此代码也没有修改。

事件 3：在对此模块的代码走查过程中，由于可读性较差，不但耗费了很多的时间，还发现了大量的错误。开发人员不得不对此模块重新修改，并按公司要求的编码规范进行修正，结果导致开发阶段的进度延误。

【问题1】(5分)

请指出这个项目在质量管理方面可能存在哪些问题?

【问题2】(6分)

质量控制的工具和技术包括哪六项?

A. 同行评审	B. 挣值分析	C. 测试	D. 控制图
E. 因果图	F. 流程图	G. 成本效益分析	H. 甘特图
I. 帕累托图(排列图)	J. 决策树分析	K. 波士顿矩阵图	

【问题3】(4分)

作为此项目的质量保证人员,在整个项目中应该完成哪些工作?

解析:本题主要考查如何实施项目的质量管理工作。质量管理工作对于一个项目来说是至关重要的,但在很多项目中质量管理并不是系统地、有计划地来执行的,经常处于一种救火的状态,还有人认为质量管理就是为了找错。事实上,质量管理活动应该是有计划、有目标、有流程规范的一系列活动。

通过仔细阅读题目说明,可分析如下:

(1) 李工原来是程序员,并且在项目中兼任质量管理人员,一方面没有质量保证经验,另一方面质量管理人员一般来说应该独立于项目组,否则无法保证质量检查工作的客观性。

(2) 李工将检查时间定为每月一次也是不妥的,因为在一个月之内可能会发生很多活动,而有些活动是应该在执行过程中被检查的,等到完成再检查就来不及了。正确的做法是按照项目计划制订出质量管理计划,然后按照质量管理计划具体实施。

(3) 李工发现问题时,未能与当事人达成一致,他应该按问题上报流程处理,而不是放任不管。

(4) 编码人员没有按照公司的编码规范来编码,这一点是不对的,但究其原因可能是公司或项目没有对项目组提供有效的培训造成的。

答案:

【问题1】

(1) 项目经理用人错误,李工没有质量保证经验。

(2) 没有制订合理的质量管理计划,检查频率的设定有问题。

(3) 应加强项目过程中的质量控制或检查,不能等到工作产品完成后才检查。

(4) 李工发现问题的处理方式不对。QA发现问题应与当事人协商,如果无法达成一致要向项目经理或更高级别的领导汇报,而不能自作主张。

(5) 在质量管理中,没有与合适的技术手段相结合。

(6) 对程序员在质量意识和质量管理方面的培训不足。

【问题2】

A、C、D、E、F、I

【问题3】

(1) 计划阶段制订质量管理计划和相应的质量标准。

(2) 按计划实施质量检查,检查是否按标准过程实施项目工作。注意项目过程中的质量检查,在每次进行检查之前准备检查清单(checklist),并将质量管理相关情况予以记录。

(3) 依据检查的情况和记录,分析问题,发现问题,与当事人协商进行解决。问题解决后要进行验证;如果无法与当事人达成一致,应报告项目经理或更高层领导,直至问题解决。

(4) 定期给项目干系人发质量报告。

(5) 为项目组成员提供质量管理要求方面的培训或指导。

【真题6】

【说明】

有多年开发经验的赵工被任命为某应用软件开发项目的项目经理,客户要求10个月完成项目。项目组包括开发、测试人员共 10 人,赵工兼任配置管理员的工作。

按照客户的初步需求,赵工估算了工作量,发现工期很紧。因此,赵工在了解客户的部分需求之后,就开始对这部分需求进行设计和开发工作。

在编码阶段,赵工发现需求文件还在不断修改,形成了多个版本,设计文件不知道该与哪一版本的需求文件对应,而代码更不知道对应哪一版本的需求和设计文件。同时,客户仍在不断提出新的需求,有些很细微的修改,开发人员随手就改掉了。

到了集成调试的时候,发现错误非常多。由于需求、设计和代码的版本对应不上,甚至搞不清楚是需求、设计还是编码的错误。眼看进度无法保证,项目团队成员失去了信心。

【问题 1】(5 分)

请从项目管理和配置管理的角度分析造成项目失控的原因。

【问题 2】(5 分)

以下左侧表格中是配置管理的基本概念,右侧表格是有关这些概念的论述,请在答题纸上用直线将左侧表格与右侧表格里的对应项连接起来。

配置项	用于控制工作产品,包括存储媒体、规程和访问的工具
基线	是配置管理的前提,它的组成可能包括交付客户的产品、内部工作产品、采购的产品或使用的工具等
配置管理系统	可看作是一个相对稳定的逻辑实体。其组成部分不能被任何人随意修改
配置状态报告	记录配置项有关的所有信息,存放受控的配置项
配置库	能够及时、准确地给出配置项的当前状况,加强配置管理工作

【问题 3】(5 分)

请说明正常的配置管理工作包括哪些活动?

解析:本题主要考查配置管理在项目过程中的应用。

配置管理是为了系统的控制配置变更,在项目的整个生命周期中维持配置的完整性和可跟踪性,而标识系统在不同时间点上的配置的学科。本项目是一个软件开发的项目,软件的配置管理包括的主要活动有配置识别、变更控制、状态报告和配置审计,在实施配置管理活动前要制订配置管理计划。

从题目的说明出发,对本题进行分析,可得到如下的结论:

(1)赵工具有多年的开发经验,但说明中并没有给出他具有一定的项目管理经验,因此这一点可能是造成项目失控的原因。

(2)赵工兼任配置管理工作,有过项目经验的人一般会知道,有 10 个开发人员参与的近一年的软件开发项目是有一定规模的,其中的配置管理工作非常琐碎,作为一个项目经理本身工作就很繁忙,因此赵工身兼二职是不现实的,这也是造成项目失控的原因之一。

(3)需求文件与设计文件对应不上,这一方面是由于没有做好版本管理工作,另一方面也是由于项目中没有建立相应的基线造成的。

(4)客户提出的新需求,开发人员随手就改掉了,说明没有进行有效的变更控制。

答案:

【问题 1】

(1)赵工没有项目管理经验,不适合任项目经理的职位。

(2)项目经理兼任配置管理员,精力不够,无法完成配置管理工作。

(3)赵工的项目范围管理有问题。

(4)版本管理没有做好。

(5)项目中没有建立基线,导致需求、设计、编码无法对应。

(6)没有做好变更管理。

【问题 2】配置项

配置项		用于控制工作产品，包括存储媒体、规程和访问的工具
基线		是配置管理的前提，它的组成可能包括交付客户的产品、内部工作产品、采购的产品或使用的工具等
配置管理系统		可看作是一个相对稳定的逻辑实体。其组成部分不能被任何人随意修改
配置状态报告		记录配置项有关的所有信息，存放受控的配置项
配置库		能够及时、准确地给出配置项的当前状况，加强配置管理工作

【问题 3】

制订配置管理计划，配置项识别，报告配置状态，进行配置审核、版本管理和发行管理，实施配置变更控制。

题型点睛

1. 可能出现的问题

(1) 缺乏项目整理管理和权衡。

(2) 缺乏变更控制规程。

(3) 缺乏项目干系人沟通。

(4) 缺乏配置管理。

(5) 缺乏整体版本管理。

(6) 缺乏各种单元测试和集成测试。

2. 主要内容

(1) 制订配置管理计划。

(2) 配置项识别。

(3) 建立配置管理系统。

(4) 基线化。

(5) 建立配置库。

(6) 变更控制。

(7) 配置状态统计。

(8) 配置审计。

3. 应对措施

(1) 针对目前系统建立基线。

(2) 梳理变更脉络，确定统一的最终需求和设计。

(3) 梳理配置项及其历史版本。

(4) 对照最终需求和设计逐项分析现有配置项及历史版本的符合情况。

(5) 根据分析结果和干系人确定整体变更计划并实施。

(6) 加强单元接口测试与系统的集成测试或联调。

(7) 加强整体版本管理。

即学即练

【试题 1】

【说明】

某系统集成商 B 最近正在争取某钢铁公司 A 的办公网络迁移到外地的项目。李某是系统集成商

B 负责捕捉项目机会的销售经理,鲍某是系统集成商 B 负责实施的项目经理。由于以往项目销售经理的过度承诺给后继的实施工作带来了很大困难,此次鲍某主动为该项目做售前支持。该办公网络迁移项目的工作包括钢铁公司 A 新办公楼的综合布线、局域网网络系统升级、机房建设、远程视频会议系统、生产现场的闭路监控系统 5 个子系统。钢铁公司 A 对该项目的招标工作在 2006 年 8 月 4 日开始,该项目要求在 2006 年 12 月 29 日完成,否则将严重影响钢铁公司 A 的业务。

时间已到 2006 年 8 月 8 日,钢铁公司 A 希望系统集成商 B 在 8 月 15 日前能够提交项目建议书。钢铁公司 A 对项目的进度非常关注,这是他们选择集成商的重要指标之一。根据经验,钢铁公司 A 的实际情况和现有的资源,鲍某组织制订了一个初步的项目计划,通过对该计划中项目进度的分析预测,鲍某认为按正常流程很难达到客户对进度的要求。拟订的合同中规定对进度的延误要处以罚款。但是销售经理李某则急于赢得合同,希望能在项目建议书中对客户做出明确的进度保证,先赢得合同再说。鲍某和李某在对项目进度承诺的问题上产生了分歧,李某认为鲍某不帮助销售拿合同,鲍某认为李某乱承诺对以后的项目实施不负责任。本着支持销售的原则,鲍某采取了多种措施,组织制订了一个切实可行的进度计划,虽然其报价比竞争对手略高,但评标委员会认为该方案有保证,是可行的,于是系统集成商 B 中标。系统集成商 B 中标后,由其实施部负责项目的实施。

【问题 1】(5 分)

在制订进度计划时,鲍某可能会采取哪些措施使制订的进度计划满足客户的要求?

【问题 2】(5 分)

实施项目的系统集成商 B 目前的组织类型是什么?如何改进其项目的组织方式?如何改进其项目管理的流程?如何降低管理外地项目的成本?

【问题 3】(5 分)

在项目实施过程中,负责售前工作的李某应继续承担哪些工作?

TOP93　项目沟通管理

真题分析

【真题 1】

【说明】

系统集成 A 公司承担了某企业的业务管理系统的开发建设工作,A 公司任命张工为项目经理。

张工在担任此新项目的项目经理的同时,所负责的原项目尚处在收尾阶段。张工在进行了认真分析后,认为新项目刚刚开始,处于需求分析阶段,而原项目尚有某些重要工作需要完成,因此张工将新项目需求分析阶段的质量控制工作全权委托给了软件质量保证(SQA)人员李工。李工制订了本项目的质量计划,包括收集资料、编制分质量计划并通过相应的工具和技术,形成了项目质量计划书,并按照质量计划书开展相关需求调研和分析阶段的质量控制工作。

在需求评审时,由于需求规格说明书不能完全覆盖该企业的业务需求,且部分需求理解与实际存在较大偏差,导致需求评审没有通过。

【问题 1】

请指出 A 公司在项目管理过程中的不妥之处。

【问题 2】

请简述项目质量控制过程的基本步骤。

【问题 3】

请简述制定项目质量计划可采用的方法、技术和工具。

解析:本题的核心考查点是项目质量管理问题。项目质量管理包括确保项目满足其各项要求所需的过程,以及担负全面管理职责的各项活动:确定质量方针、目标和责任,并通过质量策划、质量保证、质量控制和质量改进等手段在质量体系内实施质量管理。

【问题 1】

要求分析 A 公司在项目管理过程中的不妥做法,主要还是着眼于考查考生的项目管理经验。考生应从试题说明的细节入手加以分析,并结合个人经验观点加以阐述。如 A 公司任命张工为项目经理,但是张工手头上还有未结束的项目,这势必会牵扯张工的精力;张工为了从新项目中脱身,指派李工负责项目前期的工作,而李工只是软件质量保证人员,缺乏项目管理经验;李工编写了一系列的项目质量管理文档,却从未交付相关各方加以审批确认,最终导致需求评审未获通过。

【问题 2】

考查的理论点是项目质量控制过程。项目质量控制过程就是确保项目质量计划和目标得以圆满实现的过程,具体来说,就是项目团队的管理人员采取有效措施,监督项目的具体实施结果,判断其是否符合项目有关的质量标准,并确定消除产生不良结果原因的途径。

【问题 3】

考查的理论点是制定项目质量计划的方法、技术和工具。制订项目质量计划是识别和确定必要的作业过程、配置所需的人力和物力资源,以确保达到预期质量目标所进行的周密考虑和统筹安排的过程。制订项目质量计划是保证项目成功的过程之一。

答案:

【问题 1】

(1) 用人不当,负责项目整体质量控制的李工缺乏项目整体管理的经验。

(2) 在质量控制过程中,缺少相关方的审批环节。

【问题 2】

(1) 选择控制对象。

(2) 为控制对象确定标准或目标。

(3) 制订实施计划,确定保证措施。

(4) 按计划执行。

(5) 对项目实施情况进行跟踪监测、检查,并将监测的结果与计划或标准相比较。

(6) 发现并分析偏差。

(7) 根据偏差采取相应对策。

【问题 3】

(1) 效益/成本分析。

(2) 基准比较。

(3) 流程图。

(4) 实验设计。

(5) 质量成本分析。

(6) 质量功能展开。

(7) 过程决策程序图法。

题型点睛

1. 沟通管理不成功的可能问题

(1) 内部管理有问题,监管不力。

(2) 没有或极少与客户进行直接沟通。

(3) 现场管理制度执行不力。

(4) 总包与分包责任不清。

(5) 客户获取的信息失真,总包推卸责任。

(6) 客户自己本身的问题,包括资金、管理水平等。

(7) 可能监理工作没到位。

2. 沟通管理应对措施

(1) 做好干系人分析。

(2) 发挥总包的率头作用和监理的协调作用。

(3) 对共用资源可用性进行分析,引入资源日历。

(4) 解决冲突。

(5) 建立健全项目管理制度并监管其执行。

(6) 采用项目管理信息系统。

3. 项目实施过程中的沟通管理可能问题

(1) 缺乏对项目组成员的沟通需求和沟通风格的分析。

(2) 缺乏会议规程,导致会议效率低下,缺乏效果。

(3) 会议没有产生记录。

(4) 会议没有引发相应行动。

(5) 沟通方式单一。

(6) 没有进行冲突管理。

4. 项目实施过程中的沟通管理应对措施

(1) 事先制定例会制度。

(2) 放弃无意义的会议。

(3) 明确会议的目的和期望结果。

(4) 发布会议通知。

(5) 明确会议规则。

(6) 会议后总结。

(7) 要有会议纪要。

(8) 做好会议后勤保障。

5. 有效沟通措施

(1) 对项目组成员进行沟通需求和沟通风格分析。

(2) 针对不同需求和风格的人员设置不同的沟通方式。

(3) 通过多种方式沟通。

(4) 正式沟通结果要形成记录。

(5) 引入标准的沟通模板。

(6) 培养团队氛围并注意冲突管理。

即学即练

【试题 1】

【说明】

刘先生是一家私营软件企业的老板。他大学毕业后先在一家大型的软件公司打工两年,然后开始自己创业。刘先生每年都给自己定好奋斗目标,工作兢兢业业,但也感觉承受着很大的压力。公司的业务不断发展,规模也不断地壮大。近年来,刘先生因为业务的发展需要相继招聘了十余名应届大学毕业生,但是其中几个没有多久就相继辞职了,导致刘先生需要不断地招聘人员,这使他分散了相当一部分的精力。刘先生非常感叹现在的年轻人眼高手低,不能吃苦。这天,刘先生收到一个程序员的一封电子邮件,而这个程序员正是刘先生十分器重的一个员工。该电子邮件的内容如下:

刘总,您好! 我知道您收到这封信后一定会十分生气,但我还是决定要离开贵公司。非常感谢您对我的培养,我绝对不是因为在这里学到了东西,翅膀硬了才走的。而是您的一些做法让我实在忍无可忍。我知道您白手起家干到如今很不容易,而且从您身上我确实学到了很多东西,但是这并不是说您的每一个看法和决定都是正确的。每当我想要发表我的看法时,您总是不予以重视,甚至不给我讲话的空间。但是一旦出现了问题,您就会大发雷霆,无论是天大的事情还是芝麻小事。每当这个时候我都想和您理论,但是您没有给过我机会。这样反而使您更加觉得自己的决定都是对的。我知道这是我的第一个工作,对于公司的发展战略我没有发言权,但是我觉得这样发展下去迟早是会对公司不利的。我感谢您对我的培养才和您说这些,有不对的地方,请您原谅。

【问题1】(5 分)

请用 400 字以内文字分析,你认为作为企业的领导者,刘经理具备了哪些特质?

【问题2】(5 分)

请用 300 字以内文字分析,从这封电子邮件中说明了公司或者刘经理存在什么问题吗?

【问题3】(5 分)

请用 400 字以内文字结合你本人的实际项目经验,说明如果你是刘经理,你觉得需要采取什么行动吗?

TOP94　项目合同管理

真题分析

【真题1】

【说明】

国内某信息系统集成商承接了某跨国公司的一项信息系统集成项目。在双方签订的合同中明确规定,进口材料的关税不包括在承建集成商的材料报价之中。由业主自行支付。但合同未规定业务的交付日期,只是规定,业主应在接到承建方提交的到货通知单 30 天内完成海关放行的一切手续。

由于到货时间太迟,货物到港后工程方急需这批材料,为避免现场出现停工的情况,集成商先垫支了关税,并完成入关手续。事后,集成商向业主提出补偿要求,但业主认为,集成商所有行为都没有经过业主方的同意,不予补偿。而且指出补偿时间已经失效,因为已经超过了合同中规定的项目索赔时间。

【问题1】

该项目集成商是是否可向业主提出补偿关税的要求? 如果补偿,是否守合同规定的索赔有效期的限制? 在这些过程中,项目集成商是否违约? (5 分)

【问题2】简述合同管理的主要内容,并分析说明该案例中是哪些环节出现了问题。(10 分)

【问题3】

根据本案例,项目集成商在合同管理中没有利用好哪些工具和技术。(2 分)

解析:本题考查合同管理中的合同履行和合同索赔管理。

答案:

【问题1】

(1)可以向业主提出补偿关税的要求。(集成商是帮业主垫付的关税,这部分关税本不是自己需要承担的而是业主需要承担的,债务和债权关系已经形成。退一万步说,不管要求合不合理,业主可以不补偿,但不能剥夺集成商提出补偿的权利)

(2)如果补偿,受不受索赔期限限制,由于题目信息不全,需要视以下两种情况而定:

① 如果承包商是在 30 天内,先垫付了关税,属于承包商为了保证工程整体目标的实现,为业主完成了部分合同责任,业主应予以如数补偿。但此时业主的行为对承包商并非违约,属于债务关系,不受

合同所规定的索赔有效期限制。

② 如果业主拖延海关放行手续超过 30 天，造成现场停工待料，属业主违约，并造成承包商工期或费用损失，则承包商可将它作为索赔依据，在合同规定的索赔有效期内提出工期和费用索赔。此时的索赔受合同规定索赔有效期限制。

（3）集成商不违约，因为按照国际工程惯例，尽管业主未违约，但在特殊情况下，为了保证工程整体目标的实现，承包商有责任和权利为降低损失采取措施。（合同中明确规定关税由业主来支付，现在集成商事先垫付并且未得到业主同意，做了自己不该做的事，属于不适当地履行合同义务，应该也是违约。）

【问题 2】

合同管理主要包括：

（1）合同谈判与签订管理；

（2）合同履行（执行）管理；

（3）合同变更管理；

（4）合同档案管理；

（5）合同违约管理。（这个也可以不答）

出现的问题主要有：

（1）合同条款不详尽，签订草率；

（2）缺少违约责任相关条款；

（3）缺少变更处理及索赔相关条款；

（4）合同执行中变更管理有问题，集成商在出现了变更后未按变更流程处理就自行决定实施变更；

（5）沟通管理有问题，未及时将变更的影响通知到干系人特别是客户方。

【问题 3】

合同管理中没有用好：

（1）检验和审计；

（2）绩效报告；

（3）支付系统；

（4）索赔管理；

（5）合同变更控制系统。

🕙 题型点睛

1. 对于合同不明确的情况，应该先协商，达成补充协议。达不成协议的，依照合同其他条款或交易习惯确定。如果依此不能明确有关条款的含义，那就要用《合同法》第六十二条来解决。

第六十二条是针对那些常见的条款和质量、价款、履行地点、履行方式等约定欠缺或不明确所提供的一个法定硬标准，是确定当事人义务的法定依据。

（1）当事人对标的物的质量要求不明确的，按国家标准和行业标准。没有这些标准的，按产品通常标准或符合合同目的的标准。

（2）履行地点不明确时，按标的性质不同而定：接受货币在接受方，交付不动产的在不动产所在地，其他标的在履行义务方所在地。履行地在法律上具有非常重要的意义，它可以确定由谁负担，货物的所有权何时何处转移，货物丢失风险由谁承担等；在诉讼中，也是确定管辖权的重要依据，所以签订合同对履行的条款要特别注意。

（3）履行期限不明的，债务人可随时履行，债权人可随时要求履行，但应给对方必要的准备时间。在这里特别提醒债权人要注意诉讼时效，关于随时履行受不受诉讼时效的制约目前仍有争议，不过最好在时效以内主张权利。

（4）履行费用负担不明确的，由履行义务一方负担。履行费用是履行义务过程中各种附随发生的费用。在合同中应该考虑各种费用的分担，如果没有约定，视为由履行义务方承担。

2. 合同索赔的构成条件。

合同索赔的重要前提条件是合同一方或双方存在违约行为和事实，并且由此造成了损失，责任应由对方承担。对提出的合同索赔，凡属于客观原因造成的延期，属于业主也无法预见到的情况，如特殊反常天气，达到合同中特殊反常天气的约定条件，承包商可能得到延长工期，但得不到费用补偿。对于属于业主方面的原因造成拖延工期，不仅应给承包商延长工期，还应给予费用补偿。

3. 索赔必须以合同为依据。根据我国有关规定，索赔应依据下面的内容。

（1）国家有关的法律如《合同法》、法规和地方法规。

（2）国家、部门和地方有关信息系统工程的标准、规范和文件。

（3）本项目的实施合同文件，包括招标文件、合同文本及附件。

（4）有关的凭证，包括来往文件、签证及更改通知，会议纪要，进度表，产品采购等。

（5）其他相关文件，包括市场行情记录、各种会计核算资料等。

即学即练

【试题1】系统集成公司 A 于 2009 年 1 月中标某市政府 B 部门的信息系统集成项目。经过合同谈判，双方签订了建设合同，合同总金额 1,150 万元，建设内容包括：搭建政府办公网络平台，改造中心机房，并采购所需的软硬件设备。

A 公司为了把项目做好，将中心机房的电力改造工程分包给专业施工单位 C 公司，并与其签订分包合同。

在项目实施了 2 个星期后，由于政府 B 部门为了更好满足业务需求，决定将一个机房分拆为两个，因此需要增加部分网络交换设备。B 参照原合同，委托 A 公司采购相同型号的网络交换设备，金额为 127 万元，双方签订了补充协议。

在机房电力改造施工过程中，由于 C 公司工作人员的失误，造成部分电力设备损毁，导致政府 B 部门两天无法正常办公，严重损害了政府 B 部门的社会形象，因此 B 部门就此施工事故向 A 公司提出索赔。

【问题1】（4分）
请指出 A 公司与政府 B 部门签订的补充协议有何不妥之处，并说明理由。

【问题2】（5分）
请简要叙述合同的索赔流程。

【问题3】（6分）
请简要说明针对政府 B 部门向 A 公司提出的索赔，A 公司应如何处理。

TOP95　项目进度管理

真题分析

【真题1】
【说明】
M 公司是从事了多年铁路领域系统集成业务的企业，刚刚中标了一个项目，该项目开发新建铁路的动车控制系统，而公司已有多款较成熟的列车控制系统产品。M 公司与客户签订的合同中规定：自签订合同之日起,项目周期为 9 个月。在项目开始后不久,客户方接到上级的通知,要求该铁路提前开始,因此,客户要求 M 公司提前 2 个月交付项目。项目经理将此事汇报给公司高层领导,高层领导详细询问了项目情况,项目经理认为,公司的控制系统软件是比较成熟的产品,虽然需要按项目需求进行二次开发,但应该能够提前完成,但列车控制设备需要协调外包生产,比原计划提前 2 个月没有把握,公司领导认为,从铁路行业的项目特点来考虑,提前开始铁路是必须完成的任务,因此客户的要求不能拒绝。于是他要求项目经理进化论如何也要想办法满足客户提出的提前交付的需求。

【问题 1】

结合案例,如果你是项目经理,请分析进度提前对项目管理可能造成哪些方面的变更。

【问题 2】

为了满足客户提出的进度方面"提前 2 个月交付"的要求,项目经理可以采取的措施有哪些?

【问题 3】

在采取了上述措施之后,项目在执行过程中还可能对哪些问题?

解析:本题考查项目进度管理中的进度计划的制订、项目进度控制以及变更管理的知识。

答案:

【问题 1】(5 分)

进度提前,也就意味着工期缩短,可能的变更如下:

(1)重新安排活动计划带来的进度计划或项目管理计划变更。

(2)工期变化势必带来合同变更。

(3)为实现进度提前目标,还可能造成但不限于以下变更:

① 投入更多的资源引起的成本变更;

② 投入更有效的人员带来的团队变更;

③ 为了使外包生产提前完成,可能重新编制采购计划不限于更换外包商;

④ 各种种措施引入新的风险之变更;

【问题 2】(2 分)

为缩短工期,可采取的措施如下:

(1)赶工加班;

(2)快速跟进,并行处理,管理好风险;

(3)投入更多的资源;

(4)选派经验丰富、更高效的人员加入;

(5)加强对外包生产进度的监控,及时处理变更。

【问题 3】(8 分)

采取了上述措施可能面对的问题如下:

(1)赶工带来成本增加,人员加班效率下降,团队负荷加大;

(2)快速跟进带来返工等风险;

(3)选派经验丰富的人员和投入更多的资源均带来成本超支风险;

(4)如果改进技术方法,也可能由引入新技术带来风险;

(5)公司领导对项目的高压易引起团队的焦虑和冲突;

(6)为了将进度提前,容易忽视变更管理、质量控制等环节;

(7)外包生产可能不能按时交付。

🎯 题型点睛

1. 进度控制是监控项目的状态以便采取相应措施以及管理进度变更的过程。进度控制关注如下内容。

(1) 确定项目进度的当前状态。

(2) 对引起进度变更的因素施加影响,以保证这种变化朝着有利的方向发展。

(3) 确定项目进度已经变更。

(4) 当变更发生时管理实际的变更。进度控制是整体变更控制过程的一个组成部分。

2. 缩短工期的方法

通常可用以下一些方法缩短活动的工期。

(1) 投入更多的资源以加速活动进程。

(2) 指派经验更丰富的人去完成或帮助完成项目工作。

(3) 减小活动范围或降低活动要求。

(4) 通过改进方法或技术提高生产效率。

即学即练

【试题 1】

【说明】

某系统集成 A 公司中标了一个地铁综合监控系统项目,该项目是地铁运营公司公开招标的地铁 S 号线建设项目中的一个信息系统子项目,涉及信号系统、电气控制系统、广播系统、视频监控系统、通信网络系统的信息互通和集中控制,需要集成多种厂商的设备。

接到任务后,项目经理小王开始着手编制项目管理计划,根据招标文件,小王列出了一个初步的进度计划,进度计划中的各里程碑点正好是甲方招标文件中规定的各时间节点。随后,小王估计了项目的各项开销,确定了项目预算。项目团队已由公司指派,小王召开了项目启动会,将各项任务分配给项目组成员。

项目进行了一段时间后,由于天气原因,导致地铁土建工作的延误,因此影响到各厂商设备进场,整个项目进度滞后,监理方与建设方发布了延期通知。项目经理小王马上召开项目会议,口头通知项目组成员所有工作均推迟开展。

【问题 1】(6 分)

(1) 请结合案例指出小王制订的初步进度计划中存在的最主要问题。

(2) 请结合案例简要叙述在制订进度计划时通常应考虑哪些主要制约问题。

【问题 2】(8 分)

请结合案例分析小王在项目管理过程中存在的问题。

【问题 3】(6 分)

请简要叙述项目管理计划编制工作流程。

TOP96 项目成本管理

真题分析

【真题 1】

【说明】

下表是某项目的工程数据,根据各个问题中给出的要求和说明,完成问题 1 至问题 3,将解答填入答题栏的对应栏内。

活动	紧后活动	工期/周
A	C E	5
B	C F	1
C	D	3
D	G H	4
E	G	5
F	H	2
G	—	3
H	—	5

【问题 1】（4 分）

请指出该项目的关键路径，并计算该项目完成至少需要多少周？假设现在由于外部条件的限制，E 活动结束 3 周后 G 活动才能开始；F 活动开始 5 周后 H 活动才可以开始，那么项目需要多长时间才能完成？

【问题 2】（5 分）

分别计算在没有外部条件限制和问题 1 中涉及的外部条件的限制下，活动 B 和 G 的总时差和自由时差。

【问题 3】（6 分）

假设项目预算为 280 万元，项目的所有活动经费按照活动每周平均分布，并与具体的项目无关，则项目的第一周预算是多少？项目按照约束条件执行到第 10 周结束时，项目共花费 200 万元，共完成了 A、B、C、E、F 5 项活动，请计算此时项目的 PV、EV、CPI 和 DSPI。

答案：

【问题 1】

项目的关键路径为 ACDH，项目完成至少需要 17 周。增加的限制条件对项目工期没有影响，项目还是需要 17 周才能完成。

【问题 2】

（1）没有外部条件限制：B 的总时差为 4，自由时差为 0；G 的总时差为 2，自由时差为 2。

（2）问题 1 中涉及的外部条件的限制：B 的总时差为 4，自由时差为 0；G 的总时差为 1，自由时差为 1。

【问题 3】

所有活动的总时间为 $5+1+3+4+5+2+3+5=28$ 周，项目预算为 280 万元，平均分布每周 10 万元。

10 周结束时，计划要完成 ABCEF 活动，且 D 活动要完成 2 周任务，则

$$PV=5\times10+1\times10+3\times10+5\times10+2\times10+2\times10=180$$

实际完成 ABCEF 活动，则 $EV=5\times10+1\times10+3\times10+5\times10+2\times10=160$

$CPI=EV/AV=160/200=0.80$

$SPI=EV/PV=160/180=0.89$

【真题 1】

【说明】

某系统集成公司项目经理老王在其负责的一个信息系统集成项目中采用绩效衡量分析技术进行成本控制，该项目计划历时 10 个月，总预算 50 万元。目前项目已经实施到第 6 个月末，为了让公司管理层了解项目进展情况，老王根据项目实施过程中的绩效测量数据编制了一份成本执行绩效统计报

告,截至第 6 个月末,项目成本绩效统计数据如下表所示:

【问题 1】(5 分)

请计算该项目截止到第 6 个月末的计划成本(PV)、实际成本(AC)、挣值(EV)、成本偏差(SV)、进度偏差(SV)。

【问题 2】(4 分)

请计算该项目截止到第 6 个月末的成本执行指数(CPI)和进度执行指数(SPI),并根据计算结果分析项目的成本执行情况和进度执行情况。

【问题 3】(3 分)

根据所给数据资料说明项目表现出来的问题和可能的原因。

【问题 4】(6 分)

假设项目现在解决了导致偏差的各种问题,后续工作可以按原计划继续实施,项目的最终完工成本是多少?

解析:本题考查项目成本管理中的挣值技术知识,是一道有关挣值分析计算的试题。题目给出了相关的条件,要求考生能够识别出 PV、AC 和 EV。同时,根据这些参数来计算 CV 和 SV,然后来判断项目的状态。解答此题的关键在于充分理解 PV、AC 和 EV 的概念,同时,需要识记相关的公式,例如,CPI=EV/AC 和 SPI=EV/PV。

答案:

【问题 1】5 分

PV＝37　AC＝23　EV＝23.8　CV＝EV－AC＝0.8　SV＝EV－PV＝－13.2

【问题 2】4 分

CPI＝EV/AC＝103.5%　SPI＝EV/PV＝64.3%

成本节省,进度滞后。

【问题 3】3 分

表现出问题及原因:

(1) 进度滞后的问题,可能的原因如下:

① 进度计划不周;

② 资源分配问题,导致某些工作因缺少资源展开缓慢;

③ 历时估算不准;

④ 进度执行的监控不力,未及时发现变更或发现后未及时管理纠偏。

(2) 成本节省可能带来质量风险:

① 成本的节省可能带来工作或产品质量下降;

② 工作范围可能未得到确认,部分工作遗漏从而形成的成本节省。

【问题 4】6 分

由于解决了导致偏差的问题,后续工作按原计划执行,所以

$$ETC＝BAC－EV＝50－23.8＝26.2$$
$$EAC＝AC＋ETC＝23＋26.2＝49.2$$

🖐 题型点睛

1. 要求考生熟悉和掌握成本偏差(CV)、进度偏差(SV)、成本执行指数(CPI)和进度执行指数(SPI)等指标的含义及其计算公式,而这些指标又与计划值(PV)、挣值(EV)和实际成本(AC)等指标密切相关。

PV 是到既定的时间点前计划完成活动的预算成本。

EV 是在既定的时间段内实际完工工作的预算成本。

AC 是在既定的时间段内实际完成工作发生的实际总成本。

AC 在定义和内容范围方面必须与 PV、EV 相对应。综合使用 PV、EV、AC 能够衡量在某一给定时间点是否按原计划完成了工作,最常用的指标就是 CV、SV、CPI 和 SPI。

$$CV = EV - AC$$
$$SV = EV - PV$$
$$成本执行指数 = EV/AC$$
$$进度执行指数 = EV/PV$$

在试题说明给出的第 8 个月末项目执行情况分析表中,"计划成本值"列之和是 PV,"实际成本值"列之和是 AC,"计划成本值"列与"完成百分比"列对应单元格乘积之和是 EV。套用上述计算公式,即可计算出所要求的各项衡量指标,并可根据 CPI 和 SPI 的值进一步判断项目执行情况。

若 CPI<1,则表示实际成本超出预算;若 CPI>1,则表示实际成本低于预算。

若 SPI<1,则表示实际进度落后于计划进度;若 SPI>1,则表示实际进度提前于计划进度。

 即学即练

【试题 1】

【说明】

某信息系统开发项目由系统集成商 A 公司承建,工期 1 年,项目总预算 20 万元。目前项目实施已进行到第 8 个月末。在项目例会上,项目经理就当前的项目进展情况进行了分析和汇报。截至第 8 个月末项目执行情况分析表如下:

序　号	活　动	计划成本值(元)	实际成本值(元)	完成百分比
1	项目启动	2000	2100	100%
2	可行性研究	5000	4500	100%
3	需求调研与分析	10000	12000	100%
4	设计选型	75000	86000	90%
5	集成实施	65000	60000	70%
6	测试	20000	15000	35%

【问题 1】

请计算截止到第 8 个月末该项目的成本偏差(CV)、进度偏差(SV)、成本执行指数(CPI)和进度执行指数(SPI),判断项目当前在成本和进度方面的执行情况。

【问题 2】

请简要叙述成本控制的主要工作内容。

TOP97　项目质量管理

真题分析

【真题 1】阅读下列说明,回答问题 1 至问题 4,将解答填入答题纸的对应栏内。(2013 年 5 月)

【说明】公司承接了一个信息系统开发项目,按照能力成熟度模型 CMMI 制定了软件开发的流程与规范,委派小赵为这个项目的项目经理。小赵具有 3 年的软件项目开发与管理经验。公司认为这个项目的技术难度比较低,把两个月前刚从大学招聘来的 9 个计算机科学与技术专业的应届毕业生分配到这个项目组,这样,项目开发团队顺利建立了。项目的开发按照所制定的流程规范进行。在需求分析、概要设计、数据库设计等阶段都按照要求进行了评审,编写了需求分析说明书、概要设计说明书、数据库设计说明书等文档。但在项目即将交付时,发现了很多没有预计到的缺陷与 BUG。这说明许多质量问题并没有像原来预期的那样在检查与评审中发现并予以改正。由于项目的交付期已经临近,为了节省时间,小赵让程序员将每个模板编码完成后仅由程序员自己测试一下,就进行集成测试和系统测试。在集成测试和系统测试的过程中,由于模块的 BUG 太多,集成测试越来越难,该项目没有能够按照客户的质量要求如期完成。为了查找原因,公司的质量部门调查了这一项目的进展情况,绘制了下面的图形。

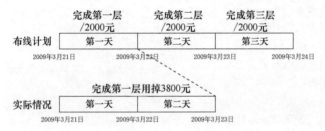

【问题 1】
上图是一种质量控制所采用的工具,称为 __(1)__ 图。根据上述描述,图中的 A 应该是 __(2)__ 。
请将上面的(1)、(2)处的答案填写在答题纸的对应栏内。

【问题 2】
质量控制中所依据的一个最重要的模型是计划、执行、检查、行动。请根据这一模型,给出质量控制的基本步骤。

【问题 3】(7 分)
分析本案例中产生质量问题的原因。

【问题 4】(6 分)
针对案例中项目的现状,假设项目无重大设计缺陷,为完成该项目,从质量管理的角度,给出改进措施。

解析:
本题考查项目质量管理方面的理论、工具和方法、在管理中存在的问题和解决方法。

问题 1 考查因果图。因果图,又称石川图或鱼骨图,是质量控制的主要工具之一。它说明了各种要素是如何与潜在的问题或结果相关联,它可以将各种事件和因素之间的关系用图解表示。画因果图的方法为:在一条直线(脊)的右端写上所要分析的问题,在该直线的两旁画上与该直线成 60°夹角的直线,在其端点标上造成问题的大因,再在这些直线上画若干条水平线,在线的端点写出中因,还可以对这些原因进一步分析,提出小原因,最终形成一张因果图。在所有原因中,人是很重要的一个环节,因此 A 处为人员。

问题 2 考查质量控制的基本步骤。

问题 3 结合案例分析质量管理中存在的问题。项目组的主要成员是"两个月前刚从大学招聘来的 9 个计算机科学与技术专业的应届毕业生",项目成员工作经验缺乏,能力不足;"许多质量问题并没有像原来预计的那样在检查与评审中发现并予以改正",这说明项目需求分析和设计质量不高,项目评审过程没有按照规范进行,且项目评审环节未达到预期效果。由于质量主要源于计划而非检查,因此存在没有制定好的质量管理计划的问题。从测试的过程描述可以看出,测试不充分,测试方法和过程不准确。

问题 4 要求给出质量管理方面的改进措施,通过对问题 3 的分析,不难找到有针对性的改进措施。

答案:

【问题 1】

（1）因果（鱼骨或石川）。

（2）人员

【问题 2】

（1）选择控制对象。

（2）为控制对象确定标准或目标。

（3）制订实施计划，确定保证措施。

（4）按计划执行。

（5）对项目实施情况进行跟踪监测、检查，并将监测的结果与计划或标准相比较。

（6）发现并分析偏差。

（7）根据偏差采取相应对策。

【问题 3】

（1）项目团队成员能力不足。

（2）设计质量不高。

（3）测试不充分。

（4）审查过程没有按照规范进行。

（5）项目评审环节未达到预期效果。

（6）没有组织过程资产。

（7）没有制订好的质量管理计划。

【问题 4】

（1）聘请经验丰富的技术人员（测试人员）。

（2）重新对每个模块进行测试，修改缺陷和 BUG，直至满足质量要求。

（3）按规范进行充分的集成测试和系统测试。

（4）加强项目评审工作。

题型点睛

1. 质量管理三大过程：编制质量计划、质量保证、质量控制。

（1）编制质量计划：识别与项目相关的质量标准以及确定如何满足这些标准，确定需要对哪些过程和工作产品进行质量管理。

（2）质量保证：所有的有计划地、系统地为保证项目能够满足相关的质量标准而建立的活动，主要是确保过程质量。

（3）做好质量控制：采取措施，监督项目的具体实施结果是否符合有关的项目质量标准，并确定消除产品不良结果的原因。

2. 制订项目质量计划一般采用效益/成本分析、基准比较、流程图、实验设计、质量成本分析等方法和技术。此外，制订项目质量计划还可采用质量功能展开、过程决策程序图法等工具。

3. 质量保证分为内部质量保证和外部质量保证；服务的质量保证是指企业在售前、售后服务过程中满足用户要求的程序，包括服务时间、服务能力、服务态度。

4. 项目质量保证的工具、技术和方法。

（1）过程分析依据过程改进计划的指导，识别从组织和技术角度需要的改进措施。

（2）质量审计是对其他质量管理活动的结构化和独立的评审方法，用于判断项目活动的执行是否遵从于组织及项目定义的方针、过程和规程。

质量审计的目标是：识别在项目中使用的低效率以及无效果的政策、过程和规程。后续对质量审计结果采取纠正措施的努力，将会达到降低质量成本和提高客户或（组织内的）发起人对产品和服务的满意度的目的。

　　质量审计可以是预先计划的,也可是随机的;可以是组织内部完成,也可以委托第三方(外部)组织来完成。质量审计还确认批准过的变更请求、纠正措施、缺陷修订以及预防措施的执行情况。

✍ 即学即练

　　【试题1】

　　【说明】

　　某系统集成公司在 2007 年 6 月通过招投标得到了某市滨海新区电子政务一期工程项目,该项目由小李负责,一期工程的任务包括政府网站以及政务网网络系统的建设,工期为 6 个月。

　　因滨海新区政务网的网络系统架构复杂,为了赶工期项目组省掉了一些环节和工作,虽然最后通过验收,但却给后续的售后服务带来很大的麻烦:为了解决项目网络出现的问题,售后服务部的技术人员要到现场逐个环节查遍网络,绘出网络的实际连接图方能找到问题的所在。售后服务部感到对系统进行支持有帮助的资料就只有政府网站的网页 HTML 文档及其内嵌代码。

　　【问题1】(5 分)

　　请简要分析造成该项目售后存在问题的主要原因。

　　【问题2】(6 分)

　　针对该项目,请简要说明在项目建设时可能采取的质量控制方法或工具。

　　【问题3】(4 分)

　　请指出,为了保障小李顺利实施项目质量管理,公司管理层应提供哪些方面的支持。

TOP98　项目人力资源管理

☞ 真题分析

　　【真题1】

　　【说明】

　　钱某新接手一个信息系统集成项目的管理工作,根据用户的业务要求,该项目要采用一种新的技术架构,项目团队没有应用这种架构的经验,钱某的管理风格是 Y 型的,在该项目启动之初,为了调动大家的积极性,宣布了多项激励措施,如按期用该技术架构搭建出系统原型有奖,并分别公布了具体的奖励金额,在项目实施期间,为了激励士气,经常请大家聚餐,由于单位领导属于 X 型的管理风格,很多餐票都不予报销,而在项目实施现场,因施工人员技术不过关,导致一台电源烧毁,钱某也悄悄在项目中给予报销,负责新技术架构的架构师经历多次失败后,总算凭自己的经验和探索搭建出了系统原型。最后,虽然项目的实际进度、成本和质量等目标大体达到了要求,钱某自我感觉尚可,项目好歹也通过了验收,但他当初关于奖励的承诺并没有兑现,有人甚至认为他和领导一唱一和,钱某有苦难言。

　　【问题1】(5 分)

　　请概括出钱某在人力资源管理方面的问题。

　　【问题2】(5 分)

　　钱某应该用哪些措施进行团队建设,如何应用自己的 Y 型风格有效地管理项目?

　　【问题3】(5 分)

　　请叙述钱某的单位和钱某应该如何处理新技术开发和项目管理之间的关系。

　　解析:本题主要考查项目人力资源管理中的项目团队的组建的方法以及项目团队的管理方法。

　　答案:

【问题1】

钱某在人力资源管理方面的问题：

（1）奖励政策没有得到领导的同意（或支持、沟通）

（2）Y 型管理风格没有与切实可行的规章制度（或措施、机制）相结合。

（3）钱某的管理风格没有与直接领导的管理风格相协调。

（4）没有对员工进行培训。

（5）没有配备有经验的人员（或人力资源获取方式单一）。

【问题2】

钱某应该用以下措施进行团队建设：

（1）一般管理技能（如沟通、交流）。

（2）培训。

（3）团队建设活动（如周例会、共同解决问题、拓展训练）。

（4）共同的行为准则（或基本原则、规章制度）。

（5）尽量集中办公（或同地办公、封闭开发）。

（6）认可奖励（或恰当的奖励与表彰措施）。

应用以下措施使自己的 Y 型风格有效地管理项目：

（1）Y 性的管理风格，要与切实可行的规章制度相结合，与领导风格相一致（或相适应）。

（2）加强对团队成员的培训或教育。

（3）加强激励与约束并重。

【问题3】

钱某的单位和钱某应该采用以下方法处理新技术开发与项目管理之间的关系：

（1）培训。

（2）自制/外购分析。

（3）招聘掌握该技术的人员。

（4）风险分析与防范。

📝 题型点晴

1. 人员配备管理计划

人员配备管理计划是项目管理计划的一个分计划，描述的是何时以及怎样满足人力资源需求。根据项目的需要，它可以是正式的或者非正式的，既可以是非常详细的，也可以是比较概略的。

为了指导正在进行的团队成员招聘和团队建设活动，人员配备管理计划随着项目的持续进行而经常更新。

2. 组建项目团队的方法

（1）事先分派。

（2）谈判（找部门经理、其他项目管理团队）。

（3）采购（招聘）。

（4）虚拟团队（需要制订一个可行的沟通计划，一起工作的团体）。

✏️ 即学即练

【试题1】

【说明】

李先生是负责某行业一个大型信息系统集成项目的高级项目经理，因人手比较紧张，李先生从正在从事编程工作的高手中选择了小张作为负责软件子项目的项目经理,小张同时兼任模块的编程工作,这种安排导致了软件子项目失控。

【问题1】(5分)

请用150字以内的文字,分析导致软件子项目失控的可能原因。

【问题2】(5分)

请用200字以内的文字,说明你认为李先生事先应该怎么做才能让小张作为子项目的项目经理,并避免软件子项目失控?

【问题3】(5分)

请用400字以内的文字,概述典型的系统集成项目团队的角色构成,叙述在组建项目团队、建设项目团队和管理项目团队方面所需的活动,结合实例说明。

TOP99　项目信息文档和配置管理

真题分析

【真题1】

【说明】

A信息系统集成公司有员工50多名,其中技术部开发人员有30多人。公司采用矩阵式的组织结构。公司的主管业务是开发企业信息化建设方面的项目,业务较为繁忙,一般公司有十多个项目在同时进行。由于技术人员有限,为保证各个项目的进展,人员在项目间的兼职与交叉很严重,一个技术开发人员在项目上工作两天后,很可能转入T项目工作,过了三天,又再回到M项目工作。项目的文档一般采用各自的命名方式进行管理,客户提出的修改也是各自负责,在技术开发人员的本地机进行开发,当技术开发人员重新回到原项目时,他不得不花大量时间去熟悉原来的工作,找出原来的文档与程序等,还要了解项目组其他人的工作进展,向相关人员索求需要的开发成果。当一个项目进行到提交期限时,不得不花费大量的时间找出相匹配版本的相应成果,集成为符合客户要求的可交付的系统。

【问题1】(4分)

针对本题案例中的情况,从软件配置管理的角度,分析出现这种情况的原因。

【问题2】(6分)

请指出配置管理包括哪几方面的活动。

【问题3】(3分)

针对文档管理与软件配置管理的要求,在(1)～(5)中填写恰当内容(从候选答案中选择正确选项,将选项编号填入答题纸对应栏内)。

软件项目文档从项目周期角度可分为:开发文档、__(1)__、管理文档。

(1)候选答案

A. 非正式文档　　　　B. 产品文档　　　　C. 正式文档　　　　D. 设计文档

在软件开发流程中,把所有需要加以控制的配置项分为基线配置项和非基线配置项两类。基线配置项可能包括所有的__(2)__等。

(2)候选答案

A. 设计文档和源程序　　　　　　　　B. 各类计划

C. 各类计划与文档　　　　　　　　　D. 设计文档、源程序、各类计划

所有配置项的操作权限应由__(3)__严格管理;作为配置项的操作权限管理的基本原则,基线配置项向__(4)__开放读取的权限,非基线配置项向__(5)__开放。

(3)、(4)、(5)候选答案:

A. CMO（配置管理员）　　　　　　　　B. PM（项目经理）

C. 技术总监　　　　　　　　　　　　　D. 软件开发人员

E. 项目关系人　　　　　　　　　　　　F.　CCB 及相关人员

G. PM、CCB 及相关人员

解析：

本题主要考查配置管理在项目过程中的应用以及配置管理的概念、方法、程序和实践，主要考查信息系统集成项目配置管理中的典型人员角色及其在配置管理中的作用。

配置管理是为了系统的控制配置变更，在项目的整个生命周期中维持配置的完整性和可跟踪性，而标识系统在不同时间点上的配置的学科。本项目是一个软件开发的项目，软件的配置管理包括的主要活动有配置识别、变更控制、状态报告和配置审计，在实施配置管理活动前要制订配置管理计划。

答案：

【问题 1】

（1）不能同时兼任配置管理员，精力不够，无法完成配置管理工作。

（2）版本管理没有做好。

（3）项目中没有建立基线，导致需求、设计、编码无法对应。

（4）没有做好变更管理。

（5）项目经理的项目计划安排有问题。

（6）项目没有项目管理经验，不适合项目经理的职位。

（7）没有做好范围管理。

（8）项目经理没有做好沟通管理工作。

（9）项目的范围管理没有做好，导致范围蔓延。

（10）项目的风险管理没有做好，导致风险加大造成了不必要的损失。

【问题 2】

配置管理计划的主要内容包括配置管理软硬件资源、配置项计划、基线计划、交付计划、备份计划、配置审计和评审、变更管理。

【问题 3】

（1）B　　　　　　　　（2）A　　　　　　　　（3）A　　　　　　　　（4）D

（5）G

题型点睛

1. 信息系统相关信息（文档）是指某种数据媒体和其中所记录的数据；按照要求分类：正式与非正式文档；按项目周期分类：开发文档、产品文档、管理文档；更细致一点还可分为 14 类文档文件，具体有可行性研究报告、项目开发计划、软件需求说明书、数据要求说明书、概要设计说明书、详细设计说明书、数据库设计说明书、用户手册、操作手册、模块开发卷宗、测试计划、测试分析报告、开发进度月报和项目开发总结报告。

关于更多的请参见《软件文档管理指南》这个标准，掌握开发文档、产品文档和管理文档各自的作用，掌握软件文档的分级，每个级别适用的情况，文档的归档、有效文档等。

2. 配置管理是为了系统地控制配置变更，在系统的整个生命周期中维持配置的完整性和可跟踪性。在文档计划正式批准后，文档管理者一定要严格控制文档计划和它的发布。在进行配置管理的过程中，用于建立配置库的工具主要有 VSS 和 CVS，也可以是通过手工方式进行建库，不一定要采用高档的配置管理工具。文档的评审应由供方组织和实施，需方参与评审。需方同意文档计划意味着同意在计划中定义的用户文档的所有可交付的特征。

即学即练

【试题1】

【说明】

小李担任了 A 公司的项目经理。他认识到项目配置管理的重要性,指派小王负责项目的配置管理。公司以前的项目很少采用配置管理,在这方面没有可以借鉴的经验。小王刚到公司上班不到一年,他从网上下载了开源的配置管理软件 CVS,进行了认真的准备。项目组成员有 12 人,小王为每个成员安装了 CVS 的客户端,但并没有为每位成员仔细讲解 CVS 的使用规则与方法。项目组制定了一个初步的开发规范,并据此识别了配置项,但在文档的类型与管理的权限方面大家并没有十分在意。小王在项目开发会议上,特别强调了要求大家使用配置管理系统,却没有书写并发布有效的配置管理计划文件。

【问题1】(5 分)

结合本案例,判断下列选项的正误(填写在答题纸的对应栏内,正确的选项填写"√",错误的选项填写""):

(1) 在文档计划正式批准后,文档管理者不一定要控制文档计划和它的发布。　　　　(　　)

(2) 文档的评审应由需方组织和实施。　　　　　　　　　　　　　　　　　　　(　　)

(3) 需方同意文档计划意味着同意在计划中定义的用户文档的所有可交付的特征。　(　　)

(4) 软件配置管理的目的是建立和维护整个生存期中软件项目产品的完整性和可追溯性。(　　)

(5) 在进行配置管理过程中,一定要采用高档的配置管理工具。　　　　　　　　(　　)

【问题2】(6 分)

请简要叙述本案例在建立配置管理系统方面存在哪些问题。

【问题3】(5 分)

结合项目实践,给出本项目中在配置管理方面的改进建议。

TOP100　项目整体管理

真题分析

【真题1】

【说明】

老陆是某系统集成公司资深项目经理,在项目建设初期带领项目团队确定了项目范围。后因工作安排太忙,无暇顾及本项目,于是他要求:

(1) 本项目各小组组长分别制订组成项目管理计划的子计划;

(2) 本项目各小组组长各自监督其团队成员在整个项目建设过程中子计划的执行情况;

(3) 项目组成员坚决执行子计划,且原则上不允许修改。

在执行三个月以后,项目经常出现各子项目间无法顺利衔接,需要大量工时进行返工等问题,目前项目进度已经远远滞后于预定计划。

【问题1】(4 分)

请简要分析造成项目目前状况的原因。

【问题2】(6 分)

请简要叙述项目整体管理计划中应包含的内容。

【问题3】(5 分)

为了完成该项目,请从整体管理的角度说明老陆和公司可采取哪些补救措施?

解析: 本题主要考查考生如何制订项目计划以及项目管理计划包含的内容。

项目管理计划是一个整体计划,它明确了如何执行、监督、监控以及如何收尾项目。除了进度计划和项目预算外,项目管理计划可以是概要的或详细的,并且可以包括一个或多个分计划。

项目计划的编制是一个逐步细化的过程,一般编制项目计划的大致过程如下:

(1)明确项目目标和阶段目标。

(2)成立初步的项目团队。

(3)工作准备与信息收集,尽可能全面地收集项目信息。

(4)依据标准、模板编写初步的概要项目计划。

(5)编写范围、质量、进度、预算等分计划。

(6)把上述分计划纳入项目计划,然后对项目计划进行综合平衡、优化。

(7)项目经理负责组织编写项目计划,项目计划应包括计划主体和以附件形式存在的其他相关分计划。

(8)评审与批准项目计划。

(9)获得批准后的项目计划就成为项目的基准计划。

通过对题目说明的详细阅读和分析,可以找到如下的问题:

(1)老陆在项目计划阶段没有参与项目计划的制订,也没有把各子计划综合起来形成整体的项目管理计划。

(2)项目小组各自只管自己的子计划,没有相互之间的沟通,并且项目计划没有经过评审。这样各小组之间的计划无法协调一致,势必会影响整体项目工作。

(3)老陆规定计划不允许变更,这样,当计划不适合指导项目实施的时候无法及时纠正错误。

(4)老陆要求各小组长监督其成员在整个项目过程中子计划的执行情况,这一点也是不妥的,作为整个项目的项目经理,他应该承担起项目监控的职责,而不是完全放权给下面的人。

答案:

【问题1】

(1)项目缺少整体计划。本案例中的做法只完成了项目管理计划中的子计划,并没有形成真正的项目整体管理计划,即确定、综合与协调所有子计划所需要的活动,并形成文件。

(2)项目缺少整体的报告和监控机制,各项目小组各自为政。

(3)项目缺少整体变更控制流程和机制。管理计划本身是通过变更控制过程进行不断更新和修订的,不允许修改是不切合实际的。

【问题2】

(1)所使用的项目管理过程。

(2)每个特定项目管理过程的实施程度。

(3)完成这些项目的工具和技术的描述。

(4)选择的项目的生命周期和相关的项目阶段。

(5)如何用选定的过程来管理具体的项目,包括过程之间的依赖与交互关系和基本的输入输出等。

(6)如何执行流程来完成项目目标。

(7)如何监督和控制变更。

(8)如何实施配置管理。

(9)如何维护项目绩效基线的完整性。

(10)与项目干系人进行沟通的要求和技术。

(11)为项目选择的生命周期模型。对于多阶段项目,包括所定义阶段是如何划分的。

(12)为了解决某些遗留问题和未定的决策,对于其内容、严重程度和紧迫程度进行的关键管理评审。

【问题 3】

（1）建立整体管理机制。老陆应分配更多的精力来进行项目管理,或由其他合适的人员来承担整体管理的工作。

（2）厘清各子项目组目前的工作状态,例如其工作进度、成本、资源配置等。

（3）重新定义项目的整体管理计划,并与各子项目计划建立明确关联。

（4）按照计划要求,重新进行资源平衡。

（5）建立或加强项目的沟通、报告和监控机制。

（6）加强项目的整体变更控制。

题型点睛

项目中要管理的成功要素包括:

（1）范围（Scope）。也称为工作范围,指为了实现项目目标必须完成的所有工作。一般通过定义交付物（Deliverable）和交付物标准来定义工作范围。工作范围根据项目目标分解得到,它指出了"完成哪些工作就可以达到项目的目标",或者说"完成哪些工作项目就可以结束了"。后一点非常重要,如果没有工作范围的定义,项目就可能永远做不完。要严格控制工作范围的变化,一旦失控就会出现"出力不讨好"的尴尬局面:一方面做了许多与实现目标无关的额外工作,另一方面却因额外工作影响了原定目标的实现,造成商业和声誉的双重损失。

（2）时间（Time）。项目时间相关的因素用进度计划描述,进度计划不仅说明了完成项目工作范围内所有工作需要的时间,也规定了每个活动的具体开始和完成日期。项目中的活动根据工作范围确定,在确定活动的开始和结束时间还要考虑它们之间的依赖关系。

（3）成本（Cost）。指完成项目需要的所有款项,包括人力成本、原材料、设备租金、分包费用和咨询费用等。项目的总成本以预算为基础,项目结束时的最终成本应控制在预算内。特别值得注意的是,在IT项目中人力成本比例很大,而工作量又难以估计,因而制定预算难度很大。

（4）质量（Quality）。是指项目满足明确或隐含需求的程度。一般通过定义工作范围中的交付物标准来明确定义,这些标准包括各种特性及这些特性需要满足的要求,因此交付物在项目管理中有重要的地位。另外,有时还可能对项目的过程有明确要求,比如规定过程应该遵循的规范和标准,并要求提供这些过程得以有效执行的证据。

时间、质量、成本这三个要素简称 TQC。在实际工作中,工作范围在"合同"中定义;时间通过"进度计划"规定,成本通过"预算"规定,而如何确保质量在"质量保证计划"规定。这几份文件是一个项目立项的基本条件。一个项目的工作范围和 TQC 确定了,项目的目标也就确定了。如果项目在 TQC 的约束内完成了工作范围内的工作,就可以说项目成功了。

综上所述,项目的成功就是指"客户满意、公司获利",这取决于多种因素。包括项目前真正了解什么是客户的成功,明确成功的标准;项目中定义清晰工作范围和 TQC,并按 TQC 的约束完成工作范围;项目后帮助客户实现商业价值。只有当客户说项目成功时,才是项目的真正成功。

即学即练

【试题 1】

【说明】

××公司是一家中小型系统集成公司,在 2006 年 3 月份正在准备对京发证券公司数据大集中项目进行投标,××公司副总裁张某授权销售部的林某为本次投标的负责人,来组织和管理整个投标过程。

林某接到任务后,召集了由公司商务部、销售部、客服部和质管部等相关部门参加的启动说明会,并把各自的分工和进度计划进行了部署。

随后,在投标前3天进行投标文件评审时,发现技术方案中所配置的设备在以前的项目使用中是存在问题的,必须更换,随后修改了技术方案。最后××公司中标并和客户签订了合同。根据公司的项目管理流程,林某把项目移交到了实施部门,由他们具体负责项目的执行与验收。

实施部门接手项目后,鲍某被任命为实施项目经理,负责项目的实施和验收工作。鲍某发现由于项目前期自己没有介入,许多项目前期的事情不是很清楚,而导致后续跟进速度较慢,影响项目的进度。同时鲍某还发现设计方案中尚存在一些问题,主要有:方案遗漏一项基本需求,有多项无效需求,没有书面的需求调研报告;在项目的工期、系统功能和售后服务等方面,存在过度承诺现象。于是项目组重新调研用户需求,编制设计方案,这就增加了实施难度和成本。可是后来又发现采购部仍是按照最初的方案采购设备,导致设备中的模块配置功能不符合要求的情况。而在××集成公司中,类似现象已多次发生。

【问题1】(5分)
针对说明中所描述的现象,分析××公司在项目管理方面存在的问题(200字以内)。

【问题2】(5分)
针对××公司在该项目管理方面存在的问题,提出补救措施(300字以内)。

【问题3】(5分)
针对××公司的项目管理现状,结合你的实际经验,就××公司项目管理工作的持续改进提出意见和建议(300字以内)。

本章即学即练答案

序号	答案
TOP86	【试题1】参考答案: 【问题1】 网络图中粗箭头标明了项目的关键路径,按活动的最早开始时间、最早结束时间、最晚开始时间和最晚结束时间的定义,把它们计算出来后,直接标在网络图上。 【问题2】 (1) 关键路径为 A—C—D—E; (2) 总工期=5+15+15+10=45 个工作日,因此网络工程不能在 40 个工作日内完成。 　　　工作 B:总时差=7 　　　　　　自由时差=7 　　　工作 C:总时差=0 　　　　　　自由时差=0 【问题3】 (1) 赶工,缩短关键路径上的工作历时。 (2) 或采用并行施工方法以压缩工期(或快速跟进)。

序号	答案
TOP86	(3) 追加资源。 (4) 改进方法和技术。 (5) 缩减活动范围。 (6) 使用高素质的资源或经验更丰富的人员。
TOP87	【试题1】参考答案： 【问题1】 (1) 系统定义不够充分(需求分析和项目计划的结果不足以指导后续工作)。 (2) 过于关注各阶段内的具体技术工作,忽视了项目的整体监控和协调。 (3) 过于关注技术工作,而忽视了管理活动。 (4) 项目技术工作的生命周期未按时间顺序与管理工作的生命周期统一协调起来。 【问题2】 (1) 瀑布模型的优点:阶段划分次序清晰,各阶段人员的职责规范、明确,便于前后活动的衔接,有利于活动重用和管理。 (2) 瀑布模型的缺点:是一种理想的线性开发模式,缺乏灵活性(或风险分析),无法解决需求不明确或不准确的问题。 (3) 原型化模型(演化模型),用于解决需求不明确的情况。 (4) 螺旋模型,强调风险分析,特别适合庞大而复杂的、高风险的系统。 【问题3】 需求分析与需求分析说明书;验收测试计划(或需求确认计划); 系统设计说明书;系统设计工作报告;系统测试计划或设计验证计划; 详细的项目计划;单元测试用例及测试计划;编码后经过测试的代码; 测试工作报告;项目监控文档(如周例会纪要)等。
TOP88	【试题1】参考答案： 【问题1】 问题产生的原因： (1) 合同没有制定好,没有对具体完成的工作行程明确清晰的条款。 (2) 甲方没有对各部门的需求及其变更进行统一的组织和管理。 (3) 缺乏变更/拒绝的准则。 (4) 由于乙方对项目的干系人及其关系分析不到位,缺乏足够的信息来源,范围定义不全面,不准确。 (5) 甲、乙双方对项目缺少承诺。 (6) 缺乏项目全生命周期的范围控制。 (7) 缺乏客户/用户参与。 【问题2】 在合同谈判、计划和执行阶段应该进行如下范围管理。 合同谈判阶段： (1) 缺乏明确的工作说明书或更细化的合同条款。 (2) 在合同中明确双方的权利和义务,尤其是关于变更问题。 (3) 采取措施,确保合同签约双方对合同的条款理解是一致的。

序号	答案
TOP88	计划阶段： （1）编制项目范围说明书。 （2）创建工作的分解结构。 （3）制定项目的范围管理计划。 执行阶段： （1）在项目执行过程中加强对易分解的各项任务的跟踪和记录。 （2）建立与项目干系人进行沟通的统一渠道。 （3）建立整体变更控制的规程并执行。 （4）加强对项目阶段性成果的审核确认。 项目全生命周期变更管理： （1）在项目管理体系中应该统一有一套严格、适用、高效的变更程序。 （2）规定对用户的范围申请变更请求，应正式提出变更申请，并经双方项目经理审核后，做出相应的处理。 【问题3】 合同的作用，详细范围说明书的作用，以及两者之间的关系： 《合同法》规定，合同是平等主体的自然人、法人、其他组织之间设立、变更、终止民事权利义务关系的协议。合同是买卖双方共同遵守的协议。卖方有义务提供合同规定的产品和服务，而买方有义务支付合同规定的价款。 项目范围说明书详细描述了项目的可交付物，和产生这些可交付物必须做的项目工作。项目范围说明书在所有项目干系人之间建立了一个对项目范围的共识，描述了项目的主要目标，使团队能进行更详细的规划，指导团队在项目实施阶段的工作，并为评估是否为客户需求进行变更或附加工作是否在范围之内提供基线。 合同是制定范围说明书的依据。
TOP89	【试题1】参考答案： 【问题1】 （1）没有遵循项目管理的标准和流程。 （2）没有按照要求生成项目中间交付物，文档不齐、太简单（或文档管理不善）。 （3）项目中间的控制环节缺失，没有进行必要的测试或评审。 （4）设计环节不完善，缺少施工图和连线图，或竣工图与施工图不符且没有提交存档。 （5）对项目售后的需求考虑不周。 【问题2】 检查、测试、评审；因果图、鱼刺图、石川图、NASHIKAWA图、流程图、帕累托图（PARE-TO图）。 【问题3】 （1）制定公司质量管理方针。 （2）选择质量标准或制定质量要求。 （3）制定质量控制流程。 （4）提出质量保证所采取的方法和技术（或工具）。 （5）提供相应的资源。

序号	答案
TOP90	【试题 1】参考答案： 【问题 1】 　　老张对小丁缺乏信任、尊重。 　　作为一个合格的项目经理至少应该具备以下的素质： 　　(1) 广博的知识。 　　(2) 丰富的经历。 　　(3) 良好的平衡能力。 　　(4) 良好的职业道德。 　　(5) 沟通与表达能力。 　　(6) 良好的协调能力。 　　老张缺乏其中的部分能力，还没有从技术角色向管理角色进行转变，项目经理的职能无法达到，沟通能力缺乏。老张从技术人员到了管理岗位后，角色没有及时调整，工作重心没有及时转移，管理技能没有提高，而小丁在项目中也没有积极主动地与老张进行沟通。 【问题 2】 　　项目经理与技术经理之间存在沟通障碍。老张不能正确地从技术角色向管理角色进行转变，缺乏沟通与协调能力。 　　项目组缺乏一个有效的沟通计划。技术人员的出身使得他们忽视非正式沟通的方式；IT技术人员习惯使用术语，更擅长跟机器打交道。 　　缺乏沟通的基本原则，如沟通升级原则，作为技术经理的小丁应该尝试先与项目经理老张进行沟通，不应该直接向职能经理进行汇报。 　　此外，在人力资源的管理上也存在问题，总经理在组建项目团队的时候没有仔细考察老张是否能够胜任项目经理这一职责，此外，总经理在招聘小丁进入项目团队的时候应该充分与项目经理进行协商。 【问题 3】 　　(1) 定义项目团队成员各自的职责，确定管理协调人、技术负责人等，防止出现本案例中项目经理充当技术发言人的角色。 　　(2) 建立项目文档评审制度，技术事宜采用评审方式，不由一个人的意见决定方向。 　　(3) 建立团队沟通计划，建立沟通原则，如沟通升级原则，重视团队成员之间沟通的重要性。 　　(4) 充分信任团队成员的意见。 　　对于小丁的问题，将采用对方能够接受的沟通方式进行沟通，采用非正式的沟通方式进行沟通。例如，可以在工作之余首先了解一些非工作的情况，然后再考虑针对工作之中出现的问题进行交流。
TOP91	【试题 1】参考答案： 【问题 1】 　　问题产生的可能原因如下： 　　(1) 缺乏对项目组成员的沟通需求和沟通风格的分析。 　　(2) 缺乏完整的会议规程、会议目的，议程、职责不清，缺乏控制，导致会议效率低下，缺乏效果。 　　(3) 会议没有产生记录。 　　(4) 会议没有引发相应的活动。

序号	答案
TOP91	（5）沟通方式单一。 （6）没有进行冲突管理。 【问题2】 提高项目例会的效果的方法如下： （1）事先制定一个例会制度。在项目沟通计划里,确定例会的时间,参加人员范围,一般议事议程等。 （2）放弃可开可不开的会议。在决定召开一个会议之前,首先应该明确会议是否必须举行,还是通过其他方式进行沟通。 （3）明确会议的目的和期望的结果。明确要开的会议的目的,是集体讨论一些想法,彼此互通信息还是解决面临的一个问题,并确定会议的效果是以信息同步为结果还是要讨论出一个确定的解决方案。 （4）发布会议通知。在会议通知中明确：会议目的、时间、地点、参加人员、会议议程和议题。有一种被广泛采用的决策方法是：广泛征求意见,少数人讨论,核心人员决策。许多会议不需要全体人员参加,因此需要根据会议的目的,来确定参会人员的范围。事先应明确会议的议程和要讨论的问题,可以让参会人员提前做准备。 （5）在会议之前把会议资料发放到参会人员手中。对于需要有背景资料支持的会议,将资料先发给参会人员提前阅读,直接在会上讨论,可以有效地节约会议时间。 （6）可以借助视频设备。对于有异地成员参加的会议,或者需要演示的场合,可以借助于一定的视频设备,以提高会议效果。 （7）明确会议规则。指定主持人,明确主持人的职责,主持人要对会议进行有效控制,并营造一个活跃的会议气氛。主持人要实现陈述会议的基本规则,例如明确每个人的发言时间,每次发言只有一个声音,主持人根据会议的议程规定控制会议的节奏,保证每一个问题都得到讨论。 （8）会议后要总结,提炼结论。主持人在会后总结问题的讨论结果,重申有关决议,明确责任人和完成时间。 （9）会议要有纪要。如果将工作的结果、完成时间、责任人都记录在案,则有利于检查工作的完成情况。 （10）做好会议的后勤保障。很多会议兼有联络感情的作用,因此需要选择一个合适的地点,提供餐饮、娱乐和礼品,制定一个有张有弛的会议议程。对于有客户和合作伙伴参加的会议更应如此。 【问题3】 除了项目例会外,老张还可以采取的有效沟通措施如下： （1）首先应该对项目组成员进行沟通需求和沟通风格的分析。 （2）对于不同沟通需求和沟通风格的成员设置不同的沟通方式。 （3）除了项目例会之外,可以通过电话、电子邮件、项目管理软件、OA软件进行沟通。 （4）正式沟通的结果应该形成记录,对于其中的决定应该有人负责落实。 （5）可以引入一些标准的沟通模板。 （6）在项目组内培养团结的氛围。
TOP92	【试题1】参考答案： 【问题1】

序号	答案
TOP92	（1）沟通。强调该项目对系统集成商 B 的意义，提高该项目优先级。例如采用开会这种方式，争得相关部门的建议、支持与承诺。 （2）从现有的资源和实际情况出发，优化网络图，例如重排活动之间的顺序，压缩关键路径的长度。 （3）增加资源，或者使用经验丰富的员工。 （4）子任务并行，内部流程优化。 （5）尽可能地调配非关键路径上的资源到关键路径上的任务。 （6）优化外包、采购等环节并全程监控。 【问题 2】 （1）目前系统集成商 B 实施项目的组织方式是职能式的。 （2）系统集成商 B 实施项目的组织方式应该改进为矩阵式。 （3）项目下阶段人员提前介入到前一阶段，如实施阶段的项目经理正式参与售前工作。也可选择做好各流程间的交接工作，如实施与售后服务之间的技术交底。 （4）委托、分包给当地有相应资质的集成商，或在当地招人。如果材料或服务在当地获得可降低成本，则尽量在当地采购。尽量压缩人员的差旅成本。使用虚拟远程的沟通手段。 【问题 3】 （1）与客户高层继续沟通，了解客户对项目实施情况的反映，维护客户关系，发掘新的项目机会。 （2）参加周例会，或至少每周收一次周报以了解项目的进展和问题。 （3）参与可能发生变更的前期评审工作。 （4）负责或者协助收款。
TOP93	【试题 1】参考答案： 【问题 1】 刘经理富有进取心、责任感，工作积极主动、自信、有目标。 【问题 2】 这封信说明公司内部存在着严重的沟通问题。因为正式的沟通渠道不畅，致使员工更倾向于采用非正式沟通。这样也使公司内存在很多的隐患，对公司长期发展不利。同时，刘经理做事太武断，没有给下属发表见解的机会。 【问题 3】 刘经理应该对这封信中所提出的问题给予高度的重视。重视与员工的沟通，在公司内部建立一套沟通的体系，鼓励大家畅所欲言，使员工潜在的不满和抱怨能够及时得到反映，不要等问题积蓄到无法挽回的地步；同时学会在沟通过程中抑制情绪，为公司营造一种积极、紧张、但不压抑的工作环境。
TOP94	【试题 1】参考答案： 【问题 1】 不妥。因为政府采购法规定：金额超过原始合同的 10%，需要重新招标（$127 > 1,150 \times 10\%$）。 【问题 2】 （1）提出索赔要求。

序号	答案
TOP94	当出现索赔事项时,索赔方以书面的索赔通知书形式,在索赔事项发生后的 28 天以内,向监理工程师正式提出索赔意向通知。 (2) 报送索赔资料。 在索赔通知书发出后的 28 天内,向监理工程师提出延长工期和(或)补偿经济损失的索赔报告及有关资料。索赔报告的内容主要有总论部分、根据部分、计算部分和证据部分。 索赔报告编写的一般要求如下。 ① 索赔事件应该真实。 ② 责任分析应清楚、准确、有根据。 ③ 充分论证事件给索赔方造成的实际损失。 ④ 索赔计算必须合理、正确。 ⑤ 文字要精炼、条理要清楚、语气要中肯。 (3) 监理工程师答复。 监理工程师在收到送交的索赔报告有关资料后,于 28 天内给予答复,或要求索赔方进一步补充索赔理由和证据。 (4) 监理工程师逾期答复后果。 监理工程师在收到承包人送交的索赔报告的有关资料后 28 天未予答复或未对承包人作进一步要求,视为该项索赔已经认可。 (5) 持续索赔。 当索赔事件持续进行时,索赔方应当阶段性地向工程师发出索赔意向,在索赔事件终了后 28 天内,向工程师送交索赔的有关资料和最终索赔报告,工程师应在 28 天内给予答复或要求索赔方进一步补充索赔理由和证据。逾期未答复,视为该项索赔成立。 (6) 仲裁与诉讼。 监理工程师对索赔的答复,索赔方或发包人不能接受,即进入仲裁或诉讼程序。 【问题 3】 (1) A 公司受理政府 B 部门的索赔申请。 (2) 依据合同及涉及索赔原因的各条款内容,明确索赔成立条件,最后综合各种因素做出费用索赔和项目延期的决定,双方协商确定具体索赔事宜,给予赔付。 (3) A 公司依据与 C 公司签订的分包合同,以及自己的损失情况,向 C 公司申请索赔。
TOP95	【试题1】参考答案: 【问题1】 (1) 里程碑点完全对应招标文件要求,进度计划没有余地。 (2) ①应考虑进行本子项目的进度网络分析,对应各里程碑事件的任务完成时间留有余地。 ② 应考虑集成的设备的到货及进场受客观因素影响,即对外部依赖关系。 ③ 应考虑项目内部主要资源(人力资源、环境)约束关系,即内部依赖关系。 ④ 应考虑本子项目与主项目之前的协调和制约关系。 【问题2】 (1) 项目管理计划不应由一人指定,应有项目组参与。 (2) 项目计划缺少相关分计划,如质量计划和沟通计划等。 (3) 制订进度计划的方法不合理,没有预留一定的缓冲时间。

序号	答案
TOP95	（4）项目计划缺少评审和审批环节。 （5）没有处理好外部因素（天气）和内部因素（团队）带来的风险，缺乏有效的应对措施。 （6）项目发生变更时没有及时更新项目计划。 （7）应识别受设备到场所影响的活动，对于不受影响的活动不应推迟进行。 **【问题3】** （1）明确项目目标和阶段目标。 （2）成立初步的项目团队。 （3）工作准备与信息收集。 （4）依据标准、模板等编写初步的概要的项目计划。 （5）编写范围管理、质量管理、进度、预算等分计划。 （6）将上述分计划纳入项目计划，然后对项目计划进行综合平衡和优化。 （7）项目经理负责组织编写项目计划。 （8）评审与批准项目计划。 （9）项目获批，形成了项目的基准计划。
TOP96	**【试题1】参考答案：** **【问题1】** $PV = (2000 + 5000 + 10\,000 + 75\,000 + 65\,000 + 20\,000)$元 $= 177\,000$ 元 $AC = (2100 + 4500 + 12\,000 + 86\,000 + 60\,000 + 15\,000)$元 $= 179\,600$ 元 $EV = (2000 \times 100\% + 5000 \times 100\% + 10\,000 \times 100\% + 75\,000 \times 90\% + 65\,000 \times 70\% + 20\,000 \times 35070)$元 $= 137\,000$ 元 $CV = EV - AC = (137\,000 - 179\,6000)$元 $= -42\,600$ 元 $SV = EV - PV = (137\,000 - 177\,000)$元 $= -40\,000$ 元 $CPI = EV/AC = (137\,000/179\,600)$元 $= 0.76$ $SPI = EV/PV = (137\,000/177\,000)$元 $= 0.77$ 项目当前执行情况：成本超支，进度滞后。 **【问题2】** （1）对造成成本基准变更的因素施加影响。 （2）确保变更请求获得同意。 （3）当变更发生时，管理这些实际的变更。 （4）保证潜在的成本超支不超过授权的项目阶段资金和总体资金。 （5）监督成本执行，找出与成本基准的偏差。 （6）准确记录所有与成本基准的偏差。 （7）防止错误的、不恰当的或未获批准的变更纳入成本或资源使用报告中。 （8）就审定的变更，通知项目干系人。 （9）采取措施，将预期的成本超支控制在可接受的范围内。

序号	答案
TOP97	【试题 1】参考答案： 【问题 1】 (1) 没有遵循项目管理的标准和流程。 (2) 没有按照要求生成项目中间交付物，文档不齐、太简单(或文档管理不善)； (3) 项目中间的控制环节缺失，没有进行必要的测试或评审。 (4) 设计环节不完善，缺少施工图和连线图，或竣工图与施工图不符且没有提交存档； (5) 对项目售后的需求考虑不周。 【问题 2】 (1) 检查。 (2) 测试。 (3) 评审。 (4) 因果图，或鱼刺图、石川图、NASHIKAWA 图。 (5) 流程图。 (6) 帕累托图，或 PARETO 图。 【问题 3】 (1) 制定公司质量管理方针。 (2) 选择质量标准或制定质量要求。 (3) 制定质量控制流程。 (4) 提出质量保证所采取的方法和技术(或工具)。 (5) 提供相应的资源。
TOP98	【试题 1】参考答案： 【问题 1】 (1) 小张缺乏足够的项目管理能力和经验。 (2) 小张身兼二职，精力和时间不够用，顾此失彼。 (3) 小张没有进入管理角色，只关注于编程工作，疏于对项目的管理。 (4) 高级项目经理对小张的工作缺乏事先培训和全程的跟踪与监控。 【问题 2】 (1) 事先要制定岗位的要求、职责和选人的标准，并选择合适的人选。 (2) 高级项目经理应对小张的工作进行全面估算，如果小张的负荷确实过重，需要找人代替小张当时正在从事的技术工作，解决负载平衡问题。 (3) 要事前沟通、对小张明确要求、明确角色的轻重缓急，促使小张尽快转换角色。 (4) 上级应该注意平时对人员的培养和监控。 【问题 3】 (1) 针对选定的项目，根据项目的特点，需要的角色：管理类(如项目经理)；工程类(如系统分析师、架构设计师、软件设计师、程序员、测试工程师、美工、网络工程师、主机人员、实施人员)；行业专家；辅助类(如文档管理员、秘书)。 (2) 结合实际项目，叙述进行如下活动的经验： ① 组建项目团队，明确责任(制定责任分配矩阵)。 ② 建设项目团队。提高项目团队成员的个人绩效；提高项目团队成员之间的信任感和凝聚力，以通过更好的团队合作提高工作效率。 ③ 管理项目团队。跟踪个人和团队的执行情况、提供反馈；协调变更，以提高项目的绩效、保证项目的进度；项目管理团队还必须注意团队的行为、管理冲突、解决问题；评估团队成员的绩效。

序号	答案
TOP99	【试题1】参考答案： 【问题1】 (1) ×　(2) ×　(3) √　(4) √　(5) × 【问题2】 (1) 配置管理方案设计小组只有小王一人。 (2) 对目标机构了解不够。 (3) 对配置管理工具没有进行有效评估。 (4) 没有制订实施计划。 (5) 没有定义配置管理流程。 (6) 没有实际项目的实施经验可以借鉴。 【问题3】 (1) 组建配置管理方案设计小组。 (2) 仔细了解单位的情况,如历史、人员、组织形式等。 (3) 对配置管理工具进行有效评估。 (4) 制订实施计划。 (5) 定义配置管理流程。 (6) 制订全面有效的配置管理计划,包括建立配置管理环境、组织结构、成本、进度等。在配置管理计划中详细描述:建立示例配置库、配置标识管理、配置库控制、配置的检查和评审、配置库的备份、配置管理计划附属文档。
TOP100	【试题1】参考答案： 【问题1】 (1) 投标前的项目内部启动会上,没有邀请技术或实施部门。 (2) 没有把以往的经验教训收集、归纳和积累。 (3) 没有建立完善的内部评审机制,或虽有评审机制但未有效执行。 (4) 项目中没有实行有效的变更管理。 (5) 公司级的项目管理体系不健全,或执行得不好。 【问题2】 (1) 改进项目的组织形式,明确项目团队和职能部门之间的协作关系与工作程序。 (2) 做好项目当前的经验教训收集、归纳工作。 (3) 明确项目工作的交付物,建立和实施项目的质量评审机制。 (4) 建立项目的变更管理机制,识别变更中的利益相关方并加强沟通。 (5) 加强对项目团队成员和相关人员的项目管理培训。 【问题3】 (1) 建立企业级的项目管理体系和工作规范。 (2) 加强对项目工作记录的管理。 (3) 加强项目质量管理和相应的评审制度。 (4) 加强项目经验教训的收集、归纳、积累和分享工作。 (5) 引入合适的项目管理工具平台,提升项目管理工作效率。